Romanización y producción de cerámicas finas en las áreas periféricas de la provincia Bética

Factores de implantación, comercio y desarrollo técnico en el *suburbium* artesanal de *Isturgi Triumphale* (Los Villares de Andújar, Jaén) (ss. I–II d.n.e)

Pablo Ruiz Montes

BAR International Series 2642
2014

Published in 2016 by
BAR Publishing, Oxford

BAR International Series 2642

Romanización y producción de cerámicas finas en las áreas periféricas de la provincia Bética

ISBN 978 1 4073 1279 8

BAR Publishing is the trading name of British Archaeological Reports (Oxford) Ltd. British Archaeological Reports was first incorporated in 1974 to publish the BAR Series, International and British. In 1992 Hadrian Books Ltd became part of the BAR group. This volume was originally published by Archaeopress in conjunction with British Archaeological Reports (Oxford) Ltd / Hadrian Books Ltd, the Series principal publisher, in 2014. This present volume is published by BAR Publishing, 2016.

Printed in England

BAR
PUBLISHING

BAR titles are available from:

BAR Publishing
122 Banbury Rd, Oxford, OX2 7BP, UK
EMAIL info@barpublishing.com
PHONE +44 (0)1865 310431
FAX +44 (0)1865 316916
www.barpublishing.com

A mis padres, Manuel y Mª del Carmen

In breve, l'archeologo, lo storico, o il semplice curioso devono riconoscere che l'artigiano, con i suoi prodotti e le sue prestazioni, occupa nel mondo romano un posto che non avrebbero potuto sospettare se si fossero limitati a leggere gli autori antichi, a sfogliare il Corpus delle iscrizioni latine, o a percorrere la maggior parte dei musei

J.-P. Morel, "L'artigiano", *L'uomo romano*, p. 236

ÍNDICE

I. INTRODUCCIÓN. CONTEXTUALIZACIÓN, OBJETIVOS Y METODOLOGÍA

I.1. Algunos datos introductorios

El trabajo que a partir de este momento presentamos constituye la consecuencia natural al discurrir de la investigación arqueológica que desde hace décadas vienen llevándose a cabo en el yacimiento arqueológico de Los Villares de Andújar (Jaén, España), donde sabemos que se ubicó el centro de producción de vajillas cerámicas altoimperiales más importante del Sur de la Península Ibérica desde que en 1971, en el XII Congreso Nacional de Arqueología, M. Sotomayor lo diese a conocer.

A lo largo de todos estos años, tres grandes proyectos generales de investigación arqueológica se han sucedido en él. El primero de ellos, denominado "Romanización del Alto Guadalquivir" dirigido por M. Sotomayor Muro —1972 a 1981— y por M. Roca Roumens —1981 a 1994—, dio paso al segundo aprobado en 1995 por la Dirección General de Bienes Culturales de la Junta de Andalucía bajo el título de "Isturgi romana y su territorio: la producción de *terra sigillata* y su difusión", ya bajo la dirección de Mª Isabel Fernández García. Este último proyecto ha posibilitado a su vez un tercero bajo la misma dirección, denominado "Proyecto ISTVRGI. Otro indigenismo y otra romanización: la configuración del artesanado romano y de los fenómenos productivos en las áreas periféricas del Alto Guadalquivir", aprobado recientemente y, por tanto, ahora en curso.

El actual trabajo, aunque no hubiese sido posible sin el amplio conocimiento científico generado por los anteriores, nace sin embargo en el marco concreto de los distintos proyectos I+D+i dirigidos por la Profesora Catedrática del Dpto. de Prehistoria y Arqueología de la Universidad de Granada, Mª Isabel Fernández García; de este modo, en los últimos años hemos contado con el soporte de los proyectos "Ciudad y tradiciones productivas: comercio, distribución y consumo" (HUM2007-64460/HIST)" y "*Ex Officina Meridionali*: Tecnología, producción, difusión y comercialización de cerámicas finas de origen bético en el sur peninsular durante el Alto Imperio" (HAR2010-17507), concedidos de manera sucesiva por los ministerios estatales competentes. Determinante ha sido también el apoyo encontrado en los planes predoctorales de Formación de Profesorado Universitario convocados por la administración estatal.

I.2. El marco de estudio. Acerca de una geografía productiva: el Alto Guadalquivir

El área arqueológica de Los Villares de Andújar, solar de la antigua iberorromana *Isturgi*[1], está localizada en la Vega occidental del río Guadalquivir, en el curso de este a su paso por la provincia de Jaén, a unos 5 km al E de Andújar, junto a la pedanía con la que el sitio comparte topónimo (fig. 1). Se sitúa en la ribera norte del Río Grande, sobre un brazo avanzado de la conocida como Terraza 4 de la Vega de Andújar, en la confluencia del Guadalquivir con el Arroyo de Martín Gordo y el antiguo cauce del Arroyo de Martínmalillo. Atraviesa el lugar la carretera JA-2321, que une las localidades de Andújar y Villanueva de la Reina. En la actualidad, las aproximadamente 30 ha. que ocupan los terrenos de la antigua ciudad iberorromana se encuentran salpicadas por tierras de regadío tradicionalmente de gran productividad, algunas transformadas en secano (olivar) durante los últimos decenios, y algún que otro hábitat rural disperso.

Sin embargo, debido al carácter específico de este estudio acerca de las producción y comercialización de cerámicas finas en el mundo romano, a la hora de identificar, individualizar y definir un marco de estudio lo hemos querido hacer también desde la valoración, en términos geográficos, del grado diferencial de desarrollo que parece detectarse en la estructura productiva del artesanado cerámico —y en los mecanismos de difusión y distribución de sus productos— durante la Antigüedad en el área del Alto Guadalquivir con respecto a las regiones adyacentes del Medio y Bajo Guadalquivir, en torno a las áreas turdetana y nuclear púnico-gadirita.

Dos claros exponentes para ejemplificar el alto peso de este tipo de indicador como elemento definitorio de un marco de estudio regional como el que aquí proponemos son, por un lado y en primer lugar, la larga tradición alfarera, y en segundo, la producción de cerámicas "tipo Peñaflor". La primera, más decidida desde fines del siglo IV a.C. en torno al denominado por algunos "Círculo del Estrecho"[2], se sustenta en la creación de un numeroso conjunto de talleres los cuales no sólo van a proveer de contenedores para el transporte a las factorías dedicadas a la transformación de alimentos, sino que además abastecen los mercados regionales de cerámicas finas como las de "tipo Kuass" demostrando, de ese modo, una cierta evolución y complejidad de los mecanismos de producción y comercialización de los productos, mucho más apreciable respecto a la producción de ánforas, vinculada en último término a las actividades de transformación de alimentos. El caso de las vajillas tipo Kuass y de los talleres que las producen es aún más significativo en cuanto independientes de una actividad principal que la determine y a la que complemente; con oficinas a un lado y otro del Estrecho, se presenta como una producción de tipo artesanal[3] pero hasta cierto punto, muy importante, progresivamente desarrollada y alejada de los parámetros

[1] Una síntesis histórica del sitio será publicada próximamente por nosotros mismos (Ruiz Montes y Peinado, e.p.).

[2] Existe actualmente un recio debate en torno a la conveniencia o no del uso de dicho concepto (Papi, e. p.).

[3] En los términos expresados por J.-P. Morel (1981) para los talleres productores de barnices negros anteriores a la Segunda Guerra Púnica (siglos IV-III a.C.).

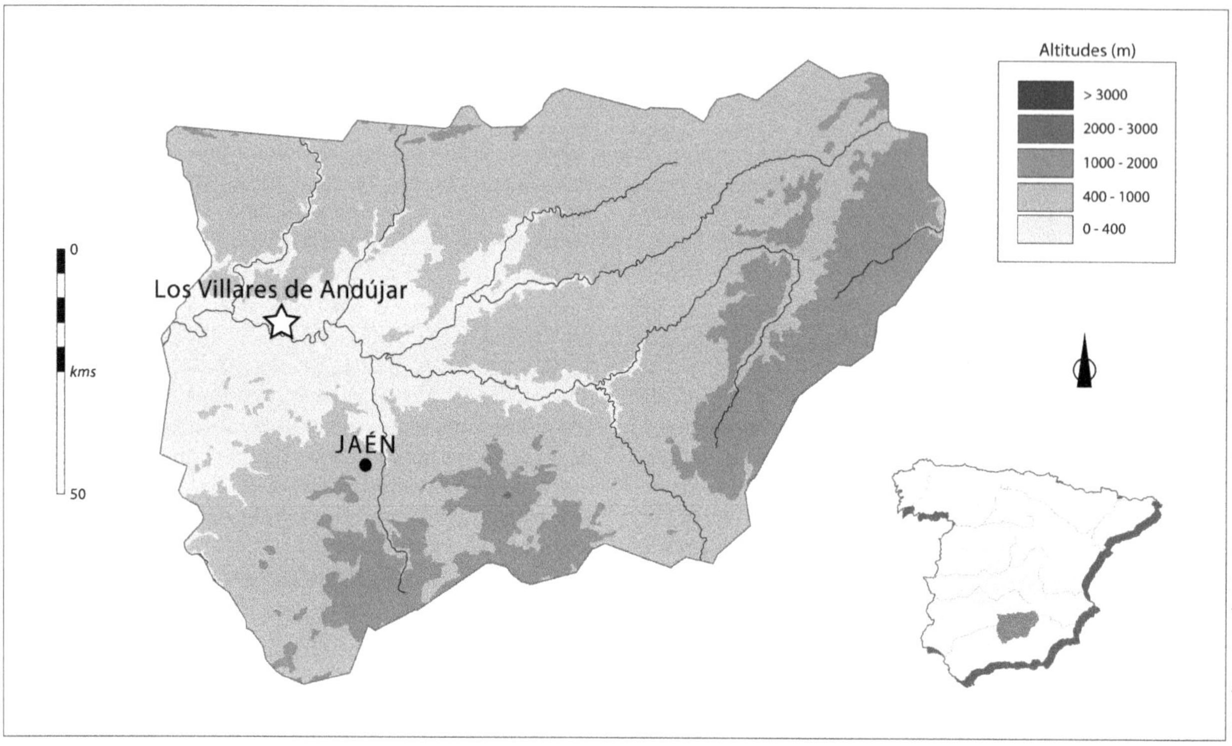

Figura 1. Situación del yacimiento arqueológico de Los Villares de Andújar (España), núcleo de la antigua *Isturgi*, en el contexto peninsular y de la actual demarcación administrativa de la provincia de Jaén, en plena Depresión del Guadalquivir en su tramo alto.

que normalmente determinan una producción de ese tipo —sin rasgos de estandarización, ligada al núcleo familiar, de capacidad productiva y de distribución escasas, de un fuerte carácter estacional, ausencia de especialización del artesano en las distintas fases del ciclo productivo, etc.—, y que podemos considerar como propia de las comunidades protohistóricas del interior o el Alto Guadalquivir hasta que, aproximadamente, tenga lugar el cambio de Era, ya en un contexto político y económico muy diverso.

Todavía en el último cuarto del siglo I a.C., los talleres productores de las denominadas cerámicas tipo Peñaflor se encuentran —a falta de estudios más profundos—, si no en el mismo, en un peldaño más arriba de la evolución tanto productiva como comercial que debe desembocar, con el tiempo, en formas de producción y comercialización más complejas. En esta ocasión, el núcleo productivo se focaliza en torno a una amplia región en el curso medio del Guadalquivir, asociado a ciudades tan importantes como *Corduba* (Moreno y Vargas, 2004; Vargas y Moreno, 2004) o *Celti* (Peñaflor) (Martínez, 1989; Keay y Romo, 2000). Lo más destacable, en este sentido, se refiere a la inversión de los flujos de distribución de las vajillas de cerámicas finas, que pasan de remontar limitadamente el Valle del Guadalquivir a descenderlo en sentido contrario y acceder con cierta intensidad a los mercados incluso del otro lado del Estrecho, hacia *Tingis*, a través de estaciones portuarias como *Baelo*. Podemos aceptar sin problemas que tal hecho se encuentra en íntima relación con unos agentes de comercialización más y mejor estructurados que comienzan a servirse del propio Guadalquivir y del conjunto del tejido de comunicaciones para la distribución de estas vajillas de inspiración itálica, de gran aceptación en toda la región. Tal consideración genera, a su vez, fenómenos de imitación o reproducción de las mismas en zonas periféricas del Alto Guadalquivir, dando lugar a series locales como la de Los Villares de Andújar.

Es evidente que, hasta la irrupción definitiva de los talleres isturgitanos en el panorama productivo de la Bética antes de mediados del siglo I d.C., los modos de organización del artesanado y su producción, junto a los mecanismos y dinámicas de comercialización y distribución de las vajillas cerámicas, han seguido un desarrollo gradual pero siempre dentro de los parámetros que definen a una actividad de tipo artesanal en los términos que más adelante veremos. Al margen de esta eclosión productiva localizada en los cursos bajo y medio del Guadalquivir, parece quedar, hasta iniciado el siglo I d.C., una amplia región "periférica" correspondiente a grandes rasgos con el Alto Guadalquivir.

Pero esta geografía productiva de la cerámica enlaza, además, con una configuración física en términos estrictamente geográficos, donde el río Guadalquivir se convierte en un auténtico eje este-oeste que atraviesa la provincia de Jaén, creando un amplio valle que se cierra al este por las Sierras de Cazorla y Segura y, por el contrario, se abre hacia occidente por las campiñas de Córdoba, en dirección a la Baja Andalucía. Tanto al norte como al sur está delimitado por dos barreras montañosas: Sierra Morena y los montes subbéticos; estas barreras, no obstante, están franqueadas por una serie de pasos y afluentes del Guadalquivir de manera que la zona se abre tanto a la Meseta como al Sureste de la Península Ibérica.

En la parte jiennense de la depresión del Guadalquivir se observa, además, una triple diferenciación espacial: Campiña Alta, relativamente elevada (400-800 m.), ondulada y en parte abarrancada, con un sector oriental más sobresaliente constituido por la Loma de Úbeda; Campiña Baja (200-400 m.), de lomas más suaves y donde ya se aprecian las características morfológicas de la Campiña de Córdoba; y vegas, de altitud inferior a 200 m. que son en realidad valles fluviales que salpican toda la Campiña, en algunos casos amplios, como el de Andújar.

La Vega occidental, en el extremo oeste del curso del río a su paso por la provincia de Jaén, queda encajada entre la Sierra Morena, al norte, y la tierras de la Campiña, al sur; aquí, las terrazas fluviales descienden hasta la cota de los 200 m. s. n. m. Por supuesto, toda esta área encierra una gran potencialidad agrícola, a la que hay que añadir otro importante recurso: los filones metalíferos que arman en los terrenos ígneos y metamórficos de Sierra Morena (sobre geografía y geología del Alto Guadalquivir *vid.* Aguilar *et al.*, 1987; Higueras, 1961).

I.3. Justificación del estudio. Desmitificando el tipo

Cuando el profesor Sotomayor dio a conocer al mundo de la Arqueología y de los estudios cerámicos los alfares de Los Villares de Andújar, inauguró una línea de trabajo encaminada esencialmente a la clasificación de los materiales que se iban recuperando con el desarrollo de las intervenciones. A la par, la atención inicial dedicada a los hornos se diluye con el tiempo como resultado de un interés circunstancial ligado a una trayectoria profesional concreta, la del propio Sotomayor, ya entonces estudioso de este tipo de estructuras (Sotomayor Muro, 1969; 1969-1970; 1997).

En efecto, la ordenación del objeto de estudio se presenta como el primer paso para alcanzar un conocimiento preciso del mismo en el marco de cualquier disciplina académica. En esta línea, la tesis doctoral de M. Roca (1976) supuso la culminación de un trabajo concienzudo sobre los repertorios formales de la *sigillata* hispánica producida en estos alfares romanos, a la vez que amagaba tímidamente con la introducción en el discurso de aspectos relacionados con el análisis de la producción (técnica, difusión y comercialización...), entendida esta como el conjunto de operaciones necesarias para transformar un bien en otro diferente del primero (Mannoni y Giannichedda, 2004: 19).

No obstante, la profundización en el conocimiento del conjunto de las técnicas empleadas para la manufactura de los vasos no ha acompañado desde entonces a la investigación, evidenciándose un fuerte interés por los aspectos más tradicionales del estudio de las cerámicas arqueológicas. En este marco, el estudio de estas cerámicas ha sido considerado, no como el medio, sino como el propio fin de una investigación de carácter, en esencia, tipológico (Orton, Tyers y Vince, 1997: 21-26; Shepard, 1971). De ese modo va a primar el estudio de la relación de la cerámica y sus tipos[4] con las secuencias estratigráficas, y su distribución espacial vertical dentro de ellas para, a la vez, intentar establecer cronologías de referencia a escala regional (*v.g.* Sotomayor Muro, 1977; Roca, 1976; 1980; 1991-1992; Fernández García, 1984; 1986; 1987a; 1987b; Sotomayor Rodríguez, 1982; Choclán, 1984).

Algunos trabajos de síntesis aparecidos a partir de la década de los 90 denotan una nueva intención de abordar el estudio de la organización productiva de las *officinae* de Los Villares a través de los productores de *sigillata* conocidos. En ningún caso pueden considerarse concluyentes, pues se limitan al establecimiento de ciertas posibles analogías con lo expresado para los talleres de otras zonas del Imperio (Roca, 1991; 1994) y, por tanto, sin prestar atención a las diferencias culturales sin duda existentes entre espacios tan separados geográficamente. Subyacen en ello las carencias de la información generada a lo largo de los años sobre la "producción", definida en los términos señalados por T. Mannoni y E. Giannichedda.

La superación del concepto tipo implica la necesaria reformulación del objeto arqueológico para considerarlo como un producto del hombre "que queda de la producción y el uso" (Mannoni y Giannichedda, 2004: 41) y que convenientemente interrogado puede aportar información diversa. Se impone, por tanto, la desmitificación del concepto tipo y un desplazamiento teórico del objeto definido ahora en la relación del producto con el contexto (marco socioeconómico). Ello, como bien se ha dicho, "conlleva la posibilidad de analizar el hecho tecnológico" del proceso productivo (Ruiz Rodríguez *et al.*, 1986: 64 y 67), definido este último como el conjunto de elementos, personas y acciones que desempeñan un papel activo en la transformación de las materias en productos o manufacturas con características diversas.

Cualquier intento en este sentido inevitablemente pasará por la clara definición espacial y temporal de la interacción en el binomio talleres-*Isturgi*, núcleo urbano éste del que depende en última instancia el área productiva de Los Villares de Andújar. Se trataría pues del establecimiento de la relación existente entre un área de actividad como lugar menor en el que se articulan los distintos procesos de trabajo de un ciclo productivo, y una unidad espacial de mayor entidad, la ciudad (Ruiz Rodríguez *et al.*, 1986: 68-72).

La importancia de este trabajo radica, por tanto, en las nuevas aportaciones encaminadas a resolver las necesidades existentes en la investigación sobre este tipo de establecimientos productivos, sobre sus mecanismos de desarrollo, sus ciclos productivos y técnicos, sobre el carácter del artesanado, es decir, sobre la organización social y económica en torno a la cual se articuló.

[4] Desde un punto de vista tradicional la noción de "tipo" hace referencia al ejemplo perfecto de un vaso que posee todas las características que lo diferencian de los demás (Contreras, 1984: 328).

I.4. Problemática. Vajillas cerámicas y romanización en el Alto Guadalquivir

El replanteamiento, durante las últimas décadas, del concepto de "romanización", así como de los parámetros que lo definen, ofrece la posibilidad de contemplar nuevas lecturas alternativas sobre todos aquellos aspectos y manifestaciones que, entendidas como algo más que meras pervivencias[5] de lo indígena, no terminan de ajustarse al modelo tradicionalmente aceptado, unidireccional y de aculturación que, además, entra en confrontación directa con la aceptada heterogeneidad y tendencia al sincretismo fenomenológico de la propia cultura imperial (Jiménez, 2008: 37-39).

Como parte activa del conjunto de fenómenos expuesto a tales desajustes, la cultura material y, en particular, la producción de cerámicas —entendida como proceso productivo complejo, más allá del tipo y su dimensión cronotipológica—, debe permitirnos establecer valoraciones, primero, acerca de la organización del trabajo que la hizo posible para, después, precisar aspectos referidos al carácter de la estructura social subyacente y a las relaciones del hombre consigo mismo y con el medio (Mannoni y Giannichedda, 2004: 16), en un marco donde las relaciones culturales parecen haber estado caracterizadas por un proceso de intercambio heterogéneo y bidireccional.

De ahí a las transformaciones que el impacto de Roma, ya desde la conquista, genera en las comunidades indígenas del Alto Guadalquivir, y en la Bética en general, donde manifestaciones como la producción de cerámicas de tradición indígena, consideradas residuales, habían sido observadas de un modo superficial en general (Prieto, 1980: 40; Sáez Fernández, 1994: 467), aunque también incorporadas a estudios específicos de carácter arqueográfico, como en el caso del trabajo de J. M. Abascal (1986). En particular, en el caso de Los Villares de Andújar se ha de destacar el trabajo de C. Choclán (1984) que atiende con valentía a estas producciones antes que el propio J. M. Abascal pusiese el acento sobre ellas. Sin embargo, tal atención no derivó, en años sucesivos, en interpretaciones y lecturas de tipo histórico que incidiesen en el valor de caracterización de tal indicador, siempre en una posición relativa de desventaja con respecto a la *terra sigillata* hispánica (Roca, 1991: 230; Roca, 1994: 413 y 421). Al mismo tiempo, la aparición de ésta en las *officinae* de Los Villares de Andújar —en la fase inicial de su producción, algo posterior a las producciones de tradición indígena, a las paredes finas y a las vajillas de inspiración itálica o tipo peñaflor (Roca, 1994: 421; Ruiz Montes, 2007: 116-127)—, sí ha sido valorada como un indicador de entidad para calibrar el proceso de romanización y de transformación de las estructuras sociales en la zona (Castro y Gutiérrez, 2001) y, por tanto, con valor histórico.

Con anterioridad —desde el siglo II a.C.—, la heterogeneidad del proceso, además, implica una disfunción temporal relativa a los ritmos que dinamizan las coyunturas de intercambio cultural que en el ámbito geográfico del Alto Guadalquivir presentan variaciones importantes de tiempo y forma en áreas relativamente cercanas. Así parece desprenderse del tardío acceso por parte de las poblaciones de determinados núcleos a las vajillas importadas de origen itálico, ejemplarizado en el caso de *Isturgi* por la total ausencia de estos productos[6] hasta ya iniciado el siglo I d.C. No ocurre lo mismo en otros focos que concretan un ya de por sí escaso acceso y distribución de aquellas importaciones, puede que a través de un flujo desde las zonas costeras en el marco de un comercio de tipo "pasivo"[7] (Principal, 1998: 174; Polanyi, 2009: 165-167) que se vio intensificado por el establecimiento de agentes comerciales extranjeros en los núcleos geoestratégicos de primer orden de la región. A través de ellos se garantiza la extracción de los recursos cerealísticas y mineros del Alto Guadalquivir, que entonces inician su viaje desde la "periferia" hacia el "centro" (Rowlands, Larsen y Kristiansen, 1987); es el caso de *Castulo*, en el distrito minero de Sierra Morena, y *Obulco* en el entorno de la Campiña, donde la presencia de barnices negros itálicos —y púnicos— es la norma ya en el siglo II a.C. (Adroher y López, 2000).

Esta circunstancia podría explicarse, en último extremo, con base en la adaptación y adopción por parte de Roma de una estrategia de dominación y explotación adecuada a las particulares condiciones de la región (Castro y Gutiérrez, 2001: 145). Ello, a su vez, generaría un doble sistema de asentamientos: aquellos vinculados a la aplicación material de dicha política, por tanto agentes de una temprana romanización, y aquellos que quedan al margen de los mismos y que continúan naturalmente un desarrollo propio (Adroher, 1987-1988: 192) aunque, como es normal, afectados en cierta medida por tal estrategia y, particularmente, por el tejido coercitivo y de control protagonizado por la *turres* (Carrillo, 1998; Ruiz Montes, 2007: 110).

Para entonces, hacia los siglos II y I a.C., los mecanismos que rigen los intercambios se han matizado y desarrollado más allá de los límites contemplados en el modelo ideado por F. Gracia (1995) para la comprensión de las dinámicas comerciales en el arco Norte mediterráneo, y que podemos aceptar como válido y aplicable hasta, como mínimo, fines del siglo III a.C. cuando la presencia física

[5] Diversos autores han mostrado sus reticencias al uso del término "pervivencia", que suele designar a aquello que sobrevive a pesar del paso del tiempo o las dificultades. Sin embargo, en el ámbito en el que comúnmente nos movemos, las manifestaciones que han sido identificadas como pervivencias son elementos que en su transmisión han sufrido una reformulación necesaria para adaptarse a una nueva realidad (Jiménez, 2008: 39).

[6] Hoy día tendemos a pensar que los hallazgos en superficie de cerámicas finas romanas republicanas como campaniense del tipo A en Los Villares de Andújar por parte de M. Ponsich (1987: 95), se corresponden en realidad con fragmentos de *sigillata* hispánica cuyas características físicas —superficies con barnices de tonalidades negruzcas— son el resultado de una cocción deficiente, tratándose, por tanto, de descartes de producción.

[7] Como comercio redistribuidor hacia el interior a partir de la costa y desde enclaves que participan del comercio activo. En éste, el transporte de mercancías queda reservado a elementos ajenos al territorio de destino de las mismas.

bárquida en *Iberia* y en la Alta Andalucía genere una nueva organización del territorio, así como soluciones urbanísticas y arquitectónicas, la instauración de monopolios y sociedades comerciales, el establecimiento de un sistema de tributación y la consiguiente monetarización de las comunidades indígenas, entre otros fenómenos. El "circuito interno" (ibíd., 327, Cuadro II) aparecerá a partir de entonces fuertemente determinado y dirigido a satisfacer las necesidades imperialistas púnicas —en el contexto del "circuito externo" mediterráneo (ibíd., 326)— en lo que a determinados excedentes se refiere. La red de asentamientos redistribuidores de primer nivel se extiende hacia el interior, y en muchos casos los tradicionales intermediarios locales entre la organización económica indígena y la red de establecimientos delegados de la administración bárquida, debieron ser parcialmente suplantados por sociedades extranjeras de comerciantes.

A pesar del hallazgo reciente de un buen conjunto de materiales importados en el asentamiento del Cerro de la Atalaya de Lahiguera de Arjona (Barba y Fernández, e.p.; Barba, Fernández y Torres, e.p.), algunos contextos materiales de uso muestran cómo hacia finales del siglo I a.C. la estructura jerárquica de asentamientos de la Vega Occidental de Jaén aún no se ha integrado de un modo decidido en las dinámicas de adquisición de productos de procedencia mediterránea, a la espera entre otras razones de la nueva política viaria (*cura viarum*) impuesta por Augusto a la Bética y en virtud de la cual se invertirán grandes capitales en la construcción y regeneración vial. Se fortalece entonces la función principal del Guadalquivir como poderosa herramienta de control administrativo y de unificación política (Chic, 1997: 55-58). Hasta que esto ocurra, la vajilla cerámica local incorpora gradualmente formas procedentes, en cualquier caso, de tradiciones ajenas. Las cerámicas locales grises bruñidas republicanas (Adroher y López, 2000: 158-159; Adroher y Caballero, 2012; Ruiz Montes y Peinado, 2012) y las cerámicas tipo Peñaflor (Martínez, 1989; Ruiz Montes, 2012; 2013), inspiradas en prototipos itálicos de barniz negro y barniz rojo respectivamente, en una relación de sucesión temporal van a complementar el ajuar propio de fines del período Ibérico Final en las comunidades indígenas de la zona (Ruiz Montes, 2007: 119-123).

Este panorama parece extenderse a la Campiña a tenor de lo visto en el *oppidum* de Atalayuelas (Ruiz Rodríguez y Molinos, 1993: 266, 283; Castro, 1998). Allí, tanto las cerámicas grises bruñidas republicanas como las producciones de cerámicas tipo Peñaflor aparecen asociadas en un mismo contexto de fuerte componente indígena vinculado a ritos y sistemas de culto locales (Rueda, 2008). Tal relación de coetaneidad (ibíd., 532, 534) refuerza lo ya apuntado para la perduración[8] de la producciones grises republicanas hasta, por lo menos, el cambio de Era (Adroher y López, 2000: 159; Adroher y Caballero, 2012: 33; Ruiz Montes y Peinado, 2012: 124), a la vez que confirma lo ya observado en el entorno de la Vega Occidental: la ausencia de vajillas cerámicas importadas —sigillatas itálicas y sudgálicas— para momentos tempranos en las áreas periféricas de los grandes núcleos que capitalizan el proceso de romanización en el Alto Guadalquivir. Dicho contexto, dominado por las producciones locales, muestra además una difusión regional muy significativa para los primeros productos confeccionados en los talleres de Los Villares de Andújar. Es el caso del conjunto de paredes finas (Rueda, 2008: 534-536), cuyas características físicas nos remiten a la producción isturgitana de estos vasos (Ruiz Montes y Moreno, e.p.); lo mismo ocurre con las cerámicas pintadas de tradición ibérica (Choclán, 1984; Ruiz Montes y Peinado, e.p.), bien representadas en el conjunto (Rueda, 2008: 511-514).

En consecuencia, y a pesar de la escasez de datos y contextos bien definidos en la región, durante los primeros decenios del siglo I d.C. se dibuja un panorama caracterizado por la dualidad en términos de acceso o no, por parte de las comunidades indígenas, a los flujos de circulación de bienes de consumo importados, vajillas cerámicas en concreto. Una situación que se mantendrá hasta que diversos factores de tipo geoeconómico desencadenen un acusado proceso de democratización de este tipo de vajillas, así como el establecimiento de las condiciones para la creación y consolidación de talleres productores de cerámicas finas al modo romano en el ámbito de estudio. Centros de actividad que, a su vez, van a tender a buscar gradualmente soluciones organizativas distantes de las vinculadas a la realidad del sustrato productivo local pero, eso sí, fuertemente condicionadas por él en diversos aspectos de carácter técnico como más adelante veremos.

I.5. Una hipótesis de partida. Acerca del artesanado bético del Alto Guadalquivir

De la problemática descrita se desprende un evidente interés por la caracterización, como objetivo fundamental, de un proceso técnico y organizativo que afecta al artesanado local como un agente más, pasivo y activo, de romanización en el Alto Guadalquivir. En este sentido, aspectos como lo que denominamos la "producción descentralizada" de Los Villares de Andújar, es decir, todos aquellos productos —cerámicas tipo Peñaflor, cerámica pintada de tradición ibérica, paredes finas y lucernas— que durante la investigación han quedado a un lado de las principales líneas de trabajo, han demostrado ser un importante vehículo de información. De un breve análisis (Ruiz Montes, 2007: 116-132) ya pudimos concluir una realidad resultante de la convergencia de un sustrato productivo indígena, protagonista de una producción de tipo artesanal, con nuevos modos de organización de la producción exógenos a las tradiciones locales.

Así, el artesanado establecido en Los Villares de Andújar parece haber protagonizado un diálogo bidireccional que se hace evidente tanto en el producto como en los medios para producirlo. Por un lado, el repertorio formal propio de las sigillatas hispánicas de las *officinae* isturgitanas incorpora inicialmente formas procedentes de otros reper-

[8] En el caso del santuario periurbano de Las Atalayuelas, la presencia de las producciones grises de imitación de barnices negros parece responder a un fenómeno residual y de amortización.

torios (Fernández García, 1988; Roca, 1991: 228; Roca, 1994: 413); significativamente, con el tiempo la diversidad formal se reduce sustancialmente (Roca, 1994: 415) de la mano, quizás, de una tendencia a la especialización del artesanado centrada en la producción de sigillatas. Por otro, parece evidente que los conocimientos empíricos adquiridos por los artesanos indígenas resultan determinantes para el funcionamiento de las *officinae* romanas de Los Villares. La técnica de cocción de los vasos mediante tiro vertical directo —de amplio desarrollo en el marco del mundo ibérico— se mantuvo en esencia, aunque pudo sufrir leves ajustes tecnológicos por el contacto con artesanos alóctonos. No obstante, las morfologías de las estructuras de cocción son directas herederas de aquéllas[9] con una larga tradición en la región (Ruiz Montes, 2007: 132-140; 2011; e.p. b; Ruiz Montes y Peinado, 2010), y que por lo visto hasta el momento permanecerán invariables en esencia durante toda la vida activa de los talleres isturgitanos.

Además, de este diálogo participaría el artesano que queda expuesto al aprendizaje y posterior aplicación de nuevas técnicas a través de la llegada de otros artesanos emigrados (Roca, 1994: 423). En este sentido, la figura del alfarero *M[arcus] Satrius Montanus* podría ejemplificar un fenómeno de movilidad en busca de mercados potenciales por parte de un artesanado estructurado y organizado que, a través de la figura del aprendiz[10], contribuiría a la consolidación y desarrollo, en un ámbito territorial dado, de nuevos conocimientos técnicos. Diversos factores a analizar con mayor profundidad podrían incidir en el carácter alóctono de este emprendedor, de cuyo nombre, además, pueden extraerse algunos datos de interés tendentes a la adscripción de un *origo* más o menos preciso.

En el otro extremo, la ausencia de este diálogo evitaría la consecución en otras aglomeraciones productivas del salto cualitativo —en términos técnicos y organizativos— necesario para lograr un alto grado de eficiencia productiva como el alcanzado en Los Villares de Andújar. El caso más significativo es el de los talleres adscritos a la antigua *Celti* (Peñaflor) donde a pesar de contar con un artesanado partícipe de una amplia tradición en la producción de vajillas de imitación (cerámicas tipo Peñaflor) parece, en el estado actual de conocimientos, haber carecido de un motor de dinamización que propicie *a posteriori* la confección de una serie propia de sigillatas hispánicas.

Todo parece indicar que dicho proceso de reconversión encuentra solución en un tiempo concreto, bien definido en base al fenómeno de la proliferación y aumento, que podríamos tildar de exponencial, de las *officinae* productoras de *terra sigillata* hispánica en Los Villares de Andújar, hacia época flavia. Vinculado con ello debe valorarse la acusada tendencia a la especialización a la que se ve arrastrada la producción de cerámicas, fuertemente condicionada por el desarrollo de los mercados imperiales con un comportamiento similar al observado para la producción agrícola y el comercio del aceite. Del mismo modo, la adaptación a un mercado tan especializado y exigente requiere de una estructura organizativa eficiente, donde es esencial el concurso de un apreciable número de mano de obra, tanto especializada como no especializada, para la fabricación en serie bajo unos criterios de estandarización que permitiesen dar respuesta a la fuerte demanda de determinados bienes y servicios que, a su vez, podía estar radicada en necesidades de tipo social (significación social)[11]. El mapa productivo resultante vendrá caracterizado por una producción masiva distribuida a media y larga distancia, que algunos han calificado incluso de "industrial" (Peacock, 1982).

Precisando un poco más, las hipótesis de trabajo que hemos podido establecer gracias a un primer análisis preliminar (Ruiz Montes, 2007) se articula en torno los siguientes puntos:

1. Los Villares de Andújar inicia su andadura en un momento sin precisar, en torno a mediados del siglo I d.C. Un centro de producción local, inicialmente de marcado carácter artesanal, que sigue mostrando una fuerte vinculación a las formas sociales indígenas.

2. En su desarrollo posterior es posible que tuviese lugar la llegada de nuevos artesanos y producciones ajenas a la tradición, lo que precipitaría la consolidación del barrio artesanal con la aparición de las primeras *officinae* productoras de *terra sigillata* hispánica y, en consecuencia, de las estructuras de producción típicamente romanas.

3. La reconversión de que hablábamos con anterioridad debió ser una realidad hacia época flavia. La nueva organización del trabajo, de la producción y del artesanado, en fin, se ha consumado. Coincidiría, además, con el momento de la creación de sucursales en las zonas del interior de la Alta Andalucía, en la búsqueda de nuevos mercados.

I.6. Métodos y modos de aproximación al objeto de estudio

I.6.1. La naturaleza de la economía romana. Artesanal vs industrial

El debate sobre el carácter artesanal o industrial de la producción y comercialización de las vajillas cerámicas confeccionadas en los grandes centros productores de sigillatas está directamente relacionado con aquel que se desarrolla en los últimos años en torno a la propia naturaleza de la economía romana.

[9] Hablamos de una estructura de planta circular, pilar central y bóveda anular que sustenta la parrilla, que recurre al uso masivo del adobe como material para su construcción.

[10] Hecho que explicaría la ausencia de una fase clara de lo que se ha venido denominando como de "tanteos", y que en ningún caso debería confundirse con las series de vajillas de imitación de difusión regional.

[11] Si entendemos bien las palabras de R. Risch (2002: 26), cuando niega la exclusividad de los procesos técnicos como determinantes únicos en la relación especialización-estandarización de la producción de bienes que son significantes política e ideológicamente.

Actualmente parece superada la cruda bipolarización de los historiadores de la economía romana que existió durante años[12] entre, por un lado, los "modernistas" que, inspirados por M. Rostovtzeff (1957), defendían el carácter *quasi*-industrial y de comercio a larga distancia de la economía romana, y, por otro, los "primitivistas" de M. Finley (1973) y la Escuela de Cambridge que hacían apología de una economía romana esencialmente rural y autárquica marcada por el inmovilismo tecnológico y un sistema de producción esclavista. Muchos, últimamente, han manifestado lo inapropiado de ambas vías de acercamiento.

Mientras los postulados "modernistas" son unánimemente rechazados a día de hoy, el modelo finleyano aún encuentra seguidores, a la par que sigue, suscitando opiniones contrarias y críticas más o menos moderadas en el marco de las recientes corrientes de estudio de la economía del mundo romano. Y lo hace en torno a varios puntos que resumen el ideario "primitivista" (Polfer, 2001: 8):

- Consumo limitado en cantidad y a productos de lujo dirigidos a un público restringido capaz de pagarlos.
- Inadecuación de las infraestructuras y de los medios de transporte.
- Circulación deficiente de una masa monetaria escasa.
- Unas élites ajenas a cualquier tipo de empresa diversa a la de la agricultura y alejadas de consideraciones de racionalidad económica (tecnología y producción).
- La insuficiencia de un marco institucional y jurídico en materia de créditos y acumulación de capitales que favorezcan las actividades comerciales.
- Artesanos y comerciantes "disfrutan" de un status social bajo, en tanto que su producción se dirige al abastecimiento local.

Día a día, los datos arqueológicos —sin contar con los de carácter filológico, iconográfico o epigráfico— muestran cada vez más claramente el carácter dinámico de una economía, sobre todo aquella de época imperial, que había sido tildada de inmovilista. Se descubre, al contrario de lo manifestado en los anteriores puntos, un cuadro económico en el que el comercio a media o larga distancia y la producción de manufacturas destinadas a los mercados supraregionales desempeñan un papel más importante que aquel que les otorgaba el modelo de M. Finley (Polfer, 2001: 10). En el marco de las corrientes actuales, por tanto, formas de intercambio de mercado (Polanyi, 1994: 109-118) que proveen de determinados productos zonas donde estos escasean —en cohabitación lógica con otras redistributivas—, la ciudad "productora" —junto con la "consumidora" de W. Sombart, M. Weber y Finley— (Bruhns, 1985), otras modalidades de aprovisionamiento y acumulación de capitales además de la propia moneda, la flexibilidad del sistema crediticio romano o la integración decidida de las élites en actividades productivas y comerciales como una segunda vía de negocio —si bien de profundo calado en la estructura económica—, cobran especial valor como caracterizadores de la realidad económica del Imperio romano (Harris, 1993).

Esta realidad económica más compleja donde tienen cabida la búsqueda de beneficios, la orientación de las actividades hacia mercados de mayor alcance que los simplemente regionales, la inversión en infraestructuras productivas en busca de una producción en masa, etc., puede llevarnos a valorar favorablemente la aplicación de nuevos modelos que, en su base, en lugar de profundizar en las disimilitudes que separan la economía de la Antigüedad de aquellas de la Edad Media y Moderna —como gustaba a la línea finleyana—, se apuesta por lo contrario, por subrayar los similitudes y puntos de convergencia con las sociedades preindustriales occidentales, tanto por los comportamientos económicos como por la propia estructura económica de la época (Polfer, 2001: 10). En esta línea, la propuesta de K. Dark (2001), evitando desestimar la importancia de la agricultura como base ulterior de la vida económica del Imperio romano y el papel desempeñado por los talleres de menor escala, explora la posibilidad de que la producción a gran escala de manufacturas en tal época pueda ser clasificada como "proto-industrial", si bien nunca como "industrial".

Así las cosas, una economía proto-industrial[13] queda definida y caracterizada del siguiente modo (*Ibid.*, 21):

- Economía de mercado monetarizada en gran medida y dotada de un eficiente sistema de comunicaciones que permita el acceso a mercados más amplios.
- Regiones donde grupos de artesanos dirigen su producción no sólo al abastecimiento de los mercados en el ámbito regional, sino también supraregional.
- Dichos productos son facilitados y redistribuidos a partir de centros urbanos a los distintos mercados.
- Uso de tecnologías tradicionales ya usadas en los talleres artesanos de la zona con anterioridad al proceso de protoindustrialización, sin la aparición de otras más novedosas.
- La evidencia de un determinado grado de organización productiva que permita la estandarización de la

[12] Controversia que debe encontrar su origen en las visiones opuestas de dos estudiosos alemanes a finales del siglo XIX; Karl Bücher y Ernst Meyer van a inspirar las lecturas "primitivistas" y "modernistas", respectivamente.

[13] Para que una economía sea considerada como tal, la forma organizativa protoindustrial no necesita ser identificada en todas las partes de la economía.

producción.

De estos puntos se deriva, a su vez, un modo de producción a medio camino entre el artesanal y el industrial, con unas características que podríamos resumir en varios puntos que consideramos esenciales:

- Producción de calidad variable —aunque puede degenerar en el tiempo— y de amplia y planificada difusión por los mercados supraregionales.
- Gran volumen de producción fruto de una estructura organizativa más compleja y coordinada.
- Fuerte tendencia a la estandarización de las formas de los vasos como caracteriza a una producción en masa.
- Formas organizativas de la producción tendentes a la especialización de los artesanos / operarios / esclavos[14] en las distintas fases del ciclo productivo.
- Uso mayoritario de tecnologías tradicionales, aunque sobre estas mismas puedan tener lugar determinados reajustes técnicos, que en ningún caso implique la aparición de una nueva tecnología.
- Tendencia a la creación de aglomeraciones productivas más o menos dispersas en un territorio.

Esto contrasta, en el otro extremo, con la producción de tipo "artesanal" que J.-P. Morel (1981: 83-85) puso en relación con los talleres productores de barnices negros anteriores a la Segunda Guerra Púnica (siglos IV-III a.C.), y que se puede resumir en los siguientes puntos:

- Producción que presenta una buena calidad y acabados pero de difusión reducida destinada inicialmente a los mercados regionales.
- El volumen de producción es más bien reducido, lejos de la producción en masa que caracterizará a los talleres de cerámicas finas posteriores.
- Escasa tendencia a la estandarización de las formas de los vasos que, en consecuencia, presentan una gran variabilidad formal.
- Empleo de mano de obra de condición libre —e incluso de tipo familiar— (Principal, 1998: 157) en una estructura organizativa poco desarrollada.
- Inmovilismo tecnológico fruto de una débil inversión en el desarrollo de los medios y herramientas de producción.

Con posterioridad, este modelo experimenta un desarrollo, evolución y concretización hacia las características definitorias de la producción de tipo proto-industrial que consideramos propia de la época imperial, y que tiene lugar de la mano de la progresiva consolidación de la productividad entendida como la lógica económica predominante. Asistiremos en ese tiempo a la introducción en el proceso productivo de una mano de obra escasamente cualificada —en gran parte esclavos—, a la reducción de los repertorios formales cada vez más estandarizados, al desarrollo de las exportaciones a mercados alejados de los límites regionales... (Adroher, 1991: 11). No obstante, hay que recordar que nos estamos refiriendo siempre a los grandes talleres origen de las diferentes vajillas cerámicas por excelencia en el "mundo romano" desde fines del siglo IV a.C. hasta época imperial. Ni mucho menos, si entendemos la producción de cerámicas de un modo integral en el contexto romano, hemos de considerar un proceso indefectiblemente unilineal, universal y progresivo. En nuestro caso, parece entreverse que éste no tuvo lugar como tal. O lo que es lo mismo, al Alto Guadalquivir Roma exportará un modo de producir —matizado posteriormente "en destino"— en gran medida ajeno y desconocido para las comunidades locales, que en la práctica supondrá un neto salto con respecto a la producción de tipo artesanal propia del sustrato productivo local.

I.6.2. Interpretar el proceso productivo: modelos etnográficos y Etnoarqueología

C. L. Costin (2000: 377) señalaba: "*the explicitly stated goal of ethnoarchaeology is to provide ethnographic data and explications of those data that are of direct relevance to the interpretation of archaeological materials and to model-building in archaeological practice*". A lo que se podría añadir que, cuando las limitaciones impuestas por el registro arqueológico no permiten incidir aparentemente en aspectos claves del proceso productivo, el recurso a los modelos etnográficos nos ofrece la posibilidad de solventar en buen grado una parte importante de dichas restricciones y habilitar, de ese modo, alternativas interpretativas de gran interés para nuestro estudio. Las conclusiones podrán estructurarse alrededor de los tres objetivos básicos de cualquier investigación arqueológica en torno a la producción de cerámicas antiguas como la que presentamos: la caracterización del proceso productivo, el desarrollo tecnológico y organizativo de dicho proceso y la discusión integral sobre la identificación de las regularidades y variabilidades en el proceso productivo (ibíd.).

Los paralelos etnográficos, a través de la analogía etnográfica[15] que establece puntos de comparación entre cul-

[14] Como sociedad, en cualquier caso, preindustrial, el mundo romano seguirá operando con modos de producción artesanales junto a aquellas formas productivas protoindustriales que, a pesar de ello, y en la mayoría de ocasiones contarán con artesanos, operarios —individuos libres asalariados— y, por su puesto, esclavos, cuyo trabajo en época plena imperial parece haber sido más importante de lo que hasta ahora se ha manejado para tal momento (Harris, 1980).

[15] Hemos de recordar, como bien señaló A. Hernando (1995: 20), que la analogía etnográfica se encuentra en el mismo origen del razonamiento arqueológico quedando privados de poder "imaginar un pasado diferente de nuestro presente si no fuera por la evidencia de un presente tam-

turas y los elementos que la integran para obtener datos de primera mano que poder aplicar a un caso particular del pasado, se muestran especialmente útiles a la hora de establecer referencias para la delimitación de un territorio de aprovisionamiento y captación de las distintas materias primas fundamentales en el ciclo productivo de la cerámica. Con ello se abre la posibilidad de calibrar el peso específico de lo que denominamos "factores físicos de implantación" en la génesis de la actividad productiva en Los Villares de Andújar. A tal fin, trabajos como los de D. E. Arnold resultan particularmente significativos. Estos, dedicados esencialmente al estudio y la gestión de materias primas en sociedades contemporáneas, abarcan desde aspectos como las distancias de captación hasta marcos teóricos y criterios analíticos desde los que abordar diversas problemáticas relacionadas con las arcillas.

Por Etnoarqueología, *sensu estrictu*, hemos de entender aquel trabajo de campo etnográfico realizado con criterios arqueológicos cuyo objetivo es la obtención de información vinculada tanto a aspectos tecnológicos, sociales o ideológicos manifestados a través de la cultura material, como a aquellos relativos a las ideas, normas y valores que constituyen los parámetros sociales de identidad de un grupo social (Hernando, 1995). En esta línea ha de encuadrarse el magnífico trabajo de M. Vidale sobre la producción artesanal protohistórica a través del estudio de sociedades actuales (1992), el cual que nos ofrece un abundantes definiciones y conceptos sobre la producción artesanal, composición, desarrollo y su evolución, y el "rastro" que dicha actividad puede dejar en el registro arqueológico. Es el caso, por ejemplo, de la formación de los "depósitos de descarga" o vertederos, contextos estratigráficos sobre los que tradicionalmente se ha trabajado en Los Villares de Andújar.

En definitiva, aun no tratándose de la única vía de aproximación para el conocimiento de las sociedades del pasado, como apuntó P. M. Rice (1987: 114-115), "*sampling the variety in these procedures* [de manufactura cerámica conocida gracias al registro etnográfico] *will help establish a context for envisioning similar behavior in antiquity*". No se nos debe olvidar tampoco que la analogía etnográfica se encuentra en la base y los orígenes de la interpretación y el razonamiento en Arqueología y, por tanto, del mecanismo de adquisición de conocimiento.

I.6.3. Arqueometría en cerámicas y determinación de procesos de cambio tecnológico

Recientemente algunos investigadores en el campo de la arqueometría han puesto de manifiesto su preocupación ante la incomunicación que se ha instaurado en los últimos años en las relaciones entre la Arqueología y las técnicas arqueométricas. Reclaman un andar conjunto en un marco común del que se beneficie el conocimiento de las cerámicas de origen arqueológico a través de informaciones indirectas y complementarias de diversa índole —procedencia, tecnología y función— como las que nos reportan los análisis arqueométricos (Gurt y Martínez, 2008). O lo que es lo mismo, reclaman la necesidad de adoptar en este tipo de estudios un esquema teórico que interrelacione, calibre y cualifique informaciones y argumentaciones etnográficas, geológicas, históricas, arqueológicas... (Buxeda *et al.*, 1995). En general, la superación que de los métodos arqueográficos tradicionales tipocronológicos significa la aplicación de estas técnicas, ha proporcionado la realización de importantes obras con un inmenso caudal de información complementaria para la completa caracterización arqueológica de las cerámicas; destaca, por afinidad a nuestro ámbito de estudio, el trabajo de M. Picon (1973) sobre las cerámicas sigillatas del taller galo de Lezoux.

Sea como sea, el uso de las técnicas arqueométricas, como complemento de los procedimientos tradicionales y elemento de confrontación con los resultados obtenidos mediante estos, ha experimentado durante las dos últimas décadas un fuerte impulso en España. Tanto la creación y especialización de grupos de investigación y profesionales en la aplicación de éstas, como las infraestructuras y servicios prestados por muchas de las actuales universidades han desempeñado un importante papel —y así lo siguen haciendo— para prestarnos un fácil aunque aún, en algún caso, bastante costoso, acceso a tales medios y herramientas.

La matriz de este trabajo de caracterización cuyo objetivo final es la interpretación y valoración de los datos obtenidos en una síntesis con implicaciones arqueológicas, debe comenzar con la formulación de la problemática arqueológica a la que pretendemos dar respuesta con tal aproximación de tipo arqueométrico; en ello tendrán mucho que decir las denominadas "probabilidades *a priori*" (Bishop y Neff, 1989: 59; Picon y Le Miere, 1987; Picon, 1995: 231), entendidas como argumentaciones de distinta naturaleza: etnográfica, técnica, geológica... A continuación se procede al muestreo de las piezas a analizar en coherencia con las probabilidades y planteamientos expuestos; en este sentido es bueno saber que el grado de representatividad de la muestra es directamente proporcional al grado de conocimiento del conjunto cerámico objeto del estudio. Por su parte, el análisis lo más completo posible del artefacto aconseja la puesta en práctica de varias técnicas complementarias de un conocimiento exhaustivo. La naturaleza de las informaciones obtenidas comprenderá afirmaciones en torno al proceso tecnológico vinculado a la confección de los vasos, la procedencia de las materias primas empleadas en ella, la funcionalidad de aquellos y, por último, la detección de las posibles alteraciones y contaminaciones sufridas por el artefacto, tanto durante su vida útil como en el proceso de incorporación al registro arqueológico. Finalmente, la integración de los datos nos llevará, en último término a la elaboración de la síntesis histórico-arqueológica.

En el esquema del trabajo arqueométrico para la caracterización de cerámicas arqueológicas que contemplamos y venimos avanzando (García Heras, 1998: 7-12, fig. 2.1), se puede decir que no existe un método ideal, y que co-

bién diferente".

rresponde al investigador decidirlo teniendo en cuenta los objetivos de su investigación (fig. 2). En nuestro caso optaremos por, en primer lugar, la técnica de la Fluorescencia de Rayos X (XRF, *X-Ray Fluorescence*), un análisis de tipo físico-químico que nos ayudará a conocer la composición química y la concentración de los distintos elementos presentes en las cerámicas. Aunque existen diversas técnicas para este fin, la XRF ha sido una de las más frecuentemente aplicadas, demostrando su eficacia a la hora de determinar la composición primaria de la pastas y los recubrimientos empleados (barnices, engobes y pinturas).

Pero debemos acercarnos también a las distintas alteraciones que esa pasta experimenta durante el proceso de cocción, así como en las fases de uso y amortización, donde sufrirá distintas contaminaciones debidas a los proceso deposicionales y post-deposicionales. Para ello recurriremos al análisis mineralógico por Difracción de Rayos X (XRD, *X-Ray Diffraction*), como medio para aproximarnos a los procedimientos y fases de cocción. Aspiramos a establecer, además, distintos "grupos de referencia" correspondientes a las distintas clases cerámicas producidas en los talleres de Los Villares de Andújar. La creación de un banco de datos abierto a los investigadores para la contrastación de analíticas realizadas sobre materiales de supuesta adscripción isturgitana, resulta determinante para la correcta valoración de dinámicas comerciales y de mercado asociadas a estas vajillas, sobre todo una vez detectadas ciertas deficiencias entre los estudiosos en la identificación de las mismas mediante procedimientos tradicionales.

La instrumentación actualmente disponible permite complementar la adquisición de los datos químicos y mineralógicos con la toma de imágenes de gran resolución de la propia microestructura física tanto de las soluciones de recubrimiento como de la matriz de las pastas y determinar, por ejemplo, el grado de sinterización de estos. Para ello contamos con la conocida como Microscopía Electrónica de Barrido (SEM EDS, *Scanning Electron Microscope Energy Dispersive System*).

La caracterización química y mineralógica de las cerámicas arqueológicas mediante procedimientos arqueométricos habría de reportarnos un buen número de datos de contrastación sobre, principalmente, las características de las arcillas usadas en la confección de los vasos, los tratamientos dados por los artesanos y operarios a tales arcillas, los procedimientos de cocción de los vasos o los acabados tanto de pinturas, como engobes o barnices. Los resultados, debidamente interpretados, nos ofrecen, del mismo modo, la posibilidad de identificar probables procesos de cambio tecnológico y productivo en el tiempo y en el desarrollo de una actividad, es decir, aislar fenómenos de modificación e introducción de una técnica o indicadores de una reestructuración de la organización productiva. Pero además nos permite establecer una relación geográfica clara entre situación de los talleres y realidad geológica y disponibilidad de materias primas.

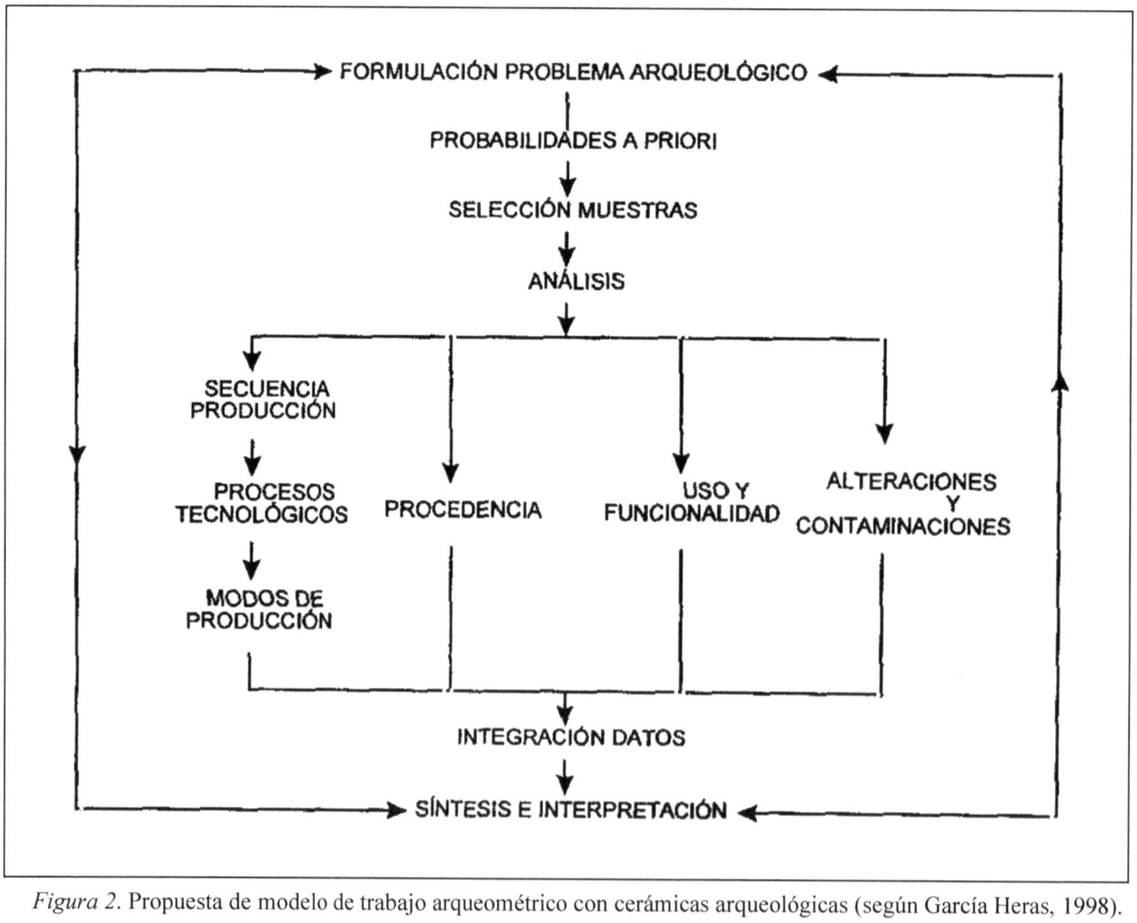

Figura 2. Propuesta de modelo de trabajo arqueométrico con cerámicas arqueológicas (según García Heras, 1998).

En resumen, la aproximación que abordamos pretende avanzar en tres líneas fundamentales acerca de las cuales los estudios arqueométricos tienen mucho que decir (Olcese, 2003: 45): la investigación del centro de producción como tal (situación geológica-geográfica, estructura de la producción, implicaciones de tipo socioeconómico...); la investigación sobre la tecnología cerámica; y estudios sobre la propia circulación, difusión y distribución de los vasos por los distintos mercados.

I.7. La investigación arqueológica en Los Villares de Andújar-*Isturgi*. Actuaciones[16]

El conocimiento del barrio artesanal adscrito a la antigua ciudad de *Isturgi* ha sido posible gracias a una actividad arqueológica que hunde sus raíces en la década de los años setenta del siglo XX, cuando M. Sotomayor da a conocer en 1971 a la comunidad científica la existencia de un centro de producción de *terra sigillata* hispánica en la zona de Los Villares de Andújar (Sotomayor Muro, 1973).

El material presentado por Sotomayor ese año al XII Congreso Nacional de Arqueología se componía de un buen número de fragmentos de moldes, de *sigillata* hispánica decorada, algunos ejemplares completos, o casi, así como un grupo de marcas de alfarero hasta entonces sólo conocidas en la *Mauretania Tingitana* (Sotomayor Muro, 1972). Al año siguiente, nuevos hallazgos casuales motivaron el interés del entonces director del Museo Arqueológico de Jaén, quien se puso en contacto con el profesor Sotomayor a fin de que éste acudiera a la zona y realizase una excavación de urgencia (Sotomayor Muro, 1998). A partir de entonces las intervenciones se sucederán en la zona de manera casi ininterrumpida hasta la actualidad, siempre en el marco de proyectos de investigación ideados a tal fin.

I.7.1. Proyecto Romanización del Alto Guadalquivir. 1ª fase (1972-1981)

Primera campaña de excavación

Sería, como ya hemos señalado, el profesor M. Sotomayor el primero en realizar una excavación arqueológica en Los Villares de Andújar, concretamente en el año 1972 a propuesta del entonces director del Museo Provincial de Jaén quién, tras recibir noticias de hallazgos de cenizas y fragmentos cerámicos, proponga al profesor Sotomayor la realización de las intervención (ibíd., 31-48). Antes se realizó una pequeña prospección con el objeto de valorar el yacimiento y establecer los posibles límites del área arqueológica. Tras esta primera aproximación, y ya que sólo se contaba con autorización para actuar sobre un espacio muy limitado, se dispuso la realización de los primeros sondeos, los denominados Cortes 1, Corte 2 y Corte 3, en una zona en la que se había observado en superficie abundantes fragmentos y evidencias de cerámicas en *terra sigillata*, escorias y cenizas.

Desde el inicio de los trabajos en el Corte 1, los materiales recogidos son prometedores. Restos de sigillatas locales de diversas formas y tipos. Más abajo comenzaron a detectarse abobes quemados y derretidos, así como escorias, bien interpretados todos por sus excavadores como evidencias relacionadas con la cocción de los vasos y las estructuras empleadas para ello (Sotomayor Muro, 1972: 266). No obstante, parece que todos estos materiales se encontraban de alguna manera removidos o fuera de su contexto original. No ocurre lo mismo con el primer vertedero de desechos de la producción de cerámicas explorado en Los Villares de Andújar, que después se ha demostrado como perteneciente a una fase avanzada de la actividad de los talleres productores de sigillatas en el barrio artesanal isturgitano. Dada la magnitud de este vertido, se decidió emplazar en ese mismo lugar una nueva área de excavación, el Corte 3 (ibíd., 268). Este nuevo sondeo no presentó muchas novedades con respecto al anterior, a excepción del tamaño de los adobes, ahora mayores. Esto no hizo más que reforzar la idea de la presencia cercana de un horno.

Por contra, el Corte 2, que se sitúo alejado unos metros del primero de los sondeos y a continuación del perfil norte de este, resultó casi estéril desde el punto de vista arqueológico (ibíd., 268).

El conjunto de los materiales recuperados en esta primera campaña evidenció pronto la extraordinaria trascendencia del asentamiento. Ya entonces, la *sigillata* hispánica local, tanto lisa como decorada, se presenta como la clase cerámica más frecuente en el registro, haciendo especial hincapié en esta ocasión en las marcas de alfarero y de entalle. Del resto de los materiales recuperados —cerámicas comunes, lucernas, *dolia*, algún fragmento de ánfora y adobes u otros elementos estructurales pertenecientes a las estructuras de combustión— sólo se mencionó su aparición (ibíd., 263-289).

Esta campaña, en todo caso, supondrá el prólogo de un proyecto de investigación sistemático del sitio arqueológico.

Segunda campaña de excavación

La segunda campaña tuvo lugar del 29 de agosto al 13 de septiembre de 1972, dirigida por M. Sotomayor Muro y A. Pérez Casas. En ella se realizaron dos nuevos cortes, el 4 y el 5, en la misma parcela que los anteriores, y planteados como ampliación de los mismos cortes 1 y 3. El principal objetivo entonces fue el de la excavación del vertedero que había sido localizado en la campaña anterior.

Tal y como ocurriese en los cortes 1 y 3 las primeras cavas de ambos sondeos se caracterizaron por presentar materiales muy revueltos entre las tierras de labor y las últimas fases del vertedero. El primer nivel arqueológico

[16] Próximamente será publicada una obra de conjunto sobre Los Villares de Andújar la cual incorpora, además de un repaso profundo de las investigaciones llevadas a cabo allí hasta el momento, nuevos estudios y análisis sobre diversos aspectos relativos a dicho asentamiento (Fernández García, e. p.).

proporcionó una buena cantidad de material cerámico, mezclado con desechos asociados a la estructura de los hornos y cenizas (Sotomayor *et al.*, 1976: 115). El material recogido en este primer nivel se corresponde con el límite superior del vertedero; en él se recuperaron diversos fragmentos de sigillatas y moldes, además de algunos de lucernas de producción local. Las marcas sobre *sigillata* localizadas en él —*EX OF CA*— (ibíd., 115-116), deben ponerse en relación con una fase avanzada en la vida activa de los talleres isturgitanos.

Un segundo nivel del vertedero parecía compartir en esencia las mismas características, con la salvedad significativa de la aparición de numerosos fragmentos de cerámicas pintadas de tradición ibérica junto con algunos de paredes finas (ibíd., 117-118).

Tercera campaña de excavación

Dirigida por M. Sotomayor Muro, A. Pérez Casas y M. Roca Roumens, tuvo lugar la tercera campaña de excavación en el verano de 1973. La novedad ahora fue la localización de una serie de estructuras de cierta entidad, identificadas como tres hornos de cocción de cerámicas. Otras parecen haber formado parte de las dependencias de los alfares, sin que pudieran interpretarse correctamente dada las limitaciones impuestas por la escasa superficie excavada (ibíd., 120-147) (fig. 3).

En el Corte 6 se pudieron documentar una serie de muros pertenecientes a tres momentos de ocupación diferentes; el más reciente reportó una sepultura de inhumación con cubierta de tégula a dos aguas y, por tanto, correspondiente a un momento de ocupación ajeno a la actividad de los talleres alfareros. No obstante, en los momentos de ocupación sucesivos enseguida vuelven a detectarse indicios de la producción de cerámicas, eso sí de momentos

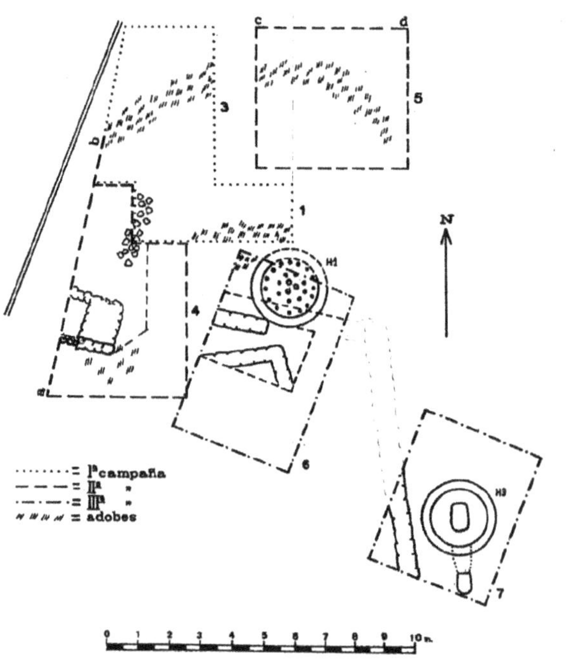

Figura 3. Planta y situación relativa de los cortes 1, 3, 4, 5, 6 y 7 (según Sotomayor Muro *et al.*, 1976).

avanzados, como en los casos hasta ahora señalados (ibíd., 121). Más abajo, amortizado por otras estructuras como el denominado "muro h", tiene lugar el hallazgo del conocido ahora como horno Los Villares 1, aún conservado por encima del nivel de la parrilla. A su vez, la construcción de la estructura de combustión parecía haber afectado directamente niveles arqueológicos asociados a ocupaciones del sitio anteriores a la creación del barrio artesanal de época romana (ibíd.).

No muy lejos del anterior, un nuevo sondeo, el Corte 7, fue encaminado a certificar la existencia de un nuevo horno, dado que en la zona aparecía en superficie una considerable concentración de cenizas y escorias; de ese modo, tras la excavación de una serie de estratos con pocos materiales en general, se descubrió un nuevo horno, el cual conservaba únicamente la mitad inferior por debajo de la parrilla, en esta ocasión desaparecida. Se tratará del horno Los Villares 3 (ibíd.).

El Corte 8 fue planteado en una zona colindante con otra de las parcelas bajo las que se extiende el yacimiento. En un primer momento, como ocurriese en el Corte 6, se detectan estructuras pertenecientes a una fase más reciente, junto con materiales cerámicos de producción local, sigillatas y cerámica común, todo ello asociado a un pavimento bastante rudimentario, realizado con cantos y fragmentos de *dolium*. Sólo unos centímetros más abajo aparecerá el horno Los Villares 2, excavado parcialmente y a la vez el mejor conservado de todos los que se conocerán en el yacimiento. Además, de la intervención en este sondeo se pueden extraer ciertas conclusiones relacionadas con la topografía antigua del lugar, ya que la estructura en cuestión aparece apoyada sobre una terraza que se extiende al norte y al este del sondeo (ibíd., 123-127).

La última de las catas arqueológicas realizada en esta campaña fue la correspondiente al Corte 9. Más alejada espacialmente de los anteriores sondeos, la intencionalidad de éste fue también algo distinta, motivada por el afloramiento de fragmentos de decoración parietal pintada romana[17] en superficie. De una complejidad estratigráfica extraordinaria, en él pudieron documentarse cuatro fases constructivas sin que en principio estuviesen separadas por períodos de tiempo amplios o discontinuidades temporales (ibíd., 128-132). Las apreciaciones cronológicas de sus excavadores no son excesivamente concluyentes, pero si realizamos una valoración preliminar de los materiales exhumados, cabría considerar un tracto temporal entre inicios del siglo I d.C. e inicios de la siguiente centuria, el siglo II d.C., a lo largo del cual tuvo lugar la ocupación detectada en este sondeo (fig. 4).

Cuarta campaña de excavaciones

En el verano del año siguiente, 1974, tuvo lugar la cuarta intervención arqueológica en el yacimiento. Se abando-

[17] El conjunto de pinturas parietales documentado a lo largo de las intervenciones arqueológicas en Los Villares de Andújar ha sido reciente objeto de análisis (Gómez Fernández, 2011).

naba ahora la parcela en la que hasta el momento se habían desarrollado los trabajos, la 219c, para desplazarse hacia la 219a, más al este. El hito más destacado entonces fue la detección y excavación de las evidencias de ocupación más antiguas hasta ahora conocidas en el asentamiento: las trazas de una frecuentación regular de la zona datada por el equipo de M. Sotomayor hacia fines de la Edad del Bronce o inicios del mundo ibérico (Sotomayor *et al.*, 1979: 443-497).

Más concretamente, en el llamado Corte 10 fueron sucesivamente registrados tres momentos constructivos de envergadura. Destaca el hecho de que el último de éstos aparecía cubierto por un vertedero en el que sobre las formas en *sigillata* selladas destacaban, entre otras, las firmas *EX O CL* y *EX O PF*. La ausencia de determinados tipos como la copita 24/25 o el bol 29, hizo fechar el vertedero a fines del siglo I d.C. (ibíd., 444 y 446). Mucho más abajo, a una profundidad de más de 2 m., comenzaron a aparecer cerámicas a mano datadas en las postrimerías del Bronce Final (ibíd., 448).

El Corte 11, por otra parte, deparó a los excavadores la identificación de otras cuatro fases de las cuales, la primera de ellas y más tardía parecía corresponderse con un potente vertedero compuesto por formas 15/17, 27 o 46/49 en *sigillata* hispánica, principalmente, y por cerámicas comunes. Ello dio idea a sus excavadores de que efectivamente se encontraban ante un depósito que debía fecharse desde fines del siglo I d.C. hasta bien entrado el siglo II d. C (ibíd., 452). Bajo este vertedero se sucederán espacios de habitación delimitados por una serie de muros que originalmente aparecían ornados con pinturas parietales. Entre el conjunto de materiales que fechan el abandono de estas construcciones aparecen ya cerámicas de producción local —sigillatas con la marca *EX O CVDAS*—, además de importaciones sudgálicas, todo fechado hacia el tercer cuarto del siglo I d.C. Debajo, y tras una sucesión de estratos de naturaleza, origen y datación confusas (ibíd., 452), la última fase excavada en este sondeo nos remite de nuevo al Bronce Final (ibíd., 457).

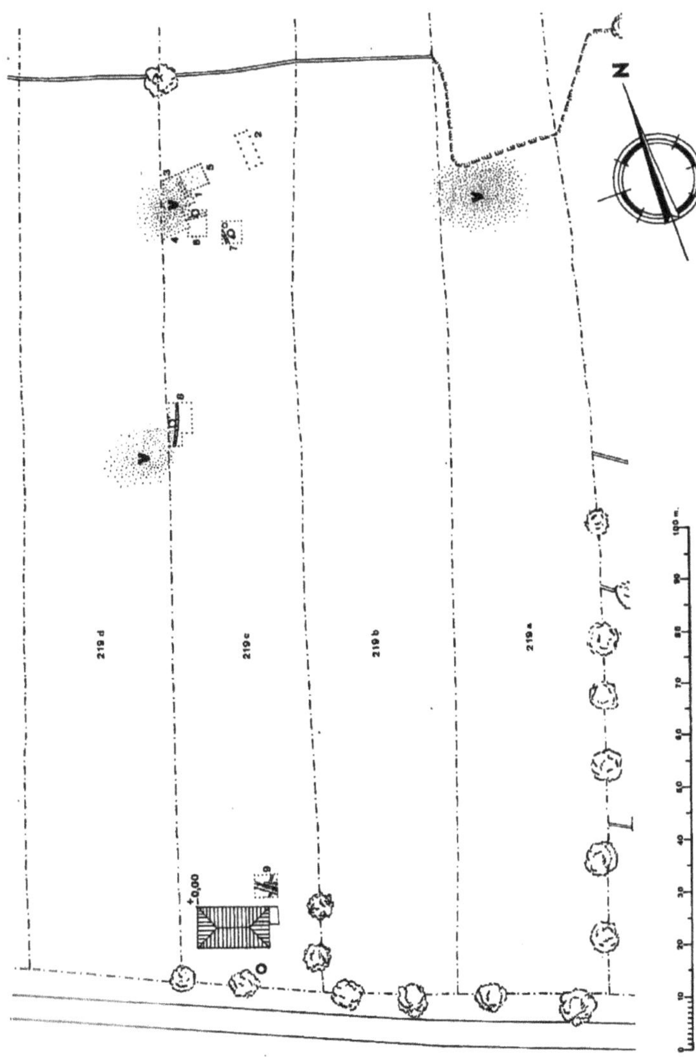

Figura 4. Situación relativa de los cortes 1, 3, 4, 5, 6, 7, 8 y 9 realizados durante las tres primeras campañas de excavación en Los Villares de Andújar (según Sotomayor Muro *et al.*, 1976).

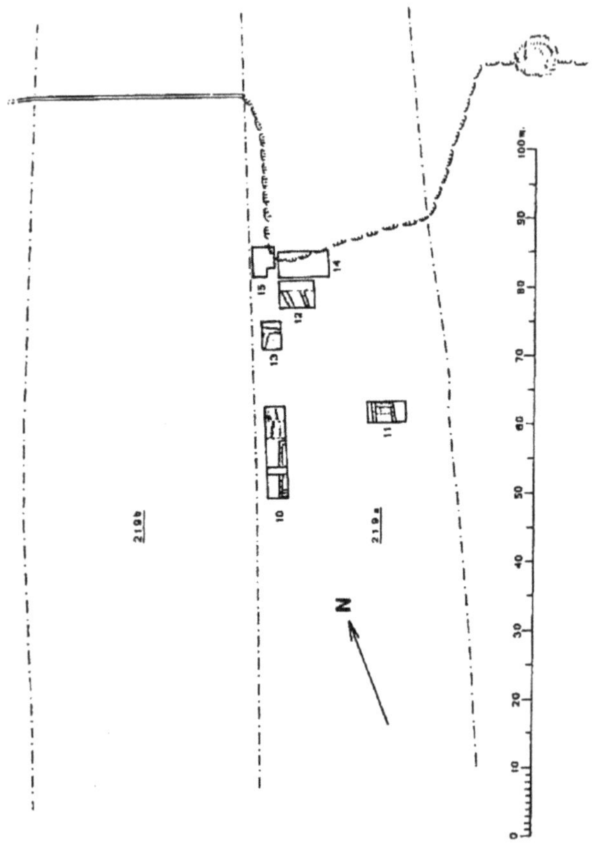

Figura 5. Localización relativa de los cortes 10 al 15 en la conocida como parcela 219a (según Sotomayor Muro *et al.*, 1979).

El Corte 12 se situó en una zona en la que durante la primera campaña de excavación se había detectado en superficie un posible vertedero. En él pudo detectarse, por primera vez, un vertedero muy homogéneo vinculado a la primera de las fases en la producción de *sigillata* hispánica local. Los tipos más representadas son el 29, 30, 15/17 preflavio, 24/25 con decoración a ruedecilla, 29/37 y 37. Destacará entre estos materiales una marca intradecorativa del *officinator CVDAS* y alguna cerámica de importación tipo *marmorata.* Junto a estas cerámicas hay, en una proporción sensiblemente inferior, cerámicas pintadas de tradición indígena, cerámicas comunes y lucernas (ibíd., 457). Por la tipología descrita y las características de la pasta y el barniz de la *sigillata*, este vertedero fue fechado, a grandes rasgos, hacia la segunda mitad del siglo I d.C. Como en otras ocasiones, el vertedero se superponía a otras estructuras anteriores en un contexto en el que la *sigillata* hispánica aparece en un porcentaje menor con respecto al de las cerámicas pintadas de tradición ibérica, cerámicas comunes, lucernas y paredes finas. Debajo de todo, aparecen solamente cerámicas del Bronce Final (ibíd., 460).

Quinta campaña de excavación

Un año después, en el verano de 1975, tuvo lugar una nueva intervención, por segundo año consecutivo en la misma parcela 219a. Esta actuación deparó una gran sorpresa a sus investigadores al localizarse en el Corte 14 tres cúmulos o depósitos claramente definidos con los desechos de producción de cerámicas formados sucesivamente y superpuestos en el tiempo. Este hallazgo suponía el poder confirmar una cronología relativa más precisa para cada una de las distintas clases cerámicas producidas en los talleres isturgitanos, para su origen y su desarrollo diacrónico en el marco de la actividad (fig. 5).

Antes, la excavación del Corte 13 dio como resultado la individualización de tres momentos. El primero de ellos se presentará caracterizado por un vertedero correspondiente a una fase de producción reciente de los talleres, probablemente ya de inicios del siglo II d.C. Por debajo, cubierto por el vertedero descrito, fueron definidas algunas estancias abandonadas una vez la producción de sigillatas estuvo en marcha en los alrededores, ya que en los conjuntos materiales adscritos, éstas acompañan a lucernas y cerámicas pintadas de tradición ibérica (Sotomayor *et al.*, 1979: 463). Por último, bajo una superficie pavimentada de cantos comienzan a aparecer ajuares cerámicos propios del Bronce Final, según señalarán Sotomayor y su equipo (ibíd., 463-465).

El, en adelante, famoso Corte 14 se localizará al norte del Corte 12 de la campaña precedente, precisamente con la idea de continuar explorando el vertedero que había empezado a insinuarse en ese sondeo. Como ya hemos adelantado, la confluencia en él de tres grandes depósitos generados por la actividad antrópica de manera sucesiva y casi sin solución de continuidad entre ellos, brindó a los investigadoras unas valiosas conclusiones en términos de prioridad o posterioridad a la hora de valorar desde el punto de vista cronotipológico las cerámicas de producción local contenidas en ellos.

De ese modo, y de manera sintética, en el denominado Cúmulo 1 comparecían esencialmente las cerámicas pintadas de tradición ibérica, paredes finas y cerámicas comunes, todas producidas en el alfar. La sigillata, cuando no casi inexistente, aparece en un porcentaje muy inferior al de las otras producciones (ibíd., 470-473). Por su parte, el Cúmulo 2, ya presentaba ciertos diferencias cuantitativas con respecto a lo visto anteriormente; ahora la proporción de la *sigillata* local frente a paredes finas o cerámicas pintadas de tradición ibérica aumenta de forma más que considerable (ibíd., 474). En el último depósito, el llamado Cúmulo 3, los matices son cualitativos y ante una composición ceramológica similar, son los vasos y los repertorios representados los que sufren leves variaciones, pero muy significativas (ibíd., 476).

Sexta campaña de excavación

Tras el paréntesis que supuso el año 1976, las excavaciones se retomarán en 1977. Con la intervención en el Corte 15, al oeste del 14 y muy próximo a éste, se pretendía realizar un estudio cuantitativo, lo más minucioso posible, de las cerámicas contenidas en los vertidos y ponerlas en relación con los valores detectados en los cúmulos del anterior (ibíd., 481).

Séptima campaña de excavación

La actuación de 1978 tuvo un doble objetivo: primero, abordar la excavación del área de vertidos que venía detectándose en los cortes 12, 14 y 15, respecto a lo cual, la excavación del Corte 16 ofreció resultados decididamente positivos; segundo, definir una posible zona de producción de lucernas. A tal efecto, los trabajos se trasladaron a la parcela 219e2 (fig. 6), al tiempo que la estrategia de excavación sufrió aquí una modificación, sustituyendo el modelo de grandes sondeos practicado hasta entonces por la realización de pequeñas catas dispersas y aleatorias en un área relativamente amplia. Se realizaron catorce de estas pequeñas catas, nada concluyentes al respecto del objetivo para el que fueron planteadas; no obstante se recuperarán más de 500 fragmentos de lucernas tipo Andújar que permitieron fijar una tipología preliminar (Sotomayor *et al.*, 1981: 309-316). Estas catas sirvieron además para visualizar otros estratos protohistóricos, sobre todos visible en la Cata I (ibíd., 316-329).

Más recientemente, el estudio sistemático de los materiales recuperados en estas catas ha aportado interesantes datos respecto a producciones poco sistematizadas pero de gran representatividad en los momentos finales del mundo ibérico, como son las cerámicas grises bruñidas republicanas (Ruiz Montes y Peinado, 2012).

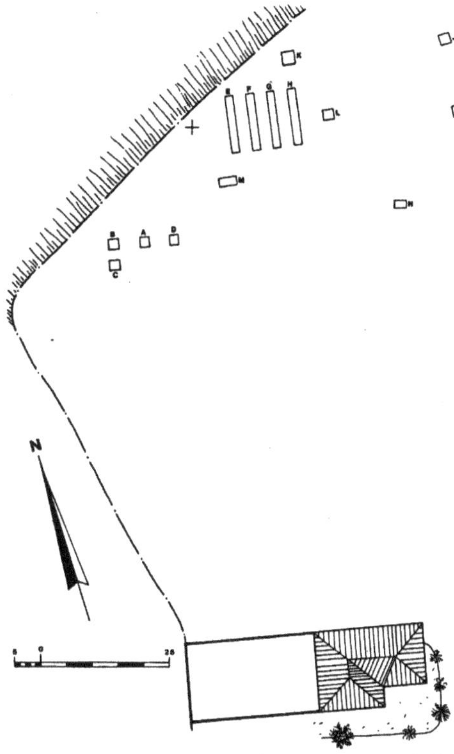

Figura 6. Sondeos dispersos en el extremo norte de la parcela 219e2 (según Sotomayor Muro *et al.*, 1981).

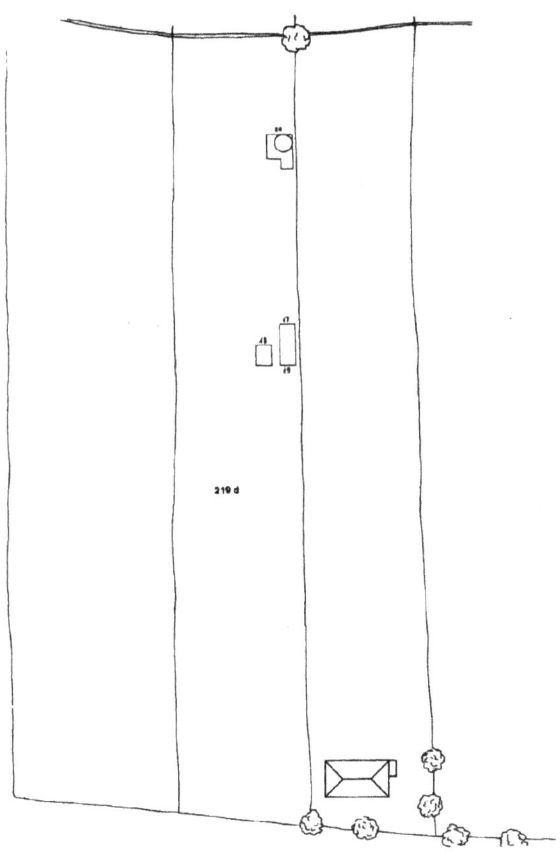

Figura 7. Situación de los cortes 17/19, 18 y 20 de la parcela 219d. El círculo del Corte 20 representa el horno Los Villares 4 (según Sotomayor Muro *et al.*, 1981).

Octava campaña de excavación

De nuevo las excavaciones se retoman al siguiente año, en 1979, ahora en una nueva parcela inexplorada hasta entonces, la llamada por aquella época 219d (fig. 7).

El Corte 17, constató la extensión de los vertederos mas recientes ya conocidos en la parcela contigua 219c hacia esta zona. Por debajo de éste se definió un espacio formado por grandes losas de ladrillo (ibíd., 343-347). Contiguo, y en cierto modo ampliando el 17, se practicó el Corte 19 el cual, además de registrar otra vez el depósito de desechos ya conocido, permitió obtener una visión más completa de la articulación del espacio enlosado mediante el hallazgo de nuevos muros y estructuras, aunque no lo suficiente para identificarlo funcionalmente (ibíd., 347-354; Sotomayor, 1998: 43-44).

El Corte 18 muestra unas características similares, puesto que se planteó en un punto cercano a los anteriores. Lo más significativo, en este caso, es la aparición en el citado vertedero de una serie de vasos en *sigillata* hispánica inspirados en el tipo Hayes 8 del repertorio formal de la *sigillata* africana A. Además, en el conjunto de cerámicas comunes recuperadas en este vertedero se ha detectado una tendencia a la inspiración formal en tipos propios de los ajuares en cerámica común norteafricanos (Peinado y Fernández, 2013). En niveles más antiguos bajo el vertedero, las cerámicas más frecuentes son las pintadas de tradición ibérica (Sotomayor *et al.*, 1981: 354).

Más hacia el extremo norte de la parcela en la que se llevaban a cabo los trabajos aquel año, se emplazó el Corte 20. En él, no a mucha profundidad, tuvo lugar el hallazgo de un nuevo horno, horno Los Villares 4, el de mayores dimensiones hasta el momento y que conservaba en buen estado el hogar, la parrilla y una buena parte del laboratorio. El interior de la cámara de cocción fue rellenado por un vertedero dominado por cerámicas comunes en conjunto y sigillatas de producción local; de carácter residual es la presencia de otras clases cerámicas producidas allí. En general, esta gran estructura de combustión fue construida afectando estratos y niveles con trazas de ocupación anteriores (ibíd., 356-368).

I.7.2. Proyecto Romanización del Alto Guadalquivir. 2ª fase (1981-1994)

Novena campaña de excavación

En 1981 prosiguieron los trabajos con el planteamiento de hasta cinco nuevos sondeos en la misma parcela que tan buenos resultados había dado durante la intervención de 1975, la parcela 219a, otra vez con la finalidad de explorar vertederos pertenecientes a la fases más antiguas de producción de los alfares.

En general, los materiales recuperados ayudaron a sus investigadores a concluir apreciaciones que ya se venían dibujando con anterioridad. Por ejemplo, la cerámica pintada de tradición ibérica se constituía definitivamente como la producción dominante en el conjunto de la actividad inicial de los talleres, dada su posición estratigráfica en las capas inferiores de estos grandes depósitos de desecho. La presencia, junto a ellas, de *sigillata* sudgálica e itálica, situaba el momento inicial de producción en dataciones claudioneronianas. Además, la comparecencia de paredes finas era más intensa en las capas inferiores de los vertederos, junto a la cerámicas pintadas de tradición. Por su parte, la *sigillata* hispánica también aparece en esas capas inferiores, pero en un porcentaje decididamente inferior. Productores como *M[arcus] Satrius Montanus* y, en menor medida, *Quartio*, *Cudas* y *Titus Oppius*, también aparecen tempranamente. La situación con respeto a la producción de lucernas es similar a la descrita para las cerámicas pintadas y las de paredes finas (Roca, 1980: 273-277).

Décima campaña de excavación

La décima campaña de excavación tuvo lugar en 1982, centrándose esta vez los trabajos en la hasta entonces inexplorada parcela 219b que al parecer ofrecía buenas condiciones para estudiar la secuencia protohistórica del yacimiento. Los tres sondeos practicados —cortes 26, 27 y 28— reportaron una secuencia interesante con, en primer lugar, dos fases de ocupación de época romana: la más reciente constituida por un nuevo vertedero asociable a la producción temprana de los alfares isturgitanos; y otro más antiguo que debe fecharse, gracias a algunas importaciones itálicas de barniz rojo, hacia el reinado del emperador Claudio (Sotomayor *et al.*, 1984: 250-260).

Pero esta secuencia se superponía, al mismo tiempo, al denominado "horizonte protoibérico". El material que definía esta fase estaba compuesto por cerámicas a mano y, en menor proporción, por cerámicas a torno grises y pintadas. Junto a la cerámica aparecieron algunas piezas metálicas. En efecto, el conjunto se dató hacia la primera mitad de siglo VIII a.C. (Sotomayor *et al.*, 1984: 238-250).

Primera prospección arqueológica superficial

Por primera vez, en 1985 se planteó en Los Villares de Andújar, la realización de una prospección arqueológica superficial de carácter sistemático con el objetivo de profundizar en el conocimiento del modelo o modelos históricos de ocupación del territorio en el que el asentamiento se había desarrollado (Roca *et al.*, 1985: 51-54). Así, la prospección comprendió la extensión de terreno en la Vega entre los términos municipales de Andújar y Espeluy (Jaén), mediante una metodología de peinado completo de la zona con una frecuencia de 50 m. (ibíd., 51) (fig. 8). Los resultados permitieron a los investigadores perfilar la reconstrucción espacial sincrónica y diacrónica del territorio prosepectado desde el Paleolítico hasta época romana (ibíd., 52-53).

Figura 8. Dispersión del poblamiento diacrónico en el marco geográfico de la Vega de Andújar entre la Prehistoria y la Antigüedad (según Roca *et al.*, 1985).

I.7.3. Proyecto Isturgi romana y su territorio: la producción de terra sigillata hispánica y su difusión

Segunda prospección arqueológica superficial

La actividades de campo no se retomarán hasta el 1996, tras aprobarse, en 1995, un nuevo proyecto de investigación con el nombre *Isturgi romana y su territorio: la producción de terra sigillata y su difusión*, dirigido por la profesora Mª I. Fernández García. El proyecto nace con un objetivo bien marcado: aproximarse al conocimiento de las estructuras de producción, especialmente las de la primera fase productiva del alfar, y su vinculación a un núcleo urbano.

La primera actuación dentro del nuevo proyecto de investigación consistió en una prospección arqueológica superficial en el yacimiento de Los Villares de Andújar. Gracias a estos trabajos se pudo delimitar la zona de producción alfarera (Fernández García *et al.*, 1997: 145-150; Fernández García, 1999: 15-34).

Primera prospección geofísica con georradar

En diciembre del 2000 se realizará una prospección geofísica con georradar para intentar detectar posibles anomalías que pudieran relacionarse con estructuras de los alfares (Fernández García *et al.*, 2000: 58-61; Fernández García *et al.*, 2001: 41-46).

Undécima campaña de excavación

La primera campaña de excavaciones realzada dentro del nuevo proyecto de investigación tuvo lugar del 10 al 23 de mayo de 1999, suponiendo la undécima excavación arqueológica en el yacimiento. Tras la prospección arqueológica superficial del 1996, la dirección del proyecto decide actuar, una vez más, en la parcela 219ª, donde se concentraba la producción más antigua del alfar, con la intención de profundizar en el conocimiento de las estructuras productivas del alfar, al extenderse por la zona norte de unos cortes realizados en las primeras campañas de excavación. En esta actuación se realizaron dos nuevos cortes, el 29 y el 30, siguiendo con la numeración general del yacimiento (Fernández García *et al.*, 1999: 759-764; Fernández García et al., 2000: 46-68).

El Corte 29 se emplazó en la parte alta de la citada parcela, y con él se pretendía conocer el comportamiento estratigráfico de una zona que hasta la fecha no había sido objeto de ningún tipo de exploración. No obstante, y según se desprende de la documentación generada por la intervención en este punto, la secuencia evidenciaba una fuerte alteración antrópica moderna de los estratos arqueológicos originales. Como es natural, los materiales recuperados se presentarán en gran medida revueltos, de forma heterogénea y sin una estructuración interna lógica.

El llamado Corte 30 se ubicará a escasos metros del importante Corte 14. Se pretendía ahora continuar el trabajo que Sotomayor no pudo completar por la existencia de un talud agrícola en este extremo norte de la parcela. Desde 1975, cuando se produjo la excavación del Corte 14, a 1999, el perfil topográfico del terreno había sufrido en este lugar una cierta transformación para facilitar las tareas agrícolas (Fernández García *et al.*, 1999: 759-764).

Duodécima campaña de excavación

La segunda campaña, en el marco del nuevo proyecto, se desarrollará en el otoño de 2003, la última realizada hasta la fecha en el yacimiento. Los trabajos continuan desarrollándose en la parcela 219a. En ella se plantearon otros dos nuevos cortes: el Corte 31, situado en principio al sur del Corte 23 de la campaña de 1981, y el Corte 32, al sureste del primero.

Con el discurrir de la actividad arqueológica, el Corte 31 pasará a denominarse 31/23, al comprobarse que se situaba parcialmente sobre el 23. En su excavación, se registrarán y documentarán una serie de unidades estratigráficas con interesante material cerámico. Sin embargo, el desarrollo de los trabajos terminaría por desechar el estudio de estos materiales ante las evidencias de que se estaba actuando sobre los rellenos resultantes de la cubrición del Corte 23.

El Corte 32, en cambio, sacará a la luz lo que parecía ser el límite meridional de uno de los grandes cúmulos o vertidos del gran vertedero conocido en esta zona desde los trabajos de 1975 (Fernández García *et al.*, 2003).

II. FACTORES FÍSCOS DE IMPLANTACIÓN: EL APROVISIONAMIENTO

II.1. Introducción

De un modo u otro, las zonificaciones normalmente empleadas para el estudio de las antiguas localizaciones en las que se desarrolló el ciclo productivo de la cerámica han demostrado ser herramientas de gran utilidad y uso común. La incorporación a los análisis de términos como el de "zona de captación" de materias primas, "zona de elaboración" de los productos cerámicos, "zona de cocción" o "zona de hábitat" (*v.g.* Fernández García, 1999; Tuffreau-Libre, 1992), no son más que la adaptación de ciertos tipos de espacios originados en el campo de la Geografía —áreas de aprovisionamiento de los materiales, áreas de aprovisionamiento de la energía, áreas de transformación físicoquímica de los materiales, áreas de mercado y áreas de la vida no productiva— (Gambi, 1973); estos últimos, válidos como hipótesis de trabajo preliminar, con el fluir de los datos deberán ser precisados para ajustarse al caso particular de estudio (Mannoni y Giannichedda, 2004: 225-226). O lo que es lo mismo, no todos los tipos de localizaciones se identifican o existían en todas las actividades productivas, así como también pueden establecerse lugares de funcionalidad compartida.

En general, la elección de un lugar para ubicar en él un asentamiento productivo es el resultado de la confluencia de diversos factores que lo determinan en distinto grado. Siendo ello cierto, también es verdad que M. Rice (1987: 116-117) concede mayor peso a la facilidad de acceso —incluyendo las distancias— a los recursos como determinante de la implantación de un taller o talleres alfareros cuanto más intensa es la actividad de estos, puesto que actuarían en base a principios de eficiencia productiva que afectarían al tiempo y al trabajo empleados en la confección de un vaso. Por tanto, en el ciclo de producción de la cerámica, uno de los factores determinantes para el surgimiento de un área de actividad alfarera que pretenda dar salida a un importante volumen de producción es la disponibilidad efectiva, cercana y, muy importante, sostenible de los recursos y materias primas esenciales para la puesta en marcha de dicha actividad: recursos hídricos, masas boscosas y canteras de las que extraer, respectivamente, el agua, el combustible y las arcillas fundamentales para la producción de cerámicas.

Dado que lo más probable es que cualquier traza de actividad extractiva de estos recursos haya desaparecido, bien sea por una explotación que retorna en épocas históricas posteriores a dicha zona, por la intensificación de las labores agrícolas o la deforestación a lo largo del tiempo, nos inclinaremos por avanzar en la distinción de posibles áreas, en concreto, de captación de arcillas en el territorio, dejando a un lado localizaciones concretas.

Con ese objeto, y con el de complementar la caracterización de las cerámicas arqueológicas, se ha realizado un muestreo de sedimentos arcillosos en el entorno geográfico del yacimiento; pero para intentar que éste sea lo más representativo posible hemos considerado la necesidad de establecer un territorio de aprovisionamiento al que limitar espacialmente la selección de los puntos sometidos a análisis.

Por su parte, las posibilidades de análisis de los recursos hidrícos son aún menores, puesto que en la mayoría de las situaciones únicamente podrá aspirarse a enumerar las probabilidades hipotéticas de acceso, uso y gestión del agua y de la energía que de ella se puede obtener. Con ese objetivo urgen las valoraciones realizadas trabajando sobre los datos de la cuenca hidrográfica o la climatología actual y pasada.

El análisis del combustible —en nuestro caso, la madera— adolece de limitaciones similares a las vistas para el caso de los recursos hídricos. Debemos tener en cuenta que ya en época romana el acopio[18] de maderas no se limitaba al simple saqueo y recolecta en el territorio, sino que el uso y utilización del bosque podía experimentar la concurrencia de actividades diversas las cuales podían resultar incluso complementarias, como pudo ser el caso de la ganadería y la creación de pastos. Desconocemos, y estamos lejos de encontrar las condiciones para cambiar esta situación, y poder atisbar si tal simbiosis tuvo lugar en el territorio de *Isturgi*. Por ello nos conformaremos, en el marco actual de la investigación, con individualizar los aspectos más significativos que pudieron caracterizar al medio natural circundante en términos de vegetación y poder con ello, de nuevo, valorar las probabilidades de uso teóricas que pudo ofrecer para su explotación como combustible esencial de la producción de cerámicas.

[18] Para la provisión de leña, el artesano recurrirá o bien al mercado, comprándolo incluso a los campesinos locales, o bien acudiendo directamente a las fuentes, lo que implicaría forzosamente abundancia y disponibilidad de masa forestal, y un estructura organizativa capaz de suministrar las maderas y leñas más apropiadas con la regularidad necesaria bajo un gasto asumible por el taller (Rice, 1987: 175; Martínez Peñín, 2006).

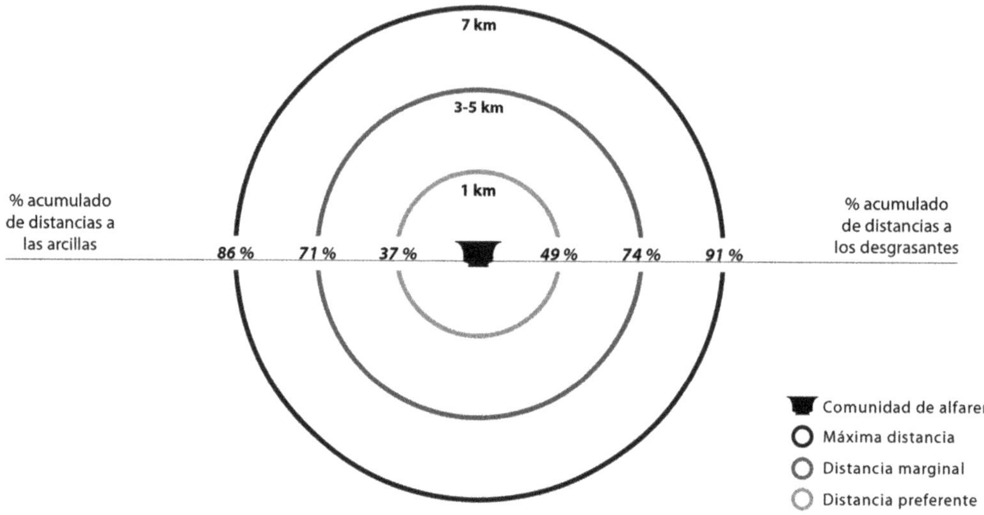

Figura 9. Diagrama representativo del *resource area model* diseñado por D. E. Arnold con indicación de los porcentajes acumulativos de la satisfacción de materias primas, arcillas y desgrasantes, a lo largo de los distintos rangos de distancias desde el asentamiento a las zonas de captación (a partir de Arnold, 2005: 17, fig. 1).

II.2. El establecimiento de un área de recursos: el aprovisionamiento de arcillas

II.2.1. Un modelo para el estudio de áreas de captación de arcillas

Ya avisamos en el capítulo introductorio que la aproximación a determinados aspectos del presente trabajo requería, a nuestro parecer, edificarse sobre supuestos extraídos de la literatura etnográfica, si bien asumiendo la crítica expuesta por diversos autores al respecto (Mannoni y Giannichedda, 2004: 224). Los estudios llevados a cabo por D. E. Arnold (1980: 149; 1985: 39-40) en países como Guatemala, Perú y México, revelan que en sociedades preindustriales la tendencia general observada es la de obtener la materia prima base[19] —incluyendo los materiales que mezclados intencionadamente con la base arcillosa añaden, potencian o limitan propiedades como la plasticidad— en el entorno más próximo de las áreas de transformación, a una distancia igual o menor a 1 km, que se convierte en lo que el autor denomina "distancia preferente" (*preferred distance*); una tendencia que, por otra parte, se acentúa cuando la producción es a gran escala. En el rango de los 3-5 km de distancia desde el lugar donde el artesano desarrolla su actividad, éste ha satisfecho en prácticamente las tres cuartas partes de los casos sus necesidades de arcilla. A partir de ahí se extiende la "distancia marginal" (*marginal distance*), hasta los 7 km que se establecen como la "distancia máxima" (*maximun distance*) de acarreo (Arnold, 2005: 16-17).

Un situación similar a la propuesta en el modelo de *Resource Area* que dibuja el autor (*Íbid,* 2005; 2006) (fig. 9) parece reproducirse en gran parte del África subsahariana, a tenor de los datos disponibles, donde el acopio de materias primas tiene lugar por lo normal a menos de 3 km de distancia (Gosselain y Livingstone, 2005). Aquí se introduce un matiz a tener en cuenta: aquellos que se aventuran más allá lo hacen ayudándose de medios de transporte para cargar la arcilla en cantidad suficiente que garantice un *stock* de ésta durante un cierto período de tiempo que puede llegar a ser de meses.

Al territorio de aprovisionamiento que caracteriza este modelo quedará limitada la variabilidad natural de las materias primas y, en consecuencia, las clases cerámicas producidas; pero también circunscribe cualquier variación en los comportamientos de explotación y elección de las fuentes de esas materias primas a lo largo del tiempo —en un mismo espacio— que, a su vez, pueden dar pie a tratamientos y usos diferentes de las mismas. Por tanto, las implicaciones de estos comportamientos a nivel, por ejemplo, de organización de la producción otorgan al territorio de aprovisionamiento (*Resource Area*) un gran valor para el análisis social de las comunidades de artesanos (Arnold, 2000).

La elección de este modelo como el adecuado a nuestro caso de estudio parte de la asunción de un supuesto principal: una actividad intensa, planificada, estandarizada y organizada, por el principio de eficiencia productiva antes mencionado debe buscar las materias primas en el medio más próximo[20], como así sugirió en su momento C. J. Young (1977: 16) para el área productiva de época romana en las inmediaciones de la actual Oxford (Inglaterra). Podemos aceptar que en áreas de una misma región con,

[19] Quedan al margen del marco de aplicación los recursos y materias primas destinados a la elaboración de los barnices y pinturas, cuya obtención ha demostrado regirse por dinámicas de más amplio recorrido, llegando a originar desplazamientos de hasta 50 km de distancia desde el asentamiento (Arnold, 1985: 47-49, table 2.3).

[20] En ese mismo sentido se pueden interpretar las palabras de la propia M. Roca cuando afirma: "No creemos que en época romana un centro de producción de tal envergadura [...] dependiese de una materia prima que tenía que ser transportada de una zona relativamente lejos"

a priori, condiciones geográficas y medioambientales similares, el establecimiento de dicha actividad tiene muy en cuenta la cercanía del asentamiento a los recursos como factor determinante.

II.2.2. Consideraciones previas a la identificación de áreas de captación de arcillas

Normalmente, los estudios de determinación de procedencias de cerámicas arqueológicas se basan en el principio de la similitud entre la composición química de esas cerámicas y la arcilla empleada en su modelado: es el denominado "Postulado de Procedencia" (Weigand, Harbottle y Sayre, 1977: 24). A la inversa, la identificación de las posibles áreas de captación de materias primas correspondiente a un centro productor concreto descansa sobre el mismo presupuesto de similitud composicional.

Sin embargo, los análisis de este tipo suelen encontrar diversas limitaciones las cuales responden, en primer lugar, al conjunto de operaciones, técnicas y tratamientos, que el artesano emplea con el fin de añadir propiedades físicas a la pasta y que pueden afectar a su composición química; en segundo lugar, hay que sumar las restricciones impuestas por el propio medio geológico y la amplía escala fenomenológica que en muchas ocasiones lo caracteriza, es decir, el diagnóstico se dificulta por una composición mineralógica de la arcilla parecida aun en zonas relativamente alejadas geográficamente[21]; en tercer y último lugar, tales restricciones pueden responden a las transformaciones experimentadas por las pastas cerámicas en el momento de ser sometidas al horneado por encima de los 900ºC, cuando tiene lugar la formación de nuevas fases mineralógicas, lo que impide en último término la comparación con la materia prima sin cocer (Hein *et al.*, 2004: 246; Aguayo *et al.*, 1998: 175).

Como ya hemos comentado anteriormente, serán los trabajos llevados a cabo sobre los centros de producción de *terra sigillata* sudgálica los que supongan el mejor y más claro ejemplo en relación con la preocupación por la historia de la tecnología de fabricación cerámica en la Antigüedad, encontrando en M. Picon uno de sus más representativos investigadores. El interés integral de las investigaciones desarrolladas por este autor incorpora, como no podía ser de otro modo, el análisis de las fuentes de extracción de arcilla —no sólo aquellas destinadas al modelado del vaso sino también las destinadas a la elaboración de los barnices— a través de la aplicación de técnicas arqueométricas (*v.g.* Picon, 1973; 1990; 1998). En el caso concreto de La Graufesenque, como lugar más significativo, se ha podido determinar que las arcillas empleadas en el modelado de los vasos fueron sistemáticamente extraídas de formaciones de materiales jurásicos en las faldas del altiplano de Larzac, a escasos centenares de metros del *vicus* de *Condatomagus* (Bémont y Jacob, 1986: 96).

Refiriéndonos ahora a la Península Ibérica, no son demasiados los trabajos sobre alfares que contienen apartados específicos dedicados a este aspecto crucial para la reconstrucción del ciclo productivo, y que se encuentren fundamentados bien sea sobre un acercamiento de carácter arqueométrico o a través del reconocimiento de la geomorfología del entorno[22]. No obstante, la literatura sobre estos temas ha identificado en ocasiones áreas de extracción de arcillas en lugares como el alfar romano de Santa Cristina d'Aro en Girona (Aicart y Sagrera, 1993), o el púnico de Torre Alta en la Bahía de Cádiz (Sáez, 2008).

A pesar de esta tradicional desatención a los estudios de aprovisionamiento de los recursos y materias primas, disponemos de alguna información concreta para los alfares de Los Villares de Andújar que, a la vez de punto de partida, podemos aceptar como elementos de contrastación y discusión. Es el propio M. Picon (1984) quien en la década de los ochenta de s. XX realizará una primera aproximación de tipo arqueométrico a los aspectos técnicos de la producción de las oficinas isturgitanas[23]; además de los datos recogidos referentes a la caracterización química y mineralógica de las distintas clases cerámicas allí producidas, y que más adelante veremos, contempla el estudio de unas pocas muestras de arcillas, aunque sin adjuntar análisis de composición ni criterios de atribución. A pesar de ello, los puntos de muestreo devienen casi automáticamente en las hipotéticas áreas de captación de arcillas. Según él, éstas debieron emplazarse en tres puntos distintos, y en algún caso extraordinariamente distantes del propio centro productor. Son los barrancos y arroyos inmediatos al noroeste del área de actividad alfarera, la zona de Arjonilla y la zona de Bailén, estos dos últimos ubicados a 10 y 25 km de distancia respectivamente. Como en otros aspectos, las observaciones del autor francés sobre las canteras de arcillas se prestan, desde nuestro punto de vista, a ser matizadas por considerarlas del todo genéricas y, en ocasiones, erróneas. Lo que evidencia, en todo caso, cierto desconocimiento de la casuística general de Los Villares de Andújar y, en concreto, del conjunto de su producción.

En fin, la cerámica es un producto y como tal, su materia prima fundamental, la arcilla, ha sido manipulada por el hombre, de modo que para una comparación cuantitativa metodológicamente justificada, ha de conocerse cómo se ha obtenido; éste puede ser un primer paso en la investigación, el del acercamiento a la transformación que las arcillas experimentan a diferentes temperatura controladas, con el objetivo de comparar la composición de éstas con las de los fragmentos cerámicos, además de indagar posibles modos de cocción.

---

[21] Son las "zonas de incertidumbre" o aquel círculo dentro del cual las arcillas han podido ser explotadas (Picon, 2001: 12-14).

[22] De ambos modos de aproximarse a la problemática, ya hemos mencionado las limitaciones que pueden presentar.

[23] Apéndice incluido en la estimable obra consecuencia del estudio realizado de la producción hispana de *terra sigillata* por parte de MAYET, F. (1984): *Les céramiques sigillées hispaniques. Contribution à l'histoire économique de la Péninsule Ibérique sous l'Empire Romain*, 2 vols., Paris.

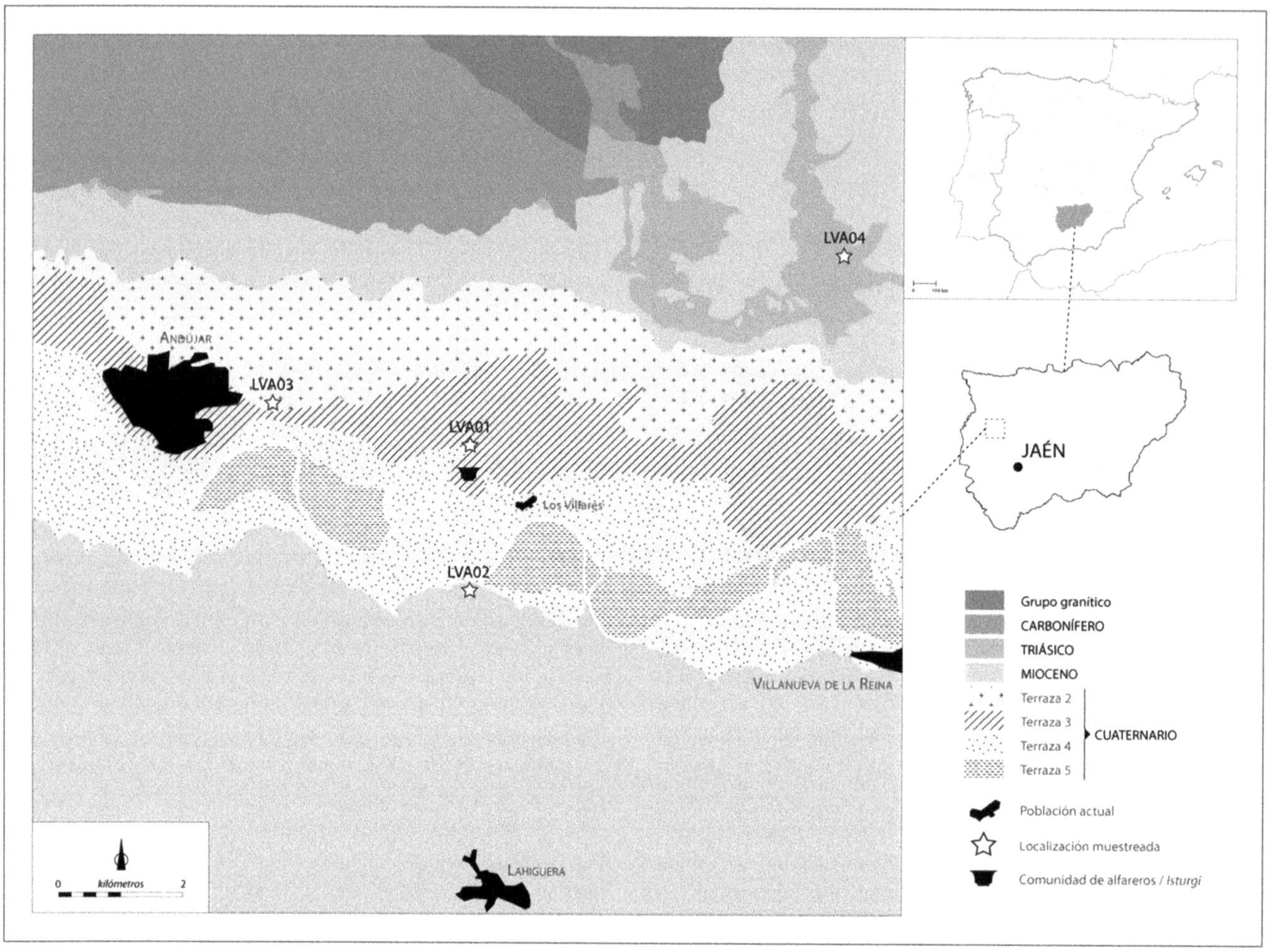

Figura 10. Los puntos muestreados en el esquema geológico del entorno de la Vega occidental de Jaén, a partir de las hojas 904 de Andújar y 925 de Porcuna del mapa geológico del IGME a escala 1:50000.

II.2.3. Estrategia de muestreo en depósitos sedimentarios

La Figura 10 muestra y encierra el área donde debieron encontrarse los recursos materiales y energéticos requeridos por los alfares isturgitanos, ciñendo la búsqueda al criterio de los 7 km de distancia antes expuesto. El enclave es muy peculiar desde el punto de vista geológico: nos encontramos sobre la conocida como "Línea" o "Accidente" del Guadalquivir, que marca el límite entre la España Herciniana, al norte, y la España Alpina, al sur. En el dominio del norte predominan rocas ígneas (granitos), rocas metamórficas paleozoicas (pizarras, cuarcitas...) y retazos de lo que se ha dado en llamar "Cobertera Tabular de la Meseta": conglomerados, arenas, arcillas, etc., materiales estos de edad Triásico y, consiguientemente, pre-alpinos. En el dominio del sur se acumulan las variadas formaciones sedimentarias del Terciario, con predominio de las series neógenas. Ha sido prácticamente en la zona de contacto entre ambos dominios donde el transcurrir secular del Río Guadalquivir ha dejado los materiales cuaternarios que han quedado estructurados en varias terrazas. En este marco, la ciudad de *Isturgi* y el barrio artesanal asociado se sitúan sobre la denominada Terraza 3 de depósitos cuaternarios.

Con este esquema geológico como guía, y sin salir del círculo de 7 km con centro en el propio establecimiento alfarero[24], hemos decidido —con la ayuda de los geólogos José Manuel Marín Señán y Manuel Ruiz Montes— los puntos de muestreo de las facies litológicas a priori más propicias como materia prima para la industria alfarera. Estos son los rasgos más destacables de esos puntos (tab. 1.1):

- **LVA01**. A escasos 300 m. del límite septentrional del asentamiento, en la confluencia del Arroyo Martín Gordo con el camino de Fuente de Baños de la Encina, en una pendiente que desciende hasta el lecho del arroyo. Allí, bajo los materiales cuaternarios de las terrazas aluviales, afloran las denominadas margas azules del Guadalquivir: margas arcillosas o carbonatadas de color gris azulado, sin estratificación aparente, con ocasionales episodios evaporíticos (yesos) y abundante microfauna del Mioceno Superior. Muy usadas para producir cerámicas, por su plasticidad.

- **LVA02**. Paraje de Valtodano, en las laderas septentrionales de una de las primeras elevaciones que dan paso a las tierras de la Campiña, entre los cerros de

[24] Las distancias consignadas en la Tabla 1 están referidas al punto x_412660 / y_4209890, en una de las cortijadas actuales a un lado de la carretera JA-2321.

MUESTRA	COORDENADAS (UTM)	ALTITUD (m.s.n.m.)	DISTANCIA (km)	EDAD		LITOLOGÍA
LVA01	x_412704 y_4210282	213	0,3	Terciario	Mioceno	Margas azules
LVA02	x_412683 y_4207979	253	1,9	Terciario	Mioceno	Margas azules
LVA03	x_409513 y_4210908	228	3,2	Cuaternario	Pleistoceno	Conglomerados polimícticos, arenas y fangos carbonatados
LVA04	x_418674 y_4213221	260	6,9	Mesozoico	Triásico	Areniscas y lutitas rojas

Tabla 1. Situación y filiación geológica de las muestra tomadas en el área de aprovisionamiento de *Isturgi*.

Las Atalayas y Cambrón. En este punto, a casi 2 km de distancia del centro alfarero y ya en el borde meridional de la llanura aluvial, aflora plenamente la misma formación de margas azules reconocidas en el punto de muestreo LVA01. Y es también de este tramo estratigráfico del que la alfarería tradicional de la zona y las industrias ladrilleras y cerámicas actuales del sector de Bailén han extraído las arcillas neógenas conocidas como “barro blanco” y “barro rubio” (Salvador, 1901; Roldán et al., 1990; Linares, 2001).

- **LVA03**. Talud resultante de trabajos de urbanización, al borde de la antigua carretera de acceso a Andújar, frente al Hospital "Alto Guadalquivir". Aunque el punto de toma de muestra está a más de 3 km. del yacimiento arqueológico, los materiales son los mismos que afloran en las inmediaciones de aquél y que son parte de los depósitos aluviales que constituyen de la Terraza 3: conglomerados polimícticos, arenas, arcillas y fangos carbonatados.

- **LVA04**. En este punto —el más alejado (6,9 km) del área de actividad alfarera, al norte de la A-44 y al este del Arroyo Escobar— aún se pueden reconocer los restos de una antigua cantera abierta en terrenos de la Cobertera Tabular de la Meseta: depósitos triásicos de facies Buntsandstein en los que alternan bancos de areniscas rojas y episodios de lutitas, también rojas. Del material de cantera se aprovechaba la arenisca roja (el conocido "asperón rojo"); los episodios limoso-arcillosos (lutitas rojas) son los mismos que, en zonas donde han alcanzado mayor desarrollo, proporcionan el “barro rojo” a las factorías cerámicas actuales de la cercana Bailén (Linares, 2001).

II.2.4. Rutina analítica de los sedimentos arcillosos

Cada muestra se ha dividido en cuatro fracciones aproximadamente iguales ("cuarteo"): una de ellas se someterá "en crudo" a las técnicas analíticas oportunas; el destino de las otras tres será el mismo, pero después de haber sido debidamente preparadas y sometidas a cocción a distintos rangos de temperatura. La preparación de las muestras ha sido tarea del alfarero D. Antonio Padilla Herrera, quien ha seguido el método tradicional de preparación y acondicionamiento de arcillas hasta hace muy pocos años practicado por la alfarería local típica de Bailén. Este proceso contempla los siguientes pasos: 1°) un buen secado de la muestra original, a fin de eliminar el exceso de humedad; 2°) el "desarme" (= disgregar + desleir) de la arcilla en agua; 3°) filtrado de la suspensión homogénea, a través de un tamiz metálico de 0,5 mm, para eliminar impurezas y caliches; 4°) pasados unos días, el "poso" arcilloso —ya libre, por evaporación, de buena parte del agua— se amasa hasta conseguir una pasta uniforme; 5°) con esta pasta se preparan las placas que luego se someterán a cocción en los hornos.

Se han elaborado hasta 16 placas de barro con un grosor de 5 mm; una medida adecuada a los grosores de las paredes de las cerámicas que fueron producidas en el alfar romano, con el objetivo de acercarnos lo máximo posible a las condiciones de cocción de estos objetos y, por consiguiente, a las reacciones y transformaciones sufridas por las arcillas durante esa cochura. Del total de las probetas preparadas, 12 han sido expuestas a cocción en horno de mufla eléctrico Select-Horn del fabricante P. SELECTA, con controlador electrónico digital de temperaturas regulables hasta 1150ºC y una precisión de ±1° del valor seleccionado. Lo hemos programado en los valores de temperatura que hoy en día se cree que podían alcanzarse en el Mundo Antiguo con hornos bicamerales de tiro vertical directo (800, 900 y 1000ºC) (Cuomo, 2007: 510); por otro lado, el tipo de horno, como veremos, descrito en Los Villares de Andújar. Los tiempos y temperaturas de cocción se han distribuido del siguiente modo, y en orden creciente para evitar inercias térmicas en el horno: la cocción comienza con una primera fase inicial de calentamiento limitado a 100ºC; una vez alcanzado el valor prefijado, mantenemos la cocción en dicho rango durante 1 h con el objeto de eliminar el agua restante contenida en las probetas de arcillas; superado, aumentamos la temperatura hasta 200ºC, en la que permanecerá el horno durante 2 h para, tras ese tiempo, iniciar la subida de mayor rango hasta los 800°C, 900°C y 1000°C, según el caso; ahí permanecen otras 2 h, cuando el horno es desconectado y se inicia la fase de enfriamiento. A grandes rasgos, todo el proceso de cochura se dilata a lo largo de unos 3 días en una atmósfera en todo momento oxidante (tab. 2).

Tanto LVA01 como LVA02, en la gama de los grises en crudo, cocidas a 800° adquieren coloraciones rosáceas que tienden a aclararse en los rangos de temperatura sucesivos, experimentando tonalidades rosas cercanas a los marrones más claros ya en los 1000°C. Por su parte, las probetas de LVA04, que parten del rojo oscuro, tienden al aclarado hasta los 900°C cuando presentan un rojo pálido; a partir de entonces, hacia los 1000°C la coloración se torna de nuevo más oscura, aunque siempre en la gama de los rojos. La variabilidad del color que registran estas arcillas se ajusta a lo descrito por N. Cuomo (2007: 123-124, fig. 25): primero, para las arcillas grises formadas en ambientes fluviales, como son las margas azules miocenas del Valle del Guadalquivir correspondientes a LVA01 y LVA02; segundo, para arcillas ferruginosas asociadas en la zona a las lutitas rojas triásicas. Sin embargo, LVA03 permanece desde el inicio prácticamente invariable en la gama de los rosas.

La composición química de las distintas probetas de material arcilloso se ha determinado por FRX a partir de 5 g de polvo de arcilla —mezclado y homogeneizado con 0,5 g de aglutinante (cera C Hoechst micropolvo)— obtenido manualmente en un mortero de ágata. Posteriormente compactar la mezcla hasta adquirir la consistencia de una pastilla, para lo que se empleó una prensa hidráulica Mignon-S de NANNETTI a 90 bares (91,77 kgf/cm^2) durante 30 s, dispuesta en cazoletas de aluminio de 4 cm de diámetro. Para determinar la PPC o PAF (Pérdida por Calcinación o Pérdida al Fuego) de la preparación, las muestras fueron calentadas a 900°C durante 1 h.

MUESTRA	TEMPERATURA	COLOR MUNSELL (Cailleux)
LVA01-1	T. A.	10 R 8/2 (L30)
LVA01-2	800°	5 YR 8/3 (L33)
LVA01-3	900°	2,5 YR 8/4 (L50)
LVA01-4	1000°	7,5 YR 8/4 (L70)
LVA02-1	T. A.	5 Y 7/1 (M92)
LVA02-2	800°	5 YR 8/3 (L33)
LVA02-3	900°	7,5 YR 8/4 (L70)
LVA02-4	1000°	10 YR 8/3 (K91)
LVA03-1	T. A.	5 YR 7/4 (M55)
LVA03-2	800°	5 YR 7/3 (L29)
LVA03-3	900°	5 YR 8/3 (L33)
LVA03-4	1000°	7,5 YR 8/4 (L70)
LVA04-1	T. A.	10 R 3/6 (T39)
LVA04-2	800°	7,5 R 5/4 (P13)
LVA04-3	900°	7,5 R 6/4 (N13)
LVA04-4	1000°	10 R 5/3 (P11)

Tabla 2. Colores según la *Munsell Soil Colors Chart* con equivalencias en el código de A. Cailleux (1963). T. A.: color a temperatura ambiente.

El equipo utilizado ha sido un espectrómetro secuencial S4 Pioneer de BRUKER. El equipo dispone de un tubo de rayos X de ánodo de Rh de 4 kW de potencia que trabaja en un intervalo de 20-60 kV y 5-150 mA, tres cristales analizadores OVO-55, LiF 200 y PET, y un contador proporcional de flujo para la detección de los elementos ligeros y un contador de centelleo para los pesados. En este instrumental la cuantificación se realiza por el método de parámetros fundamentales MultiRes-Vac34, gracias al software informático denominado SpectraPlus que acompaña al equipo. Esto nos permite analizar todos los elementos desde el Sodio (Na) al Uranio (U), obteniendo las concentraciones (en ppm) de todos los metales presentes en la muestra, así como de elementos mayoritarios y trazas detectados en las muestras.

La composición mineralógica de los individuos ha sido estudiada a través de la DRX utilizando 1 g de los especímenes anteriormente preparados. La muestra en polvo se monta en un portamuestras estándar cilíndrico de 16 mm de diámetro y de 2.5 mm de altura (PW1811/16), en el cual se procede a una compactación manual de la muestra a través de una placa de vidrio hasta obtener una superficie plana. Las medidas se han efectuado utilizando un difractómetro X'Pert Pro de PANALYTICAL, equipado con un tubo de rayos X de ánodo de Cu (45 kV, 40 mA); se utiliza el portamuestras giratorio para mejorar la estadística de la orientación con un tiempo de rotación de las muestras de 4 s, un filtro de Ni y un detector del tipo RTMS (X'Celerator) de tipo lineal. El rango de barrido fue de 4.000 a 69,9928 (°), el tamaño de paso (*step size*) fue de 0,0084 (°), el tipo de barrido fue con un tiempo de *contage* de 10.150 (s) obteniéndose 7898 puntos de información, tardando 11 min aproximadamente por muestra. Las evaluaciones de las fases cristalinas presentes en cada muestra analizada han sido identificadas con el software XPowder PLUS cargando el banco de datos del *International Centre for Diffraction Data-Joint Committee on Powder Diffraction Standard,* 2006 (ICDD-JCPDS).

Finalmente, el estudio de los individuos por lupa binocular se ha realizado a partir de la observación de fracturas frescas utilizando una lupa binocular OLYMPUS SZX10. La lupa binocular está equipada con binoculares de 10x, con un zoom continuado que permite hacer observaciones de 6.3x a 63x. Las observaciones se han estandarizado a 25x.

	SiO_2	Al_2O_3	Fe_2O_3	MnO	MgO	CaO	Na_2O	K_2O	TiO_2	P_2O_5
LVA01-1	44,42	14,22	5,16	0,08	2,20	30,02	0,32	2,41	0,64	0,18
LVA01-2	42,74	13,04	5,31	0,08	2,54	32,36	0,32	2,37	0,66	0,19
LVA01-3	42,41	12,89	5,41	0,08	2,62	32,63	0,36	2,35	0,66	0,20
LVA01-4	43,20	13,10	5,28	0,08	2,71	31,74	0,30	2,24	0,66	0,20
LVA02-1	43,36	14,49	5,18	0,09	2,15	30,65	0,32	2,57	0,67	0,18
LVA02-2	43,07	13,99	5,20	0,08	2,32	31,24	0,33	2,55	0,66	0,18
LVA02-3	42,52	13,40	5,38	0,08	2,43	32,02	0,37	2,56	0,67	0,18
LVA02-4	42,78	13,68	5,23	0,08	2,48	31,67	0,40	2,47	0,67	0,20
LVA03-1	42,31	12,35	4,36	0,08	3,09	33,79	0,30	2,50	0,82	0,14
LVA03-2	42,25	11,36	4,01	0,06	4,71	33,88	0,25	2,29	0,77	0,13
LVA03-3	39,02	10,84	4,23	0,07	6,06	36,21	0,28	2,07	0,75	0,14
LVA03-4	39,96	10,78	4,09	0,06	6,46	35,37	0,31	1,79	0,74	0,14
LVA04-1	55,30	22,86	10,72	0,04	1,72	1,93	0,20	6,11	0,77	0,10
LVA04-2	57,37	21,80	10,04	0,05	1,66	1,92	0,21	5,88	0,71	0,09
LVA04-3	59,69	20,02	9,92	0,05	1,45	1,81	0,21	5,82	0,70	0,09
LVA04-4	61,45	18,65	9,77	0,05	1,28	1,74	0,21	5,83	0,70	0,09

	Ni	Cr	Cu	Zn	Ga	Rb	Sr	Y	Zr	Nb	Ba
LVA01-1	61	156	80	110	17	95	836	18	162	14	373
LVA01-2	63	161	74	119	21	105	904	17	171	16	308
LVA01-3	68	158	70	118	18	103	924	17	179	13	262
LVA01-4	67	191	73	115	20	97	966	19	176	15	333
LVA02-1	63	210	71	108	20	101	951	17	158	15	269
LVA02-2	69	165	70	102	20	108	967	16	158	15	316
LVA02-3	66	118	78	111	18	113	1019	24	178	16	264
LVA02-4	65	183	72	113	19	105	1002	19	166	14	278
LVA03-1	45	157	59	76	13	95	253	23	417	19	522
LVA03-2	47	87	65	75	11	91	239	24	402	19	448
LVA03-3	50	89	77	79	9	89	258	25	423	17	426
LVA03-4	41	121	65	75	16	88	254	24	399	13	375
LVA04-1	42	131	41	58	23	282	185	21	334	18	514
LVA04-2	39	87	48	51	25	263	172	24	320	16	538
LVA04-3	35	127	44	55	22	265	173	19	327	15	461
LVA04-4	36	127	47	58	26	268	178	22	333	13	459

Tabla 3. Valores químicos y concentraciones elementales (datos normalizados) determinadas en las arcillas del área de aprovisionamiento de Los Villares de Andújar. Elementos mayores, arriba (%); elementos traza, abajo (ppm).

II.2.5. Resultados

II.2.5.1. Caracterización química

La tabla 3 resume los resultados del análisis químico practicado a muestras de materiales margoso-arcillosos procedentes de la hipotética zona de aprovisionamiento del centro alfarero de Los Villares de Andújar; y tanto de las muestras en crudo, las fracciones 1, como de las pastillas obtenidas por cocción a 800, 900 y 1.000°C, es decir, fracciones 2, 3 y 4, respectivamente.

Lo primero que salta a la vista quizás sea la mínima diferencia composicional entre las muestras LVA01 y LVA02, algo que era de esperar dado que, aunque distantes en el espacio, son representativas del mismo nivel de margas azules miocenas. Por los contenidos medios de las muestras en crudo —43,89% ±0,53 de SiO_2; 14,35% ±0,13 de Al_2O_3; (5,17% ±0,01 de Fe_2O_3; (30,33% ±0,31 de CaO— se las puede considerar como materiales aptos para la fabricación de buenas cerámicas calcáreas (Olcese, 2003: 19). Tampoco se aprecia variabilidad destacable en cuanto a los contenidos de elementos mayores tras la cocción de las muestras a los rangos de temperatura elegidos, aunque se adivinan tenues tendencias; así, por ejemplo parece haber cierta correlación positiva entre los contenidos de MgO y la temperatura de cocción: aumento del porcentaje de MgO con el aumento de la temperatura; en el caso del K_2O la correlación es negativa: descenso del porcentaje de K_2O con el aumento de temperatura. Respecto a otros elementos mayores, experimentan mayores pérdidas, siempre en términos de porcentaje, en el rango intermedio de los 900ºC: es el caso de sílice (SiO_2) y alúmina (Al_2O_3), mientras que valores más bajos de Fe_2O_3, CaO y Na_2O se registran en el rango superior (1000ºC). Más difícil aún resulta definir pautas de variabilidad de los contenidos de elementos menores y elementos traza con la temperatura de cocción.

Los resultados analíticos de la muestra LVA04 son los que cabía esperar de materiales lutíticos depositados en ambiente siliciclástico continental: contenido en sílice por encima del 55%, mayor porcentaje de alúmina (18-23%) que en el resto de las muestras y valores muy bajos de los contenidos de CaO y MgO, por debajo del 2% en ambos casos. Estos rasgos composicionales han hecho de las lutitas triásicas una excelente materia prima para la elaboración de cerámicas no calcáreas o silíceas (ibíd.). A destacar, también, el notable contenido en hierro, en torno al 10% de Fe_2O_3, responsable de la coloración fuertemente rojiiza, y el hecho de que la cocción progresiva provoca el progresivo enriquecimiento porcentual en sílice, paralelo al empobrecimiento en los otros elementos mayores. Y, por último, quizás deba mencionarse que estas muestras son las más pobres en algunos elementos menores (Cu y Zn).

Caso aparte parece ser el de la muestra LVA03. Si bien los contenidos en SiO_2, $Al2O_3$, Fe_2O_3 y K_2O no se alejan mucho de los de las margas carbonatadas miocenas (LVA01 y LVA02), los de CaO (33,79%) y MgO (3,09%) son algo más altos. Pero es sobre todo su marcado carácter limoso, derivado del predominio de la fracción arena fina/limos[25] (granos entre 0,5 y 0,005 mm) sobre la fracción arcillosa, el que les confiere baja plasticidad y, consiguientemente, las hace poco aptas para el moldeado cerámico (Cuomo, 2007: 49). Por cuanto se refiere a los cambios porcentuales que experimentan algunos componentes en relación con las temperaturas de cocción, se intuye una cierta correlación negativa de los contenidos en Al_2O_3, K_2O y TiO_2, y positiva en el caso del MgO.

II.2.5.2. Caracterización mineralógica

El análisis por Difracción de Rayos X (DRX) determina las especies minerales que constituyen los materiales muestreados. Y no sólo de las muestras originales en crudo —las fracciones 1—, sino que también informa de los cambios mineralógicos que se producen en los mismos cuando se les somete a cocción a 800, 900 y 1.000ºC —fracciones 2, 3 y 4, repectivamente— en un proceso que emula los que se dan en la naturaleza en situaciones de metamorfismo térmico o "metamorfismo de contacto".

Como ya ocurriera con el análisis químico por FRX, el análisis mineralógico por DRX confirma la identidad de las muestras LVA01 y LVA02 como representantes del mismo tramo litológico, el de las margas azules miocenas; la composición mineralógica de fracciones equivalentes de ambas muestras es idéntica, de manera que a la hora de intentar extraer conclusiones es indiferente a cual de las muestras corresponde una fracción determinada. Así, el difractograma LAV01-1 (fig. 11) refleja la composición mineralógica (minerales principales) de las margas azules, en sus condiciones normales de afloramiento: filosilicatos del grupo illita-moscovita (ill), carbonatos (calcita, cal, mayoritaria; dolomita, ocasional) y cuarzo (qtz). El difractograma LVA02-2 (fig. 11) ilustra cómo a 800ºC ya aparecen minerales de neoformación; es decir, minerales estables a más alta temperatura se forman a expensas de los minerales originarios que a esas temperaturas se hacen inestables: es el caso de gehlenita (gh) y plagioclasa (pg), productos de la recombinación del Ca

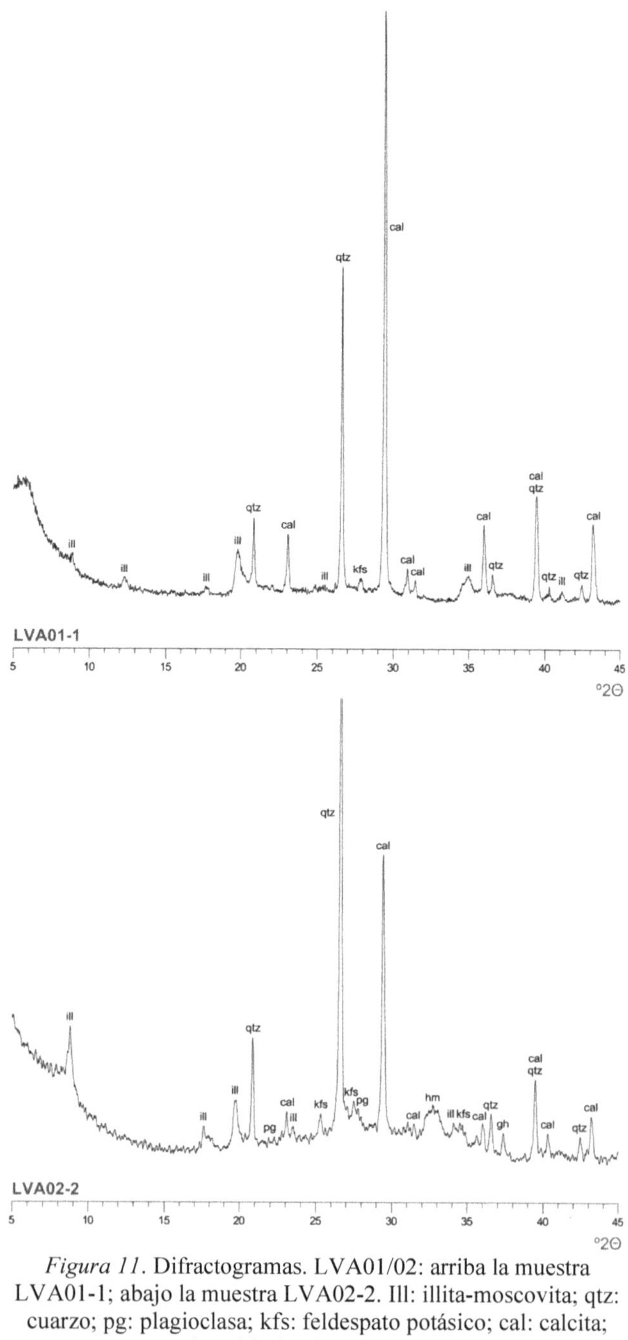

Figura 11. Difractogramas. LVA01/02: arriba la muestra LVA01-1; abajo la muestra LVA02-2. Ill: illita-moscovita; qtz: cuarzo; pg: plagioclasa; kfs: feldespato potásico; cal: calcita; gh: gehlenita; hm: hematites.

[25] Según escala de Udden-Wentworth.

de la calcita con Si y Al de los minerales de la arcilla. El difractograma LVA02-3 (fig. 12) representa un estadio más avanzado, en el rango de temperatura de los 900ºC, en el que minerales originarios (calcita y filosilicatos del grupo illita-moscovita) quedan relegados a una posición que podríamos denominar como residual, cediendo el protagonismo a los piroxenos (px), wollastonita, sobre todo, al tiempo que aparece, tímidamente, algún pico de hematites (hm). A 1000ºC el proceso se ha intensificado aún más, de manera que en el difractograma LVA01-4 (fig. 12) el predominio de cuarzo, gehlenita y piroxenos es indiscutible, a la vez que que se consolida la presencia del feldespato potásico (kfs) —probablemente microclina— que ya se venía manifestando desde el rango anterior.

Al hablar de la caracterización química, ya se mencionó que los materiales representados por la muestra LVA03 han resultado ser poco apropiados para el moldeado de piezas cerámicas, dado su más acentuado carácter detrítico, derivado del, aun ligero, predominio de la fracción detrítica fina sobre la fracción arcillosa. Esto también se refleja en los resultados del análisis mineralógico: en la muestra al natural (LVA03-1) (fig. 13), destaca el cuarzo y los carbonatos (calcita y dolomita) sobre los minerales arcillosos (filosilicatos del grupo illita-moscovita) y trazas de feldespato potásico, sin duda presente en la fracción detrítica. Por la misma razón —mayor proporción de cuarzo, más refractario a los cambios— la aparición de nuevas especies minerales

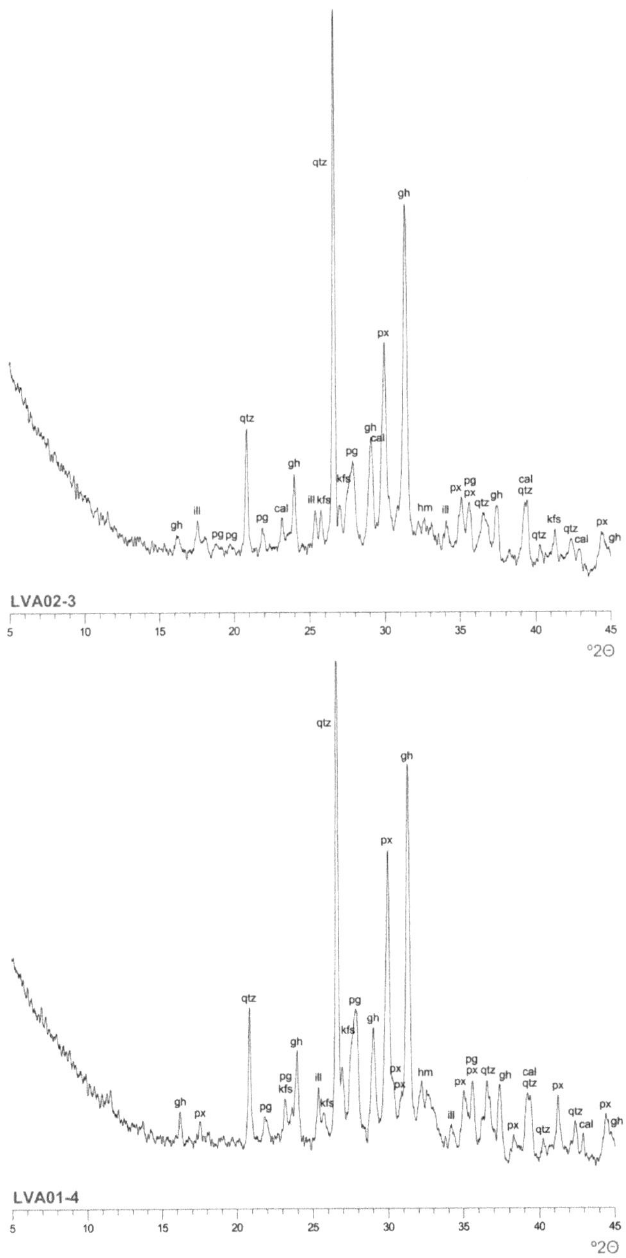

Figura 12. Difractogramas. LVA01/02: arriba la muestra LVA02-3; abajo la muestra LVA01-4. Ill: illita-moscovita; qtz: cuarzo; pg: plagioclasa; kfs: feldespato potásico; cal: calcita; gh: gehlenita; hm: hematites, px: piroxeno.

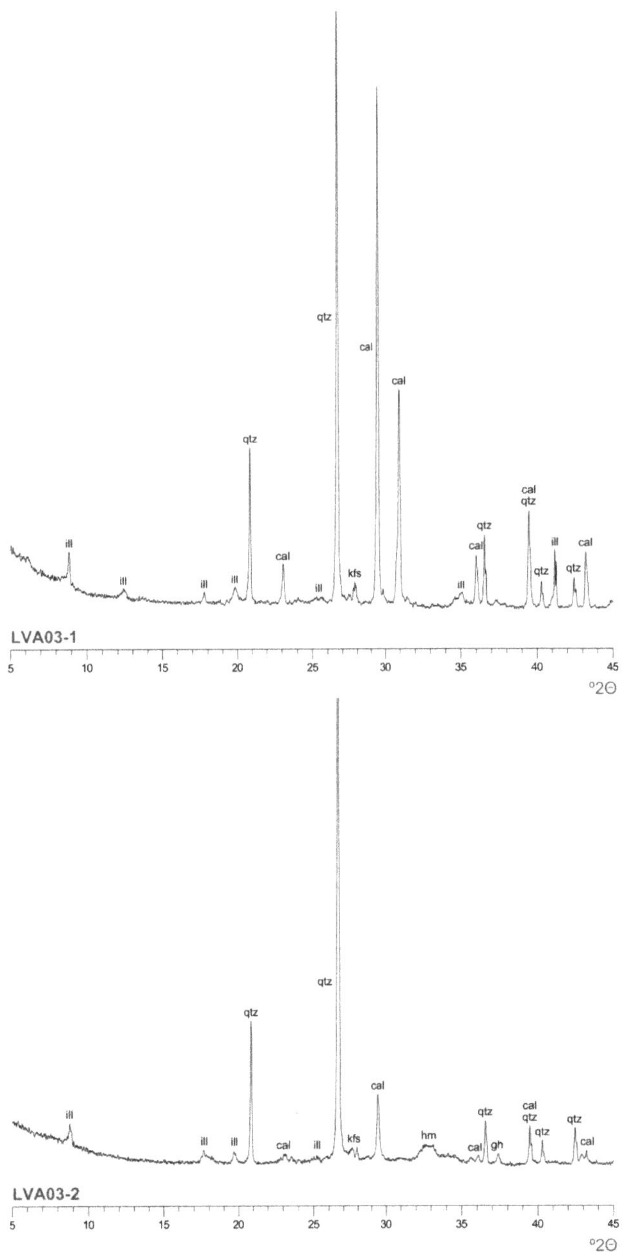

Figura 13. Difractogramas. LVA03: arriba la muestra LVA03-1; abajo la muestra LVA03-2. Ill: illita-moscovita; qtz: cuarzo; kfs: feldespato potásico; cal: calcita; gh: gehlenita; hm: hematites.

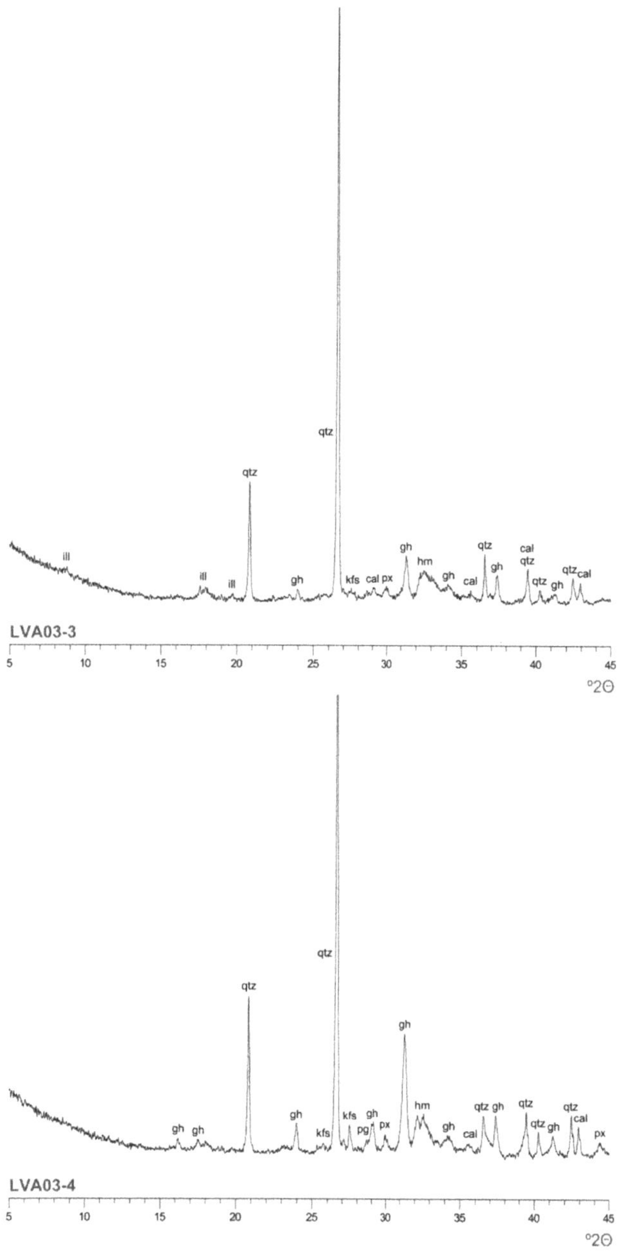

Figura 14. Difractogramas. LVA03: arriba la muestra LVA03-3; abajo la muestra LVA03-4. Ill: illita-moscovita; qtz: cuarzo; kfs: feldespato potásico; cal: calcita; gh: gehlenita; hm: hematites; px: piroxeno; pg: plagioclasa.

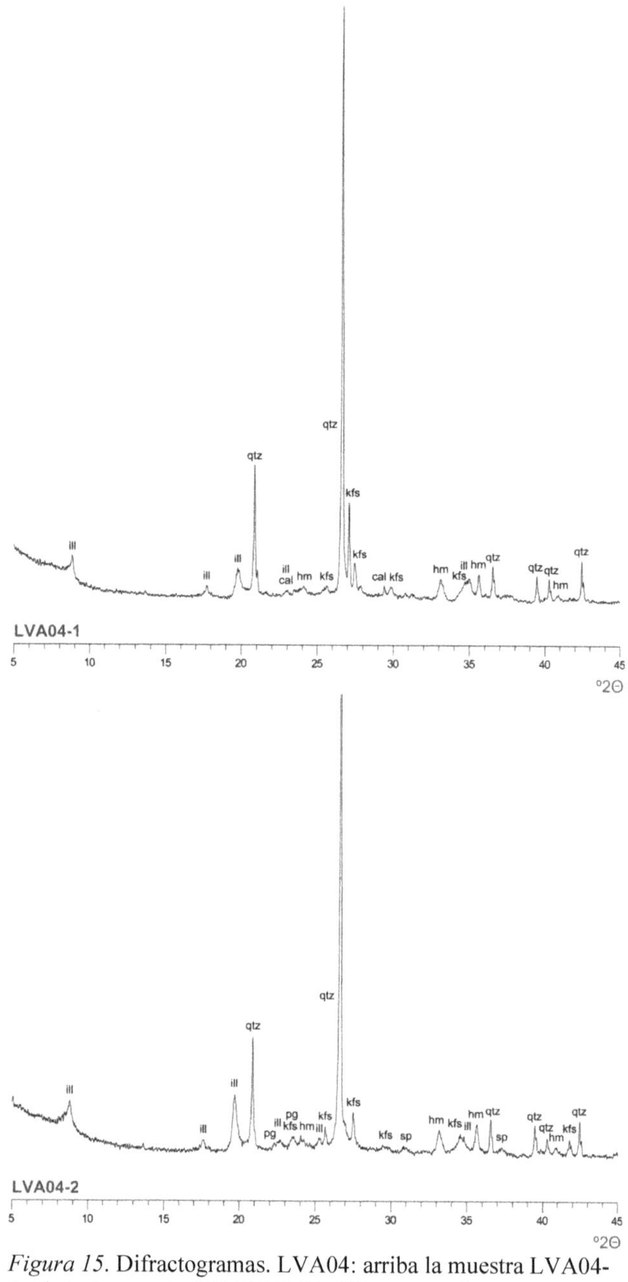

Figura 15. Difractogramas. LVA04: arriba la muestra LVA04-1; abajo la muestra LVA04-2. Ill: illita-moscovita; qtz: cuarzo; kfs: feldespato potásico; cal: calcita; hm: hematites; pg: plagioclasa; sp: espinela.

parece algo más remisa; aun así, a 800ºC (LVA03-2) (fig. 13) la presencia de los carbonatos es menos relevante, y surgen los primeros y dudosos picos de gehlenita y trazas de hematites y feldespatos alcalinos. A temperaturas más altas, como se muestra en LVA03-3 y LVA03-4 (figs. 14), la gehlenita ya es notoria en detrimento de los carbonatos, surgen algunos piroxenos, algo de hematites, trazas dudosas de plagioclasa y el feldespato potásico permanece estable. Por lo que respecta a los picos de illita-moscovita, unos han desaparecido casi por completo hacia los 1000ºC, y otros han sido sustituidos por gehlenita.

La composición mineralógica original en crudo de las lutitas rojas de la serie triásica (LVA04-1) (fig. 15) está dominada, como era de espera, por el cuarzo, al que acompañan los habituales minerales del grupo illita-moscovita, hematites —no se olvide que la intensa coloración roja de estos materiales se debe a la presencia, notable, de óxidos de hierro— y cantidades menores de feldespato potásico, carbonatos y posible plagioclasa. Tras la cocción a 800ºC (LVA04-2) (fig. 15) comienza a manifestarse una cierta descomposición del feldespato potásico y la neoformación de minerales del grupo de la espinela a expensas de óxido de Fe y minerales de la arcilla pobres en calcio. Los filosilicatos, como venimos observando en todos los casos anteriores, persisten en gran medida a estas temperaturas, como aún lo hacen en el siguiente rango (LVA04-3) (fig. 16), en el que plagioclasa (albita) y espinela se consolidan como acompañantes de la hematites. Finalmente, la cocción a 1000ºC (LVA04-4) (fig. 16) ha determinado, como

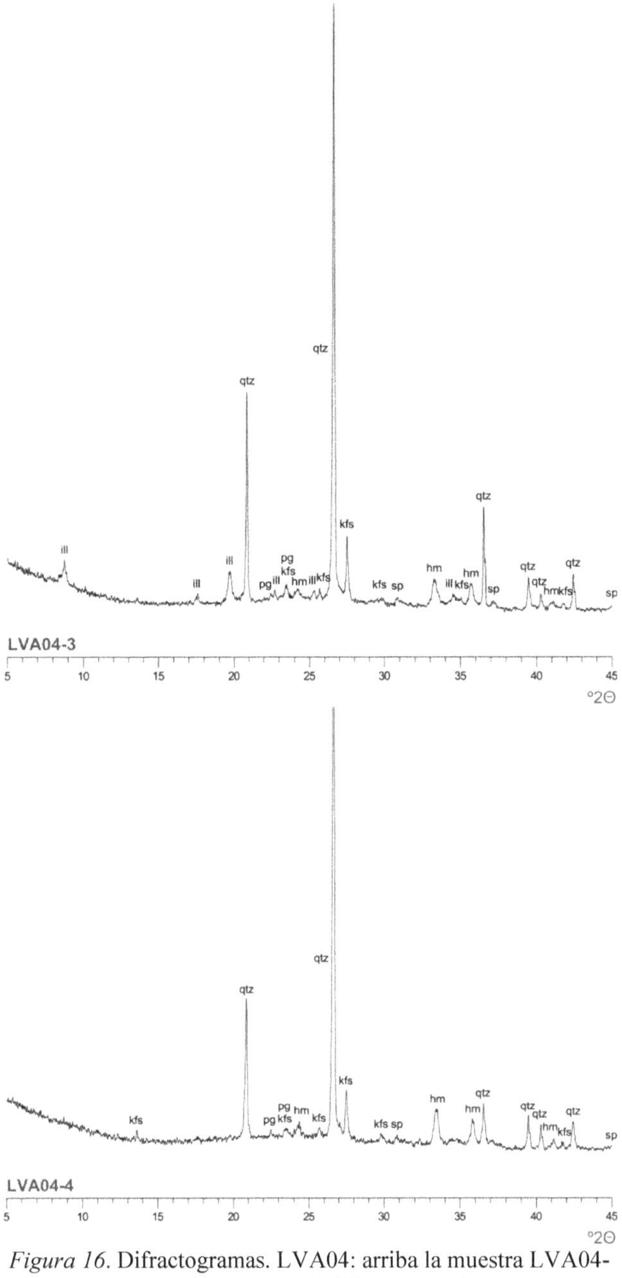

Figura 16. Difractogramas. LVA04: arriba la muestra LVA04-3; abajo la muestra LVA04-4. Ill: illita-moscovita; qtz: cuarzo; kfs: feldespato potásico; cal: calcita; hm: hematites; pg: plagioclasa; sp: espinela.

Muestra	Temperatura	Fases cristalinas
LVA01-1	T.A.	ill, qtz, cal, kfs
LVA01-2	800ºC	ill, qtz, kfs, pg, gh, hm, cal
LVA01-3	900ºC	ill, gh, pg, qtz, kfs, px, cal, hm
LVA01-4	1000ºC	ill, gh, pg, qtz, kfs, px, cal, hm
LVA02-1	T.A.	ill, qtz, cal, kfs
LVA02-2	800ºC	ill, qtz, kfs, pg, gh, hm, cal
LVA02-3	900ºC	ill, gh, pg, qtz, kfs, px, cal, hm
LVA02-4	1000ºC	ill, gh, pg, qtz, kfs, px, cal, hm
LVA03-1	T.A.	ill, qtz, kfs, cal
LVA03-2	800ºC	ill, qtz, kfs, pg, gh?, hm?, cal
LVA03-3	900ºC	ill, qtz, gh, kfs, px, hm, cal
LVA03-4	1000ºC	gh, qtz, kfs, pg?, px, hm, cal
LVA04-1	T.A.	ill, qtz, cal, hm, kfs
LVA04-2	800ºC	ill, qtz, pg, kfs, hm, sp
LVA04-3	900ºC	ill, qtz, pg, kfs, hm, sp
LVA04-4	1000ºC	kfs, qtz, pg, hm, sp

Tabla 4. Fases mineralógicas identificadas para cada uno de los cuatro conjuntos de probetas de arcilla muestreada en la Vega de Andújar, primero analizadas en crudo (T.A.) y después tras ser cocidas experimentalmente a distintos rangos de temperatura en un horno de mufla.

fenómeno más resaltable, la neoformación de feldespato potásico de alta temperatura, probablemente sanidina. La Tabla 4 resume la composición mineralógica fundamental de las muestras seleccionadas, a tenor de los resultados de los análisis por DRX.

II.2.5.3. Caracterización macroestructural

A la lupa binocular, en las margas azules (LVA01 y LVA02) se puede apreciar una cierta proporción de granos variados, embutidos en una matriz dominante muy fina y compacta. El tamaño de estos granos oscila de 300 a 400 µm, y entre ellos son frecuentes fragmentos de foraminíferos y otros microfósiles (fig. 17, 1 y 2), asociación que ha permitido fijar la datación de las margas azules en el Mioceno Superior. También se ven otras partículas blanquecinas, puede que carbonatos y/o cuarzo, y marrones (óxidos de hierro?), regularmente distribuidas.

Como venimos apuntando, los materiales representados por la muestra LVA03 no son adecuados a la manufactura alfarera por su carácter decididamente limoso, algo que igualmente resulta manifiesto bajo la lupa binocular (fig. 17, 3). En efecto, la proporción de matriz arcillosa es menor que la fracción detrítica, en la que destacan abundantes granos redondeados de cuarzo, de entre 400 y 500 µm de diámetro, y granos oscuros algo más pequeños, 400 µm como máximo, de biotita y/u óxidos de hierro.

En las lutitas LVA04 (fig. 17, 4), la matriz es homogénea y compacta, al igual que en LVA01 y LVA02, y la fracción gruesa (cuarzo y algunas micas doradas) es también importante, pero de mucho menor tamaño de grano (100-200 µm); factores estos que hace de las lutitas material apto para la industria cerámica.

II.3. Aguas y captación de recursos hidrológicos en el área de estudio

II.3.1. El clima actual

A grandes rasgos, el clima en la provincia de Jaén, y por ende, de la Vega de Andújar se puede calificar como de

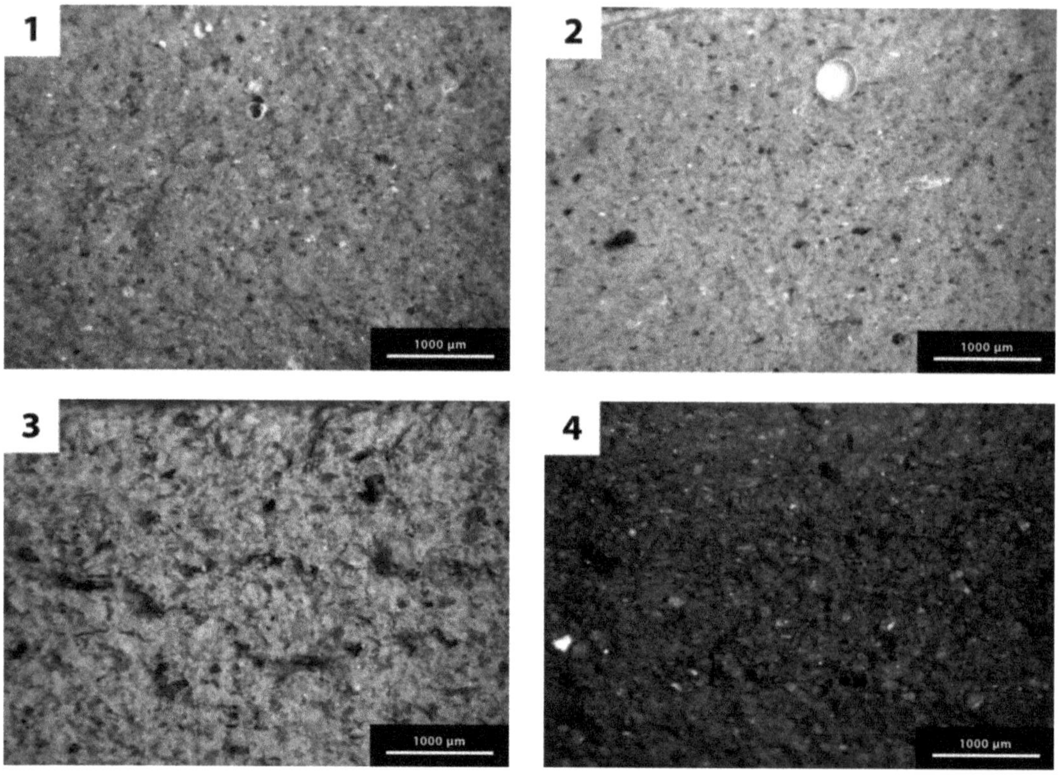

Figura 17. Microfotografías por lupa binocular (25x) de las probetas de arcilla muestreadas en la Vega de Andújar: 1. LVA01-3; 2. LVA02-3; 3. LVA03-1; 4. LVA04-3.

tipo mediterráneo continental[26], con veranos muy calurosos y secos e inviernos fríos y relativamente lluviosos. Según la clasificación agroclimática de Papadakis, la situación estará caracterizada en Los Villares de Andújar por un régimen térmico subtropical cálido y un régimen de humedad mediterráneo húmedo.

Así, las temperaturas medias anuales se adecuan, en gran medida, al esquema teórico de relación entre altitud y temperatura, registrándose en la zona una temperatura media anual de 18ºC.

Los valores de evapotranspiración potencial, genéricos para todo el área del Valle del Guadalquivir en la provincia, resultan superiores a 900 mm Por contra, los correspondientes a los índices de precipitación se sitúan en torno a 500-600 mm, incrementándose, como es lógico, hacia la zona de la Sierra de Andújar para incluso superar los 1000 mm. Estas precipitaciones, de marcado carácter estacional, se producen con mayor abundancia en primavera y otoño, sobre todo en los meses de abril y noviembre, siendo los de julio y agosto los más secos, sin apenas lluvias, y dibujando un panorama de déficit hídrico entre los meses de mayo y octubre.

Respecto a los vientos, dominan básicamente los del noroeste, ya que las borrascas que atraviesan la Península en diagonal, de NO a SE, pueden alcanzar del río Guadalquivir. También soplan con frecuencia los vientos dirección oeste "ábregos", vientos cálidos y húmedos de componente SO que provocan un tiempo lluvioso.

Desde el punto de vista de la agroclimatología, el marco climático actual permite cultivar el olivo, el trigo, el limonero, el algodón, el maíz, las leguminosas y otros muchos productos más.

II.3.2. La hidrografía actual

La hidrología superficial del área de estudio (fig. 18) está marcada fundamentalmente por el río Guadalquivir de un gran caudal circulante de manera permanente, que experimenta fuertes crecidas en primavera, si bien estas han sido atenuadas mediante las numerosas presas que regulan el caudal por toda la cuenca desde la cabecera.

Dentro de esta zona cabe mencionar la presencia de algunos cauces, los más cercanos al yacimiento; los arroyos Escobar, Martinmalillo, Martingordo; de la Mata; Mestanza, de los Molinos, y el río Jándula desembocan en el río Guadalquivir por su margen derecha. La mayoría de estos arroyos son temporales, presentando un recorrido muy corto, pues nacen entre las elevaciones cercanas a la vega del Guadalquivir. Muchos de ellos incluso, al llegar a los terrenos completamente llanos de la vega desaparecen por completo, siendo sus aguas filtradas hasta el acuífero subyacente.

En el Atlas Hidrogeológico de la Provincia de Jaén, antes citado, se ha individualizado el acuífero "Aluvial del Guadalquivir", que se aloja en los depósitos aluviales recientes y en cuya zona de influencia está enclavada nuestra área de estudio. En efecto, en el sector de Andú-

[26] Información obtenida del Atlas Hidrogeológico de la provincia de Jaén (López, Rubio y González, 1997) a partir de los datos climatológicos para el período 1940-1985.

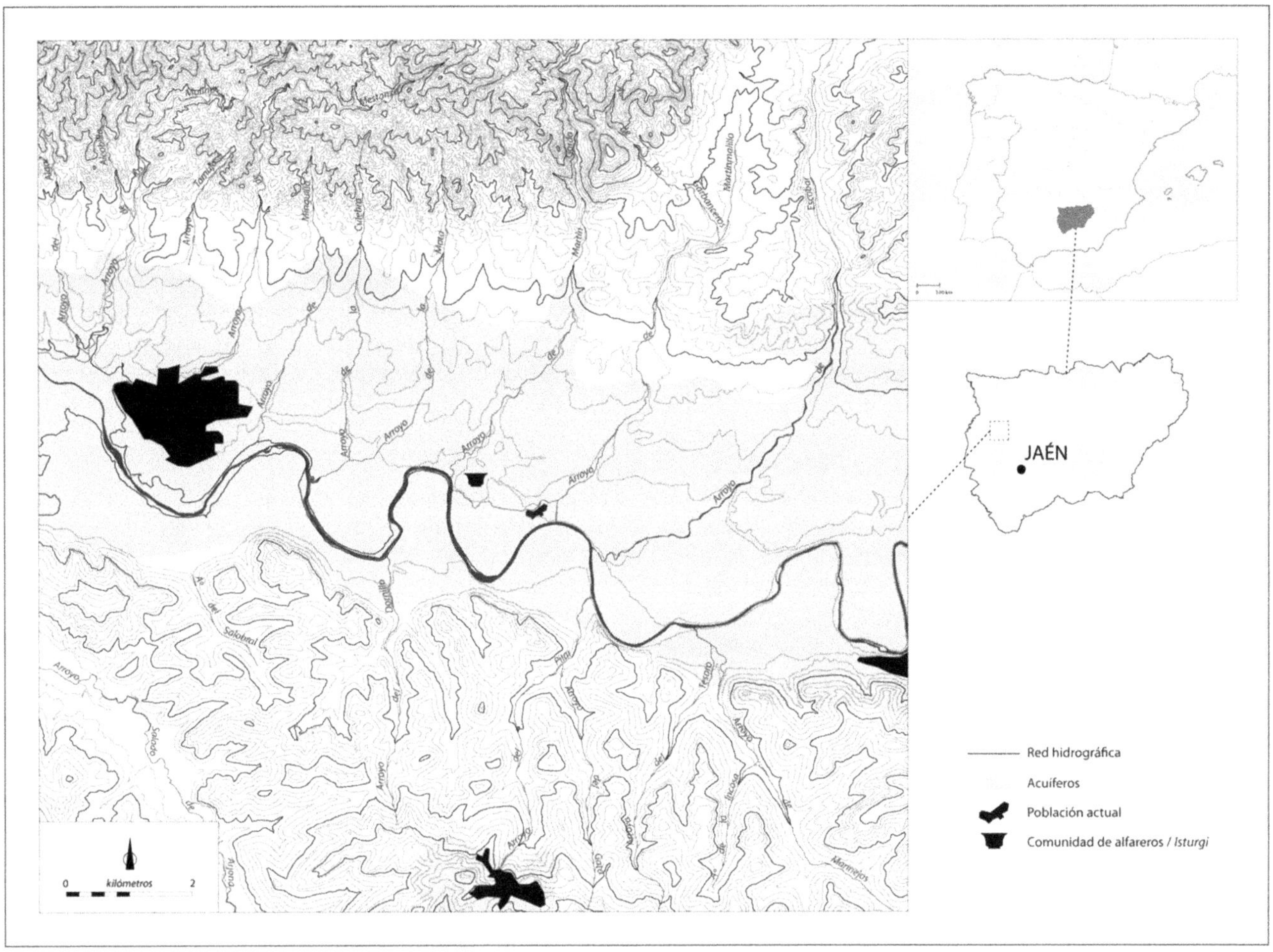

Figura 18. Hidrografía de los territorios de la Vega de Andújar contenidos en el área de aprovisionamiento del asentamiento de Los Villares, con indicación de la red hidrográfica.

jar, los materiales que el Guadalquivir ha ido dejando a su paso reposan sobre las margas miocenas, dominantemente impermeables; el propio río fue re-excavando depósitos de distintas épocas, dejando hasta cuatro terrazas antiguas escalonadas a distintos niveles. Pues bien, el Acuífero Aluvial del Guadalquivir se considera limitado a la terraza inferior (la más reciente) y al aluvial actual, depósitos que en conjunto raramente superan los 10 metros de espesor; las terrazas superiores, mayormente permeables, actúan como dispositivos de alimentación por infiltración y escorrentía del acuífero, y también del propio caudal del río a través de manantiales que pueden alcanzar caudales de hasta 10 l/s. Los pozos que lo explotan pueden presentar caudales del orden de 10-20 l/s.

II.3.3. Probabilidades de captación y gestión

Somos conscientes de que las condiciones climáticas e hidrológicas expuestas no encajarían exactamente con las predominantes en la Antigüedad. Sin embargo, el cultivo continuado hasta nuestros días de determinadas especies vegetales típicamente mediterráneas como el olivo evidencian que el contexto agroclimático no debió diferir en líneas generales del que hoy podemos observar. En efecto, se acepta la posibilidad de un clima más húmedo en la Península Ibérica tras la lectura crítica de las referencias contenidas en las fuentes antiguas (Schulten, 1963: 186-188), acompañado en estos primeros siglos de nuestra era por un clima más cálido (Font, 1988). De ser así, a una mayor cuantía de precipitaciones —unido a una masa boscosa con seguridad más extensa que en la actualidad— correspondería un menor índice de temporalidad en los arroyos y manantiales que alimentan el Guadalquivir y el acuífero bajo las terrazas fluviales.

Los 13,7 litros de agua de media que requiere el levigado de las arcillas por cada kg de pasta modelada y cocida (Echallier y Montagu, 1985: 145) resulta del todo asumible por las favorables condiciones hidrológicas de la zona, sea vía, primero, desvíos de caudal remontando el Arroyo de Martín Gordo al norte, o bien practicando pozos que alcanzarían la capa freática alimentada por el acuífero aluvial, y de cuya existencia no tenemos noticia hasta el momento. Soluciones de abastecimiento similares se han barajado para el caso de La Graufesanque (Millau, Francia), con la traída de aguas desde el río Dourbie a través de un sistema de canalizaciones, o perforaciones del nivel freático bajo el propio asentamiento (Bémont y Jacob, 1986: 96). Si bien, en este último caso, desconocemos las estructuras o acueducto que proveían de un flujo de agua continuo al barrio artesanal, en el caso del alfar romano de La Maja (Calahorra, La Rioja)[27] sí podemos hablar de realidades concretas; aquí el abastecimiento tuvo lugar mediante una toma de aguas en el acueducto que discurre junto al complejo artesanal y que abasteció desde la Sierra de La Hez a la propia ciudad de *Calagurris Iulia*, a unos 5 km en dirección noreste de La Maja (González Blanco *et al.*, 1989; González Blanco y Amante, 1992).

De la gestión de este recurso a nivel microespacial en Los Villares de Andújar no disponemos de datos que nos permitan, por ejemplo, reconstruir el modo en el que se administraba el agua y su distribución, si ésta fue objeto de una gestión común por parte de los artesanos o, por contra, de carácter individual... interrogantes que podrían añadir elementos de valoración a la discusión acerca de la manera en que este artesanado pudo articularse. Sólo en el denominado Corte 10 se documentaron dos canalizaciones compuestas de *tubuli* conectadas a algunos espacios de los cuales no nos es posible determinar su funcionalidad y relación con respecto a otras áreas de actividad; en este sentido, quizá deban relacionarse más apropiadamente con contextos de habitación (Sotomayor Muro, Roca y Sotomayor, 1979: 444).

En la Península Ibérica, ejemplos de esta gestión —salvando las distancias por cuanto se tratan de asentamientos productivos en general que responden a modelos de implantación en el territorio diferentes, dispersos, no nuclearizados como es nuestro caso— con, en primer lugar, presencia de depósitos de aguas para almacenar y regular el flujo en el marco de la *figlina* o la *officina*, se conocen en el alfar de Villamanta en Madrid (Zarzalejos, 2002), uno similar a este último en El Bosque (Cádiz) en el paraje de Los Castillejos (Alarcón y Aguilera, 1993), y otro probable directamente conectado a una balsa para decantación de arcillas en La Maja (González Blanco *et al.*, 1997: 30); en segundo lugar, hemos de mencionar las conducciones y canalizaciones encargadas de repartir y distribuir la circulación de aguas en el taller, como es el caso de la canalización en *tegulae* de La Venta del Carmen (Los Barrios, Cádiz) (Sánchez Moreno y Bernal, 1998) o la que alimenta el depósito de La Maja (González Blanco *et al.*, 1996: 55), en esta ocasión construida con *imbrices* dispuestos boca arriba. Caso arquetípico a tener en cuenta fuera de la Península, dada la representatividad y el buen estado de conservación de las estructuras hidráulicas, es el del complejo productivo de Chiusi, en Italia (Pucci y Mascione, 2003), donde se combinan depósitos en mortero hidráulico y canalizaciones de diverso tipo (con tégulas dispuestas en vertical, ímbrices, *tubuli*, excavadas en el terreno...) y de distinta funcionalidad (recogida, traída, distribución y drenaje).

II.4. La leña como fuente de energía: el combustible

II.4.1. El medio actual y sus potencialidades vegetales

En la actualidad, la vegetación natural ha quedado relegada casi por completo a las vegas de los ríos, y únicamente a aquellas zonas en las que los terrenos se ven periódicamente inundados por las crecidas. Del resto del territorio la vegetación natural, y de manera especial el encinar, ha sido eliminada para implantar los diversos cultivos agrícolas de secano y/o regadío. En la ribera del Guadalquivir es donde es posible encontrar mayor riqueza, presentando además el soto fluvial una gran continuidad a lo largo de todo el cauce, con la presencia de individuos de diversas especies y edades.

También se pueden ver, junto al cauce del río, algunas parcelas en las que se desarrollan pastizales de importancia para el pastoreo, debido a que los aportes procedentes de las periódicas crecidas han formado suelos de buena calidad.

En cambio, en los arroyos temporales afluentes del Guadalquivir por la margen izquierda, esta vegetación ha sido alterada en la mayoría de los casos hasta la práctica desaparición, existiendo únicamente restos de la misma formados por árboles dispersos, cañas, carrizos, eneas y juncos churreros. Una vez que el cauce discurre por la vega de uso agrícola intensivo, la vegetación suele desaparecer por completo.

El resto del territorio de la vega del Guadalquivir está ocupado ocupado en su práctica totalidad por cultivos de regadío y, en menor medida, de secano. Los cultivos más comunes son algodón, maíz y olivo, así como pequeñas parcelas dedicadas al cultivo de productos hortícolas.

En una zona, la más inmediata hacia el norte, que se encuadra bioclimáticamente en la región Mediterránea de piso Termomediterráneo, subregión fitoclimática de tipo Mediterráneo genuino, calido, menos seco, de inviernos cálidos en la provincia bética-algarviense y tingitana basófila de la encina carrasca, el tipo de vegetación que podemos considerar potencial en este entorno sería, según la *Memoria del Mapa de Series de Vegetación de España* (Rivas *et al.*, 1987) (fig. 19), los bosques densos de talla elevada en los que es dominante como árbol la encina *(Quercus rotundifolia)*, pero con la que pueden competir, sobre todo en los suelos más livianos, otros árboles termófilos como el algarrobo *(Ceratonia siliiqua)*, el acebuche *(Olea europaea* subsp. *sylvestris)*, la coscoja arborescente *(Quercus coccifera)* o incluso quejigos africanos híbridos *(Quercus* x *marianica)*. De estas etapas maduras restan pocos vestigios, ya que el alto valor agrícola de los suelos ha supuesto casi su desaparición.

[27] La producción bibliográfica a la que han dado pie los hallazgos del taller de La Maja es relativamente extensa; dos trabajos recogen la práctica totalidad de ella, acompañada de un comentario que contextualiza cada una de las referencias en la historia de las investigaciones en el yacimeinto (González Blanco, 1997; 1998).

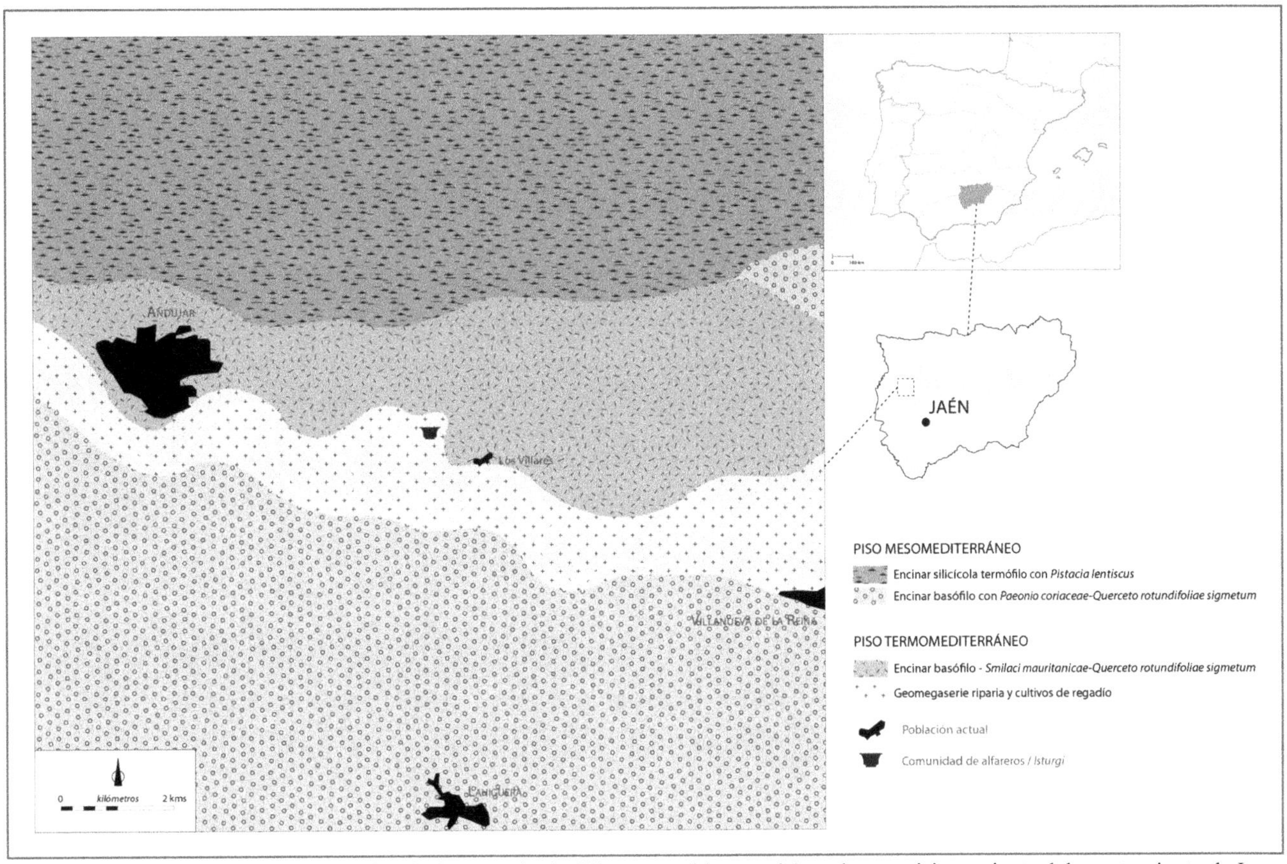

Figura 19. Hidrografía de los territorios de la Vega de Andújar contenidos en el área de aprovisionamiento del asentamiento de Los Villares, con indicación de la red hidrográfica.

Más en detalle, a los bosques de encina carrasca y acebuche, pueden acompañarles arbustos como la zarzaparrilla (*Smilax mauritanica*) y plantas como el palmito (*Chamaerops humilis*); como orla y primera etapa de sustitución aparece un coscojal-lentiscar que varía en su composición según la biogeografía (Costa y Valle, 2004: 225). Los bosques y matorral denso dan cobijo a la esparraguera silvestre (*Asparagus albus*), lentisco (*pistacia lentiscus*), espino negro (*Rhamnus oleoides*), coscoja (*Quercus coccifera*) o candilillos (*Aristolochia baetica*); y zonas de matorral degradado caracterizadas por el tomillo cabezudo (*Coridothymus capitatus*), la sajereña (*Teucrium lusitanicum*), el matagallo (*Phlomis purpurea*) y poleo (*Micromeria latifolia*); los pastizales, en teoría, se compondrían de especies tales como el fenal (*Brachypodium ramosum*), el cerrillo (*Hyparrhenia pubescens*) o el llamado pasto de muralla (*Brachypodium distachyon*). En aquellas zonas de ombrotipo subhúmedo y sobre suelos neutros las etapas de matorral denso de lentiscar-espinar se pueden enriquecer en madroño (*Arbutus unedo*), Espantalobos (*Colutea atlantica*), adelfilla matabuey (*Bupleurum fruticosum*), durillo (*Viburnum tinus*) y olivilla (*Phillyrea angustifolia*), constituyendo una faciación más mesofítica (Costa y Valle, 2004: 226).

En la vega fluvial, la vegetación potencial es de tipo ripario y se halla directamente ligada a la dinámica fluvial y el aporte de sedimentos, alcanzando principalmente la T5 (vega del río) y muy esporádicamente la T4. Aquí se debe hablar, más que de una serie de vegetación, de una geoserie, es decir, un conjunto de series limítrofes que se ordenan por la acción de un factor ecológico común, en este caso, la proximidad al río Guadalquivir. En este sentido podemos hablar de franjas transversales de vegetación que se disponen según la proximidad a la corriente fluvial. Así, la vegetación asociada a las geomegaseries riparias mediterráneas y cultivos de regadíos en las áreas de la vega fluvial estaría constituida potencialmente por adelfas (*Nerium oleander*), sauces (*Salix salviifolia, Salix pedicellata, Salix mairei, Salix purpurea* subsp. *lambertiana y Salix neotricha*), alisos (*Alnus glutinosa*), fresnos (*Fraxinus angustifolia*), tamujos (*Securinega tinctoria*) y juncos (Scirpoides holoschoenus), apareciendo orladas por zarzales y espinos. De forma puntual aparecen algunas olmedas (*Ulmus minor*), alamedas (*Populus alba*) e incluso tarayales (*Tamarix gallica*).

Aunque algo más alejados del dominio inmediato del yacimiento, pero dentro de su área de recursos, se disponen bioindicadores correspondientes a otras regiones bioclimáticas mesomediterráneas. Concretamente, hacia la Sierra Morena se extiende la serie mesomediterránea luso-extremadurense seco-subhúmeda silicícola de la encina *(Quercus rotundifolia)*, en su faciación termófila marianico-monchiquense con *Pistacia lentiscus.* El encinar con piruétano (*Pyrus bourgaenea*) —muy común junto a los cursos de agua— aparece sobre suelos procedentes de rocas silíceas, sobre sustratos pobres en bases como sedimentos pizarrosos, granitos, cuarcitas, etc. La coscoja (*Quercus coccifera*), olivilla (*Phillyrea angustifo-*

lia), aladierno (*Rhamnus alaternus*), Mirto (*Myrtus communis*), cornicabra (*Pistacia terebinthus*), jazmín silvestre (*Jasminum fruticans*), retama loca (*Osyris alba*), Enebro rojo (*Juniperus oxycedrus* subsp. *oxycedrus*), esparraguera silvestre (*Asparagus acutifolius*), rubia (*Rubia peregrina*), madreselva mediterránea (*Lonicera implexa*), rusco (*Ruscus aculeatus*), peonia (*Paeonia broteroi*), matalobos (*Doronicum plantagineum*), culantrillo negro (*Asplenium onopteris*), arisaro (*Arisarum simorrhinum*), son especies características de esta serie. Además, gracias a la benignidad climática de estos territorios es posible la presencia de plantas termófilas como el lentisco (*Pistacia lentiscus*), zarzaparrilla (*Smilax aspera*), acebuche (*Olea europaea* var. *sylvestris*), espino negro (*Rhamnus lycioides* subsp. *spiculosa*), salvia amarga (*Teucrium fruticans*), jaguarzo negro (*Cistus monspeliensis*), arisaro (*Arisarum simorrhinum*), parietaria de hoja ancha (*Parietaria mauritanica*), pinchuita (*Selaginella denticulata*) o esparraguera blanca (*Asparagus albus*), que nos permiten diferenciar las comunidades de esta faciación de las de la faciación típica (Costa y Valle, 2004: 162).

Por contra, al sur del río hacia la Campiña y al Este, las potencialidades vegetales nos remiten a series calcícolas de piso mesomediterráneo como la bética marianense y aracenopacense seco-subhúmeda basófila de la encina (*Quercus rotundifolia*), en su faciación termófila bética con *Pistacia lentiscus*. Es propia de zonas mesomediterráneas de la provincia Bética, generalmente bajo ombrotipo seco, aunque también subhúmedo, sobre suelos ricos en bases provenientes de rocas carbonatadas. Aquí la serie típica se enriquece en especies termófilas como el lentisco (*Pistacia lentiscus*), esparraguera silvestre (*Asparagus albus*), zarzaparrilla (*Smilax aspera*), efedra (*Ephedra fragilis*), acebuche (*Olea europea* var. *sylvestris*), bolina (*Cytisus fontanesii*), crujía mayor (*Bupleurum gibraltaricum*), etc. Además, entre las especies característcas de este tipo de encinar se cuenta la coscoja (*Quercus coccifera*), rubia (*Rubia peregrina*), candilillos (*Aristolochia baetica*), peonia (*Paeonia broteroi*), enebro rojo (*Juniperus oxycedrus*), madreselva etrusca (*Lonicera etrusca*), rusco (*Ruscus aculeatus*), esparraguera silvestre (*Asparagus acutifolius*) o nueza negra (*Tamus communis*). Al contexto de matorral denso propio se le unen ciertos elementos termomediterráneos como espino negro (*Rhamnus oleoides*), arisaro (*Arisarum simorrhinum*), jazmín silvestre (*Jasminum fruticans*), olivilla (*Phillyrea angustifolia*), palmito (*Chamaerops humilis*), retama loca (*Osyris alba*) y aladierno (*Rhamnus alaternus*). (Costa y Valle, 2004: 194-196).

II.4.2. El paleoambiente del Alto Guadalquivir. Algunos datos

En este punto, la falta de datos útiles a nuestro estudio procedentes del área a la que nos venimos refiriendo, aconseja ampliar el foco de nuestro interés a toda la región geográfica del Alto Guadalquivir; cronológicamente las limitaciones son también importantes puesto que no se han llevado a cabo análisis arqueobotánicos para el período en cuestión, teniendo que recurrir, como veremos, a consideraciones medioambientales hechas en su mayoría sobre marcos temporales pre y protohistóricos.

No cabe duda, en cualquier caso, que en extensas regiones del Alto Guadalquivir dominó durante muchos siglos un paisaje eminentemente boscoso si atendemos a los relatos y narraciones de autores como Tito Livio[28], Estrabón[29] o Plinio[30]. El primero, aunque alejado del transcurso de los sucesos que nos transmite en su relato sobre la Segunda Guerra Púnica, hará mención en repetidas ocasiones al carácter selvátivo y frondoso del *Saltus*[31]*Castulonensis* y zonas aledañas (Cortijo, 2005); entre esas áreas lindantes se incluye el territorio y la ciudad de *Amtorgis*, provisto de una periferia boscosa y, lo que es más importante, asimilada por los especialistas al *Municipium Isturgi Triumphales* de épocas posteriores (Corzo, 1975: 225-226).

La mayoría de los datos a los que hemos tenido acceso a través de la Arqueología para la reconstrucción medioambiental en áreas de estudio más o menos próximas, nos son proporcionadas, en primer lugar, por los excavadores del yacimiento prehistórico de Peñalosa, en Baños de la Encina, donde se asienta un poblado argárico dominando el curso alto del río Rumblar y en íntima relación con el aprovechamiento de los recursos minerales de Sierra Morena (Contreras, 2000); a las que habría que unir, en segundo lugar, los resultados de los análisis de las muestras polínicas y carpológicas extraídas de los sondeos del Cerro de Plaza de Armas de Sevilleja en Espeluy (Contreras, Nocete y Sánchez, 1985), que cuenta con una situación estratégica cerca de la confluencia del Rumblar con el Guadalquivir y, en consecuencia, vinculado al ambiente de la Vega y sus posibilidades agrícolas.

De todos ellos se desprende la confirmación de las potencialidades vegetales ya señaladas, incluso en lo que pudo ser un régimen climático ligeramente distinto al actual. Sabemos que hacia la segunda mitad del II milenio a.n.e predominaban los bosques esclerófilos con abundantes árboles de hoja coriácea, típica de las regiones mediterráneas; en concreto, los ácaros fósiles identificados en Peñalosa revelan la existencia de encinares y alcornocales en la zona (Rodríguez, 2000). De modo complementario, la presencia en el registro de este yacimiento de restos de cérvidos denota también un biotopo boscoso y húmedo (Sanz y Morales, 2000), al igual que en Sevilleja. No ocurre lo mismo con respecto a los contextos paisajísticos inmediatos de uno y otro, condicionado en el caso del

[28] Remitimos aquí al interesante trabajo de Mª L. Cortijo (2005), quien compila y reúne las múltiples referencias livianas al respecto de los *saltus* y bosques en las narraciones que tienen como hilo conductor las campañas militares en suelo hispano.

[29] Aunque no se refiere de un modo explícito al *saltus*, la constatación estraboniana (III, 4, 2) de la existencia de una cordillera cubierta de bosques que, partiendo de *Calpe*, cruza la Bastetania y la Oretania y separa la zona costera de la interior incluiría, posiblemente las *silvae* y *montes* de Livio.

[30] Plinio, por su parte, hace referencia (*N. H.* III, 3, 9) al *saltus Tugiensis*, presumiblemente con los mismos rasgos topograficos que confluyen en el territorio castulonense.

[31] Según J. Pimentel (1997) el vocablo *saltus* se define en los siguientes términos: región de árboles y pastos; soto; bosque; monte; paso estrecho, desfiladero, garganta; medida agraria.

Bioindicadores del Encinar ibérico-meridional termomediterráneo	
Nombre de la serie	**Encinar basófilo**
Árbol dominante	*Quercus rotundifolia*
Nombre fitosociológico	*Smilaci mauritanicae-Querceto rotundifoliae sigmetum*
BOSQUE	*Quercus rotundifolia* *Smilax mauritánica* *Olea sylvestris* *Pistacia lentiscus* (según Valle y Costa, 2004) *Chamaerops humilis*
MATORRAL DENSO	*Phillyrea angustifolia* (según Valle y Costa, 2004) *Asparagus albus* *Rhamnus oleoides* *Quercus coccifera* *Aristolochia baetica*
MATORRAL DEGRADADO	*Coridothymus capitatus* *Teucrium lusitanicum* *Phlomis purpurea* *Micromeria latifolia*
PASTIZALES	*Brachypodium ramosum* *Hyparrenia pubescens* *Brachypodium distachyon*

Tabla 5. Bioindicadores y agrupaciones vegetales propios del encinar basófilo termomediterráneo próximo al asentamiento.

Cerro de Plazas de Armas por el aprovechamiento agrícola de un medio antropizado en mayor medida, pero donde entre las especies árboreas, además del *quercus* en diversas formas, aparece incluso el pino y emergen especies de ribera como el aliso, eso sin contar especies arbustivas como la *Olea* (Spanedda *et al.*, 2004: 67-69). No en vano, un elenco variado de arbustos (acebuche, olivilla, madroño, lentisco...) se cuenta de nuevo en Peñalosa indicando la fuerte extensión de un importante sotobosque que, podemos presumir, se extendió hasta áreas limítrofes con la llanura aluvial del Guadalquivir, aunque las informaciones paleoambientales en el Bajo Rumblar y en el conjunto de la Vega sean muy limitadas.

Más cercanas en el tiempo pero más alejadas en el espacio, y en posición periférica respecto al área de estudio, en el extremo suroriental de la provincia de Jaén, son las referencias extraídas de la excavación del hipogeo ibérico del Cerrillo de la Compañía de Hornos (Peal de Becerro), datado hacia el siglo VI a.C. Del estudio de los restos del combustible usado en la pira de cremación, podemos concluir que el pino salgareño o laricio (*Pinus niger* subsp. *salzmannii*) gozaba de amplia representatividad en el medio boscoso de la zona, al que debió vincularse, además, un poblado de matorrales y arbustos entre los que figuraba el lentisco (*Pistacia lentiscus*) (Rodríguez, 2007).

Más recientemente los datos para el área en cuestión son inexistentes en el estado actual de la investigación. No obstante, queda clara la extensión de masas boscosas, con su correspondiente sotobosque, en grandes áreas de la región de estudio. Ese bosque, el más cercano al yacimiento y que en último término garantizaría el abastecimiento de combustible, debió estar caracterizados en gran medida, aunque no exclusivamente, por los bioindicadores propios del encinar basófilo termomediterráneo que ya hemos mencionado (tab. 5). De él se extrajo la leña bien seca y de sección fina, proporcionada esencialmente por el rico manto arbustivo que acompañó a las poblaciones boscosas del entorno, y leñas extraídas de árboles de mayor tallaje e incluso procedentes del laboreo del olivar; éste fue sin duda practicado en la zona, si bien no con la misma intensidad de lo experimentado en los valles medios de los ríos Genil y Guadalquivir y, probablemente enfocado al consumo local y regional de aceite (Serrano, 2005; Fornell, 2007). Sabemos del empleo de subproductos derivados del prensado y extracción del aceite en puntos no muy alejados de la actual Campiña de Córdoba, concretamente en Lucena; allí, en el alfar de Los Tejares, los hornos fueron alimentados, además de con alguna especie de *quercus* caducifolio sin determinar, con maderas de olivo y, lo que resulta más significativo, huesos de aceituna[32], de cuyo poder calorífico parece ya

[32] Agradecemos sinceramente la deferencia de la Profa. Mª Oliva Rodríguez Ariza de la Universidad de Jaén al compartir con nosotros estos interesantes datos aún inéditos, resultantes de las excavaciones arqueológicas en el alfar romano de Los Tejares de Lucena (Córdoba). Este

fueron conscientes los artesanos romanos (Fornell, 2007: 104-105).

En cualquier caso, las fuentes de combustible disponibles debieron ser lo suficientemente abundantes como para abastecer de modo regular una media de al menos 400 kg. de leña por m^3 de capacidad en la cámara de cocción del horno —o unos 6,2 kg. de combustible por la misma cantidad de pasta cerámica—. Esta es la cantidad aproximada de combustible leñoso estimada de manera experimental para alcanzar temperaturas próximas a 900ºC (Echallier y Montagu, 1985), siempre teniendo presente que no todas las maderas y leñas reportan el mismo rendimiento calorífico en la combustión; si bien en nuestro caso las maderas extraídas del manto boscoso mediterráneo de la zona —sobre todo en forma de encinas y el sotobosque que se le asocia— constituyen el combustible más apropiado para su uso en este tipo de actividades.

La inversión de tiempo y esfuerzo que requirió el acceso a las reservas de combustible debió ser perfectamente admisible con un gasto francamente discreto de energía, dada la relativa cercanía a las fuentes de estos recursos. La consideración somera de los índices de potencialidad agrícola de los suelos en la Vega de Andújar plantea la posibilidad de que los encinares rotundifolios se extendiesen hasta escasos centenares de metros al norte del asentamiento, en las inmediaciones de la T2, e incluso T3, donde los suelos tienen menor valor agrícola en relación a las terrazas 4 y 5, ricas en nutrientes y más indicadas para la agricultura intensiva de regadío en huertas con herbáceas y frutales. En la actualidad el monocultivo del olivo ha invadido en parte esas terrazas bajas dedicadas tradicionalmente al regadío y ha eliminando casi por completo la vegetación autóctona de tipo boscoso en los suelos menos fértiles desde la T3 —aunque esta sólo parcialmente— hacia el piedemonte al norte, donde aún pueden encontrarse algunos pastos (Gil *et al.*, 1987; De Córdoba, 1997).

Sabemos que las terrazas de la Vega (4 y 5) de mayor potencial agrícola fueron objeto de explotación intensa y organizada, sobre todo en época romana como parece indicar el denso poblamiento rural detectado en la zona a partir del siglo I d.C. (Ponsich, 1987: 85-105, fig. 11), cuando la región queda integrada en la nueva política y economía imperiales. Entonces los asentamientos de carácter rural se hacen más frecuentes (de 100 a 200 m. entre ellos) en virtud de un proceso de transformación del territorio, y de implantación de explotaciones agrarias sin valor estratégico al modo romano, caracterizado por las *villae* y otros tipos de asentamientos menores intermedios entre la *urbs* y éstas últimas, como son los *vici* (Roca *et al.*, 1986; Roca *et al.*, 1987). Fenómeno este que, apoyado en una inmejorable infraestructura edafológica, se vio a todas luces fortalecido en la zona, como más adelante veremos, por la política viaria de Augusto con respecto al Guadalquivir y a la *via Augusta,* verdaderos ejes de las comunicaciones a partir de aquel momento en detrimento de la antigua ruta ibérica *Corduba-Castulo* por *Obulco* (Chic, 1997).

taller, descubierto y parcialmente destruido durante las obras de construcción de una estación depuradora de aguas residuales presenta dos épocas de ocupación, la primera, como alfar, entre los siglos I y II d.C., con producciones de cerámica común y material de construcción; y una posterior, entre la segunda mitad del siglo IV y los primeros decenios del siglo V d.C., posiblemente como vivienda. El conjunto presenta siete hornos de distintos tamaños dispuestos en batería, una zona de servicio de los hornos y un tercer ámbito, compuesto por una nave de grandes dimensiones.

III. FACTORES GEOGRÁFICOS DE IMPLANTACIÓN: MERCADOS Y DISTRIBUCIÓN DE LOS PRODUCTOS

III.1. Introducción

Los factores determinantes para la implantación en un lugar de una actividad productiva son, sin duda, lo suficientemente dispares y variados como para, incluso, no responder a exigencias estrictamente de índole productiva. No se nos escapa que las vajillas cerámicas en el Mundo Antiguo eran objeto de comercio, en muchos casos, en virtud de intercambios que podían superar con creces los límites impuestos por los mercados y ferias locales, y alcanzar de ese modo amplias y lejanas regiones.

El análisis que desarrollamos a continuación sobre aspectos indispensables para el sostenimiento de una actividad, —como son: el comercio y la distribución de vajillas en el Mundo Antiguo en general, y en la *Provincia Baeticae* en particular; los cauces, vías y rutas de comercialización y distribución de las mismas en la zona meridional de la Península durante el Alto Imperio; o el desarrollo ciudadano y la implantación de la *civitas*, así como la repercusión que en estos aspectos tuvieron las distintas políticas y líneas de gobierno puestas en marcha por los primeros emperadores julio-claudios— debe brindarnos una idea clara de cuáles fueron los argumentos concretos identificados en la geografía provincial para el establecimiento definitivo, y consolidación, del complejo artesanal de Los Villares de Andújar.

III.2. El comercio de vajillas cerámicas en la Antigüedad

III.2.1. Comercio administrativo y comercio de mercado

Ya desde el inicio de este trabajo hemos pretendido hacer explícita nuestra postura acerca de la consideración y caracterización de la economía romana durante el Alto Imperio con el objetivo inicial de establecer los términos en los cuales, a nuestro entender, se desarrolló la producción y comercialización de cerámicas durante ese período. En este sentido, compartíamos las reflexiones realizadas desde el ámbito de los historiadores de la economía romana que, en resumen, contemplan una estructura económica romana, en concreto aquella de época altoimperial, alejada tanto de las simplificaciones primitivistas de Finley como de la modernidad *quasi*-industrial de Rostovtzeff, alcanzando teorizaciones moderadas. Intentando mantener una línea de coherencia clara, a continuación nos referiremos de manera particular al punto más significativo del análisis económico en la Antigüedad: el comercio.

¿Qué entendemos por comercio? Como se ha dicho (Principal, 1998: 172), hemos de considerar, en primer lugar, que en la base del acto comercial se encuentra el intercambio, término usado en general para designar cualquier proceso por el cual los bienes se desplazan de una mano a otra a cambio de un beneficio de carácter bilateral. Esta bilateralidad es la que cualifica el comercio sobre otras formas de adquisición de bienes tales como la caza, el pillaje o el saqueo; por consiguiente, el comercio puede definirse como el sistema de intercambio —ya que requiere para su funcionamiento institucional de un conjunto de elementos como son el personal, las mercancías, el transporte y la bilateralidad, ordenados y relacionados entre sí— por el cual se adquieren y transportan bienes inexistentes en un lugar donde, a su vez, se ha generado dicha necesidad (ibíd.; Polanyi, 2009: 157 y161).

Pero no todas las formas de intercambio en la Antigüedad se constituyen e integran del mismo modo, por lo que, a día de hoy, se aceptan ampliamente tres modalidades directamente inspiradas por los planteamientos de K. Polanyi (1957): reciprocidad, redistribución e intercambio. Éstas, aunque subordinadas a una dominante, pueden darse al mismo tiempo; o desaparecer alguna para reaparecer posteriormente tras un *hiatus*.

Así, la reciprocidad consiste en el movimiento de bienes entre individuos en el seno de un grupo articulado según relaciones de simetría entre sus componentes (sociedades tribales). En estos desplazamientos materiales de bienes se hace expreso el peso de lo social y lo simbólico por encima de la vertiente material de la transacción.

Distinto es el caso de los intercambios regidos por la redistribución, que precisan de la centralización del proceso y del movimiento de los bienes hacia un centro que a continuación sanciona, mediante la costumbre y la ley, la redistribución de los mismos de nuevo hacia el exterior. Aquí, la organización central condiciona, en último término, política y económicamente el flujo de bienes. Además, el mismo mecanismo de integración significado en la expresión "recoger y redistribuir a partir de un centro" es aplicable, según señala Polanyi (2009: 103-105), a otros grupos más reducidos que no se corresponden con el conjunto de la sociedad, entre ellos la *familia* romana.

El intercambio en sí —que, como hemos dicho hace mención al flujo de bienes que cambian de manos implicando un beneficio para ambas partes, sea en otros bienes o en servicios inmateriales— puede llevar aparejado el mercado. Pero el mercado en dos acepciones concretas que harán referencia, primero, a la localización periódica o fija donde a precios normalizados se acude en busca de productos frescos o de primera necesidad; y segundo, entendiendo mercado como el mecanismo de oferta-demanda-precio que regula los intercambios y la relación equivalencia-precio en un contexto que, a su vez, puede ser de carácter físico o conceptual.

Concretando, para Polanyi (1957: 262-263) el tipo de comercio predominante en la Antigüedad no entendía de mecanismos internos de regulación, por lo que se encontraba intervenido activamente por normas y acuerdos previamente establecidos y de los que resultaban equivalencias-precio fijas; este es el designado como "comercio administrativo", en oposición al "comercio de mercado" determinado, no ya por las necesidades de un producto concreto en una zona dada —como hemos señalado para la definición inicial de comercio—, sino por las diferencias de precios entre esos productos. No se nos debe escapar que para el funcionamiento de esta última variante del comercio es esencial la fluctuación de precios que tiene lugar en el escenario típico de un mercado autorregulado.

La expresión material de ese comercio administrativo, normativo, de equivalencias-precio fijas y mercados no formadores de precios, es el designado como "puerto de comercio", pensado como el lugar que ofrecerá las infraestructuras necesarias para la importación y exportación de bienes (ibíd., 263). Algunos autores han recogido estas formulaciones con entusiasmo pero otros han puesto en cuestión los propios fundamentos del modelo generado por Polanyi, atacando la presunta incapacidad de estos mercados para autorregularse y formar precios por sí mismos mediante la llegada de productos, lo cual invalidaría el carácter administrativo de la actividad. Sí es evidente, como ha hecho notar J. Principal (1998: 173), que los términos de la "equivalencia-precio" y la intensidad de la demanda correspondiente a un bien determinado variarían de un lugar a otro, siendo el comerciante más eficiente desde el punto de vista lucrativo (mercader) quien dominase y recogiese en sí mismo un mejor conocimiento del mayor número de equivalencias practicadas por las múltiples estaciones comerciales.

Sea como fuere, la preponderancia del comercio administrativo no es incompatible en ningún caso con la aparición de verdaderos mercados autorregulados, los cuales también analiza Polanyi (2009: 363-380) a propósito de la creación de un mercado de grano a gran escala en el Mediterráneo oriental a cargo del gobernante Cleómenes de Naucratis, a fines del siglo IV d.C. Significativamente, en el entramado organizativo comercial ideado por éste, el desvío de la oferta de un lugar a otro se realizó en función de la racionalidad que demandaba la oscilación y la diferencia de los precios entre uno u otro punto. Si bien matiza que esos desplazamientos fueron el resultado, en definitiva, de decisiones administrativas (comercio administrado) ajenas a cualquier tipo de iniciativa privada empresarial en busca de sustanciosos beneficios. ¿Nos encontramos, en cualquier caso, ante una verdadera economía de mercado? parece que así es, pero ¿resulta aplicable esta expresión, en último término, a una realidad pasada que no entendía de conceptualizaciones presentes?

Independientemente de apellidos, podemos admitir, sin riesgo a equivocarnos, que el marco económico en el que se inserta el comercio de cerámicas finas e *instrumentum domesticum* durante el siglo I d.C. en el Imperio romano, no debió desarrollarse en términos muy distantes a los de una economía dual (Chic, 2006: 958) en la que cohabitasen elementos y mecanismos racionales de mercado (autorregulación, iniciativa privada, comercio a larga distancia...) con importantes manifestaciones de reciprocidad y redistribución (autoabastecimiento, *annona*, evergetismo...) ; en todas ellas parece detectarse un peso específico del mercado y de la moneda (Márquez y Molina, 2001: 57-59). En ese contexto, resultado del desarrollo del gran expansionismo romano de época republicana en el Mediterráneo (ss. III-I a.C.), seguía sin ser posible adivinar una división clara entre lo que hoy entendemos por "economía" y la propia esfera de la política, como sí se observa en la actualidad (Carandini, 1980: 13).

En todo caso, y en una tesitura así, parece complicado encajar los signos de prosperidad experimentados a partir de entonces en sectores como el artesanal, definitivos para el desarrollo del comercio en los tipos-ideales que Finley y, sobre todo, sus discípulos propusieron (Márquez y Molina, 2001: 16); además, ante algunos de estos signos inferidos a través de la Arqueología el propio M. Finley siempre se mostró escéptico (Saller, 2002: 256).

Al fin y al cabo, el matiz hecho a la caracterización del comercio de mercado y al desarrollo experimentado por éste en el rigor mercantil del Alto Imperio, viene impuesto por el grado de integración de esos mismos mercados a lo largo y ancho del Imperio. Y en este sentido, coincidiendo con el propio Finley, se hace difícil pensar en diversos mercados, sí interconectados, pero no lo suficientemente integrados como para ser analizados como una única unidad de oferta y demanda (ibíd., 254).

III.2.2. Distribución, intercambio y adquisición. Procedimientos

Como esquema de referencia útil, en las sociedades preindustriales actuales se han convenido un total de cinco presupuestos (Renfrew, 1977; Rice, 1987: 192-195) en torno a los cuales las cerámicas viajan, en orden de complejidad ascendente, desde el centro productor hasta llegar a las manos del comprador final, y que ahora intentamos adaptar ligeramente a una realidad histórica del Alto Imperio romano, sobre todo, en las provincias occidentales:

1. El comprador interesado —sin duda del entorno más próximo al asentamiento— entra en contacto directo con el alfarero. El sujeto se garantiza así, de manera más evidente en el caso de las cerámicas finas, la rapidez para reponer su vajilla, a la vez que evita los sobreprecios que pudieran generarse por la acción de los intermediarios y el transporte. Ello podría implicar la existencia de pequeñas tiendas vinculadas a los propios talleres salpicando la geografía del barrio artesanal (fig. 20, 1).

2. El alfarero o un miembro del taller viajan hasta el comprador sirviéndose de medios de transporte terrestres e incluso fluviales, pero de alcance limita-

do. En este caso, el artesano o miembros del taller actúan también como vendedores ambulantes (fig. 20, 2).

3. Tanto el productor como el cliente se reúnen en una localización ajena a ambos, bajo el paraguas de mercados y ferias locales. Ahí, a su vez, puede tener lugar la venta a otros mercaderes ambulantes que redistribuyen las mercancías hacia otros lugares (fig. 20, 3).

4. El taller entrega los bienes a lo que podríamos denominar como un "hombre de negocios" (*mercatores*/*negotiatores*[33]), incluso como delegados de un comercio a larga distancia. Esta interacción puede realizarse tanto en un lugar de mercado como en el propio centro productor o en sus cercanías. De ahí, los bienes son puestos en circulación por esos mismos comerciantes en establecimientos de mercados de más amplio rango, preferiblemente de carácter regional, o viajan mayores distancias a través de nuevos intermediarios en busca de comercios asentados en lugares de mercado más distantes y alejados (fig. 20, 4).

5. Los productores de cerámicas redistribuyen a un sitio central que asume la dirección y la ventaja de los intercambios, bajo el control del Estado o sin él (fig. 20, 5).

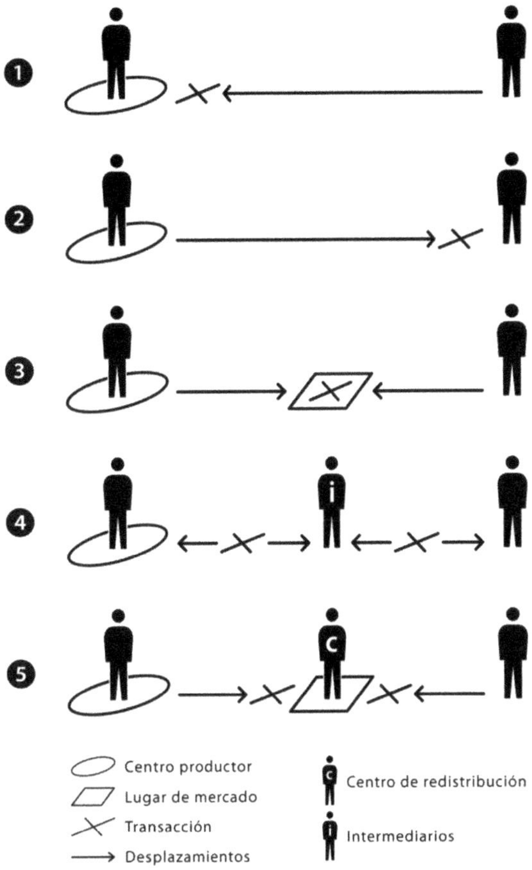

Figura 20. Esquema ideal de las condiciones de distribución y comercialización de las vajillas cerámicas desde el taller al destinatario final.

Es obvio que alrededor de cada una de estas categorías ideales pueden surgir variantes o intervenir factores que han de tenerse en cuenta como indicadores de realidades concretas y circunstancias de tipo socioeconómico particulares. De este modo, ya señalábamos la posibilidad de que a través del acceso directo los precios describiesen una tendencia acusada a la estabilidad evitando las cargas derivadas del transporte de los vasos; en las mismas condiciones, el acto comercial podría complicar otro tipo de bienes por parte del comprador, es decir, transacciones en especie que no serían exclusivas de unidades productivas escasamente desarrolladas en la organización y especialización del trabajo pero, como es natural, más recurrentes en el escenario de los intercambio locales. En esos lugares de mercado de alcance limitado y de difícil contrastación arqueológica debido a la escasa trazabilidad de los intercambios, encontrarían amplia incidencia en el establecimiento de las equivalencias-precio otros factores tales como la aplicación de acabados de mayor complejidad técnica a las piezas, la presencia/ausencia y la alta calidad funcional de las mismas (Rice, 1987: 195).

Es interesante constatar la intensidad con que vajillas cerámicas como la propia *sigillata* se extendieron por todos los asentamientos del Imperio, urbanos y rurales, de mayor o menor entidad, a lo que sin duda contribuyó no sólo el fuerte grado de monetización de la vida, sino también la pervivencia e intensificación de los intercambios y transacciones menores realizados en especie, sobre todo mediante los productos excedentarios sin duda resultantes de la difusión e implantación del "engrasado" modelo *villa*; es evidente que este hecho permitirá a amplias capas de la sociedad adquirir vajillas y ajuares "prestigiosos", social y culturalmente significativos.

Con independencia de la naturaleza y los rasgos distintivos que caracterizaron los intercambios de bienes —a través de los cuales tuvo lugar la comercialización del *instrumentum domesticum* en general, y de las cerámicas finas en particular— durante el marco cronológico en consideración, estos acontecieron en todo caso vehiculados tanto por los mercados y ferias locales/regionales como por el propio desplazamiento de esos bienes a una mayor escala espacial, a larga distancia.

III.2.2.1. A nivel local/regional

Los vendedores ambulantes y la celebración de ferias y

[33] Tanto unos como otros, a tenor de lo expuesto en el sintético trabajo de G. García Brosa (1999) centrado en la dualidad historiográfica e histórica *mercator*/*negotiator*, pudieron entrar a formar parte activa de los mecanismos de distribución de estas vajillas. A pesar de la ambigüedad de los términos y su, en ocasiones, dudoso tratamiento historiográfico, a ambos pudieron separarles matices sociales e ideológicos o de *status* más evidentes a partir de época imperial cuando el volumen de las transacciones y la importancia de los negocios que practicaban se equiparó lo bastante como para dejar de ser un elemento definitorio por sí mismo. Otros trabajos específicos tradicionalmente de referencia sobre esta temática son el de J. Rougé (1966) o el de C. Feuvrier-Prevotat (1981), centrado en la obra de Cicerón y el uso que este demuestra de los vocablos en cuestión.

mercados urbanos y rurales constituyeron en su conjunto (Peacock, 1982: 156), uno de los aspectos por mucho tiempo olvidados en los estudios sobre el comercio en época romana[34]. Se ha obviado, entre otros, el valor de la figura del buhonero o el papel capital que sin duda desempeñaron las *nundiane* y otras ferias periódicas para la distribución y venta —allí el comerciante itinerante podía vender sus artículos y aprovisionarse de otros (Colin, 2002: 149)—, especialmente de las vajillas culinarias de uso cotidiano en cerámica común, siguendo la propuesta de Hodder, (1974) para algunas cerámicas comunes romano-británicas. Ciertamente, son escasos los ejemplos arqueológicos de establecimientos comerciales permanentes (*tabernae*) dedicados a la venta de cerámicas en núcleos urbanos, pero más limitada aún parecen ser la comercialización de cerámicas comunes locales en ellos; estas tiendas parecen haber experimentado una especial dedicación a la venta de producciones finas importadas, como se desprende de la descripción de depósitos como los de Colchester (Hull, 1958), *Aquincum* (Juhász, 1936), Wroxeter (Atkinson, 1942), *Lagentium* (Rush *et al.*, 2000) o Magdalensberg (Schindler-Kaudelka, 1986). Eran sigillatas, paredes finas, lucernas, vidrios..., cuya venta en estos establecimientos suponía la consecución final del proceso de comercialización a larga distancia de dichos bienes, iniciado en puntos muy distantes, incluso ultramarinos.

No obstante, y aunque ocasionalmente, junto a cerámicas comunes de funcionalidad muy específica en la elaboración de alimentos —*mortaria* o barnices rojos pompeyanos— una porción de cerámicas comunes debieron ser puestas en circulación del mismo modo, principalmente en áreas con población dispersa en un amplio territorio (Cosa), o en zonas total o parcialmente militarizadas (Magdalensberg) (Rhodes, 1989: 49).

En la venta y comercialización de estos vasos poco tuvieron que ver los mecanismos y agentes vinculados a los intercambios a larga distancia que, sin duda, afectaron tanto a la producción de sigillatas hispánicas como a la producción de paredes finas. Por el contrario, para la distribución de estas últimas debió recurrirse a múltiples procedimientos incluyendo los propios, pero no exclusivos, de la venta de cerámicas comunes a nivel local. Un ejemplo de ello es el grafito 25b de La Graufesenque (Marichal, 1974: 270; Mayet, 1984: 235), donde se detalla el transporte a un mercado indeterminado de una carga de barnices rojos de los talleres del *vicus* de *Condatomagus* por una cuadrilla de esclavos arrendados a sus amos a tal efecto; en destino es probable que otros comerciantes se aprovisionasen del género para vender en toda la región[35] o que la transacción ya estuviese concertada con esos mismos vendedores en origen.

Sabemos que, por lo general, los mercados periódicos —que en origen usarían como excusa para su celebración las fiestas comunales de tinte religioso para realizar los intercambios de todo tipo necesarios— se encontraban regidos por una periodicidad de 8/9 días y siempre en lugares prefijados; esta frecuencia fue creciendo conforme avanzaba el proceso de especialización productiva. Ayudados por los denominados *indices nundinarii*, las autoridades municipales se guardaban de hacer coincidir, con el prejuicio que ello podía suponer, jornadas de mercado en localidades vecinas; esto facilitaba el desplazamiento de comerciantes itinerantes pero también el de los campesinos que ese día debían abandonar sus tareas agrícolas para acudir al mercado a vender o comprar. De hecho, en opinión de Ziccardi (2000: 132), cada uno de estos índices, bien conocidos en la Italia romana, constituiría una verdadera codificación de los canales de recogida y distribución de cierto tipo de mercancías y además proporciona un esquema de base de la localización relativa de los puntos de producción, y de mercado y/o de consumo; dicho sistema, a nivel local o intrarregional, podría explicarse en base a la *central place theory*[36].

Un testimonio arqueológico de lugar central de mercado en la Bética podría ser el gran recinto cuadrangular (65 x 60 m) localizado al norte del área periurbana de la ciudad de *Arucci/Turobriga*; aunque actualmente se impone su interpretación como *Campus Martius* de un *Collegium Iuvenum*, se han planteado distintas hipótesis sobre su funcionalidad; entre ellas figura la posibilidad de que se tratara de un edificio que sirviera de infraestructura al *macellum* —idea desechada por sus excavadores— o de mercados territoriales de carácter periódico (*nundinae*), dada la escasez de estructuras en su interior, y en cuyo lugar pudiera haber sido emplazada otro tipo de arquitectura perecedera y temporal, quizá lígnea (Campos, 2009: 475 y 476; Bermejo, 2010: 530-532).

Pero, además de las *nundinae*, en casi todas las comunidades y ciudades con funciones jerárquicas en el territorio municipal existían mercados permanentes —como resultado de un proceso efectivo de superación de los intervalos temporales, producto de una mayor interdependencia económica— dispuestos en el *forum* o en cualquier otro espacio para tal efecto y denominado *mercatus* o *macellum* (Shaw, 1981: 42; De Ligt, 1993; Chic, 2005: 321, 325).

III.2.2.2. A larga distancia

III.2.2.2.1. Comerciantes intermediarios y cargamento secundario

Cuando hablamos de comercio e intercambios a una escala que trasciende el ámbito local o regional, hay que referirse a los *mercatores* y *negotiatores* que, por lo general,

[34] Esta situación comenzó a subsanarse con el artículo de MacMullen (1970), único estudio de referencia obligado sobre esta temática –junto con la aproximación parcial de Shaw (1981) para el norte de África– hasta la aparición dos décadas después de los completos y sistemáticos análisis de De Ligt (1993) y Frayn (1993).

[35] Para Nieto (1986) no es descabellado pensar que esa carga de vasos se dirigiese a puertos como el de Narbona con vistas a una comercialización a larga distancia.

[36] Han sido varios los investigadores que han apostado por esta modelización teórica del "lugar central" aplicada a la distribución espacial en el territorio de los lugares de mercado en el mundo antiguo (*v.g.* Hodder y Orton, 1976; De Ligt, 1991; Bintliff, 2002).

operaban a nivel interregional conforme a una estructura de comercio en términos espaciales que algunos han denominado de tipo dendrítico (Ziccardi, 2000: 137). Muchos tuvieron una dedicación expresa al negocio de las cerámicas en general, no sólo vajillas, y actuaron intensamente en el eje comercial Ródano-Saona-Rin (Hassall, 1978: 44; Peacock, 1982: 158; Raepsaet y Charlier, 1988); son los *negotiatores cretarii* o *negotiatores artis cretariae* (Mayet, 1984: 236; Goudineau, 1974: 107), bien conocidos por inscripciones del s. I d.C. —CIL III, 5833; CIL XIII, 1906, 2033, 4336, 6366, 6524, 7588, 8350, 8793 (Fiches, Guy y Poncin, 1978: 207)—. Según Pucci (1993: 76), algunos de estos *negotiatores* especializados tuvieron la capacidad de determinar, influir e incluso supervisar la producción y venta de las cerámicas; también parece posible la suplantación y acumulación, por parte de ciertos alfareros, de las funciones del propio *negotiator* que, según el análisis de García Brosa (1999: 184), durante época imperial llega a acometer el ejercicio de todo tipo de prácticas económicas, desde lo que hoy llamaríamos "finanzas" hasta el mismo comercio, en especial el marítimo y a gran escala. No obstante, no fue siempre así, y durante la República parece enfatizarse más su faceta de miembro integrante de sociedades en las que se limitaría a prestar el soporte económico necesario para actividades que nunca constituirían su ocupación principal.

Por el contrario, el *mercator* sería el comerciante dedicado a la compraventa de mercancías, no para uso personal sino para obtener beneficios. Pero los textos clásicos, en especial Cicerón, parecen introducir matizaciones y nuevas acepciones en la designación y caracterización de los mismos con el tiempo. Durante la República se le define como un comerciante de baja extracción social, es decir, el tendero o el comerciante ambulante que por tierra y agua movería cantidades reducidas de mercancías. En época imperial, las fuentes nunca los caracterizan como personajes de rango elevado, y dan la sensación de que el espectro de comerciantes de oficio que engloba la voz *mercator* se ha ampliado para dar cabida a comerciantes a gran escala de todo tipo de artículos en un radio de acción muy amplio, incluso ultramarino (ibíd., 182).

En consecuencia, los vocablos *mercator* y *negotiator*, ambos como personajes dedicados a mover grandes cantidades de todo tipo de bienes de un lado a otro del Mediterráneo, son usados en las fuentes de manera indistinta, de forma que un *mercator* puede ser definido a la vez como *negotiator*. Sin embargo, así como el *mercator* podrá llegar a ser equiparado al *negotiator*, este último nunca lo será al primero (ibíd., 181).

A las sugerencias de Pucci habría que añadir, por tanto, la posibilidad de que en la raíz de la proliferación del importante aparato epigráfico que señalábamos para el eje comercial Ródano-Saona-Rin, y que hacía mención a múltiples *negotiatores* especializados en la difusión y comercialización de mercaderías en cerámica, incidiese de manera especial la práctica por la que un poderoso *mercator* llegase a adoptar la denominación de *negotiator*, poseedora de altas virtudes morales propias del *vir bonus*. Con ello, comerciantes que poseyeran un elevado nivel de riquezas y a los que por su extracción social no les correspondiera en teoría esta denominación, acentuarían su imagen de prestigio ante el resto de *mercatores* más modestos. Además conseguirían restar peso al ya tradicional rechazo social, consecuencia de la dedicación específica a todo lo relacionado con la producción de cerámicas (*ars cretarii*) y el trabajo manual que no fuese el del campo[37] (Fernández García, 1999: 62); más aún cuando se detecta también durante época imperial una asociación de diversos *mercatores* a dedicaciones de tipo agroganadero que se muestra abiertamente y sin reparos, motivada quizás en parte por la rectitud moral que sugiere el trabajo de la tierra y el garantizar el abastecimiento de productos agroalimentarios derivados a la población: *mercator olearius* (CIL VI, I620), *mercatores pecuariorum* (CIL I, 1130 = CIL XIV, 2878), *mercatores frumentarii* (CIL XIV, 4620-4622), *mercator bovarius* (CIL vi, 37805).

Por otro lado, y dada la consabida importancia del comercio marítimo en época imperial, los intercambios a larga distancia requirieron del concurso de los comerciantes mencionados hasta ahora con armadores (*navicularius*), patrones (*nauclerus*) y capitanes de embarcaciones (*magister navis*), así como barqueros (*nauta*) en el medio fluvial. Es más, la figura del *navicularius* podía coincidir también con la del *negotiator*, como es el caso de alguno constatado epigráficamente en la forma de *negotians vinarius et navicularis* (CIL VI, 9682). Si bien en origen este término hacía referencia de manera indistinta a cualquier persona dedicada a actividades náuticas (De Salvo, 1992: 226), el desarrollo del sistema annonario y el gran comercio que de él se desprende, devino en la transformación estructural de la profesión del *mercator-navicularius*[38] dedicado al comercio marítimo de los primeros tiempos; el interés del Estado y el de los propios *navicularii* llevó a la formación de corporaciones donde de forma progresiva se van distinguiendo los papeles técnicos y comerciales (Palma, 1975). En todo caso, el término hará estricta referencia al personaje dedicado al transporte marítimo de mercancías ajenas, fuesen propiedad del Estado o privadas, servicios que recibían una compensación económica (*vectura*) (Pons, 2009: 48); ello con independencia de que en casos particulares una misma persona pudiese desempeñar las funciones propias de otras figuras, como hemos visto. Así, siguiendo a Rickman (1980: 269) se podría decir que entre las ocupaciones de los *negotiatores* estaría, además, el navicularíado por medio de la propiedad de barcos destinados, directa o indirectamente a través del uso de dependientes o por medio del alquiler, al transporte de mercancías en general.

En esas naves, y en la mayoría de los casos, las cerámicas finas constituirían una fracción accesoria del "cargamento principal", es decir, serían un "cargamento secundario"

[37] Cicerón, *De Off.* I, 42, 150-151; Séneca, *Epist. Mor.* 88, 20-21.

[38] Una asociación establecida primero por Cicerón (*De Imp. Cn. Pomp.* V, 11; II *Verr.*, V, 56, 146; II *Verr.*,V, 58, 149), y más tarde por Tácito (*Ann.*, II, 82; *Ann.*, XII, 55).

fácilmente acomodable —pero también no perecedero y de demanda continua en los puertos de destino— en los intersticios dejados por un cargamento de, por ejemplo, ánforas olearias (Nieto, 1988). El transporte e intercambio de estas cerámicas debió ser especialmente lucrativo con ocasión de los viajes efectuados por cuenta de la *annona,* en cuyo contexto estos productos complementarios podían reportar un beneficio neto libre de impuestos (Peacock, 1982: 158; Tchernia, 2011: 141-144) que añadiría atractivo a los pobres contratos de abastecimiento suscritos por el Estado con los distintos *navicularii* privados. Los modos de transportar las mercancías más importantes para el sustento de la vida en las ciudades —alimentos, por ejemplo— influyeron en la circulación de otros productos no tan de primera necesidad como las vajillas cerámicas; de modo que el transporte y distribución de bienes debe ser valorado de un modo integral, cual sistema orgánico, y, por tanto, estudiado en su conjunto y no por productos aislados (Mannoni y Giannichedda, 2004: 242). Las cerámicas de mesa también pudieron formar parte por sí mismas de la carga activa que motivó la inversión en el desplazamiento, aunque eso sí, en un flete —como el pecio de Culip IV y su cargamento, entre otros, de *sigillata* sudgálica (Nieto, 1986; Nieto *et al.*, 1989; Nieto y Puig, 2001)— quizás más heterogéneo y compuesto de bienes de muy distinta procedencia en rutas de redistribución desde los centros principales a otros secundarios en su ámbito de influencia (Nieto, 1993: 82). No obstante, es cierto que tanto los cargamentos mixtos de Culip IV y de Port-Vendres II (Colls *et al.*, 1977) como el pecio de la nave oneraria de Punta Ala "b" y su cargamento accesorio/secundario de barnices rojos itálicos de Pisa (Bargagliotti *et al.*, 2004) suponen dos de entre unos pocos ejemplos arqueológicos útiles para establecer valoraciones sólidas acerca de las dinámicas de comercialización marítima de las cerámicas finas de época romana altoimperial; los dos son producto de una misma realidad comercial caracterizada, en los primeros siglos imperiales, por una red integrada de puertos (*interport connectivity*), basada en la interdependencia económica experimentada por sus respectivos *hinterlands*, cuyas actividades productivas estaban profundamente mediatizadas por las exigencias annonarias de Roma. Este sistema implicaba, en todo caso y de manera conjunta, a las rutas comerciales directas de puerto a puerto, sin desarticulación del cargamento y con navegación de altura, y al tráfico de cabotaje a larga y corta distancia (Pasquinucci y Menchelli, 2010: 9).

III.2.2.2.2. Elementos imprescindibles para la actividad comercial

Para F. Mayet (1984: 236-238) otros elementos a tener en cuenta en los mecanismos del comercio a larga distancia serían los enlaces, los centros de redistribución, las "sucursales"[39] y las vías de comunicación. Para nosotros, los más significativos serán los lugares de redistribución de los productos y las vías de comunicación a través de las cuales tenía lugar la comercialización de las vajillas, ya fueran por tierra o por agua.

En el contexto de las producciones hispanas de *sigillata*, Mérida ha atraído la atención de los investigadores debido a la sensacional concentración de hallazgos que ha proporcionado tradicionalmente la capital de la *Lusitania*, sobre todo cerámicas tritienses firmadas por *Valerius Paternus* y *Lapillius*; considerarla como uno de los grandes centros de redistribución de las vajillas producidas en los talleres de *Tritium Magallum* es, en efecto, tremendamente recurrente. En ese sentido se pronuncia Mayet (1984: 237; 1990) desde hace años, y lo cierto es que se trata de una situación que no ha cambiado en sustancia debido, sobre todo, a la cuestión no resuelta de la posible producción autóctona de estas sigillatas, hoy por hoy insostenible. No obstante, la autora sí traza una sugestiva asociación que, como veremos más adelante, parece poder rastrearse para nuestro caso particular. Esto es, la capacidad puntual de algunos miembros de las élites municipales, y por tanto quizás "comisionadas", de condicionar la dirección e intensidad de los flujos de las cerámicas finas de los grandes talleres hispanos en virtud de acuerdos y contratos con los comerciantes y, por qué no, con los propios *negotiatores*.

De tratarse de un centro de redistribución como todo apunta, es decir, un lugar central geográficamente privilegiado donde radicar "oficinas" de distribución y comercialización, cabe preguntarse en qué términos se desarrollaba. Para ser coherentes con el esquema propuesto, debemos pensar que el productor (*officinator*) a través de una fructífera transacción comercial se desentiende de la carga de vasos producidos en sus respectivos talleres. La gestión comercial de ésta queda ahora en manos de *mercatores/negotiatores*; no sabemos si asumirían así mismo el gravamen que supone el transporte hasta los centros de redistribución, pero sin lugar a dudas que debieron beneficiarse ampliamente del negocio[40]. Y nos surge la pregunta, ¿pudo darse la participación activa y control de los representantes del Estado sobre las ventajas de la actividad a modo de imposición de tasas e impuestos (*vectigalia*) sobre los intercambios? Lo cierto es que, desde la óptica actual esto haría de Mérida un lugar de mercado con grandes posibilidades pero poco atractivo a no ser que los beneficios potenciales redujesen el peso de los, podríamos decirlo así, inconvenientes impositivos. La perspectiva cambiaría radicalmente si ese control no tuviera lugar como tal y/o en algún caso la actividad complicase a dignidades públicas que a título privado participasen de ella, tanto de sus cargas como de sus ventajas.

Recordemos que, según Nieto (1986: 102), Narbona desempeñó, respecto a las sigillatas sudgálicas, un papel equivalente al de Mérida. Y añade la posibilidad de que una vez llegada a puerto la mercancía desde la zona de Millau, ésta fuese recibida no por *negotiatores* con los que previamente existiese un acuerdo de venta, sino por

[39] El entrecomillado es nuestro, en tanto que se trata de una terminología con profundas implicaciones económicas, a nuestro juicio muy discutibles en su aplicación al mundo romano.

[40] Entendido el término como aquello que es objeto o materia de una ocupación lucrativa o de interés (DRAE, 2001)

agentes comerciales delegados de los talleres (*institores*) quienes completarían las transacciones en el momento del desembarque (ibíd., 114). Ello vendría a rubricar la hipótesis expuesta por Pucci, que prevé la asunción por parte de algunos *officinatores* de determinadas funciones atribuidas tradicionalmente al *negotiator*, incluso valiéndose de la figura jurídica de los *servi negotiatores* (Di Porto, 1997; Cerami 2001: 164; 2008: 93-96), como sugieren Pasquinucci y Menchelli (2010: 8) para las grandes manufacturas de *Cn. Ateius*. ¿Fueron *Valerius Paternus* y *Lapillius*, alfareros asentados en el entorno de *Tritium Magallum*, dinámicos emprendedores metidos a *negotiatores* capaces de armar una red de agentes y transportistas que gestionasen de forma delegada la comercialización de las cerámicas a tales distancias?; o ¿fueron por contra, y no menos importante, regidores de un conjunto de talleres que disfrutaron de jugosos acuerdos con potentes "hombres de negocios" afincados en la capital de la Lusitania? El panorama no es esclarecedor a pesar del importante caudal de datos arqueográficos reseñados día a día, sobre todo hallazgos e identificación de algunos nuevos talleres productores de sigillatas en áreas interiores de la Península. Ni siquiera con documentos tan extraordinariamente significativos como los grafitos de La Graufesenque (Hermet, 1923; Duval, 1956; Marichal, 1974; 1988; Vernhet y Bémont, 1990-1991; Bémont y Vernhet, 1992-1993) o Pisa (Camodeca, 2006) se han podido resolver, de modo definitivo y sin mediar la especulación —de la que en algunos casos son plenamente conscientes (Polak, 1998: 120)—, cuestiones como las que acabamos de plantear.

Entre las vías y medios de comunicación empleados en la distribución de las cerámicas finas, y dado el notable ahorro que supone con respecto a cualquier otro sistema, "le transport par eau se taille évidemment la part du lion". Con estas palabras tan elocuentes resume Morel (1983: 71) la cuestión referida a las cerámicas y su transporte en la Antigüedad, teniendo en cuenta además que, sobre todo durante época republicana y en la Península Itálica, muchos talleres se situaron en zonas costeras (barnices negros de Cales, campaniense A, *sigillata* itálica de la Bahía de Nápoles, *sigillata* itálica de Pisa...). Prueba de este tránsito marítimo de mercancías son los innumerables pecios antiguos repartidos por todo el Mediterráneo en cuyo cargamento original figuraban vajillas cerámicas procedentes de distintos puntos del Imperio. Sin embargo, los grandes desplazamientos comerciales en ruta directa implicarán el movimiento de cerámicas finas, no como el cargamento cuyos ulteriores beneficios justifican la "puesta en agua" del navío, sino como aquel que, sin hacer ventajoso el viaje a larga distancia, acompañaba al cargamento principal, redondeando al final el balance de los intercambios (Nieto, 1988: 388-389). En este sentido, Morel (1983: 71) señala que la solución a la aparente disonancia descrita entre, por un lado, el escaso "valor añadido" conocido para las cerámicas y, por otro, la profusión de los desplazamientos por mar de estos bienes, debía residir en el trato preferencial dado en estas cargas a los productos agrícolas —por lo general procedentes de una misma zona de origen—, más fácilmente ponderables y de mayor rendimiento desde el punto de vista de los beneficios. Sobre distancias algo más reducidas, por

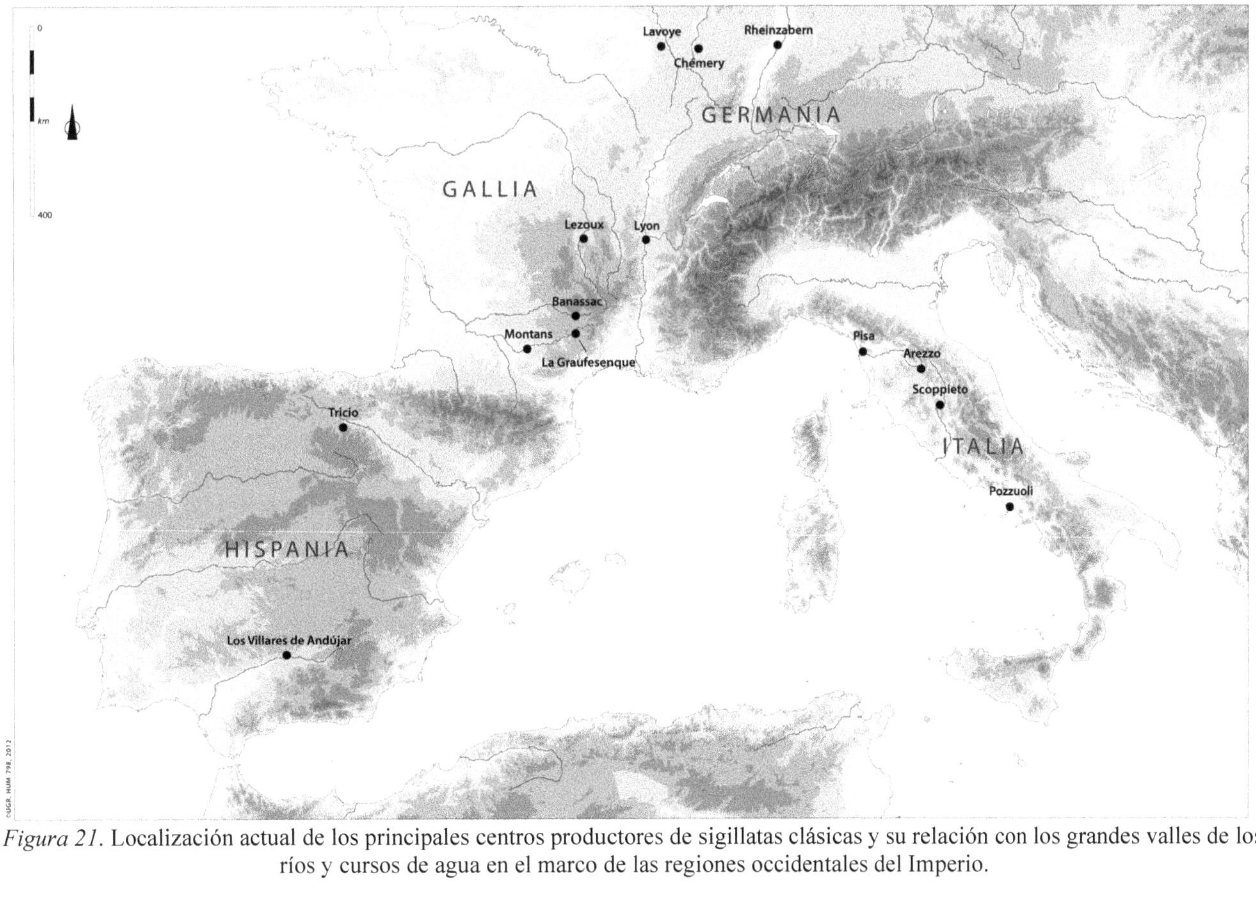

Figura 21. Localización actual de los principales centros productores de sigillatas clásicas y su relación con los grandes valles de los ríos y cursos de agua en el marco de las regiones occidentales del Imperio.

contra, se desenvolvió un comercio marítimo de cabotaje o de redistribución desde los puertos principales hacia otros secundarios en el que las vajillas cerámicas constituyen, ahora sí, una parte importante del flete (Nieto, 1988: 392).

Muchos de los grandes centros productores de cerámicas finas se situaron en zonas de interior pero siempre vinculados más o menos directamente a importantes cursos de agua (fig. 21) mediante muchos de los cuales, además, se abastecieron de bienes a militares y población en general en amplias zonas de la Europa noroccidental. A través de grandes ríos se garantizó, por tanto, la salida de los productos desde sus talleres de origen hacia mercados más alejados, aunque también el abastecimiento de los mismos a otros puntos. Así, las sigillatas aretinas originarias, como sabemos, de Arezzo, a varios centenares de kilómetros de la costa en la Italia central, inundaron los mercados mediterráneos ayudándose del río Arno. Lo mismo ocurre en el cercano taller umbro de Scoppieto, en el curso alto del río Tíber (*v.g.* Bergamini, 1995; 2002-2003; 2007; Nicoletta, 2003; Gaggiotti, 2006); por no hablar de los centros noritálicos en torno al Po y la Llanura Padana. Por su parte, las manufacturas de la Galia central —como Lezoux— disfrutan de la conexión del Allier con el Loira, uno de los principales cursos de agua de toda Francia. Algunos de los más importantes establecimientos sudgálicos, Montans o Banassac por no ir más lejos, se desarrollan en una posición privilegiada, mediante afluentes, con respecto al Garona y la vertiente atlántica francesa actual. La Muette de Lyon crece a la reconfortante sombra del eje comercial Ródano-Saona-Rin, y Rheinzabern se sitúa a las de este último; también en lo que fue la Galia Bélgica, Chémery y Lavoye orbitan en torno al Mosa. En la Península Ibérica, tanto Tricio como Los Villares de Andújar destacan por su posición en los cursos altos de dos de las más importantes arterias fluviales peninsulares: el Ebro y el Guadalquivir, respectivamente.

Sin embargo, el vínculo de La Graufesenque —la mayor de todas estas aglomeraciones productivas, tanto en volumen de producción como en difusión alcanzada en los mercados— con estos grandes cursos fluviales se nos presenta, quizás, menos determinante en la distribución de sus vasos. Efectivamente, una posición privilegiada no excluye en ningún caso la posibilidad de la comercialización vía terrestre en territorios donde el poder y la administración de Roma se sustentan sobre una red viaria especialmente densa que facilita los movimientos por tierra, como sin duda fue el caso de las provincias de Aquitania y, sobre todo, de la Galia Narbonense. Lo que unido a la relativa cercanía a Narbona y su puerto hacían aumentar exponencialmente las posibilidades de comercialización. Narbona había sido considerada desde la Antigüedad como el mayor puerto comercial de la Galia (Diodoro de Sicilia, *Biblioth. Hist.* V, 38, 5); localizada en una encrucijada de caminos por tierra —constituida por las vías *Domitia* y *Aquitania* (Köning, 1970; Castellvi *et al.*, 1997; Coulon, 2007) —, y por mar —ahí se asentaban las más importantes corporaciones de *navicularii* (De Salvo, 1992: 396-412)—, era escala obligada de navíos y centro de distribución y embarque de productos hacia todo el Occidente mediterráneo, e incluso Roma a través de Ostia (Gayraud, 1981: 146).

En análoga tesitura se despliega la oferta de sigillatas hispánicas del área de Tricio. La región productora en torno a *Tritium Magallum* se ubica en la cuenca media-alta del río Ebro, por cuyo valle discurre la vía *De Italia in Hispanias* del *Itinerario Antonino*, concretamente en el tramo entre Tarragona y Astorga (*Ab Asturica Terracone*) (Roldán Hervás, 1975: 38-43 y 95-96; Ariño *et al.*, 1991; Ariño y Magallón, 1992-1993). En Astorga enlaza con la vía *Ab Emerita Asturicam* entre, como su mismo nombre señala, Mérida y Astorga (Roldán Hervás, 1971; 2007; Rollán, 2002). Hoy no hay duda de que la propia *Asturica* actuó como centro de redistribución regional de bienes y productos manufacturados para todo el Noroeste peninsular (Morillo, Amaré y García, 2005). Desde allí, el tráfico de estos bienes procedente de la región productora alrededor de Tricio se dirigiría hasta *Emerita* (Sáenz Preciado, 2007: 391). Canalizados por centros como *Iulobriga* que actuarían de enlace, no hemos de subestimar el flujo de estas vajillas por la vía que conecta Herrera de Pisuerga y los puertos y establecimientos litorales de la franja norte costera peninsular, como *Brigantium*, *Portus Blendium*, *Portus Victoriae*, *Flaviobriga*, *Oiasso*... objeto todos ellos de un intenso tráfico de bienes articulado por la ruta marítima del Cantábrico (Marcos, 1990; Naveiro, 1991; Fernández Ochoa y Morillo, 1994a; 1994b; Fernández Ochoa, 2003) que, asimismo, propició la llegada regular y la dispersión de sigillatas hispánicas en la Aquitania meridional (Réchin, 1997), incluso hasta *Burdigala* y su área de influencia (Mayet, 1969; Martin, 2002). Finalmente, la circulación de estos y otros muchos artículos hacia Tarragona, para encontrar el Mediterráneo en *Dertosa*, se apoyó en la navegación fluvial por el Ebro a su paso por los numerosos puertos y embarcaderos que lo flanqueaban, al menos, desde *Vareia* según Plinio el Viejo (*N.H.* III, 3, 21) (Beltrán, 1961).

En consecuencia, y partiendo de la idea tradicionalmente admitida que considera la existencia de vías terrestres como un factor que impulsa el surgimiento y desarrollo de las actividades comerciales y productivas en general, y de las cerámicas en particular, lo expuesto en los párrafos anteriores parece abundar en esta idea. Se traza, según parece, una norma articulada en torno a la dependencia de los centros productores de cerámicas con respecto a la red de calzadas principales y/o los grandes ejes fluviales. En relación al paradigmático caso de los talleres del sur de la Galia, aun careciendo aparentemente de una asociación clara con esos dos elementos por su posición ligeramente desplazada de los dos ejes viales más destacados de la provincia —las vías *Domitia* y *Aquitania*— y de los grandes ríos vertebradores de la región — ríos Garona y Ródano—, se puede decir que una densa red de caminos secundarios —o escasamente conocidos en las fuentes antiguas— y enlaces fluviales aceptables al transporte (Passelac, 1986: 35), crearon las condiciones necesarias para el establecimiento de la actividad, y seguramente en zonas con las materias primas más adecuadas de las que abastecerse.

A la inversa, L. C. Juan Tovar planteaba en una lectura interesante la idea de que la relación de dependencia expuesta se alterase en favor de los polos de actividad artesanal, es decir, dando lugar a "una situación de carácter inverso en la que un centro de producción estimule o desencadene la apertura de nuevos caminos, o al menos potencie los ya existentes" (Juan, 1990: 298). Aunque tremendamente sugerente consideramos que ésta no debió constituir la norma.

III.2.3. Antropología del comercio en vajillas cerámicas: valor, gustos y consumidores

Cuando Morel (1983: 73) se pregunta si "les clients exercent-ils quelque influence sur le commerce de la céramique", introduce en el discurso un aspecto lamentablemente poco conocido y, aún hoy, a menudo ladeado por consideraciones puramente económicas; aquel que se refiere a los consumidores. El sesgo resultante es importante y las evidentes reticencias del investigador ante una materia que se presta en exceso a la especulación, quizá hayan escondido tras de sí deficiencias teóricas —o la reproducción irreflexiva de ellas— en las que se juzga a "lo económico" como un hecho aislado que experimenta un desarrollo propio al margen de las esferas social, política e ideológica. Tradiciones locales, hábitos alimenticios y simples gustos estéticos que hunden sus raíces en el pasado étnico, modelan repertorios y adaptan en mayor o menor grado formas vasculares a una realidad concreta, aun en coyunturas históricas que exhiben tendencias uniformistas en sus demostraciones culturales, como lo fue el mundo romano altoimperial.

En efecto, podemos aceptar que al comercio y adquisición de las cerámicas finas afectaron en primer lugar condicionantes de naturaleza social y cultural que, en lugares y tiempos diversos, pudieron originar situaciones en apariencia contradictorias. Así, la depreciación que desde inicios de época imperial sufren las sigillatas en el territorio itálico entre las clases más acomodadas —que muestran ahora mayor inclinación por las vajillas en metal— (Mayet, 1984: 238), contrasta visiblemente con la situación de la Península Ibérica donde aún, y por algún tiempo más, en amplios territorios el predominio de las producciones indígenas en la configuración de las facies cerámicas es incuestionable. En éstas, los vasos de barniz rojo añaden un toque de prestigio y distinción social a sus poseedores, a la vez que constituyen un signo de integración cultural en el ámbito de producción de esa cerámica, aunque su uso pueda variar en las sociedades receptoras (Bats, 1987: 214-215). En Italia, esas mismas vajillas quedan poco a poco incorporadas a los ajuares domésticos de los sectores de la población menos pudientes. De este modo, el carácter cambiante de los factores que determinan el valor social y/o cultural de una vajilla inscrita en una sociedad dada aconseja un análisis contextualizado de sus elementos.

En la configuración de los gustos estéticos de los consumidores, inducidos o no por los agentes de comercio o por los propios *officinatores*, se advierten mecanismos análogos que Balil (1961: 290-291) expresaba del siguiente modo: "Por lo que sabemos, la *terra sigillata* hispánica se desarrolla en un mundo provincial, paraclásico, no influido por el ideario estético neoático o pergaménico que vemos en Arezzo, Puteoli o en la zona norte de Italia"; y añade que la misma "se desarrolla en un mundo cuya estética no es orgánica sino abstracta, cuyo arte no aspira ni a la narración ni a la ilustración, sino eminentemente a la decoración en cuanto es ornamento". Tras ello se oculta, en esta ocasión, un bagaje cultural acumulado que determina los términos en que este gusto se despliega.

No obstante, y a nuestro juicio, el gusto de los compradores no resulta determinante en la configuración de los repertorios formales. De hecho, el productor introduce los gustos que considera que pueden satisfacer al cliente, incluyendo los vasos que reproducen prototipos importados que el consumidor tiene en alta estima social. A la vez se añaden elementos vasculares próximos a las tradiciones locales buscando una mayor aceptación del producto por parte de la población, sobre todo en los primeros momentos, aunque también como resultado de la incorporación de artesanos locales al ciclo productivo de una nueva clase cerámica cuya técnica procede de ámbitos alóctonos. De este modo, con el inicio de una producción comienza, al mismo tiempo, un viaje desde la innovación y la variabilidad formal hasta una acusada estandarización de las formas y una reducción drástica de los repertorios, lo cual no excluye la aparición de nuevos tipos a lo largo del tiempo a los que afecta, de la misma manera, dicho proceso de estandarización. Esto deja cada vez menos espacio, o ninguno, a la inspiración particular del artesano, la que determina una mayor complejidad de los repertorios iniciales y que poco a poco ésta desaparezca en favor de la eficiencia productiva.

III.3. Economía y comercio de la Bética altoimperial. Panorama general

III.3.1. Antecedentes. La provincia Hispania Ulterior Baetica[41]

A nuestro juicio, un fenómeno sobre todos cataliza y, a la vez, sintetiza las transformaciones de los viejos y la aparición de los nuevos comportamientos económicos, públicos y privados, acaecidos en el *meridione* peninsular como resultado del impacto de Roma en el mapa social y político de las distintas comunidades y etnias que habitaban la provincia *Hispania Ulterior Baetica*: el profundo proceso de monetarización que interviene sobre el acto comercial (Chic, 2008: 341). La introducción de la moneda como medio para el intercambio de bienes y productos diversos —que ya acuña como única excepción *Gadir* desde inicios del siglo IV a.C. limitándose probablemente a pagos puntuales relacionados con la manipulación de sus conservas, pesquerías y talleres alfareros (Chaves,

[41] Una perspectiva, como su propio nombre denota, de conjunto, completa y reciente ha sido ofrecida por G. Chic (2008) con motivo del IV Congreso Internacional Hispano-italiano Histórico-arqueológico con título *Iberia e Italia: modelos romanos de integración territorial*.

2000: 113-126; Arévalo, 2005)— comienza entonces y ocasionará en adelante importantes modificaciones en las relaciones sociales en el mundo indígena del sur ibérico.

Con anterioridad, tuvieron lugar en el valle del Guadalquivir determinadas mutaciones aún en estado embrionario, activadas por la acción de *Gadir* y el tránsito de bienes que ésta originaba y estimulaba, al menos, en su área de influencia inmediata. Ya entre los siglos IV y III a.C., la difusión de salazones gadiritas en ánforas tipo Carmona (T-8.2.1.1) (Carretero, 2004; Sáez Romero, Díaz y Montero, 2004), el flujo de otros productos agropecuarios de la campiña turdetana en contenedores tipo Tiñosa (T-8.1.1.2) (Carretero, 2005), así como el tráfico de vajillas púnico-gadiritas tipo Kuass (Niveau de Villedary, 2008), llaman la atención sobre un importante volumen de intercambios que comprendía, además, las costas del sur de Portugal, norte de África en su vertiente atlántica y los asentamientos costeros fenicio-púnicos de la costa mediterránea andaluza. Incluso, el empuje redistribuidor de Cartago podría haber propiciado la concurrencia de estos productos en el suroeste peninsular y área levantina a través de los puertos y localizaciones comerciales secundarias en torno a la colonia púnica (Carretero, García y Feliú, 2004).

Como hecho más significativo, este trasiego de artículos, en particular aquellos originados en la campiña gaditana, evidencia, en un marco general de subsistencia, la introducción germinal en esta parte del sur de la Península de un modelo de explotación de la tierra de arraigo helenístico en el que los escasos sobrantes eran inoculados a los lugares de mercado, intermediados por los agentes comerciales gadiritas. El *mager* o villa púnica surge en suelo hispano a la sombra de grandes *oppida* turdetanos como *Asta* (Carretero, 2007).

Ya bajo el control romano, en los ambientes ibéricos, donde la compra de bienes de uso y lujo tradicionalmente se limitaba a las élites a través del trueque (Carrilero, 2001, 290), la amonedación se intensifica desde comienzos del siglo II a.C. cuando importantes núcleos del Alto Guadalquivir como *Castulo* y *Obulco*, una vez desalojados los púnicos, comiencen a acuñar bronce de metrología romana con el fin de facilitar la extracción de los recursos del territorio por parte de las autoridades provinciales romanas, en cuyas clientelas se integraban las clases rectoras locales (Chic, 2008: 329).

Gades, a partir de ahora, entendió rápidamente que podía recibir de Roma tanto como ésta de la ciudad fenicio-púnica por lo que, tras el paréntesis de la guerra, no dudó en suscribir una alianza de federación con la emergente potencia centromediterránea que, en fin, le permitió continuar ejerciendo su influjo comercial y cultural con mayor capacidad, incluso hacia el interior, como demuestran las acuñaciones filogadiritas en asentamientos tan representativos como *Carmo* (Chaves, 2000; Chic, 2008: 330).

Un factor, igualmente de peso en el panorama económico en cuestión, será, desde tiempos de la presencia bárquida en la Península, la organización conjunta de la explotación de la sal —más allá de otros usos tan primordiales como éste de las conservas (García Vargas y Martínez Mangato, 2006)—, la elaboración de salazones cárnicas e ícticas, y la fabricación de contenedores; un conglomerado intenso de actividades profundamente administradas después también por el Estado romano debido a su floreciente exportación y su aceptación *quasi* "universal". A medida que a lo largo del siglo II a.C. el consumo de salazones se popularizó por todas las orillas del Mediterráneo, fue aumentando el número de ciudades y localizaciones de la costa que abrazaron la acuñación de moneda con el objetivo de abastecerse del numerario necesario para completar operaciones, pagos y transacciones generadas por las actividades salazoneras. En este sentido, las ánforas de la Bahía de Cádiz muestran una clara deriva tipológica hacia modelos formales itálicos (Chic, 2008: 332) y así, ya a inicios del siglo II a.C., en Torre Alta se confeccionan tipos grecoitálicos tardíos (García Vargas, 1996) en un claro intento de adaptación a los mercados receptores y sus sistemas de medidas y equivalencias predominantes.

Además, a tenor de la mención directa del propio Estrabón (III, 3, 4) a las riquezas pecuarias del sur peninsular y del área gaditana en particular, unido al empleo de la sal en la confección y comercio de saladuras de carne, traza una asociación que sin duda dinamizó de una manera clara el tráfico de sal y semovientes desde las tierras del interior (ibíd., 340).

Paralelamente a este tráfico de conservas, las importaciones de vino itálico y las vajillas cerámicas como la campaniense A empiezan a generalizarse y hacerse frecuentes por las principales estaciones comerciales de todo el Occidente mediterráneo, penetrando en cantidades considerables hacia los mercados del interior. Ahí, la mayor parte de la población continuaba viviendo de los recursos que reportaban los aprovechamientos de la tierras que laboreaban, fuesen agrícolas o ganaderos. No en vano, el modelo de apropiación de recursos puesto en marcha por Roma no descansó tanto en el botín de guerra, como en las ganancias derivadas de los arriendos concesionarios de las tierras que por derecho de conquista le pertenecían; agricultura, derechos de pastos, salinas y minas, por poner unos ejemplos, se constituyeron en fuentes casi inagotables de sustento económico para el Estado gestionadas por sociedades de *negotiatores publici* (Chic, 2008: 333-335).

Pero no todas las tierras estaban sujetas al mismo régimen fiscal y allá donde regía mayor flexibilidad estatutaria, tierras de un alto índice de potencialidad agrícola y buenas comunicaciones, asistiremos a la aparición de las primeras explotaciones fundiarias por parte de caballeros y senadores, y de las primeras *villae* a las que empujaba un cierto sentido mercantil de puesta en circulación de bienes de uso en los mercados y ferias locales, que ahora brotarán de un modo parejo al desarrollo de la vida urbana. Como consecuencia, emergen paulatinamente comerciantes y emprendedores (ibíd., 338).

Ni que decir tiene que las minas y explotaciones metalíferas siempre centraron la atención de la actuación del Estado romano desde los inicios de la presencia estable de su administración en las regiones mineras del Alto Guadalquivir —amén de aquellas de las proximidades de Cartagena—; la actividad minera tomó nuevo vigor durante la segunda mitad del siglo II a.C. cuando, una vez doblegadas las tribus lusitanas al comando de Viriato y, al mismo tiempo, se hizo patente la afluencia de caudales desde las recién conquistadas provincias orientales, se multiplicaron las explotaciones en toda la cordillera Mariánica. Es la época de las grandes compañías arrendatarias y de los avances técnicos en los sistemas de explotación. La inversión que ello generó atrajo "hombres de negocios", profesionales, trabajadores libres o semilibres —muchos de ellos extranjeros dando lugar a importantes episodios migratorios— y, por su puesto, esclavos y aportaciones en trabajo personal efecto de exacciones impuestas a algunas de las comunidades indígenas sometidas. A la vez, este gasto acrecentó la tendencia a la monetarización de los intercambios y de las prácticas económicas cotidianas. Y es que, como dice G. Chic, "la moneda, aunque no nazca para el mercado termina generándolo" (ibíd., 338). En los yacimientos, el Estado, como decimos, arrendaba el cobro de los derechos de uso y aprovechamiento a las *societas publicanorum* las cuales, por su parte, se encargarían de controlar a los explotadores, en su mayoría indígenas. El abastecimiento de bienes a todo ellos debió generar un aflujo comercial apreciable hacia las cuencas mineras, gestionado por *mercatores* y *negotiatores* (ibíd., 342). Asimismo, los metales, a lomos de bestias buscaban los puertos de la costa, como en el caso de los procedentes de los valles medio y alto del Guadalquivir, los cuales salían al tráfico marítimo a través de *Malaca*. Una situación que perdurará hasta la adecuación que Augusto acometerá del Guadalquivir como la gran arteria de comunicaciones que a partir de entonces será (ibíd., 340).

Durante el siglo I a.C. y en el curso de las guerras civiles, las minas, como fuentes de aprovisionamiento cruciales para los contendientes, se instituyeron en objetivo prioritario de estos, abriendo a la explotación nuevos yacimientos mineros, especialmente en el Sureste. Por su parte, en la zona de Sierra Morena se evidencia el agotamiento de algunos filones y cuencas. Este hecho forzará, con los inicios del Imperio, a la búsqueda de nuevas fuentes y a la profundización de las labores en la cuenca onubense de Riotinto (ibíd., 344).

A la vez, César se lanza a la conquista definitiva del mundo atlántico con el mejor aliado posible, *Gades*, sobre la que de forma inteligente el general romano extiende el manto de la ciudadanía; una nueva realidad estatutaria que la antigua fundación fenicia tuvo que aceptar de buen grado si tenemos en cuenta que ahora Roma era la dueña del comercio mediterráneo (Chic, 1997: 15). El esplendor de la ciudad atlántica se iba a mantener en alza ya hasta medidos del siglo I d.C., cuando las transformaciones económicas del Alto Imperio, muchas consecuencia de las labores de urbanización del valle del Guadalquivir hacia fines de la República y los albores del Principado, conviertan el sur de la Península y al puerto de *Hispalis* en especial, en una base exportadora de productos imprescindibles para la supervivencia del Imperio (Chic, 2008: 343). Como en otros coyunturas y momentos históricos a las que más tarde aún deberemos asistir, la capitalidad comercial y económica en el sur de la Península Ibérica ya pendulaba alternando entre Cádiz y Sevilla.

III.3.2. El Alto Imperio. El comercio en la provincia Baetica

III.3.2.1. Producción y comercio de bienes

El nuevo Imperio de Augusto arranca en el sur peninsular con unas directrices incuestionables: aquellas que han de provocar la racionalización eficiente y progresiva de las esferas de la política y la administración de Roma en lo que hasta entonces había constituido, como ya hemos visto, la provincia *Hispania Ulterior Baetica*. La reestructuración territorial en resultante *conventus* —sobre la cual no creemos que sea necesario extenderse ahora, por ser de sobra conocida—, instituyó a Sevilla como el gran puerto comercial y, a buen seguro, centro redistribuidor de bienes en ambas direcciones; hacia el exterior desde la red fluvial que ahora se empezaba a articular y potenciar en torno a los dos grandes cursos de agua provinciales, el Genil y el Guadalquivir; y, en sentido inverso, desde el mar con todo la corriente incesante de género procedente de cualquier punto del orbe romano (Chic, 2005: 314).

Aunque hay que dejar claro que en muchos aspectos "la cosa no debió ser tan simple, pues no todo el territorio experimentó el mismo intervencionismo ordenacionista" (Chic, 1997: 40) ni el mismo grado de colonización humana. Muchos mercados locales abandonaron sus lugares de celebración en las plazas públicas de las ciudades, desplazados por la monumentalización política que imponía el nuevo régimen. Este hecho, el de la promoción edilicia y urbanística, propició nuevas inyecciones de numerario que redundaron sensiblemente en la creciente monetarización de la vida de las ciudades y sus territorios (Ripollés, 1993). Como consecuencia, la paulatina urbanización llevó aparejado un decisivo impulso para el sistema *villae* sobre cuyos excedentes y su comercialización correspondiente, en definitiva, se apoyaba el modelo de vida urbano de los romanos provinciales quienes, por otra parte, eran los primeros beneficiados de esta colonización urbana (Chic, 1997: 53). Como sabemos, hasta entonces las riquezas mineras habían concentrado sobremanera el interés del Estado y las oligarquías romanas en el mediodía peninsular. La llegada incesante de gentes habituadas a este modo de explotación del agro en torno a las *villae* helenísticas motivó un giro sustancial de esos intereses, ahora dirigidos a la obtención de artículos agropecuarios en mayor medida (Cortijo, 1990-1991: 263; Chic, 2005: 315). La paz, nuevas vías de comunicación rápidas y seguras, y una mayor cantidad de moneda circulante hicieron el resto.

III.3.2.1.1. Aceite, vino y cereales

Se asiste así a un incremento significativo del cultivo de

la vid y el olivo que, aunque escasamente productivos en los primeros años de su laboreo, con posterioridad ofrecían inmejorables perspectivas de comercio (Chic, 1997: 93). Del análisis de P. Sáez (1991: 285-288), en el que tilda al cultivo del olivo de "rentista", se desprende el carácter extensivo de este, lo que permitía compaginarlo con otros como el cereal y con el pastoreo del ganado. Éste pobló preferencialmente los límites con las mejores tierras llanas dedicadas al cereal, pero su presencia en el piedemonte de las zonas de sierra, en suelos no especialmente aptos, refuerza la idea de ese carácter extensivo. Un buen número de beneficiados de la colonización de fines de la República e inicios del Imperio se decantó por el laboreo que menor gasto acarreaba para unos propietarios demasiado apegados a la vida en la ciudad.

Una gran parte del aceite producido —y otros usufructos de la aceituna bética, como la conserva de *oliva nigra ex defruto* en ánforas Halter 70 (Colls *et al.*, 1977: 86; Lequément y Massy, 1980; Carreras, 2001: 421; Aguilera, 2004)— pronto emprende su comercialización en el exterior en contenedores del tipo Dressel 20 ayudado por la rotunda contribución imperial a la construcción y cuidado de las vías fluviales y terrestres que componían la red de comunicaciones (Sáez, 1991: 295), y que más adelante trataremos. Coincidiendo con los últimos años del reinado de Augusto (Chic, 1995: 99-101), empiezan a realizarse las primeras exportaciones hacia los mercados urbanos exteriores de Italia (Blázquez, 1980), sur de Francia (Garrote, 1996) o Cataluña (Berni, 1998), y los *limites* defensivos en *Germania* (Remesal, 1986; 2006) o *Britannia* (Carreras y Funari, 1998). La prueba más evidente de esta importante movimiento de aceite es, sin duda, la formación del Monte Testaccio en Roma (Blázquez y Remesal, 1999; 2001; 2003; 2007; 2010). Pero el cultivo del olivo se extendió del mismo modo por otras zonas y valles interiores surpeninsulares. Sabemos que en las villas que poblaban la Depresión de Antequera (Romero, 1997-1998), la Vega de Granada (Ruiz Torres y Padial, 2004), la cuenca del Guadalete (Lagóstena y Mata, 2007), la actual provincia de Jaén (Serrano Peña, 2004; 2005; Fornell, 2007) o las sierras subbéticas cordobesas (Carrillo, 1995), se levantaron numerosas almazaras sobre cuya producción pesan demasiadas interrogantes como para concretar si ésta fue destinada a surtir los mercados y *nundinae* locales o si, como en lo observado la región productora comprendida en el triángulo *Hispalis-Astigi-Corduba* (Ponsich, 1983), participaba de una vocación exportadora a larga distancia. Sea cual fuese la proyección comercial de los aceites béticos, entre los siglos I y III d.C. una ingente cantidad de estos partieron hacia amplias regiones del Imperio desde *stationes fisci* de control asentadas en *Corduba*, *Astigi*, *Hispalis*, *Lacca*, *Ad Portum* y *Malaca* (Chic, 1988). Y ello fue posible gracias, entre otras razones, a la progresiva concentración de la propiedad que parece advertirse en las grandes áreas olivareras entre el Guadalquivir y el Genil, especialmente desde el reinado de Claudio cuando, además, aparece por primera vez la costumbre de marcar las ánforas olearias en esas *figlinae* fundiarias (Chic, 1994: 26; Leal, 2005: 156). Pero también el mismo emperador dio gran impulso a la *annona* con medidas en beneficio de la misma que garantizasen el abastecimiento a los frentes atlánticos, entre otros a los ejércitos que actuaban en *Britannia* y puede que también en *Mauretania* (Pons, 2001; 2006). Para la misma época, y según M. Ponsich (1988: 37), las pesquerías del área del Estrecho vivían su momento de máximo esplendor.

Por su parte, el vino bético, si bien no de excelsa calidad por lo general, sí experimentó precios asequibles lo que lo convirtió en una mercadería atractiva en muchos mercados extraprovinciales. Es ahí, en el precio debido a su abundancia, donde debió residir su mayor virtud (Sáez, 1987: 47-55) puesto que, según se deduce de Plinio (*N.H.* XVIII, 4, 29-30) o Columela (*De re rust.* III, 2), ésta era una cualidad reñida con la calidad. Aunque no faltaban variedades muy localizadas en el actual litoral malgueño (*Lauro*) que podían soportar la comparación con los mejores vinos de la península apenínica (*N.H.* XIV, 8, 68-71)[42]. Y es que la viticultura en la Bética prosperó especialmente en zonas de costa, en la zona gaditana aledaña a Jerez de la Frotera (Sáez, 1987: 42-46; Marín y Prieto, 1987; Roldán Gómez, 1999) —que ya acumulaba una importante experiencia vitivinícola enraizada en la tradición púnica (Ruiz Mata, 1995; Prados, 2000)—, y en la comarca del río Guadalete (Chic, 1979-1980), si bien existen del mismo modo indicios de su extensión a orillas del Gualdalquivir en su tramo medio[43]. El *vinum lymphatum*, el *vinum* y otros derivados de la vid (*muslum, defrutum, sapa...*) fueron envasados con dirección a los mercados del Mediterráneo occidental bien en ánforas específicas habitualmente empleadas en época imperial para este artículo (Dressel 2-4, Dr. 28), bien en otros contenedores que han demostrado estar caracterizados por su uso polivalente (Haltern 70, Dressel 7-11, Beltrán IIa y IIb) (García Vargas, 2004).

De sobra es sabido que el brote, crecimiento, diríamos "exponencial", y la circulación de la producción provincial de bienes como el vino y el aceite a partir de época de Augusto, es consecuencia directa del proceso de descentralización económico y político que se impone de la mano de la pacificación del Imperio durante el Principado de éste, a raíz de un aumento de las atribuciones de las autoridades provinciales. Esta transformación, que incide sobremanera en las relaciones comerciales establecidas entre el centro y una periferia que se integra paulatinamente en los circuitos de intercambio imperiales, termina por alterar el carácter y la dirección del flujo de bienes de intercambio entre Hispania e Italia. En el escenario de conjunto en el que se encuentra empotrada la dinámica

[42] Es interesante hacer mención de un interesante trabajo de V. Revilla (1998) en que pone en relación las menciones expresas al vino en Hispania y la información que de ellas podemos extraer, con los propios datos arqueológicos sobe la extensión del viñedo y la producción de vinos en la Bética y, especialmente, en la Tarraconense. Esa relación se caracteriza, para él, por la complementariedad que se traza entre unas o otras informaciones, de naturaleza literaria (cronología, áreas productoras, calidades...) y arqueológica (comercio, distribución, producción...).

[43] En este y otros puntos de los valles del Guadalquivir y el Genil, la elaboración de vinos pudo haber compartido espacio con el aceite en ciertos *fundi*; sabemos que en *figlinae* como la de El Remolino, en Palma del Río (Córdoba) se confeccionaron tanto ánforas olearias como vinarias (Chic, 1994: 24, nota n. 101).

comercial de todo el Imperio, la crisis de las exportaciones itálicas supondrá la desaparición de un comercio unidireccional y su sustitución por un desplazamiento policéntrico de mercancías, al menos en las regiones vinculadas al tráfico marítimo o fluvial (Molina, 1997: 230). Empero, promovido por el Estado —y sus servicios dependientes— y en dirección inversa, continuaría operando ese comercio de dirección única que ayudará a granjear significativas fortunas en la Bética a lo largo de todo el siglo I d.C. (Chic, 2005: 331).

Junto al aceite y el vino, el cereal era el otro gran bien cuya producción y comercialización el mundo político considera de primera necesidad como elementos básicos del abastecimiento de cualquier comunidad; tal es así que las administraciones estatal y las evergesías locales pronto actuaron más o menos directamente sobre la distribución y el consumo de estos, tanto en la Bética como fuera de ella (ibíd., 330). De antiguo ya era considerable la tradición cerealista en las regiones que ahora componían la Bética, y, aunque extendido por toda la región, durante la República y el Imperio el cultivo del cereal se centraba particularmente en las campiñas del Medio y Alto Guadalquivir, en torno a Obulco; de ello son testimonio los campos de silos de la zona (Lacort, 1985). En las actuales provincias de Sevilla y Córdoba el laboreo del trigo debió ser compatible con el del olivar, habida cuenta, como ya hemos visto, el carácter extensivo del mismo. En cualquier caso, la base de la alimentación y de la subsistencia de la mayor parte de la población continuó reposando sobre los cereales; la producción se destinaba, básicamente, al abastecimiento de la provincia, pero también parte de ella partía hacia otros puntos del Imperio[44], ya como impuestos en especie (*frumentum mancipale*) o como mero objeto de un mercado cuyos términos eran fijados por el Estado (*frumentum emptum*) (Pavis d'Escurac, 1976: 183-184; Padilla, 1989: 125); y eso a pesar de que la Bética —a la que Plinio (N.H. XVIII, 12, 66) enumera entre las provincias que surten de cereal al Estado— nunca fue una de las grandes suministradoras de grano en comparación con otras potencias proveedoras, por ejemplo, Egipto.

III.3.2.1.2. Salazones y metales

Todo ello no significa que de un modo sistemático se descuidase la elaboración y puesta en circulación de otros artículos a cuya obtención las posibilidades naturales de la región incitaban, y a los que, en algunos casos, les asistía una larga tradición de siglos. Minería y salazones piscícolas, pero también cárnicas —y productos adyacentes como la sal—, continuaron siendo veneros de un importante lucro económico para algunos. En primer lugar, las saladuras, sin duda favorecidas por la pacificación de los mares y la disminución de la piratería, continuaron constituyendo el motor que activaba otros ramos de la economía y el comercio; las salinas (Lagóstena, 2007a), la ganadería (Blázquez, 1957), y la pesca (García Vargas, 2003; Lagóstena, 2005) se beneficiaron directamente del éxito alcanzado por las conservas saladas y salsas de pescado (*garum*, *muria*, *liquamen*...) en los mercados de todo el Mediterráneo; gracias a ellas se enriquecieron los habitantes de núcleos costeros como Sexi o Malaca (Lagóstena, 2001; 2007b), centros en los que, desde al menos el siglo II a.C. y atraídos por esta actividad, se habían asentando itálicos y emigrantes de otros puntos (*negotiatores salsarii*), los cuales acabaron por suplantar a los nativos y transformar, ya en época julio-claudia, la estructura organizativa heredada del mundo púnico (Lagóstena, 2002-2003: 235; García Vargas y Martínez Maganto, 2009); el proceso llevaría a un notable salto cualitativo y cuantitativo de la producción en torno a los reinados de Claudio y Vespasiano (García Vargas, 1997: 791-792).

En general, en las minas béticas de esta época se hace patente una situación de visible agotamiento y/o mayor dificultad de extracción del mineral y por tanto más costosa, lo que finalmente reducirá el índice de viabilidad de estas explotaciones y su capacidad de atractivo como hervideros de comercio. Así es como Estrabón (III, 2, 10) nos traza un cuadro en el que la escasa pureza de las vetas en la cuenca de *Castulo* reportaba a los gestores de las sociedades mineras una galena argentífera ("plomo fósil") de bajo contenido en plata que, sin duda, desmerecía los esfuerzos puestos en su obtención. Sin embargo, esta actividad debió seguir siendo rentable a inicios del Imperio (Chic, 1994: 24-25); los pecios mediterráneos muestran importantes fletes de plomo y cobre (Benoît, 1962; Laubenheimer-Leenhardt, 1973; Domergue, 1990: 287; Klein *et al.*, 2007: 218), y la plata y el oro seguían siendo extraídos en la Bética. Estos últimos, metales preciosos base de la amonedación imperial, son objeto de un creciente y estrecho control por parte del emperador que, con el tiempo, desposee a concesionarios y propietarios de sus minas. Tal fue el caso de *Sextus Marius*, a quien le fueron confiscadas sus minas de cobre y oro a pesar de su amistad con el mismo Tiberio (Tácito, *Ann.* VI, 19, 1). A ese estrecho marcaje de los filones auríferos se asocia el mando del Estado a través de los publicanos de la *societas sisaponensis* —activa al menos también durante época julio-claudia (Zarzalejos, Arévalo y Fernández Ochoa, 1999: 259)— sobre el celebérrimo mercurio cinábrico de *Sisapo*[45] (Plinio, *N.H.* XXXIII, 40, 118), ya entonces empleado en el método de la amalgama, como ha demostrado G. Chic (1991). Por contra, el aprovechamiento de algunas menas argentíferas, al parecer, sí pudo mantenerse en manos de particulares según se desprende de la lectura de las leyes del distrito minero de *Vipasca* (Chic, 1994: 25, nota n. 108; Domergue, 1983); eso sí, en régi-

[44] Así ocurrió bajo el reinado de Claudio cuando a los ejércitos que operaban en Mauritania se les suministraba el trigo bético (Dión Casio, LX, 24, 5).

[45] Situada en un territorio de límites imprecisos, en época republicana formó parte de la *Provincia Ulterior Betica* en el *conventus Cordubensis*, según indica Plinio (*N.H.* III, 14). Ptolomeo (II, 6, 58), por su parte, la mencionará como una de las ciudades de la *Tarraconensis*. Este desacuerdo se ha interpretado como indicador de una modificación de límites entre la Bética y la Tarraconense en razón de la riqueza minera y su control directo por parte del emperador. Para J. M. Abascal y U. Espinosa (1989: 62), esta rectificación provincial, que otros investigadores sitúan en el tiempo que media entre las referencias de Plinio y Ptolomeo (Fernández Ochoa *et al.*, 1994: 22), pudo hacerse efectiva ya en época augustea.

men de arrendamiento al Estado, quien poco a poco se fue convirtiendo en el mayor propietario minero (Leal, 2005: 222-226). De este modo, en Riotinto y en el momento de crecimiento en la ocupación de la cuenca a inicios del siglo I d.C., que se extendería hasta época flavia, las minas fueron administradas directamente por los servicios imperiales. Es más, para Domergue (1990: 236), hacia el siglo II d.C. no debió existir ya ni una sola explotación que fuese de titularidad privada.

Como podemos ver, a pesar de este relativo dinamismo la creciente intervención directa de la administración, en este caso en el sector minero, unido a las confiscaciones o al menor rendimiento en algunas cuencas tradicionales determinó, para Domergue (1972: 619-621), la inversión de los intereses económicos de algunos emprendedores privados hacia la tierra, en general, y hacia el cultivo del olivar, en particular. Una de estas familias, que prosperó rápidamente entre los reinados de Caludio y Nerón, sería la constituida por los *Annaei* cordobeses (Ventura, 1999: 70-71; Leal, 2005: 310-312).

Lo cierto es que la producción hispana de metales es difícil de estimar, aunque en todo caso debió ser notable en volumen. Sin embargo, contrariamente a lo que se podría pensar, la magnitud de los intercambios comerciales durante época imperial que implicaron a metales béticos, según estimaciones de J. Pascual Guasch (1980) en base a la carga de pecios hundidos, aparentemente se mantuvo por detrás (7,5%) y a mucha distancia del aceite (26,5%) y las salazones (66%). Estas estimaciones deben ser manejadas con cautela, por dos razones: la primera atañe a la mencionada polivalencia de la mayoría de los tipos anfóricos habitualmente ligados al transporte de salazones, que, como ya se ha demostrado, contuvieron en muchas ocasiones otros productos derivados de la aceituna, del vino, o el mismo vino, lo cual nos llevaría a reconsiderar los porcentajes atribuidos a las saladuras; la segunda hace referencia directa al movimiento de esos metales desde la Bética hasta Roma y otros puertos del Mediterráneo Occidental, puesto que es muy difícil ponderar la magnitud de los cargamentos de titularidad estatal en grandes navíos, sin duda de menor "siniestralidad" pero que también debieron zozobrar alguna vez. Se añade la circunstancia de que en muchas ocasiones los fletes de metal no serían objeto de un verdadero comercio, en tanto que procedentes de explotaciones mineras propiedad del mismo Estado o del patrimonio del Emperador. El hecho, sin duda, distorsiona la evaluación del volumen de mineral extraído de las minas durante la época en cuestión[46] y del comercio de esta producción. Por contra, ese 7,5% que colige Pascual (ibíd., 239-240) sí podría ser tomado como punto de partida válido para la cuantificación del comercio "libre" de cobre, plomo, plata... que escapaba a la intervención estatal, posiblemente tras el pago de un impuesto en especie, y que saciaba las necesidades cotidianas de metales de la población en general. Como tal, será objeto de redistribución entre puertos y establecimientos comerciales de carácter secundario, junto a otros muchos productos de mayor consumo formando parte de un cargamento heterogéneo.

III.3.2.1.3. Otros bienes

En una situación de bonanza tal, no sólo los bienes que fueron objeto de comercio a larga distancia adquirieron mayor representatividad en los circuitos comerciales, sino también otros cuya distribución y consumo se desplegó en el ámbito provincial sin trascender, por lo general, más allá de sus límites, aunque con algunas excepciones; tal es el caso del *marmor* de Almadén de la Plata (Álvarez, Cebrián y Rodà, 2009). Así, al ritmo de la monumentalización pública (Rodríguez Oliva, 1994; 1998), pero también privada (aunque de la Tarraconense, *vid.* Soler, 2003; Sarabia y Muñoz, 2004-2005), de muchas ciudades de la Bética[47] y de las crecientes acciones evergéticas de las élites locales (Melchor, 1994a) a lo largo del siglo I d.C., la producción y comercialización del mármol y otras calizas marmóreas (*marmora*), alcanzó una intensidad nunca vista hasta entonces[48]. Sin contar las variedades importadas a Hispania (Cisneros, 1997; Mayer, 1990; Mayer, 1996) —por ejemplo, de *Luna*-Carrara en los primeros años de vida del Imperio— a lo largo del reinado de los Julio-Claudios se incorporaron otras apreciadas variedades locales procedentes de nuevas explotaciones y canteras, como las ya citadas de Almadén de la Plata (Mayer y Rodà, 1998) o las situadas en la Sierra de Mijas (Beltrán y Loza, 2003), en Antequera (Beltrán y Loza, 1998) y en la zona marmorífera de Macael y Lubrín (Lapuente, Cisneros y Ortiga, 1988), por mencionar algunos de esos frentes, activos ya durante este período.

Como en otros casos, el control imperial sobre estos artículos se hizo sentir ya desde inicios de época julio-claudia, cuando Tiberio incorporó las canteras de Luni al *Patrimoniun Caesaris* mediante la confiscación, lo que, en fin, permitió a los emperadores asegurarse un suministro estable de materiales para sus empresas y financiar a menor precio sus programas edilicios. En esas canteras, la extracción dependía de particulares y, en algunos casos, de municipalidades, si bien la distribución era fundamentalmente realizada por el sector privado. Sin embargo, hay que decir que existían numerosas cavas en manos de particulares, pudiendo darse el caso de que los propietarios, quienes obviamente podían encargarse directamente de la explotación de los mármoles aflorantes en sus fincas, concediesen la misma a un emprendedor privado, sobre todo en el ámbito local. Los clientes podían adquirir los materiales directamente en los depósitos de las

[46] En su tesis doctoral, J. García Romero (2002: 757-760) ha valorado la producción y el comercio exterior béticos de metales, desde mediados del siglo I a. C. hasta mediados del III d. C. Aun asumiendo el problema de base que representa la escasa documentación arqueológica, hace una propuesta de periodización a la que refiere el peso (en porcentaje) de algunos productos en la actividad comercial: para el arco temporal 50/100, los metales béticos alcanzan su mayor índice de representatividad en los cargamentos de los pecios analizados por J. Pascual (1980).

[47] Artículos introductorios de carácter histórico para el panorama bético son los de A. Padilla (1998; 1999).

[48] Una puesta al día reciente sobre la explotación y los usos dados a los materiales de construcción pétreos para el conjunto de las provincias hispanas lo encontramos en la obra editada por T. Nogales y J. Beltrán (2009); se une a los ya clásicos trabajos de A. M. Canto (1977-1978) y M. Cisneros (1988).

explotaciones, en los grandes puertos de expedición de mármoles y en los grandes centros de recepción, pero también a través de comerciantes intermediarios o *negotiatores marmorarii* (Padilla, 2000). Sin duda, el del mármol es paradigmático de todo aquel comercio propio de economías redistributivas que, gestado en una sociedad fundada sobre las bases de la reciprocidad asimétrica, desigualitaria por definición, incumbe a las élites urbanas; de él se alimentan las evergesías locales con el fin de perpetuar su posición social, comprar su honor y resolver los apuros de la comunidad bajo su protección. Las rentas nacidas de la gestión de las fincas y de otras beneficiosas ocupaciones oportunas a su rango revertían en el embellecimiento de los núcleos urbanos, en el ocio y en la vida pública de sus colectividades. Pero también lo hacía indirectamente en la estabilidad de los flujos de mercancías y en la consecuente instauración de mercados urbanos de carácter permanente en los que aprovisionarse de toda clase de artículos, fuesen lujosos o no.

III.3.2.1.4. Valoraciones generales al comercio de bienes

Volviendo a las estadísticas de R. Pascual, y si aceptamos la validez relativa de éstas como indicativas del tráfico de productos béticos ajenos al arbitraje y control del Estado como las salazones, los vinos y sus derivados respectivos, una coyuntura recesiva a fines del reinado de Nerón parece haber percutido con cierta fuerza sobre el volumen de este tipo de intercambios, que ahora caen, siempre según el estudio de Pascual (1980), a lo largo de la segunda mitad de la centuria. Ello no parece haber afectado negativamente al tráfico del aceite del que, por otro lado, también tiran la administración estatal y sus necesidades. Esta fuerte demanda tiene consecuencias claras para la estructura de la propiedad de las áreas especializadas en el cultivo del olivo, registrándose una evidente tendencia a la concentración de la propiedad en manos de *possesores* cada vez más potentes (Chic, 1994: 30). Pese a la reacción del período inmediato —en la que tiene mucho que ver la conquista de las tierras dacias—, el nivel del comercio de productos generados en la Bética no logrará reponerse por completo, entre otras razones por la irrupción económica que protagonizará África (ibid.).

No obstante, y a pesar de la imagen que pueda extraerse del gran comercio —en notable proporción, administrado por el propio Estado y desarrollado en áreas de producción excedentaria y en núcleos con las mejores condiciones geoestratégicas—, la sociedad de la Bética no dejó nunca de mostrar a nivel interno, y salvo carestía, una fuerte inclinación al autoabastecimiento por parte de la población en la mayoría de las ciudades, especialmente en lo que atañe al aprovisionamiento de productos de primera necesidad (cereales, carne, vino, aceite...). Por ello, la mayor parte del flujo y adquisición de bienes cotidianos debió adquirir la forma de intercambios localizados, los cuales solían tener lugar en el marco, como podía ocurrir con las vajillas cerámicas, de mercados y ferias periódicos (*nundinae*) o permanentes, cuyo germen hemos de ubicar en las celebraciones de base religiosa que, por otro lado, nunca han dejado de existir. Rústicas o urbanas, celebradas en aldeas o cabeceras de comarca, solían reunir a gentes con origen en un radio no superior a los 50 km; en muchas de ellas se asiste, además, al intercambio de productos agropecuarios entre los propios agricultores, y en el que, como es lógico, el trueque desempeña, sobre todo en espacios rurales, un papel de primer orden. Serán los comerciantes y vendedores ambulantes quienes capitalicen las transacciones en moneda circulante, ofreciendo o demandando género y, en bastantes ocasiones, llevados por un sentido lucrativo. Según los expertos, a lo largo del Alto Imperio ese numerario, aunque no abundante por su carácter puntual regido por las necesidades concretas del Estado, fue el suficiente para completar unas transacciones a precios, por lo normal, no muy elevados (Chic, 2005: 322). No obstante, donde podían registrarse transacciones de mayor volumen fue en las ferias regionales; de mayor duración y de profundo calado territorial, albergaban las operaciones de *negotiatores* y grandes comerciantes intermediarios, entre otros, con los *possesores* de las grandes fincas y explotaciones excedentarias; en este escenario, donde los intercambios directos de bienes entre quien produce y quien consume ocupan un segundo plano, para De Ligt (1993: 96), se celebraron con carácter periódico más que continuo, dada la autosuficiencia en productos de primera necesidad que por lo general se daba a nivel local. Pero sería en los grandes puertos de las ciudades abiertas a la navegación, seguros hervideros de importantes comerciantes y hombres de negocios, donde tendría lugar la aparición repetida de muchos de los elementos de mercado —no olvidemos, en cohabitación con otros integrantes del comercio administrativo— que se describen en economías mixtas como la que pudo caracterizar al mundo romano, organizados en torno a un comercio libre más o menos "prestigioso" en los términos que ya hemos visto, y del que cabía esperar un retorno beneficioso desde el punto de vista económico.

Durante los primeros decenios del siglo I d.C. la situación de aislamiento económico que caracterizó a las comarcas interiores de la región y a aquellas que no habían recibido el impulso que conllevó la migración itálica, se hacía extensiva sin duda alguna a otras facetas de la vida de las comunidades locales, incluso "en zonas accesibles a medios de comunicación ágiles", compartiendo palabra por palabra la afirmación de G. Chic (Chic, 2005: 322). Será durante la segunda mitad de esa misma centuria cuando, con la consumación plena de una integración administrativa efectiva, este comercio gane en fuerza y dinamismo. Se impone entonces la regularización de la situación y un mayor grado de interdependencia económica que ha de localizarse temporalmente a partir de un momento avanzado de la dinastía Julio-Claudia y ya en época flavia, cuando todos los signos económicos considerados, junto con otros de carácter político —que se retroalimentan recíprocamente a modo de bucle— como la presencia regular de senadores béticos en la capital, convergen para determinar la época de mayor esplendor social y económico vista en la *provincia Baetica* (Chic, 2005: 323).

III.3.2.2. Vías de comunicación y transporte de bienes

Poco a poco se ha ido esbozando en trazos ligeros el

impacto que debió suponer para las comunicaciones la política económica que Augusto puso en marcha con la reorganización administrativa de las provincias hispanas y el articulado heredado de tiempos de la República. Junto a las modalidades de transporte más utilizadas y las principales arterias de comunicación a través de las cuales discurrió la producción bética, repasaremos tanto las decisiones políticas que contribuyeron a instaurar una red básica de comunicaciones adecuada al tráfico de bienes que en la Bética se pretendía generar, como el modo en que ese flujo a su vez contribuyó a la transformación y fortalecimiento del articulado inicial —en parte al modo de lo planteado por L. C. Juan Tovar— entre fines del siglo I a.C. y los últimos años de la siguiente centuria. Con ello puede que nos encontremos, más adelante, en mejor y más franca disposición para medir de modo más preciso el alcance y la influencia concreta que sobre la implantación de los talleres suburbanos de Los Villares de Andújar tuvo el ordenamiento vial y las posibilidades de transporte y distribución que mediaban entre la producción y la comercialización ulterior de los bienes.

En esa valoración el análisis ha de ser complementado, esta vez a nivel micro, con la recogida de algunos datos concernientes al estudio arqueológico de la viabilidad y las posibilidades de transporte (Mannoni y Giannichedda, 2004: 240). Una exploración sobre las infraestructuras (puentes, puertos, diques, calzadas...) es una dimensión material que debe necesariamente integrarse, en fin, con las noticias extraídas de la iconografía y las fuentes escritas.

III.3.2.2.1. Medios de transporte y redes comerciales

En la Bética, aun sin contar con la tupida y excelente red de comunicaciones de que disfrutaron otras zonas del Imperio, como algunas de las provincias meridionales galas, personas y productos circularon sin excesivas dificultades y de modo eficiente por las más importantes rutas de comunicación provinciales. Aquí, como en otros lugares, vías de comunicación y elección de medios de transporte estuvieron particularmente condicionadas por los rasgos geográficos de la región. La red fluvial distaba mucho, en desarrollo y caudal, de otras conocidas arterias de navegación —caso del Ródano o el Garona—, de manera que el tráfico fluvial de mercancías se vio en buena medida limitado en algunas zonas; además, la abrupta orografía de muchos lugares de Sierra Morena y las Cadenas Béticas hizo bastante ardua la tarea de construir y transitar buenas vías terrestres; el resultado fue un cierto grado de aislamiento económico de importantes porciones del territorio, las de más difícil acceso, con respecto a las mejor situadas en el litoral o en las riberas de los mayores cursos fluviales de la provincia.

Costes Relativos del Transporte de Bienes
(según Carreras)

MEDIO de transporte	COSTE
Barco	1
Embarcación fluvial río abajo	3,4
Embarcación fluvial río arriba	6,8
Animales de carga	43,4
Carro	50,72

Tabla 6. Ratio de costes expresado en el aumento relativo de estos con respecto a los correspondientes al medio más barato, el barco.

Diversas han sido las propuestas de valoración de los gastos de transporte que sin duda debieron ser determinantes en la implantación no sólo de actividades económicas rurales en el entorno más próximo de las ciudades, sino también de otras de carácter artesanal como es la producción de vajillas cerámicas. Muchas de estas propuestas, elaboradas a partir del conocido como Edicto de Precios de Diocleciano y el valor del *modius kastrensis*[49], reflejan una relación de eficiencia entre medios de transporte fácilmente adivinable que autores como Catón (*Agr.* 1, 3) hacen explícita en sus recomendaciones agrimensorias: "*oppidum validum prope siet aut mare aut amnis, qua naves ambulant, aut via bona celebrisque*". En esas correspondencias (coste-velocidad) la navegación marítima ocupa un lugar principal como medio proporcionalmente más barato y rápido, en oposición al tránsito por tierra con tiros como el procedimiento más gravoso y lento.

Los más recientes y más ricos en matices son el análisis realizado por C. Carreras (1994), o la aproximación de P. Arnaud (1998) a cuento de la definición de las áreas suburbanas en las ciudades, las actividades artesanales que en ellas se daban y la relación de estas con las vías y medios de transporte. El primero añade precisión al cálculo con nuevas variantes que diferencian el tráfico fluvial que discurre en dirección a la corriente de aquel que remonta el río, a la vez que introduce y divide en dos la variable del transporte por tierra en animales de carga y carros, estableciendo un orden de correspondencia encabezado por el barco seguido del transporte en embarcación fluvial río abajo, la misma río arriba, los animales de carga y, por último, los vehículos de tiro (tab. 6). Aunque precisa que tras el desplazamiento con barco, el medio más rápido fue el animal de carga, incluso por delante de las barcas fluviales; pero además, la velocidad alcanzada con esas bestias era la que sufría menor variación relativa en condiciones orográficas cambiantes con respecto a los otros métodos de transporte de interior (Carreras, 1994: 25, 32). Por su parte Arnaud, en la misma linea, realiza un pequeño ensayo del que concluye que para el transporte de ladrillos en carro, los gastos ascendían al 5% del valor de la carga por cada milla, en las antípodas de los desembolsos del 0,55% que podía requerir el mismo flete de cereales en el mismo espacio recorrido. Esta tremenda

[49] Las datos obtenidos por Duncan-Jones (1974) fueron más tarde revisadas por A. Deman (1987) sin variar sustancialmente las cifras mantiene el orden de relación proporcional para los distintos medios de transporte por mar, vías fluviales y vías terrestres.

oscilación motivó en ocasiones la permisividad de las autoridades municipales con respecto al asiento temporal de *figlinae* productoras de materiales constructivos en las ciudades (Arnaud, 1998: 78). Lo que, al mismo tiempo, nos parece un argumento positivo a favor de la capacidad de incidencia económica de las comunicaciones en el surgimiento, en unos lugares u otros, de determinadas actividades productivas y de la proyección comercial de su producción. Pero al mismo tiempo constituye un ejemplo evidente de la transportabilidad relativa y variable de uno u otros artículos, la cual dependerá no sólo de las características de los materiales y su adecuación a uno u otro medio de transporte, sino de los costes que pudieran generarse (Mannoni y Giannichedda, 2004: 242).

A pesar de la ventaja que muestra el desplazamiento por mar sobre las demás formas, hay que recordar que este tipo de tráfico podía acabar, sin embargo, especialmente restringido en condiciones meteorológicas, haciéndose casi imposible durante el invierno y muy complicado durante los meses de primavera y otoño. El fluvial estuvo indicado de un modo especial para los movimientos comerciales en el interior, dado el espacio de carga que brinda al comerciante. El carro gozó de la estima del ejército por su capacidad y rapidez para transitar por las vías mejor adecuadas que transcurrían por terrenos suaves (Leal, 2005: 234), aunque, como es natural, siempre prefirió a los animales de carga en otro tipo de terrenos más abruptos (Carreras, 1994: 25) y en campaña, cuando no existía la posibilidad de transitar por caminos carreteros. En todo caso es cierto que el tiro, debido a los elevados dispendios implícitos, siempre mantuvo un papel secundario en el comercio privado y, más aún, local, en el que la mula y el asno se convierten en el medio ligero de transporte por excelencia; siempre en el marco de un comercio que, en el ámbito cotidiano, se encontraba fundado sobre los intercambios continuados de pequeño volumen en valor y dimensiones (Arnaud, 1998: 79). En consonancia, a pesar la naturaleza onerosa en conjunto de la gestión de los transportes terrestres nunca resultó desaprovechado con respecto a los demás medios y redes de comunicaciones, como afirma R. Laurence (1998: 134-136). De un modo extraordinariamente evocador imaginaba R. Thouvenot (1961: 187-188) la distribución y transporte de las vajillas cerámicas importadas desde las costas hacia el interior en el Norte de África durante época romana: "*J'imagine volontiers le transport de ces marchandises délicates du port jusqu'à la boutique de marchand le plus éloigné comme aujourd'hui celui des gargoulettes en Afrique du Nord ou dans certaines espagnoles. Elles sont chargées dans deux vastes paniers, les* chaouari, *qui pendent à droite et à gauche de robustes mulets ou de petits bourricots noirs, qui cheminent d'un pas lent et régulier sous la garde distrait d'un ânier et l'homme suit nonchalamment la bête en chantant à mix-voi quelque interminable mélodie au théme monotone. Les vases et flacons sont enveloppés d'alfa, ou de palmier-nain, le panier recouvert d'un filet à larges mailles pour protéger cette merchandise delicate. On s'arrête le soir à l'auberge isolée ou au village, qu'il y ait marché ou non, et l'on débite la marchandise aux acheteurs qui se présentent, jusqu'à ce que le chargement soit âpuisé. Ou bien, ce sont des chariots qui suivent la route romaine à la callaisse bien tassé, pour arriver à la ville où le correspondant maure attend dans sa boutique les articles que lui a annoncés le manufacturier gaulois* [...]".

En general, y en consonancia con lo antes apuntado, el tráfico terrestre de mercaderías se dio en aquellos lugares, muchos en la Bética, donde no eran posibles otras modalidades de transporte más baratas, como mar, ríos navegables e incluso lagos y esteros. Conocemos en la Bética acemileros que trajinaban con productos a lomos de mulos y asnos —*muliones* y *asinarii*, respectivamente— hacia los puertos de los ríos y las costas. Podía darse el caso igualmente de que propietarios o comerciantes arrendasen las recuas de bestias por cuenta propia, sin duda más ventajoso en términos de mantenimiento. Los carros de mercancías (*carrus*, *plaustrum* y *cerracum*...), aunque en un segundo plano, también recorrieron las calzadas tirados en ocasiones por bueyes dóciles y con gran capacidad de arrastre; la más popular fue su versión militar, el *carrus* (Sillières, 1990: 744-745; Carreras, 1994: 15-18; García Gelabert, 1996: 530-532).

No olvidemos que el cometido principal del articulado de caminos fue el de dar y asegurar cohesión administrativa a los territorios del interior, como herramienta esencial en la labor de unificación política a través del cual fluían las noticias, resoluciones administrativas y órdenes (Chic, 1997: 57-58). Y en ello tuvo mucho que ver el *cursus publicus*, es decir, el servicio público general encargado de la correspondencia, de los viajes de las personas que viajaban por cuenta de la administración del Estado y de las mercancías de propiedad estatal (Blázquez, 1997: 47). Otros caminos ostentaban, además, el título de *via militaris* que en el caso de la Bética correspondía a la *via Augusta* haciendo explícito el carácter de vía principal. No en vano era el ejército el único que, gracias al poderío económico del propio Estado, podía hacer frente a las cargas que este tipo de transporte solía ocasionar, sobre todo con aquellas mercancías cuyo valor fuese pequeño en relación con su volumen o peso (Chic, 1997: 61). No obstante, el Estado, en su cometido de alimentar a los soldados de sus ejércitos siempre se mostró más proclive al medio navegable por razones obvias (relación coste-rapidez, tipo de envases, seguridad...).

Del transporte fluvial sabemos, como ya hemos mencionado, que no fue ni mucho menos el más rápido en determinadas situaciones hidrológicas[50] ni el más barato, pero sí más económico que el terrestre por sus considerables aptitudes portantes, y por ello la administración desarrolló un importante aparato legislativo con el fin de mantener en las mejores condiciones este tipo de redes; no en pocas ocasiones se articularon como complementarias a las vías terrestres en busca de los puertos marítimos. Como en el caso del aceite, en los puertos fluviales,

[50] Hay quien piensa que el papel desempeñado por este tráfico fluvial y sus posibilidades mercantes, sobre todo río arriba, han sido por lo normal exageradas para el caso de la Península Ibérica (Moreno Gallo, 2004: 56) en la línea de las matizaciones de C. Carreras (1994) o A. Deman (1987: 84-85), incluso teniendo en cuenta unas condiciones hidrológicas cambiantes y distintas a las que disfrutamos hoy día.

a veces dispuestos junto a los alfares productores de envases, embarcaban y se envasaban frecuentemente los artículos que llegaban desde la red de caminos de la zona y de las explotaciones agrícolas a ellos conectadas; pero también arribaban a estos establecimientos fluviales, fuese río arriba o río abajo, otros bienes que alimentaban el comercio local y regional, como lo eran las cerámicas finas.

De sobra es conocido que el puerto de *Hispalis* dispuso del suficiente espacio en sus muelles para albergar barcos mercantes de considerable tonelaje (*ca.* 75-200 toneladas) del tipo de la *corbita*. El barco mercante más usualmente empleado en el medio fluvial fue la *caudicaria*, que sin duda pudo ser empleada en el tramo más bajo del Guadalquivir entre Sevilla y Alcalá del Río. Como es lógico, conforme remontamos el cauce de los ríos las dimensiones de los botes decrecen y a la anterior embarcación le seguiría el bote pequeño conocido como *linter* —de fondo redondeado y sin puente ni velas—, encargada del tráfico de personas y artículos entre *Ilipa* y *Corduba*, y cuya menor capacidad de flete parece que fue suplida por el gran número de estas embarcaciones empleadas en las comunicaciones por el Guadalquivir a tenor de la organización de los barqueros *lyntrarii* en *corpora* (CIL II, 1182). De similares dimensiones, la *scapha* servía además como auxiliar de embarcaciones mayores, pudiendo ayudar a éstas en el remonte de corrientes interiores cuando no eran asistidas mediante la sirga. El tránsito en los tramos donde el resto de embarcaciones ligeras no pudieran desarrollar su cometido quedaba reservado a las *rates*; éstas podían corresponderse tanto con un bote de muy escaso calado como con una almadía de fondo plano, de las que no tenemos constancia en el *Baetis* y donde, en muchos puntos del curso alto, quizás pudo estar contraindicado su uso debido al carácter sinuoso e irregular general a los cursos fluviales hispanos. No es arriesgado afirmar, sin embargo, que estas barcas y balsas debieron protagonizar las comunicaciones fluviales más allá de Córdoba, en el cauce alto del propio Guadalquivir, hasta los límites de la navegación absoluta de sus aguas en las proximidades de Cástulo[51].

Efectivamente, el uso combinado de varios tipos de barcas fluviales deriva de la necesidad de disponer de barcos capaces de hacer frente a las rectificaciones y discontinuidades en el curso, empleándolos en función de las características físicas del cauce (profundidad, pendiente, corriente, vados, etc.), y del alcance y la escala espacial prevista para el intercambio que se iba a realizar (Parodi e Izco, 2002: 7; Rouge, 1988: 92).

Pero todos los productos, sobre todo los destinados a un comercio a larga distancia, encontraban el final —o el inicio, según sea la perspectiva— de su periplo en los lugares a los que todo el sistema de comunicaciones que venimos describiendo, bien articulado y organizado en torno al medio terrestre y el fluvial, desembocaba. En los puertos marítimos de la Bética, como en todos los muelles del Mediterráneo, buques y navíos mercantes (*naves onerariae*) aguardaban las mejores épocas del año para el tráfico por mar; aunque la actividad portuaria se vería mermada por las temporadas de atraque forzoso, éstos nunca debieron dejar de ser lugares bulliciosos, siempre vivos en tanto que sedes de asociaciones de comerciantes y transportistas que redistribuían los bienes almacenados en los *horrea* de muchos de esos puertos. Las primeras naves, muchas de ellas annonarias, inaugurarían la temporada[52] de mayor tránsito hacia inicios del mes de marzo coincidiendo, además, con el final de la campaña de recogida de la aceituna y en plena fase de molturación y prensado del fruto.

Más allá de los grandes puertos de Gades y Malaca, debieron existir otros muchos puntos de atraque: no tanto verdaderos puertos (*portus*) —puesto que el litoral bético no ha sido muy pródigo en parajes naturales idóneos para construirlos y equiparlos debidamente—, pero sí abundantes *stationes*, entendiendo estas últimas como simples lugares de carga, descarga, fondeadero y cobijo temporal en rada sin mayor equipamiento portuario. Según R. L. Hohlfelder (1976: 467), tampoco debió ayudar mucho, a este propósito, la abundancia de amplias playas y estuarios navegables donde abordar soluciones más sencillas, aunque no permanentes, como el simple amarre en la orilla o el atraque en pasarelas de madera. Fuera como fuese, en la actualidad la identificación de instalaciones portuarias cuenta con dificultades añadidas derivadas del urbanismo costero y de la colmatación, sedimentación y consecuente modificación de las líneas de costa que en casos como el de *Abdera* (Adra), junto a la desembocadura del río del mismo nombre, impide, hoy en día, la detección de posibles restos de instalaciones portuarias (Hohlfelder, 1976).

Para S. L. Spaar (1993), las localizaciones portuarias más importantes en la *provincia Baetica* fueron —apoyándose quizás también en el listado de Hohlfelder (1993: 465)—, de oeste a este: *Onuba*, *Gades/Portus Gaditanus*, *Baessipo*, *Baelo*, *Iulia Traducta/Portus Albus*, *Carteia*, *Malaca*, *Maenoba*, *Sexi* y *Abdera*. A estos y otros puertos se acercarían embarcaciones de tamaño considerable, como el *ponto* y la ya mencionada *corbita*, aunque es difícil determinar el tonelaje medio de estas naves y más bien dependería de las necesidades concretas. No obstante, si bien algunos pudieron alcanzar las 600 toneladas, habitualmente se sostiene que los navíos más empleados rondarían las 70 toneladas, hecho que los facultaría asimismo para una navegación de cabotaje e incluso para el medio fluvial navegable. Es interesante señalar que durante la época que nos compete se dieron llamativos avances técnicos en la construcción de estos navíos con la incorporación del tercer mástil de mesana, incidiendo, por tanto, en la velocidad y maniobrabilidad de los mis-

[51] Para los tipos de embarcaciones en la navegación por el Guadalquivir y otros ríos y lagunas interiores de Hispania en época romana las obras de referencia son sin duda las de J. M. Parodi (2000; 2001); de éste junto a M. J. Izco es una síntesis de diversos aspectos de la navegación antigua por la gran arteria bética que publican en la Revista de Estudios Locales de Lora del Río (Parodi e Izco, 2002).

[52] Hasta noviembre; aunque J. Rouge (1966:32-33) señala un subperíodo más corto pero en el que se disfrutaría de mayor seguridad en los desplazamientos, entre finales de mayo y mediados de septiembre.

mos. A pesar de ello, llegados a puerto seguirían necesitando de otras embarcaciones de arrastre o auxiliaries (*scaphae*) para el atraque y la carga/descarga de los fletes (Leal, 2005: 251-252).

III.3.2.2.2. Principales rutas para la distribución de mercancías

A inicios del Principado, con el proceso de centralización política y administrativa del nuevo Estado se plantea la necesidad de dotar al aparato estatal de todo un personal infecundo desde el punto de vista de la producción de bienes, pero al que hay que alimentar. Augusto concentrará gran parte de sus esfuerzos, desde comienzos de la nueva era, en promover la producción y distribución de excedentes con los que suministrar sustento a soldados y personal de administración y servicios. Con el objetivo de facilitar el flujo de estos bienes y productos, y favorecer la extensión del comercio y la formación de mercados, el *Princeps* se entregará, en la Bética como en otros lugares, a la adecuación de una notable red de caminos y vías de comunicación que venía gestándose ya siglos atrás sobre el entramado de rutas que ya existían en la región y que comunicaban, por ejemplo, el Bajo Guadalquivir con la zona extremeña a modo de germen de la vía romana que conocemos como "de la Plata"; a su vez, la *vía Augusta* discurría sobre una antiguo camino turdetano con ramales que se extendían hacia las campiñas al sur del gran río o que cruzaban de norte a sur la región hasta el Mediterráneo, por Málaga; éstas fueron muy frecuentadas durante la Segunda Guerra Púnica o los conflictos civiles de fines de la República. Otras sendas comunicaban el Alto Guadalquivir con el Levante y el Sureste, como la que se adentraba por el valle del Almanzora desde la costa, por *Baria* (Blázquez, 1997: 10-17).

Ya en época imperial, la columna vertebral de las comunicaciones terrestres de la provincia bética será la *via Augusta*, así conocida por haber sido construida en tiempos de Augusto, si bien P. Sillières (1990: 586) afirma que las obras concluyeron bajo el gobierno de Tiberio. Se aprovechó buena parte del trazado de la antigua *via Heraklea*, a partir de Cástulo: unos tramos se adecuaron, otros fueron de nueva construcción; por ejemplo, si la vía Heraclea entre Cástulo y *Corduba* transcurría por *Obulco* y *Calpurniana*, por ejemplo, el nuevo trazado de la vía Augusta llevará a Córdoba siguiendo paralelo el curso del Guadalquivir y pasando por *Epora*. Desde Cástulo a *Gades*, la Augusta atraviesa las cuatro capitales conventuales. Partiendo de esta gran senda y de un modo secundario, transcurren perpendicularmente las vías *Corduba-Emerita*, *Itálica-Emérita*, *Corduba-Malaca*, cuyo trazado hasta *Anticaria* llevó el nombre de *via Domitiana Augusta* (Stylow *et al.*, 2004); a la capital provincial concurrían igualmente distintas vías que le otorgaban el carácter nodal que le corresponde como tal, partiendo de ahí caminos hacia la Meseta y Extremadura, por la *Corduba-Sisapo* y por la *Corduba-Toletum* (Melchor, 1995). También *Hispalis*, el gran puerto de la región, es protagonista de esta red de caminos: de ella parten los caminos que unen el Bajo Guadalquivir con diversos puntos del cuadrante suroccidental de la Península —gracias a la *Hispalis-Emerita* e *Hispalis-Pax Iulia*—, la costa mediterránea por la *Hispalis-Malaca* —parcialmente sobre la *Astigi-Malaca*—, y el extremo más meridional, a través de la vía *Hispalis-Baessipo* (Padilla, 1989). Aun fuera de la Bética la conexión resultaba fluida desde Cástulo tanto con la Meseta como con todo el sureste peninsular con caminos entre *Castulo-Sisapo*, *Castulo-Carthago Nova* y *Castulo-Urci* (Carrasco, 1997; Jiménez, 1993). Por la costa una vía enlazaba *Carthago Nova* con *Gades*. Un entramado perfectamente planificado que, en definitiva, interconectaba y conducía a los principales puntos de producción y redistribución de mercancías, en busca de los cursos fluviales o de las costas, dando solución, de esa manera, a gran parte de las necesidades de abastecimiento estatales y de la población.

Lo dicho hasta aquí acerca del transporte acuático por río se desprende el papel capital que el *Baetis* desempeñó para las comunicaciones provinciales. Y es que, como venimos diciendo, el desplazamiento por agua era el más cómodo y barato, especialmente cuando hablamos de portes voluminosos de mercancías que debía recorrer distancias considerables. Así, la política viaria de Roma en esta zona del sur peninsular aconsejaba, como luego veremos, la decidida adecuación para el transporte de las vías navegables interiores.

El "Nilo" de Andalucía se abría al mar a través del *lacus Ligustinus* (Avieno, *O.M.* 284-285), hoy cegado por las aportaciones de sedimentos fluviales, que hacía factible la penetración de los navíos de mayor tonelaje hasta la misma *Hispalis*. Más arriba, sobre todo a partir de *Ilipa* se imponía el uso de embarcaciones de escaso calado. El tramo navegable quizás alcanzó las proximidades de Cástulo en determinados períodos fuera de los meses del estío y los meses invernales, cuando por caudal insuficiente, en un caso, o por excesivo, en otro, la navegación resultaba peligrosa aguas abajo e imposible aguas arriba (Chic, 2003).

Según Plinio (*N.H.* III, 12), tras el *Baetis*, el Genil —o *Singilis*— se prestaba a la navegación a partir de Écija hasta su desembocadura, aunque en las épocas del año con mejores condiciones en el río se pudo haber remontado hasta Puente Genil (Sillières, 1990, 727). Tanto en uno como en otro, como es lógico, el asentamiento de *figlinae* envasadoras de aceite se limitó a los tramos en los que el transporte fluvial presentaba menores dificultades al trajín de embarcaciones y de sus voluminosos cargamentos de ánforas. Los restantes cursos fluviales de la provincia bética sólo fueron navegables durante cortos trayectos desde su desembocadura, normalmente constituyendo pequeños estuarios; así se daba servicio, en muchos casos, a factorías de salazones. A esta categoría pertenecen los ríos: de Vélez, Guadiaro y Guadalhorce —por el cual se podía remontar hasta *Cartima* (Melchor, 1999: 267)—, en el litoral malagueño; el Guadarranque, —junto a *Carteia*— y el Palmones, que vierten a la bahía de Algeciras; el Barbate, el Guadalete —vinculado al *Portus Gaditanus* en su desembocadura, y a la propia Lacca que le da nombre—, el Guadiamar (Sillières, 1990: 707-708), el Tinto, entonces navegable hasta *Ilipla* (Niebla), y el Odiel, principal arteria de drenaje de los metales de Riotinto (Leal, 2005).

Más allá de las desembocaduras de los ríos navegables se desplegó el tráfico marítimo, en gran parte de un modo complementario al que se desarrolló en los cursos fluviales. Tradicionalmente, éste se había desarrollado en las costas del sur de la Península canalizado esencialmente por la acción de los comerciantes del Mediterráeno oriental que ya desde hacía siglos frecuentaban el litoral meridional. Esta navegación trascendió las rutas mediterráneas atravesando el Estrecho de Gibraltar para adentrarse en el Atlántico, siempre navegando en función de las corrientes marinas y los vientos; y lo fue tanto hacia el norte, bordeando las costas portuguesas —puede que sobre la vía con el noroeste peninsular que el mundo indígena del Bajo Guadalquivir había establecido durante el Bronce Final—, como hacia el sur por la vertiente atlántica africana hasta Mogador. No en vano, la navegación del extremo occidental periférico del mar interior será enseñoreada durante siglos por *Gadir* apoyado en el control que ejercía sobre el paso del Estrecho para instituirse en la puerta a uno de los territorios de Occidente más ricos en minerales (Alvar, 1981: 76-82; Aubet, 1994: 163-172).

Más tarde, este tráfico, de cabotaje o de ruta directa de altura, puso en contacto a los núcleos costeros unos con otros, pero también a la región y sus grandes puertos, Cádiz y Málaga, con la propia *Urbs* siguiendo itinerarios marítimos que, sin excesivas dificultadas, cruzaban primero el Estrecho, si procedían de Cádiz, y después se adentraban en el Mediterráneo haciendo escala ocasional en las islas que jalonan las distintas rutas (Baleares y Cerdeña) hasta llegar por el sur a *Puteoli* en Campania, o por el norte a *Ostia*, y también más tarde al Puerto de Claudio para luego adentrarse en el Tíber y remontar los 35 km que separan la costa de la capital (Chic, 1981).

Con la expansión territorial y la consecución de la política atlántica a partir del inicio de la presencia estable romana en *Britannia* y la ocupación definitiva de las provincias del norte de África, se habilitaron nuevas rutas para abastecer unos territorios cada vez más alejados del Mediterráneo y a los que había que hacer llegar suministros al ejército. Parcialmente sobre las rutas que desde hace tiempo llevaban el oro del noroeste peninsular a *Gades*, la ruta atlántica favoreció enormemente la economía de la Bética, en tanto que alternativa a la comunicación que con las islas británicas tenía lugar por las caudalosas arterias fluviales de las provincias galas, en todo caso más costosas (Peacock, 1978: 49; Green, 1986: figs. 14a y 14b). Franqueando puertos como *Ossonoba*, *Olisipo*, *Portus Cale*, *Brigantium* o *Burdigala*, alcanzaba las costas del sur de *Britannia*, por el actual condado de Cornwall, y la región en torno a la desembocadura del Támesis, adonde confluían las rutas continentales (Ródano, Saona, Rin); desde allí, ahora en tráfico fluvial, las mercancías alcanzarían *Londinium* (Millán, 1998: 217-224).

De especial interés nos resultan las conexiones comerciales con el norte de África, más si tenemos en cuenta que la mayor difusión extrapeninsular de las sigillatas de Los Villares de Andújar tuvo lugar por las ciudades tingitanas para concentrarse, especialmente, en los núcleos costeros, pero también interiores, de la vertiente atlántica de la región magrebí (Boube, 1965; Sotomayor, 1972). Algo que no es de extrañar si aceptamos que gran parte de los movimientos comerciales en la Bética altoimperial se proyectaba con fuerza hacia el otro lado del Estrecho, como demuestra la circulación de moneda —recordemos, vehículo de las transacciones— procedente de cecas hispanas en suelo africano (Gozalbes, 1994). El menor volumen de numerario norteafricano en suelo hispano (Gozalbes, 2000a) dibuja una dinámica de intercambios en la que los comerciantes hispanos parecen haber asumido mayoritariamente las inversiones y el riesgo de la actividad comercial (Gozalbes, 2000b: 256-257).

Por proximidad, no fueron una sino varias las rutas entre la Bética y la *Mauretania Tingitana* que fueron insistente utilizadas por comerciantes experimentados que frecuentaban las costas del norte de África desde hacía siglos. Así, el intercambio comercial con esta zona del Imperio tuvo lugar a partir de diversos puntos en la costa meridional de la Península hacia ambos lados de las columnas de Hércules. Desde *Gades*, *Baessipo*, *Baelo*, *Carteia*, *Traducta* y *Malaca*, como puertos más significativos, se produjo un intenso tráfico de bienes en el que Cádiz y su área de influencia capitalizaron los intercambios de la vertiente atlántica y Málaga aquellos de la mediterránea (Gozalbes, 2000c). En todo caso, la conexión marítima se realizaba de uno u otro modo dependiendo de las necesidades concretas de unas travesías que se efectuaban siguiendo tres trayectos distintos: una ruta atlántica que tras alcanzar el Cabo Trafalgar, procedente de *Gades*, se dirigía hacia los puertos del litoral atlántico africano, desde *Tingi* a *Sala* pasando por *Lixus*; el segundo camino correspondía al de las costas del *fretum Herculeum* (Estrecho de Gibraltar), a través del cual la comunicación era especialmente fluída entre Belo —lugar preeminente que ocupaba *Carteia* hasta época augustea— y *Tingi*, una ruta que se consolida tras la incorporación definitiva de las *Mauretaniae* al Imperio en época de Claudio; por último, desde la costa mediterránea de la Bética más alejada de la africana, el viaje podía prolongarse algo más, entre uno y dos días, y principalmente desde *Malaca*, puerto que también recibió la visita frecuente de comerciantes de la zona de Melilla y Orán (Gozalbes, 2000b: 261-263).

De todas formas, como nos dice Plinio (*N.H.* V, 2), parece que la cabeza de puente y punto de cruce de mayor trasiego de pasajeros y mercancías se situó en el enlace *Baelo-Tingi* por *Mellaria*, a pesar de las carencias de la primera en las comunicaciones con el interior (Gozalbes, 2000c; Alonso y García, 2003: 194-196). Algo comprensible si tenemos en cuenta que se trata de uno de los puntos en los que, por cercanía, la comunicación podía mantenerse durante todo el año por encima de los inconvenientes a la navegación propios de los meses de mayor riesgo para las travesías, cuando el mar permanecía cerrado al tráfico marítimo (*mare clausum*) (Gozalbes, 2000b: 260).

III.3.2.2.3. Política viaria en la Bética altoimperial

Con el propósito ya señalado de garantizar el abastecimiento del Estado y la población, potenciar el comercio y dotar a la administración de una red de comunicaciones eficiente, Augusto primero reorganiza y luego asume la magistratura de la *cura viarum* en 20 a.C. (Dión Cas. LIV, 8). Toda una declaración de intenciones.

Es probable que Octaviano, como en los planes de urbanización, hubiese perseguido la materialización de un programa viario de actuación sobre los ejes de la región, ideado ya por César e iniciado ya a fines de la República, y puede que interviniendo en parte sobre trabajos emprendidos en época bárquida (Sillières, 1990: 579). En virtud a esta curatela el *Princeps* invirtió una buena cantidad de esfuerzos en la construcción y reparación las *viae publicae* competencia del Estado y a las que se refieren los miliarios. Para las entidades locales quedaba el mantenimiento de la red de *publica itinera* (Ulpiano, *Digesto* XLIII, 7, 3 y XLIII, 8, 22). Así, la vía *a Baete et Iano Augusto ad Oceanum* (Sillières, 1990: 56, nota n. 62), que más tarde recibe el adjetivo de *viam militarem* (Sillières, 1981) junto al nombre de *via Augusta*[53], se establece en primer camino de la Bética a tenor de la actividad edilicia que bajo Augusto, en torno a 2 a.C. experimenta la vieja pista como atestiguan los once miliarios conocidos para esta provincia, casi todos en los alrededores de Córdoba y en el tramo que la unía con Écija (Solana y Sagredo, 2008: 31) con el objeto de mejorar las condiciones de viaje (Sillières, 1990: 584). Gracias, entre otras fuentes al itinerario que recogen los vasos de Vicarello[54], sabemos que para entonces el trazado de la vía entre la capital provincial y Cástulo había abandonado su discurrir por *Obulco*, para correr paralelo al río, y atravesar *Epora* (Montoro) (Sillières, 1990: 582; Melchor, 1994b). Los trabajos, que se habían centrado, entre 8 y 7 a.C. (Solana y Sagredo, 2008: 32), en el extremo sur de la Citerior, en el tramo que une el *Saltus Castulonensis* con *Carthago Nova*, buscaban conectar esta capital a la Bética y habilitar un segundo acceso desde el Levante que garantizase la fluidez de las comunicaciones terrestres de la provincia senatorial con el resto del Imperio y puede que también la salida de los metales de Sierra Morena hacia el Mediterráneo (Sillières, 1990: 583-584). Según Melchor (1999: 258) al fundador del Imperio también debemos la integración de la ruta interior *Castulo-Malaca* y la fijación, adecuación y señalización del camino *Corduba-Malaca*.

Con Tiberio, quien, como ya se ha dicho, debió completar los trabajos inacabados durante el reinado de su predecesor, la actividad edilicia continuó siendo intensa, tanto en la Bética como en las vías que conectaban el Levante por la vía que conduce desde Cástulo a *Saetabis*, y el área de Cartagena con el Alto Guadalquivir y la Meseta. En nuestra provincia las acciones, fechadas entre 35-36 d.C. (Solana y Sagredo, 2008: 52), se condensan en los mismos tramos en el entorno de Córdoba; en consecuencia, se tratará de las primeras labores de refacción y mantenimiento después de cuatro décadas (Sillières, 1990: 586).

A pesar de que la sensación general es de que desde entonces hasta época flavia la actividad decae (ibíd., 588), a Calígula pertenecen tres testimonios en la provincia fechados en 39 d.C. (Solana y Sagredo, 2008: 68) de nuevo sobre la *via Augusta* en el tramo *Alio itinere a Corduba Castulone* entre la capital cordobesa y Cazlona (Cástulo), y en el camino entre la misma e *Hispalis*. Poco después, durante el reinado de Claudio especialmente, entre los años 43-45, se detecta una evidente concentración de trabajos en torno al límite provincial alrededor de las ciudades de *Iliturgi* y Cástulo (Sillières, 1990: 588), sin contar un par de ellos junto a la capital y otro en uno de los caminos que conducía a las costas del Mediterráneo a través de *Ostippo* desde *Hispalis* (Solana y Sagredo, 2008: 72). Es también el primer emperador del que tenemos constancia que actúa sobre la antiguo camino ibérico por *Obulco*, de lo que se colige que, evidentemente, seguía en uso dando servicio a los desplazamientos hacia *Corduba* y a la ruta que conducía desde la capital de los oretanos hasta *Malaca* desde los importantes núcleos de las campiñas de Jaén y Córdoba (Melchor, 1994b). Hay quien atribuye estas reparaciones, en un territorio eminentemente cerealista, a la preocupación que atenazó al emperador Claudio por el aprovisionamiento de grano para la *Urbs* (Leal, 2005: 238), aunque no sería de extrañar que se tratara de una actuación más o menos rutinaria de mantenimiento y adecuación tras tantos años sin captar la atención de la administración estatal. Pero será entre 55 y 57 d.C. cuando, bajo Nerón, las obras se focalicen en el tramo medio de la vía, entre Cástulo y *Corduba* (Solana y Sagredo, 2008: 85). Las decisiones en materia de política viaria de los dos últimos emperadores de la dinastía Julio-Claudia podrían dejar entrever un programa edilicio que comprendió entre sus objetivos el fomento de las comunicaciones terrestres en el Alto Guadalquivir.

Con la dinastía Flavia sobreviene un periodo de casi total ausencia de labores de mantenimiento en esta parte de la *via militaris*; con Vespasiano, en particular, los recortes se extienden a toda a red de comunicaciones en Hispania (Solana y Sagredo, 2008: 100 y 129) como consecuencia,

[53] "Augusta" y "militar" son adjetivos que aparecen por primera vez con los emperadores flavios; el primero, según propone E. Melchor (1992: 126), respondería a la voluntad de los gobernantes flavios, sobre todo Domiciano, de "recordar los grandes hitos constructivos de la vía y relacionarlos con la gran reparación general que ellos efectuaron"; para el mismo investigador *militarem* pudo hacer alusión "a los orígenes del camino, ligados primero a las legiones, como vía militar, y posteriormente al emperador Augusto, como vía pública". Al respecto, Sillières (1990: 789-790) concluye que el sentido de la expresión "vía militar" viene impuesto por su capacidad particular como instrumento político esencial —uniendo capitales y desembocando en el mar como indicaba Ulpiano (*Digesto* XLIII, 8, 2)— para el mantenimiento de un poder, el de Roma, fundado a su vez sobre el mando militar que ostentaba el emperador (*imperium*); sobre estas *viae militares* también se derramaban los servicios de correspondencia oficiales, el *cursus publicus* que garantizaban el buen gobierno y la supervivencia del Imperio. No se puede descartar que la presencia concurrente en este itinerario de los militares normalmente encargados de los despachos oficiales pueda haber justificado asimismo tal denominación.

[54] Sobre el *itinerarium a Gadibus Romam*, grabado sobre las paredes exteriores de los cuatro vasos de plata, véase el trabajo de E. Desjardins (1885); más reciente, sobre las circunstancias y el contexto del hallazgo versa el interesante artículo de L. Gasperini (2008).

quizás, de los programas de austeridad económica que tanto fueron del gusto de éste para superar las dificultades en el Tesoro y el Fisco (Suetonio, *Vesp.* 16 y 17) y que afectaron a la proyección de nuevas obras públicas. Una ligera reactivación de los trabajos en las vías públicas parece registrase durante el corto reinado de Tito quien, por otra parte, condensa la mayor parte de las labores fuera de los límites de la Bética (Solana y Sagredo, 2008: 105). La tendencia se revierte gracias a Domiciano quien, como los primeros emperadores limita su actuación en la provincia senatorial a las comunicaciones de *Corduba* con *Astigi* en hacia el año 90 d.C. como ya hiciese su progenitor. Por el contrario, y pesar de la escasez relativa de documentos para el período, para P. Sillières (1990: 589) los gobernantes de esta dinastía pusieron en marcha un importante plan de refacción de la vía que soportaba el funcionamiento del *cursus publicus*.

Por todas las razones que hemos visto en puntos anteriores sobre los costes relativos del transporte de bienes, Augusto, paralelamente a las tareas en la red de caminos, puso los mayores medios a disposición de las obras de acondicionamiento de los principales ríos. Y lo hizo con la construcción de numerosos diques y puertos fluviales, siempre con el fin de activar un flujo regular de mercancías que implicase tanto a productos vitales para el sostenimiento de las instituciones estatales y del sistema evergético ciudadano, como al comercio privado impersonal con tintes de mercado que florecía al amparo de los anteriores.

Esta adecuación comprometía además la construcción de puentes fijos o cualquier otro tipo de infraestructura para cruzar el río y que dificultase el paso de embarcaciones en los tramos navegables. En el curso del Guadalquivir, por ejemplo, remontando el río el primer puente antiguo que encontraremos será el de Córdoba; más abajo, por tanto, se emplearon sistemas de paso sobre barca o los servicios de paso ofrecidos por los *portonarii*. Las de fijación de los cursos de los ríos —también a su paso por las ciudades (Filóstrato, *Vit. Apoll.* V, 6)— con terraplenes y *aggeres*[55] para evitar que los cauces se dispersasen en prejuicio de la profundidad, o la regulación de los caudales mediante diques trasversales o *portus*[56] a través de los cuales también debieron transitar las mercancías, ayudaron a hacerlos accesibles a la navegación con algún tipo de embarcación (Chic, 1997: 67; 2003). Es probable que en estos quehaceres —como en los trabajos de acondicionamiento de la *via Augusta*— se emplease, además de a otros operarios civiles, a cuerpos de ingenieros militares y soldados veteranos de los ejércitos a la espera de asignaciones de tierras (Chic, 1997: 69-70), como ocurrió en Egipto con los barros de los canales del Nilo (Suetonio, *Aug.* XVIII, 2).

De forma complementaria, la legislación[57] que acompaña a la preocupación por mantener en el mejor estado las riberas y los cauces establecía, entre otras normas, las responsabilidades de los núcleos urbanos para con el cuidado de las corrientes de agua interiores. Las disposiciones obligarán asimismo a los propietarios de las fincas colindantes de las vías de navegación de interior, al pago de contribuciones a la caja municipal con las que acometer en parte las acciones dispuestas por los códigos legislativos. Tal como afirma G. Chic (1997: 71) todas estas tareas de mantenimiento habrían sido supervisadas por funcionarios situados más arriba en la escala de la administración, puede que a nivel provincial encarnado en una procuratela *ad ripam Baetis*, perfectamente constatada pero para el siglo II d.C. (Abad, 1975: 86; Ojeda, 1995). Esta vigilancia, que imponía restricciones y gravámenes a los propietarios ribereños en beneficio del interés colectivo, no eran más que consecuencia del derecho de libre circulación reconocido y protegido por el Derecho romano y que implicaba, en consecuencia, la consideración de públicos para los cursos navegables; evidentemente, su disfrute también debía de ejercerse de acuerdo a las disposiciones del *usus publicum riparum* (carga y descarga, amarre de botes...) (Tomás, 2001: 361-363), aunque es posible que el cumplimiento de los usos y la ejecución material de algunos aspectos como la regulación del tráfico quedase en manos de las corporaciones de transportistas y comerciantes (Rickman, 1991: 113). Al margen permanecerán otros cursos no navegables que, como tales, serán considerados privados y a los que no afectará el conjunto de esas medidas legislativas con las que, en definitiva, sólo se pretendía asegurar el funcionamiento correcto del río y la consecución de los intereses estatales que por él "circulaban".

III.4. El municipio *Isturgi Triumphale*

Queda ahora analizar la relación concreta que existió entre el asentamiento de Los Villares de Andújar y su territorio, con cada uno de los factores geográficos que hemos venido exponiendo hasta el momento. Como no podía ser de otro modo, éstos vendrán configurándose desde 27 a.C. con la puesta en marcha de las políticas de reforma augusteas que tanto afectaron al paisaje político, económico y administrativo de la nueva *provincia Baetica*. Las políticas del resto de emperadores julio-claudios, sucesores de Augusto, abundan en la misma idea de actuación pero será bajo el mandato de Claudio cuando, a nuestro entender, tendrá lugar el principio del fin —ya en época flavia— del largo proceso de implantación territorial del Estado romano en el sur de la P. Ibérica, el cual trajo consigo el desarrollo de la red de comunicaciones, de la producción, del comercio y de la vida urbana, hasta culminar en la transformación definitiva del territorio y de las estructuras sociales y políticas heredados del período Ibérico Final.

[55] Al modo que nos transmite Plinio el Viejo (*N.H.* XXXV, 48, 169).

[56] En la acepción que maneja G. Bonsor (1989: 93-94) y sobre el que tan brillantemente argumenta G. Chic (1997: 68, nota n. 223).

[57] Efectivamente, como recoge Chic (1990) son numerosos las sentencias de los jurisconsultos clásicos, sobre todo de Ulpiano, recogidas en el *Digesto* que afectaban a la navegación fluvial; otros documentos útiles son también las constituciones municipales de época flavia como la *lex Irnitana* (caps. 82 y 83).

III.4.1. La comercialización de las cerámicas isturgitanas

En una acción combinada, primero la red de caminos y, aún más importante, una vía navegable para la comercialización a distancias más amplias —aunque sólo fuese río abajo—, se unen a las facilidades que el medio ofrecía para el aprovisionamiento de materias primas (*vid.* Cap. II). Es necesario delimitar con claridad en qué términos pudo establecerse la capacidad de articularse y de incidir de éstas en el surgimiento de una actividad en cuyo origen quizás debamos buscar un indudable ejercicio de planificación, y estudio de la viabilidad, en la explotación de los recursos y las posibilidades de éxito comercial.

III.4.1.1. Transporte terrestre

En efecto, ya hemos apuntado el papel desempeñado por las redes terrestres en la distribución de bienes como las vajillas cerámicas, para llegar a dos conclusiones claras: primero que tal transporte resultaba caro para este tipo de mercancías de escaso valor añadido, transporte en el que los gastos de desplazamiento a largas distancias empequeñecerían excesivamente los márgenes de cualquier lucro por mínimo que este fuese; en segundo lugar, y en parte consecuencia de la anterior, el desplazamiento por tierra resultará especialmente limitado en términos de distancias, si bien será igualmente empleado en la distribución de los artículos en aquellas regiones del interior donde no existan alternativas. Vías de comunicación menos costosas conectadas a centros urbanos a través de los cuales redistribuir —o talleres locales de los que surtirse de cerámicas y servicios de mesa— harían entonces más atractivo al comerciante modesto la venta y distribución de unos bienes a los que entonces puede acceder en una relación de precios más ventajosa.

Así, en el engranaje de los mecanismos y medios de distribución de las cerámicas isturgitanas sea a nivel local, regional o provincial, los caminos van a cobrar aunque no exclusiva, sí especial relevancia en las etapas finales de la comercialización de los artículos al destinatario último. No obstante, el empleo de estas vías con tal fin debió, además, depender de otras variables como las que en el caso de los cursos navegables de agua fueron contempladas para matizar los costos en los desplazamientos río arriba y diferenciarlos de los que se producían río abajo. Por tanto, el trazado de las vías más o menos abrupto y el estado de conservación de las mismas podía determinar un déficit de abastecimiento de algunos productos de no muy alto valor para ciertas áreas.

En el caso de Los Villares de Andújar, el lugar de estas vías debe situarse en el aprovisionamiento del propio territorio y de los centros urbanos más próximos a través de los cuales, a su vez, proveer a ferias y mercados locales. En territorios más alejados la dinámica se repite aunque esta vez canalizados hasta los grandes centros de redistribución provinciales como *Corduba* o *Hispalis* por el río y las posibilidades de navegación río abajo que éste pudo ofrecer. Gran parte del tráfico de cerámicas generado iría escalando por estos centros que también lo eran de comunicaciones nodales por tierra, interconectados por la *via Augusta* en el caso de las capitales provinciales, o por otras arterias no de menor importancia que discurrían por los suaves perfiles de las campiñas del medio y bajo valle del Guadalquivir para conectar unos con otros a diversos núcleos jerárquicos. Otra gran porción de esa producción puede que acabase directamente en los puertos marítimo-fluviales de los que partían rutas extraprovinciales, sobre las que más adelante volveremos.

Que la dinámica de los intercambios que implicaban a las cerámicas finas de Los Villares de Andújar debió ser como planteamos sobre la base del esquema expuesto más arriba, se desprende igualmente de las valoraciones realizadas por E. Melchor (1999: 261, 263-264) acerca de los flujos del comercio que desde la depresión del Guadalquivir se vertían hacia las campiñas centrales de la actual Andalucía. En este caso, la vía que unía *Castulo y Obulco* —antigua vía ibérica— con *Malaca* fue la preferida por los comerciantes como opción de transporte menos costosa para la distribución de todo tipo de bienes, incluidas las vajillas de los talleres de *Isturgi,* en especial a lo largo del tramo comprendido entre el Alto Guadalquivir y las campiñas cordobesa y jiennense al sur del río. De este modo, como ya hemos señalado unas líneas más arriba, los mercados de los populosos y florecientes núcleos de otras zonas alejadas de ríos y mares navegables se garantizaban el suministro de estos artículos desde los centros de redistribución y de producción; asentamietos como *Obulco*, *Iponoba* (Cerro del Minguillar, Baena), Torreparedones o *Igabrum* (Cabra) no debieron experimentar significativas dificultades para acceder con cierta regularidad a los vasos producidos en Andújar[58], tanto distribuidos de manera directa desde los mismos talleres como redistribuidos a partir de las grandes aglomeraciones urbanas a las orillas del Guadalquivir. En términos de distancias, el propio Melchor (ibíd., 264) establece en el umbral de las 50 ó 60 millas romanas de esa circulación por vía terrestre el límite de lo que hoy denominaríamos rentabilidad a los ojos del comerciante o del vendedor ambulante que recorre los mercados y ferias locales. La cifra, desde nuestro punto de vista, pueda ser orientativa en regiones donde los condicionantes geográficos y las posibilidades del transporte de bienes se aproximasen por similitud a las existentes por entonces en la Bética. Hacia el sur, más allá del tramo medio y bajo del Genil o de las primeras elevaciones de los sistemas béticos que dificultan el paso hasta las depresiones intrabéticas, la distribución de los productos de Los Villares se hará con toda seguridad de forma intermitente y puntual.

[58] Son cada vez más abundantes los datos acumulados para una valoración conjunta de la dispersión de las cerámicas finas de Los Villares de Andújar pero creemos que no es el lugar para desarrollar amplios listados de localizaciones de todo el extremo sur de la Península con hallazgos de estas. Podemos remitir, en cambio y de un modo testimonial, a los primeros análisis acerca de la presencia y difusión peninsular de la producción de Andújar elaborados a inicios de los ochenta por E. Serrano Ramos (1980; 1983a y b), realizados tras la monografía de M. Roca (1976).

No obstante, esos valores, que parecen un buen punto de partida para calibrar la difusión de las cerámicas de Andújar, sin duda podían incrementarse hasta, en un suministro regular, las 70 ú 80 millas, de nuevo en lugares más al interior de la Península donde los agentes de la distribución, a pesar de disponer de viarios en las mejores condiciones, no pudieran acceder a otras opciones de transporte menos onerosas. No sería de extrañar que en estos lugares, y por carencias en los mecanismos de abastecimiento, los artículos sufrieran de ajustes en su valor para hacer al vendedor, al emprendedor o a los propios *officinatores*, más atractiva la venta de aquéllos, aún a distancias elevadas y por tierra; o puede que sencillamente se aceptase un menor margen de beneficio por parte del comerciante. Sintomático de esta situación es el abastecimiento a las ciudades del sector meridional de la Meseta al norte de Cástulo (Campo de Montiel y Campo de Calatrava): Oretum (Granátula de Calatrava), Mentesa Oretana (Villanueva de la Fuente) (Zarzalejos, 2003), Libisosa (Lezuza) o el más elocuente de Sisapo[59] (Zarzalejos, Arévalo y Fernández Ochoa, 1999); y también a centros del Sureste y Levante: actual comarca almeriense de Los Vélez (Fernández García y Guerrero, 1994), Ilici (Alcudia de Elche) y La Serreta de Alcoy (Poveda, 1999; 2005). Entendemos que en esta dispersión de elementos vasculares, la *vía Augusta*, el ramal *Castulo-Carthago Nova* —por el Guadiana Menor— y las calzadas que conducían de Cástulo a la citadas *Sisapo*[60] y *Oretum* ocupan un lugar protagonista, asistidas por la red de *viae vicinales* que, desde poblaciones como *Isturgi* y *Cantigi*, conducían a través de las sierras hasta los numerosos focos mineros de Sierra Morena oriental (Los Escoriales, El Centenillo, Salas de Galiarda, Diógenes...).

No en vano, y a pesar de no figurar en ninguno de los itinerarios viales conocidos de la Antigüedad, somos firmes en el convencimiento de que *Isturgi* disfrutó de una posición privilegiada con respecto a la red de comunicaciones, más de lo que en un principio pudiera suponerse. En una región de paso entre las mesetas del interior de la Península y sobre todo entre el Medio-Bajo *Baetis* y el Levante peninsular, las medidas que contemplaba la política viaria que *Augusto* puso en práctica por toda *Hispania* y que ya hemos podido repasar, constituyen el punto de inflexión sobre el que fraguar la relación de este enclave con esa red. Primero con la vía *a Baete et Iano Augusto ad Oceanum*; sobre ella, van a actuar permanentemente los emperadores de la dinastía Julio-Claudia desde que el fundador del Imperio hizo vascular la *via militaris* de su trazado por *Obulco* hasta el valle del río,

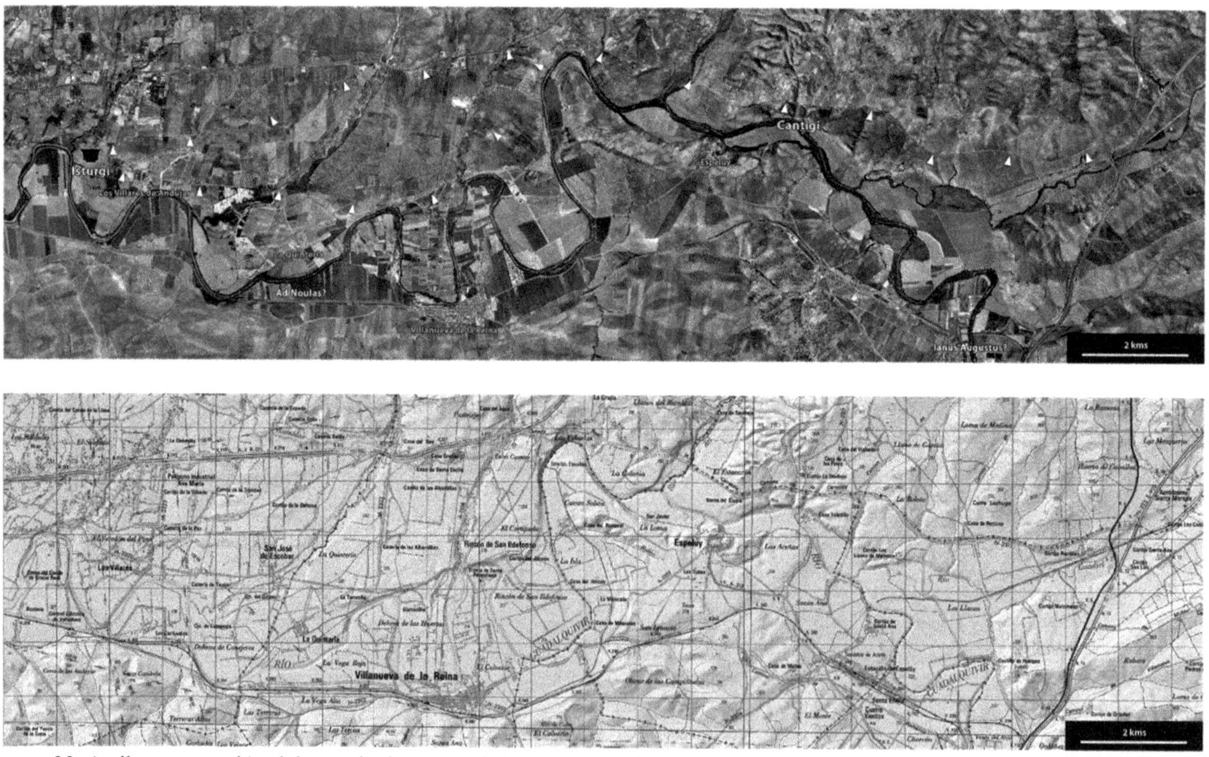

Figura 22. Arriba: proyección del trazado de una posible vía norte entre *Isturgi* y *Ad Aras* en el tramo que va del río Guadiel a Los Villares de Andújar en el sector oriental de la Vega de Andújar, sobre la ortofotografía del © Instituto Geográfico Nacional de España (2009); Abajo: extracto del mismo sector del Mapa Topográfico Nacional 1:50.000.

[59] Será especialmente durante época flavia cuando en esta última se registren porcentajes elevados de materiales originarios de talleres asentados en los suburbios de *Isturgi* (Zarzalejos, Arévalo y Fernández Ochoa, 1999).

[60] Tampoco se puede descartar que las cerámicas isturgitanas hubiesen llegado a *Sisapo* desde las orillas del Guadalquivir (*¿Epora* o *Corduba*?) por caminos secundarios que atravesarían la sierra por los pasos menos escarpados de Fuencaliente para, de ese modo, adentrarse en el Valle de Alcudia.

que ahora desde *Iliturgi* atravesaba el puente del Arco de Jano y discurría por la *mansio* situada en *Ad Noulas* —según M. Ponsich (1987: 100) y Corzo y Toscano (1992: 125) en el paraje de La Vega Baja, a 3 ó 4 km al oeste de Villanueva de la Reina— hasta Montoro para continuar paralelo al río en dirección Córdoba. Los Villares, a la que hasta entonces la separaban del antiguo camino varias decenas de kilómetros queda ahora emplazada a escasos centenares de metros del nuevo trazado; aunque eso sí, al otro lado del río sobre la ribera norte, lo que explicaría parcialmente el hecho de no figurar en las relaciones antiguas de caminos del *Itinerario de Antonino* o de los Vasos de Vicarello. Su localización al otro lado del río, enfrente del trazado principal no supuso en ningún caso un impedimento para las comunicaciones inmediatas. Debió existir en todo caso un ramal sobre un trazado más antiguo que conectase las tierras de la Vega de Andújar y el piedemonte de Sierra Morena con la arteria que discurría en la ribera sur, y que entre otras funciones haría las veces de enlace de los caminos mineros —como el Camino Antiguo de la Plata (Sillières, 1990: 220-221, 516-518)— de esta parte de la Sierra con el Valle del Guadalquivir. Sobre la existencia de un ramal es la opinión de J. Mª Almendral (2002), aunque a diferencia de él[61] —quien acepta la autoría romana de puentes como el del Rumblar, a todas luces modernos— pensamos que el trazado original de la vía en la ribera sur del río que describe Sillières (1990: 300-303) nunca cayó en desuso, como demuestra el Anónimo de Rávena (vía Rav. 315). Del mismo modo, tampoco creemos que de existir dicha bifurcación del viario el desvío principal se encontrase junto al citado Arco de Jano Augusto, junto a las ruinas del Castillo de Huelgas sino más bien en algún punto al norte de Cástulo, quizás en *Ad Aras* y en dirección este-oeste, puede que atravesando las vías que la enlazaban con *Sisapo* y *Oretum*, corriendo más adelante al norte de Jabalquinto, paralelo al río Guadiel; sea como sea, el trazado (fig. 22) se presenta más claro a partir del punto donde es posible vadear el Guadiel a la altura del Aeródromo Sierra Morena, donde también corta la N-323; ahí enlaza con la JV-2311 durante sólo unos metros para continuar por el recorrido de la Cañada Real de la Carretilla[62] que en todo su discurrir irá recibiendo numerosos caminos procedentes de la Sierra. Casualmente o no, corre a los pies del *oppidum* de Sevilleja (*Cantigi*), frente a Espelúy, franquea algo más adelante el río Rumblar en el conocido como Vado de Linares para después continuar y confluir con la N-IV entre los kilómetros 310 y 309, a los pies del Cerro Cantero tras rebasar las casas Cuatro Vientos y de Huesa; a continuación el camino abandonaría el trazado de la actual N-IV en el encuentro con el Arroyo Escobar, punto en el que desemboca el Camino de los Baños de Fuente de la Encina; este camino gira en sentido suroeste en un descenso suave hasta las terrazas de cultivo de la Vega y alcanzaría Los Villares de Andújar en su límite norte. En realidad, el itinerario descrito permanecerá en uso como la vía principal que unirá durante siglos Linares —y el Levante y Toledo— con Andújar, primero por la mencionada Cañada Real de la Carretilla o Vereda Real y después, superada la Casa del Rey junto al Arroyo Escobar, por el Camino de los Baños de Fuente de la Encina; tras superar como hemos dicho Los Villares y atravesar el Arroyo Martín Gordo, continuaría junto al río hasta alcanzar Andújar por el Arco de Capuchinos o Puerta de Carlos III o de Madrid. Por esta ruta, muy transitada, circularán personajes ilustres durante los ss. XVI y XVII como el rey Felipe IV en su viaje a Andalucía del año 1624, cuando tras salir de Linares hace noche en Andújar, habiendo almorzado en la Casa del Rey (López Ruiz, 1984: 95). También Santa Teresa (Corchado, 1981: 149-150) cuando se dirige a Sevilla tomará este camino, aunque no teniendo necesidad de escalar en Andújar cruzará el río Guadalquivir por la venta del Toledillo (Cerro de Plaza de Armas de Sevilleja) —la *venta del Tolladillo* situada entre *Almares* (Linares) y *Anduxar* en el repertorio de caminos de Juan Villuga del siglo XVI (1951)— o bien por la del Duque, hasta Espelúy y proseguir su ruta al sur del "río Grande" (río Guadalquivir) por la vía Augusta. La situación cambia con el replanteamiento que el ingeniero militar de origen francés Carlos Lemaur proyecta de la carretera Madrid-Sevilla durante el último cuarto del siglo XVIII (Capel, 1983: 258-261), cuyo trazado se desplaza hacia los por entonces recién fundados núcleos de repoblación —La Carolina y Guarromán— o Bailén (Cabanés, 1830: Apéndice n. 2, 103-104). A este respecto, es extraordinariamente preciso y valioso el estudio de M. Corchado (1963) el cual, no por ser más antiguo que otros citados hasta ahora, resulta menos impreciso en la cartografía y material fotográfico que aporta.

Un trazado alternativo al último tramo entre Cuatro Vientos e *Isturgi* parece adivinarse en la distribución espacial del poblamiento romano del sector oriental de la Vega de Andújar a partir de los datos elaborados por M. Ponsich (1987: 85-105, fig. 11); una pista que discurriría arrimada a los meandros del río por todo el borde de la llanura de inundación, en gran parte fosilizado en el recorrido de la carretera JA-2321. Esta vía, que desde Andújar en la actualidad atraviesa literalmente el yacimiento —y que el erudito A. Terrones Robres (1657: capítulo II, 5) denomina como "*el camino de Cordoua a Cazlona*"—, roza el pueblo de Los Villares y pasa al norte de la pedanía de la Quintería, llegaría hasta la confluencia actual con la A-1108 antes de girar al sur y cruzar el río junto a Santa Potenciana; desde ahí, entre el Arroyo de Plomeros y el Guadalquivir remontaría en sentido noreste por el denominado Camino del Cerro Cantero hasta encontrar, una vez rebasados el cerro del mismo nombre, Cuatro Vientos y la Huesa, de nuevo la Cañada Real de la Carretilla para continuar por el trazado ya descrito. No queremos pasar de largo sobre el hecho que denota la pervivencia de topónimos compuestos asociados a rutas terrestres en los que suelen aparecer términos como "vereda", "camino" o "cañada" nada infrecuentes en esta parte de Sierra Morena y del Alto Guadalquivir designando las antiguos itine-

[61] Así lo hace Almendral (2002: 61) retomando las apreciaciones de R. Corzo y M. Toscano (1992: 52) sobre la existencia de variantes del trazado original, y enlazando con los comentarios de A. Delgado que transmite A. Blázquez (1914) en un informe a cuento de una comunicación que el primero había remitido a la Real Academia de la Historia.

[62] Sin necesidad de remontar en dirección norte un desnivel de 100 m durante unos 6 km hasta alcanzar el puente del Rumblar, como plantea Almendral (2002: 61).

rarios por los cuales se desarrollaba el tráfico terrestre de personas y mercaderías, muchas ya desde época romana (Sillières, 1990: 222).

Es importante señalar que desde el inicio, sea uno u otro trazado, se desciende desde las cotas de alrededor de los 400 m hasta cerca de los 200 m, cota sobre la que se mantiene hasta alcanzar la actual Andújar que, situada en posición análoga a Andújar el Viejo en el marco del sistema de terrazas de esta parte de la depresión fluvial, no sería de extrañar que allí se hubiese localizado un pequeño asentamiento junto al lugar donde el camino que describimos atravesaba el río hasta su confluencia con el trazado principal de la *via Augusta* en el lugar en el cual la Vega cierra hacia la desembocadura del río Jándula.

No obstante, a día de hoy no existen datos constatados que nos permitan mantener esta última hipótesis, sobre todo si tenemos en cuenta las opiniones enfrentadas que desde hace años ha suscitado la presunta fábrica romana del Puente de Andújar[63] o la localización de un posible *vicus* de nombre *Andura* en sus inmediaciones. De ser cierto, y si queremos seguir transitando por los cenagosos territorios de la especulación, pronto surgen algunas preguntas; la primera es clara, ¿realmente un viario de carácter vecinal destinado a establecer la comunicación de algunos núcleos secundarios de la ribera norte del Guadalquivir admitiría la construcción tremendamente costosa de una estructura de esta magnitud? Sin duda existirían otras soluciones tan eficaces que requiriesen menores dispendios para vadear el río en un punto propicio para ello, lo que parece haber justificado por otro lado, su localización siglos después durante época medieval como uno de los puntos por donde atravesaba el camino que desde el Bajo Guadalquivir comunicaban con la Meseta y los reinos cristianos; entonces, los centros del poder se habían trasladado desde la ribera del Mediterráneo hacia Europa y el norte de la Península. Pero además, ¿este puente no hubiese supuesto un serio obstáculo para el tráfico fluvial de las embarcaciones que discurrían río abajo con los frutos de las principales actividades económicas de la región como son los metales y las cerámicas?

No es el lugar para extenderse sobre una controversia que a nuestro juicio y paradójicamente no se debería prestar a una excesiva discusión. Estamos con Corzo y Toscano (1992: 125) cuando, sintomáticamente y sin entrar a formar parte de la discusión, señalan claramente un aspecto medieval para la estructura a pesar de aceptar que ciertos rasgos pudieran indicar una hipotética factura romana; de haber sido así no parecen contemplar otra posibilidad distinta a su inserción en el trazado de una *vía Augusta* la cual, por contra, nunca discurrió por este punto como nos demuestran los distintos itinerarios. No se entendería de otra manera una inversión de tal calado como la que suponía la construcción de un puente tal que para su reconstrucción parcial a fines del siglo XV había implicado, primero la solicitud de autorización de las obras a los Reyes Católicos[64], y segundo el establecimiento durante varios años de obligaciones en trabajo y dinero de los habitantes de toda la jurisdicción[65]. No es fácil concebir, por tanto, la ejecución de una obra así en un camino vecinal de carácter rural, alejado de aglomeraciones urbanas y que no disfrutase del rango oficial de *via publica militaris* para que motivase la financiación total o parcial del Estado; algo necesario en todo caso si tenemos en cuenta que sólo los costes de reparación y construcción de puentes y viarios alcanzarían en muchos casos cantidades superiores a las que podían permitirse la mayoría de las evergesías locales —salvo excepciones como la del *Procurator Augusti* de la Bética *Q. Torius Culleo* en Cástulo y su aportación a la reparación de la vía que unía esta con *Sisapo* (Melchor, 1992: 134-135)— y, por tanto, por encima de las posibilidades económicas del municipio (Sillières, 1990: 700; Melchor, 1992: 135). Tampoco el argumento epigráfico resulta válido en tanto que se encuentra sustentado sobre la aparición de una inscripción cuyo soporte, según parece, se encontraba dispuesto en un muro de acompañamiento del puente[66]; se trataría sin duda del documento hoy desaparecido (CIL II, 2124) donde aparece mencionado el emperador Septimio Severo y cuyo hallazgo en octubre de 1635 en el despoblado de Andújar el Viejo es recogido originalmente por el erudito local M. Ximena Jurado (1639: 26). El mismo menciona su traslado a Andújar, donde queda depositada en la casa del Corregidor hasta su reaparición, ya fragmentado, en el puente de Andújar. Allí pudo haber llegado durante las reparaciones acaecidas a lo largo del siglo XVIII, bien como elemento de acarreo para su empleo como simple material de construcción, o bien emplazado como elemento decorativo en pleno ardor neoclasicista.

Sea como fuere, el paso del río pudo haberse producido por diversos puntos, por vados o a través de pontones y plataformas de madera no fijas. Otros de estos pudieron situarse en el vado de la Barca de Espelúy, o en las inmediaciones de la Ermita de Santa Potenciana en Villanueva de la Reina (Corzo y Toscano, 1992: 125; Almendral, 2002: 60), en el lugar en el que a inicios del siglo XX habían sido fotografiados los restos de un puente en ruinas[67]. De ahí, una vez en la ribera norte un nuevo camino

[63] A favor del carácter romano del puente se han manifestado muchos autores y estudiosos locales como C. Fernández Casado (1980), J. Cruz (1990: 105-106) o Almendral (1993), fundados sobre las opiniones de otros eruditos anteriores tales como P. Celestino (1878: 251), y con versiones extrañamente enfrentadas sobre su posible datación según sean valorados criterios arquitectónicos o epigráficos, lo cual no repercute en la solidez de los argumentos manejados. Con argumentos tan válidos o más se han expresado en contra Sillières (1990: 246-247), o J. Eslava y V. Córcoles (1980: 10 y 31) que lo asocian a la fortificación medieval y a su reconstrucción del siglo XIV.

[64] Archivo General de Simancas. Comisión firmada en la ciudad de Córdoba por los Reyes Católicos el 16 de agosto de 1491.

[65] Archivo General de Simancas. Resolución firmada por los Reyes Católicos en la villa de Madrid con fecha de 11 de octubre de 1494.

[66] Testimonio recogido en una memoria de intervención en el puente fechada en 1875 y firmada por J. González Molada (Almendral, 2002: 61).

[67] En una de la las Memorias de la Junta Superior de Excavaciones y Antigüedades, en su volumen 59, también llamado de Lituergo (Blázquez y Delgado y Blázquez Jiménez, 1923). Hoy día probablemente queden conservados restos de ese puente, concretamente de uno de los estribos el, Batán de la romería de Santa Potenciana, en el paraje del Batanejo junto a la ermita de aquella. No creemos, sin embargo, que se pueda tratar de una obra de origen romano.

podría haberse dirigido corriendo paralelo a la *via Augusta* hacia *Isturgi* por el este, sobre el actual trazado de la carretera JA-2321 que es, recordemos, la carretera de Andújar a Villanueva y que ya hemos propuesto como de origen romano.

En conjunto, todos estos posibles trazados deben corresponderse con los normales sistemas de comunicación de las ciudades de esta orilla, *viae vicinales* o *de publica itinera* realizadas sobre suelo público, construidas y mantenidas por los municipios, colonias, u otras entidades de gobiemo local (*Ad Aras-Isturgi*, *Isturgi*-Los Escoriales-Salas de Galiarda-*Sisapo*, *Isturgi-Ad Noulas*), y que al mismo tiempo enlazaban con otras vías públicas de gestión estatal (*via Augusta*, *Castulo-Obulco-Corduba*), con respecto a las cuales aquéllas servirían incluso como caminos de servicio alternativos en caso de problemas.

III.4.1.1.1. Trazas de caminos en el territorio

En el último tramo, el que corresponde al Camino de los Baños de Fuente de la Encina de la vía *Isturgi-Ad Aras* que venimos proponiendo, se detectan pequeñas labores para la disposición de pequeñas excavaciones en desmonte o tricheras (*passage en déblai*) rebajando el terreno en los puntos altos de paso, con el fin de atenuar cualquier desnivel ocasional que pudiera encontrar el camino, generalmente debidos a pequeños collados (fig. 23). Estos ya se conocen en la vía Cástulo-*Gades* a la altura de Espelúy (Sillières, 1990: pl. VII, 2).

Figura 23. El Camino de los Baños de Fuente de la Encina en la intersección con la JA-2323 a la altura del Polígono Ave María de Andújar. En este tramo puede apreciarse aún la estructura del paso en desmonte.

En el mismo tramo, y por acción de los agentes meteorológicos, en ocasiones afloran posibles restos de una calzada consistente en un firme compuesto de cantos y areniscas fragmentadas de tamaño medio; el carácter casual de estos hallazgos nos impide determinar con fiabilidad la función concreta de esta superficie en el conjunto de la sección y estructura de construcción de la vía a la que perteneció, pudiendo tratarse tanto una cimentación de asiento dispuesta sobre el terreno natural con materiales más gruesos de diferente naturaleza y procedencia para luego asentar encima otras tongadas de materiales de granulometría más fina, o la propia capa de rodadura, lo que es más improbable si tenemos en cuenta que habitualmente para esta última se recurría al empleo de materiales granulares de árido lo más fino posible.

Otras de las estructuras que podríamos relacionar con el posible camino romano es un muro de contención conservado a lo largo de 600 m, entre el Arroyo Martín Gordo y el cruce con carretera la JA-2323, justo al sur del Polígono Industrial Ave María. Zona en la que además, junto al talud del camino, las obras de urbanización del polígono han afectado parte de una necrópolis de inhumación; hecho este extraordinariamente sintomático si tenemos en cuenta la tradicional y estrecha relación existente entre las áreas necropolares de época romana y las vías de comunicación.

Por desgracia, a día de hoy, para la mayoría de estos elementos no disponemos de referencias arqueológicas que nos permitan afirmar su ascendencia romana de un modo inequívoco; algo que sería deseable si tenemos en cuenta el dilatado uso en el tiempo de alguno de estos trazados.

III.4.1.2. Transporte fluvial

La gran distribución de las vajillas producidas en los talleres isturgitanos se produjo, sin duda, a través del *flumen Baetis*, y aunque no queda claro desde el punto de vista físico y espacial en qué modo se articuló esta relación a nivel microespacial, desde los inicios de la investigación en los alfares de Los Villares de Andújar ya se apuntaba abiertamente hacia las capacidades añadidas que el río ofrecía para el buen funcionamiento comercial del asentamiento y de la distribución de sus productos (Roca, 1973: 103-104). Y esas posibilidades se sustentaban —como se sustentaba la economía de grandes regiones del Imperio— sobre las capacidades naturales que los grandes cursos de agua, continentales podían ofrecer a la navegación por interior.

Como ya hemos ido viendo, sobre la viabilidad de este transporte por el río Grande disponemos de notorias referencias legadas por las fuentes literarias antiguas, caracterizando al río y ofreciendo apreciaciones interesantes sobre sus características hidrológicas y topográficas. Sobre el resto, el testimonio de Estrabón (III, 2, 3) es el más sustancioso pues nos ha permitido establecer una jerarquía en las circunstancias de la navegación fluvial concretamente a lo largo de cuatro tramos bien diferenciados (Sillières, 1990: 705; Fornell, 1997: 130-131; Chic, 2003): el primero hasta *Hispalis*, que bien podía acoger en sus aguas a incluso a los grandes navíos de alta mar con amplios tonelajes (*naves onerariae*); de ahí a *Ilipa Magna* aún remontaba, por un cauce algo menos amplio, la influencia de las mareas favoreciendo el tráfico de embarcaciones, ya sí, fluviales pero de gran capacidad de carga (*naves caudicariae*), las mismas que hacían el recorrido entre Ostia y Roma por el Tíber; más arriba hasta alcanzar la capital provincial, *Corduba* —"incluso hasta algo más arriba" (Estr. III, 2, 3)—, cuando la influencia marina ha desaparecido por completo, *lintres* y *scaphae* ribereñas ejercían su hegemonía sobre el tráfico fluvial de esta parte del río y compensaban su menor flete con el mayor número y afluencia de estas.

Pero, como Sillières y otros (1990: 705; Fornell, 1997: 130) nos preguntamos, ¿y más allá? Para responder a ello ya no disponemos de las valiosas anotaciones del geógrafo griego cuya única apreciación en este sentido se presenta algo ambigua motivando, en consecuencia, la interpretación encontrada y opuesta de los historiadores modernos en torno, por una parte a los que apuestan por que "la región más arriba hasta Cástulo no es navegable" (Schulten, 1956: 95) y aquellos que defienden que "más arriba de *Kastoulon* el río deja ya de ser navegable" (García y Bellido, 1968: 72-77). No obstante, no podemos pasar por alto que el propio Estrabón señala que el curso se podía remontar hasta incluso algo más arriba de *Corduba*, aunque en ningún caso puede referirse a la amplia distancia que la separa de Cazlona. Efectivamente, el historiador y geógrafo especifica y realiza sus observaciones siempre desde la posición de la navegación que debe remontar el cauce regularmente; ¿qué ocurre con aquellas corrientes que permite transitar episódicamente por sus aguas o descender río abajo? Probablemente en la Antigüedad, las cualidades del río y de sus efectos beneficiosos para el desarrollo de un territorio solían calibrarse sobre la capacidad del mismo para albergar circulación en todas las épocas del año, es decir, de una forma regular y en ambos sentidos. Más o menos desinformados, estos autores suelen confluir en situar hacia el territorio de la antigua *Corduba* el inicio o el final del tramo navegable, es decir, en el que tiene lugar el desfile de embarcaciones en los dos sentidos durante cualquier época del año. En este sentido, cabe también la posibilidad de que Plinio (*N.H.* III, 1, 10) al mencionar que "...*Corduba colonia Patricia cognomine; inde primum nauigabili Baete*..." haya entonces ya malinterpretado las indicaciones y las informaciones que manejaba, entre ellas las del propio Estrabón, hasta ahora las más ricas y precisas de que disponemos. Otras comunicaciones escritas más recientes sobre la posibilidad del tráfico fluvial en el curso medio-alto del Guadalquivir son siempre escasas aunque conservamos aquella del compilador hispanomusulmán al-Himyarî[68] quien menciona a *ca.* 15 km de Porcuna, sobre el río Guadalquivir, una localidad vecina provista de muelle, lo cual sin embargo no indicaría un tráfico de embarcaciones regular, continuo y de grandes proporciones.

Visto lo visto, es evidente que la solución no la encontraremos sólo recurriendo a la filología; quizás se trate de realizar una lectura correcta tanto de las fuentes escritas como de las arqueológicas y las epigráficas, a las que unir ulteriormente observaciones de carácter hidrológico sobre el caudal del río, como indica el propio Sillières (1990: 706).

Así, la epigrafía podría resultar de gran utilidad a la hora de ofrecer una respuesta; en concreto, el documento de *Quintius Hispanus* obulconense el cual parece haber ostentado el cargo de procurador del *Baetis*. No dudamos del título de este cargo, sin embargo creemos que no es posible, al contrario de lo planteado por A. Fornell (1997: 133), inferir de la titulatura expuesta en esa inscripción el desempeño específico de esa competencia en la propia *Obulco*, ya que el *cursus honorum* de Quintio incorpora al mismo nivel otros cargos que sin duda no pudo haber desempeñado en esta ciudad, como el de ayudante del procónsul de la Galia Narbonense. ¿Fue, entonces, *procurator ripae Baetis* en *Hispalis* como lo será Sexto Julio en el siglo II d.C.? (Abad, 1975: 86; Ojeda, 1995) Lo cierto es que no lo sabemos, pero esta mención a Quintio tampoco acaba de ser del todo aclaratoria respecto al tema que nos interesa.

Pero veamos qué conclusiones pueden extraerse del análisis hidrológico incorporando datos sobre los caudales del río o la velocidad de las aguas, sobre todo en su curso medio y alto. Ya sabemos que en todos estos siglos desde que Estrabón dejase escritas sus notas sobre el *Baetis*, el río ha dejase de ser navegable de forma natural no más allá de Sevilla, o que disfrutamos de un clima distinto más seco, pero lo cierto es que, siguiendo a Chic (2003), ni ahora ni entonces hay que exagerar las capacidades del Guadalquivir con respecto a su caudal —150 m^3/s de media por año a partir de Peñaflor—, inferior siempre al resto de los otros grandes cursos peninsulares como el Ebro con 600 m^3/s, y en absoluto comparable con los 1200 m^3/s del Ródano en primavera.

Sillières (1990: 708-709), tras revisar los datos de las clásicas obras de V. Masachs (1948: 466-479) y J.-R. Vanney (1970: 92-93)[69] (tab. 2.2), concluye que en el tramo medio-alto del Guadalquivir sólo después de recibir los aportes del Guadalimar y el Guadalbullón en la estación de Mengíbar el río comienza a soportar un caudal medio anual apreciable, cercano a los 50 m^3/s justo

[68] Su diccionario geográfico *Kitab al-Rawd al-mitar*, sirve de base a E. Lévi-Provençal (1938) para su obra titulada *La Péninsule Ibérique au Moyen-Âge d'aprés le Kitab al- Rawd al-mitar*.

[69] Estos valores anuales de la primera mitad del siglo XX contrastan a la alza con las cifras que añadimos a continuación, claramente más modestas debido principalmente a que en aquellas, primero, no computan los módulos registrados durante algunas de las persistentes sequías de los últimos decenios y, segundo, porque no se ven alterados de la misma manera por la contención de los caudales y creciente regulación del río y de todos sus afluentes a lo largo de la segunda mitad del siglo. Al referirnos a la *Hispania* romana, es seguro que tanto unos como otros valores variasen ligeramente en el marco de un clima similar aunque decididamente más húmedo al que vivimos actualmente.

por encima de Los Villares de Andújar. Si bien la pérdida relativa de caudal en los más crudo del estiaje es similar en todos los tramos —70-75% de descenso de caudal con respecto al módulo anual[70]—, será en los altos donde más se hace sentir para la navegación un clima al que le acompaña un régimen de lluvias de tipo mediterráneo caracterizado por la alternancia de períodos secos y de lluvias. Así, los 15 m^3/s de media que registra el hidrómetro de Mengíbar en la primera mitad del siglo XX durante el mes de agosto, serían insuficientes para mantener la navegación durante bastantes meses al año, haciendo de esta un fenómeno episódico y de temporada si tenemos en cuenta que el propio Sillières (1990: 711), admitiendo la dificultad para hacerlo, sitúa el caudal mínimo umbral para la navegación fluvial entre los 40 y 60 m^3/s[71]. De este modo, se podría decir que en el sector donde se localiza *Isturgi,* el período entre octubre/noviembre y junio/julio constituiría el momento del año más propicio a este tipo de transporte con embarcaciones de ribera. Una idea que parece apoyada por la declaración de Terrones (1657: capítulo III, 10) acerca del empleo ocasional de barcas para el acarreo de materiales de construcción, en ese caso caídos al río a la altura del paraje de Andújar el Viejo, allá por el mes de octubre de 1635 (Ximena, 1639: 26). De este hecho se deduce además que por aquel sector del río algún tipo de navegación, aunque fuese de escaso calado, fue posible al menos hasta mediados del siglo XVII.

Desconocemos si en esta parte de curso alto del Guadalquivir, donde los caudales son escasos en muchos meses del año, la navegación fue asistida por diques y esclusas. Así parece que ocurrió en el Alto Tíber, una idea que para el *Baetis* había planteado inicialmente G. Bonsor (1931: 64-66) —y F. Didierdjan (1978: 13) para el Guadiamar—, hipótesis más tarde retomada por Chic (2003), y acerca de la cual Sillières (2000-2001: 437) se muestra abiertamente escéptico dado el desconocimiento que existe de estructuras antiguas con esta funcionalidad a lo largo del cauce del Guadalquivir, y el escaso, pero también erróneo tratamiento ofrecido a los restos susceptibles de tratarse de elementos para la regulación de los caudales, diques de molinos más que esclusas y represas antiguas. Para él, unas pocas semanas con las barcas amarradas no podían justificar el hacer frente a los enormes dispendios inherentes a la realización de importantes infraestructuras de regulación en el río que sobrepasaban en esfuerzo a las cotidianas labores de mantenimiento de las márgenes y los cauces. De todas formas, como apunta el investigador francés, lo esencial del tráfico, el del aceite, se desplegaba durante el invierno y la primavera coincidiendo con la época de aguas altas, por lo que, en principio no serían necesarias grandes obras de regulación de las aguas orillas para garantizar la navegación, más que el debido mantenimiento de canales de salida. Como decíamos antes, no opina lo mismo G. Chic (2003), para quien no hay duda sobre la existencia de "diques transversales y *puertos*[72] que retuvieron el agua en el álveo y disminuyeron la velocidad de la corriente". Sin embargo, en ningún momento sustenta su afirmación en referencias directas a este tipo de obras en el Guadalquivir durante época romana, ni desde el punto de vista de la Arqueología ni del de las fuentes escritas. Sí son directas las referencias a la localización de éstas a lo largo del curso del río durante el medievo e inicios de la época moderna cuando abundaban, sobre todo en todo el tramo medio, pesquerías en presas y aceñas donde se disponía, aunque no siempre, de pasos para las embarcaciones. Por no hablar del tratamiento ofrecido a los molinos, cuya presencia se constituye tanto para unos como para otros, en argumento favorable a sus exposiciones respectivas: Chic (2003) lo emplea como argumento indirecto para justificar la construcción de diques y presas en el cauce ya en época romana; y por contra, Fornell (1997: 137, 146), que maneja como primera referencia al propio Sillières (1990: 717-718), cree que en el curso alto el abundante establecimiento de molinos harineros hidráulicos, supuso un impedimento para cualquier tipo de tráfico en el río por su capacidad para favorecer la formación de bancos de arena, admitiendo el carácter de obstáculo de estas construcciones para la circulación de embarcaciones.

En la Vega, entre los municipios de Mengíbar y Marmolejo pasando por la propia Andújar, no faltan en el aparato toponímico de la zona las denominaciones que hacen referencia a molinos harineros y a las instalaciones anejas a estos: el paraje de Las Aceñas al este de Espelúy; el conocido Molino de las Aceñas, al principio de la carretera que lleva desde Andújar a Los Villares; o las Aceñas de Beltrán de Lituergo donde E. Flórez (1776: 368-376) situaba el hallazgo de algunas inscripciones que hacen mención tanto de la ciudad de *Iliturgi* como de la propia *Isturgi*; y es que, como nos transmite Terrones (1657: capítulo III, 10), era práctica habitual de "maestros de azudas" recorrer ruinas y parajes en busca de aparejos de construcción; éstos, en cierta ocasión, nos relata, acudieron al despoblado de Los Villares en busca de materiales para reparar el ya por entonces existente azud de Valtodano, donde hoy todavía se sitúa una presa y central eléctrica. Lo que demuestra, por otro lado, el origen medieval o moderno de la mayoría de las obras de este tipo de las cuales tenemos conocimiento sobre el cauce del Guadalquivir.

Más allá de la controversia acerca de los mecanismos de regulación de caudales que pudieran haber sido puestos en práctica, será de la fisonomía del cauce de la que se haga más difícil extraer algún tipo de conclusiones sobre el desarrollo fluvial en los distintos tramos del río. Recordemos que la geomorfología del río ha sufrido en los últimos veinte siglos importantes transformaciones debidas principalmente a la deforestación, que sin duda han

[70] En Hidrología la cantidad de agua que lleva un río en un punto concreto, se llama módulo y se mide en m^3/s. El módulo es la media aritmética de los caudales observados en un período determinado, por lo general, con un lapso mínimo de 30 años. En realidad módulo y caudal son sinónimos.

[71] Lo hace a partir de las referencias de Plinio (*N.H.* III, 5, 53) acerca de la navegación a lo largo del curso alto del Tíber en el que eran necesarios aportes de agua complementarios acumulados en represas de regulación. En las estaciones dispuestas en ese tamo se registra una media inferior de 25 m^3/s.

[72] La cursiva es del autor.

alterado los parámetros sobre los que se había desarrollado la hidrodinámica del río hasta época romana. Sí se puede mencionar cómo el trayecto del río entre Sevilla y Córdoba es el que presenta a grandes rasgos una menor pendiente (0,5 m/km), coincidiendo con la sección donde tuvo lugar el tráfico fluvial más intenso. Ese valor no es mucho mayor (0,7 m/km) remontando desde la antigua *colonia Patricia*, aunque a pesar de tratarse de un valor moderado, escaso, parece no haber compensado suficientemente a un flujo de caudal medio bastante mermado kilómetro a kilómetro en dirección a las regiones altas de la depresión. También es cierto que a partir de la Vega de Andújar da comienzo un tramo de pendiente más suave que deja atrás los perfiles más acentuados del curso alto (2,7 m/km); ahí es donde el río recibe por primera vez importantes aportes subsidiarios (Guadalimar, Guadalbullón, Rumblar, Jándula...). No obstante, es probable que todavía ahí las crecidas invernales del río se hicieran sentir, como hoy, con decidida violencia, lo que junto a la sequía del estío limitaba las posibilidades de navegación a un corto período de tiempo al año, al tiempo que haría ineficaz cualquier tipo de obra de gestión de los caudales.

En fin, a pesar de las discrepancias, si analizamos los datos en común podemos concluir sin equivocarnos demasiado que la distribución de las cerámicas finas de Los Villares se produjo de forma episódica asociada a la temporalidad del transporte fluvial en el tramo medio-alto. Este hecho, el carácter periódico del tráfico puede haber determinado el tratamiento y las interpretaciones ambiguas de autores clásicos e investigadores a respecto de este fenómeno. Desde nuestro punto de vista, quizás la solución al problema resida en la definición clara del concepto navegable que en la Antigüedad debieron manejar estos autores y que no debió diferir mucho de la actividad y el transporte fluvial que tenía lugar en un curso de agua, primero, cuyo régimen hidrológico permitiese un tráfico regular y bidireccional de botes durante prácticamente todo el año, aunque en algunos puntos del curso medio fuese necesario recurrir a diques y presas para garantizarlo durante el estiaje; y segundo, que tales embarcaciones dispusiesen, junto con una profundidad de cauce suficiente —donde las dos varas de profundidad (1,67 m) de los canales que por ley, en tiempos del rey Enrique III de Castilla, tuvieron que habilitar los molineros para el paso de embarcaciones entre Sevilla y Córdoba, constituye una referencia de partida a tener en cuenta (López de Ayala, 1779-1780: 310)—, de una capacidad de carga importante —de entre 2,5 y 10 toneladas que establece P. Sillières (2000-2001: 436) sobre los testimonios de fines del siglo XVIII y las experiencia de ocupación francesa en el contexto de la Guerra de la Independencia— que hiciese efectiva la circulación de grandes cantidades de bienes y personas.

Por otra parte, dadas las condiciones de caudal que pre-

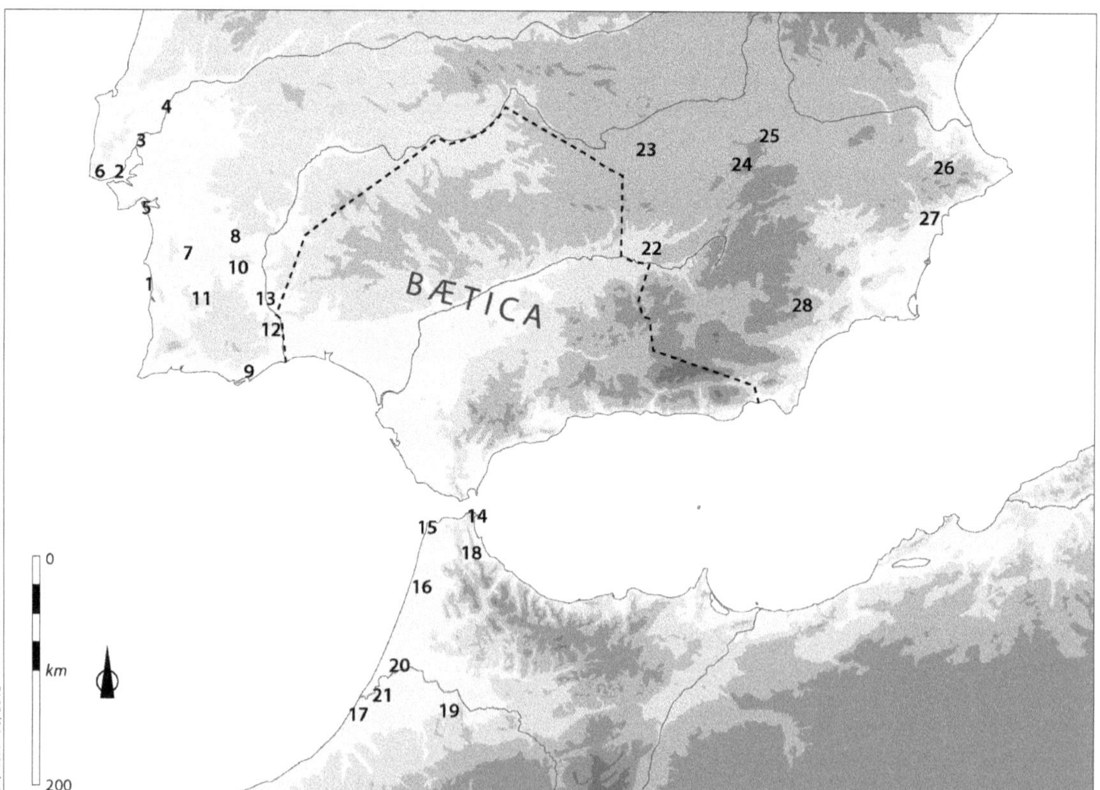

Figura 24. Lugares mencionados en el texto con hallazgos significativos de sigillatas hispánicas de Los Villares de Andújar fuera de la Bética: 1. Ilha do Pessegueiro; 2. *Olisipo*; 3. Povos; 4. *Scallabis* (Santarém); 5. Tróia; 6. Alto da Cidreira (Cascais); 7. *Mirobriga* (Santiago do Cacém); 8. São Cucufate; 9. Quinta de Marim (Olhão); 10. Represas (Beja); 11. *Vipasca* (Aljustrel); 12. Montinho das Laranjeiras (Alcoutim); 13. *Murtilis* (Mértola); 14. *Septem Fratres* (Ceuta); 15. *Cotta*; 16. *Lixus*; 17. *Sala* (Chellah); 18. *Tamuda*; 19. *Volubilis*; 20. *Banasa*; 21. *Thamusida* (Sidi Ali ben Ahmed); 22. *Castulo*; 23. *Oretum* (Granátula de Calatrava); 24. *Mentesa Oretana* (Villanueva de la Fuente); 25. *Libisosa* (Lezuza); 26. La Serreta (Alcoy); 27. *Ilici*; 28. Los Vélez.

sentaba el otro gran río de la región, el *Singilis* —de cuya navegabilidad hasta *Astigi* tenemos suficientes referencias (Plinio, *N.H.* III, 1, 12)—, seguramente este sirvió de ariete a la distribución de las cerámicas finas de Los Villares hacia las campiñas centrales de la actual Andalucía. Sus *ca.* 50 km navegables caminan sobre un módulo anual que en Palma del Río se acercaba, según Vanney (1970: 89) a los 40 m^3/s, aunque creemos que este valor hoy día es ligeramente menor, como ocurre con los 33,6 m^3/s en Puente Genil señalados por Masachs (1948: 314-319) y que ahora han caído hasta los 25,61 m^3/s[73].

III.4.1.2.1. Trazas de infraestructuras fluviales

Pero, ¿qué dice la Arqueología sobre las trazas materiales romanas dejadas por esta práctica en el Alto Guadalquivir? Nada aquí es concluyente, y de nuevo las versiones y opiniones se entrecruzan, quizás por la carencia de estudios profundos al respecto. Hay quien ha sustentado la navegabilidad hasta Cástulo sobre un posible, aunque dudoso, embarcadero junto al Guadalimar (Sillières, 1990: 719-720, pl. IX, 3; Fornell, 1999: 138). Y lo cierto, es que delimitar este tipo de obras, sean embarcaderos, diques o cualquier otro tipo construcción, se presenta como una empresa de comprometida resolución dadas las variaciones registradas en el curso del río, perfectamente expresada en la toponimia cartográfica de las "madres viejas", y en la movilidad de los meandros que ello denota.

No existen a día de hoy mayores referencias a unas obras las cuales puede que se redujesen a muros de contención de las riberas, dispuestos junto a los modestos muelles de los asentamientos ribereños con el fin de contener la impetuosidad de las crecidas y la integridad de esos punto de embarque. No es fácil afirmar la existencia de alguna de estas obras asociadas a la proyección de Los Villares de Andújar sobre el río y las posibilidades que este le ofrecía; si bien en un punto donde el discurrir del río parece no haber variado demasiado desde la Antigüedad debido al importante encajonamiento del cauce (Santos, Jerez y Saint-Aubin, 1991: 47), en los márgenes parecen quedar al descubierto posibles estructuras de contención asociadas a una antropización voluntaria para situar allí un embarcadero; estos restos se localizan al oeste del asentamiento a escasos metros del mismo, junto a la carretera JA-2321 que viene de Andújar bordeando el río, y antes de llegar al arroyo de Martín Gordo desde esta ciudad.

III.4.1.3. Transporte marítimo

El resultado de la articulación y confluencia de los factores geográficos señalados concernientes al transporte y comercialización, una vez aceptada la presencia de los elementos vasculares producidos en los talleres isturgitanos por toda la Bética, es una considerable difusión que podríamos denominar "extrabética" (fig. 24); en ella el Guadalquivir es el gran protagonista, ya que canalizó con regularidad los flujos de cerámicas isturgitanas, no sólo hacia los puertos fluviales del interior, sino también hacia las estaciones marítimas de la Bética atlántica.

Desde los muelles de *Hispalis* y *Gades*, partirían los *vasa fictiles* isturgitanos en cantidades significativas y como cargamento secundario hacia los mercados de las costas atlánticas de la Península, hasta por lo menos el estuario del Tajo. Cada vez son más numerosos y cuantitativamente importantes los conjuntos de sigillatas de los talleres de Los Villares de Andújar identificados en yacimientos portugueses, muchos costeros como el de la Ilha do Pessegueiro, donde supera con holgura en presencia a los productos tritienses (Silva y Soares, 1993); en menor proporción en otros sitios en torno a la desembocadura del *Tagus* y el puerto de *Olisipo* (Sepulveda *et al.*, 2002; Silva, 2005): en la actual Povos (Dias, 1995-1997), en *Scallabis* (Santarém) (Viegas, 2003), en el fondeadero y factoría de salazones de Tróia (Fonseca, 2004) o en la villa de Alto da Cidreira (Cascais) (Nolen, 1988); en el extremo sur, en localizaciones más o menos alejadas de las costas pero a las que llegaban, sin duda, desde puertos como el de Sines, *Ossonoba* (Faro), *Balsa* (Tavira) y la propia *Onuba*: es el caso de los conjuntos de *Mirobriga* (Santiago do Cacém) (Quaresma, 1999), São Cucufate (Vidigueira) (Étienne, Makaroun y Mayet, 1994), Quinta de Marim (Olhão) (Silva, Soares y Coelho-Soares, 1992), Represas (Beja) (Étienne, Makaroun y Mayet, 1994; Lopes, 1994) y *Vipasca* (Aljustrel) (Ferreira y Andrade, 1964); pero también alcanzan puntos relativamente alejados de las costas a través de cauces navegables como el del Guadiana, en cuyo curso bajo se sitúa Montinho das Laranjeiras (Alcoutim) (Coutinho, 1997), antes de llegar a *Murtilis* (Mértola).

El comercio marítimo de estos vasos también se dirigió, como sabemos desde hace décadas, hacia toda *Mauretania Tingitana*, aunque muy especialmente en su vertiente atlántica, en torno al área del Estrecho. Así, las sigillatas hispánicas de las *officinae* isturgitanas se encuentran con frecuencia en lugares del litoral como *Septem Fratres* (Ceuta) (Fernández García, 1988; Daura Jorba, 1988) la factoría de *Cotta*, en *Lixus* (Souk Khemis du Sahel) o *Sala* (Chellah) (Boube, 1977; 1999); estos productos, además, acceden y penetran hacia tierras interiores cada vez más alejadas de las costas hasta ciudades como *Tamuda*, *Volubilis*, *Banasa* (Boube, 1965; 1966; 1968-1972a; 1968-1972b; 1968-1972c) o *Thamusida* –Sidi Ali ben Ahmed–, donde últimamente la representatividad de estas cerámicas se cuantifica en un 25% del total de las de producción peninsular (Marri, 2010: 77). Tradicionalmente se ha señalado a *Belo* como el puerto que pudo haber registrado el mayor volumen de trasiego de *sigillata* de Andújar camino a África sosteniendo esa apreciación, entre otras razones, en la disposición natural de su puerto a mantener a lo largo de todo el año el grueso del tráfico de personas y mercancías con la otra orilla del Estrecho. La cercanía con las costas norteafricanas, como ya hemos visto, reducía drásticamente la posibilidad de percances en las rápidas travesías, incluso en los meses con condiciones más desfavorables al desarrollo de la navegación. Estando de acuerdo con ello, pero también

[73] Según el Anuario de Aforos del Centro de Estudios Hidrológicos del CEDEX durante el período comprendido entre los años 1911 y 1999.

valorando la posibilidad de que la producción de cerámicas en *Isturgi* tuviese lugar principalmente o, al menos, más intensamente durante algunos meses del año – coincidiendo con el inicio de la temporada hábil para cualquier tipo de navegación marítima y determinado por las mejores condiciones de las navegabilidad fluvial–, sería excesivo, simplista y aventurado hacer caer sobre *Belo* en exclusiva el peso de la distribución de estos artículos cuando puertos como *Baessipo* y, en especial, el *Portus Gaditanus* registraban el trasiego de innumerables embarcaciones que partían o llegaban a puerto, en muchas ocasiones realizando comunicaciones directas con los de la *Tingitana*.

Efectivamente, el carácter de la difusión de estas vajillas es marcadamente atlántico y acompaña al tráfico de salazones, vino o aceite, que tuvo lugar entre las dos orillas de la zona, y muy especialmente a partir de época de Claudio. Con ello, al final, se dibuja un mapa de distribución de estas vajillas que incluiría con seguridad las antiguas provincias romanas de la Bética, el sur de la Lusitania, el extremo sur de la Tarraconense y gran parte de la *Mauretania Tingitana*, con particular incidencia en su facies atlántica.

III.4.2. El papel de la demogeografía

No es apropiado dar por cerrado el análisis de los factores geográficos que contribuyen a originar la actividad alfarera, sin realizar una consideración de los aspectos referidos a la dinámica y estructura demográfica, la distribución espacial o, incluso, las migraciones que implicaron a la Bética entre los siglos I y II d.C. Con ello pretendemos esbozar en algunas notas la capacidad contenida en estos particulares a la hora de entender y justificar el asentamiento de una actividad económica como la que ahora capta nuestro interés.

III.4.2.1. Artesanos migrantes

Es evidente que la técnica para el modelado y cocción de las sigillatas en los talleres isturgitanos es de procedencia foránea, y que su surgimiento tuvo lugar mediante la modificación empírica de un conocimiento o "saber hacer" precedente. Nada hace pensar que tales ajustes ocurriesen como una evolución natural sobre la continua experiencia del artesanado local de la cerámica, ni siquiera a escala regional. De ser así la producción de sigillatas no podría haberse desarrollado más que en aquellos talleres de la región en los cuales ya en época augustea había tenido lugar la eclosión de las cerámicas tipo Peñaflor, es decir, en la misma *Celti* donde, sin embargo, no cesarán de producirse esas vajillas de inspiración itálica una vez consolidado en *Isturgi* el conocimiento empírico base de la técnica para la confección de las sigillatas. Aunque una pequeña serie de estas cerámicas tipo Peñaflor estuvo confeccionada en Los Villares de Andújar —sin demasiado éxito ya que inmediatamente fueron relegadas por las sigillatas— (Choclán, 1984; Ruiz Montes, 2007: 122) no es posible decir que en Los Villares, a pesar de lo expresado por Mayet (1984: 57), la maestría en las sigillatas clásicas haya sido alcanzada gradualmente promoviendo elecciones técnicas cada vez más refinadas a través de un proceso de experimentación acierto/error.

Efectivamente, si presuponemos que la transmisión de la técnica tiene lugar en el proceso tradicional inscrito en la relación establecida entre el maestro y el aprendiz, al menos la fuente de conocimiento del procedimiento no pudo más que haber llegado a raíz del desplazamiento de algún o algunos individuos venidos de ambientes alóctonos, lo cual no es de extrañar desde el momento en que son perfectamente conocidos movimientos y desplazamientos de gentes en el corazón del Imperio, mucho más frecuentes en la medida en que la administración del Estado ganó en cohesión política y territorial (Gozalbes, 2007: 202). Es más, como nos recuerdan Mannoni y Giannichedda (2003: 31-33), hasta épocas recientes con frecuencia se ha dado el fenómeno de la emigración de familias artesanas a lugares donde su arte, como pudo ser también el caso de la Bética, era apreciado, pero desconocido como proceso productivo. Cuando esto ocurría, el maestro podía emigrar en solitario pero siempre era mejor hacerlo con sus ayudantes y fundar un nuevo taller, donde habría acogido a nuevos aprendices.

Más fatigosa y comprometida se presenta la tarea de intentar atribuir una oriundez concreta a los *officinatores* que habían migrado desde sus lugares de origen en busca de prosperar en territorios que experimentaban por entonces un fuerte progreso económico y social bajo unas evidentes perspectivas de acceso a sus productos por parte de sectores de la población en franco crecimiento, tanto en términos cualitativos como cuantitativos.

La pista itálica ha sido normalmente estimada por la historiografía desplegada a lo largo de las investigaciones en Los Villares de Andújar (Roca, 1976: 101-103; 1980; Sotomayor, 1979); una postura alimentada por ciertos elementos de la producción interpretados como indicadores de un vínculo con el artesanado itálico, lo cual les llevaría a afirmar que en los talleres isturgitanos "debieron trabajar algunos fabricantes itálicos o muy relacionados con ellos" (Sotomayor, 1979). Sin embargo, los mismos argumentos que sirvieron a M. Roca (1980) para mantener la posible instalación de supuestas sucursales de las manufacturas itálicas recuperando el modelo propuesto para La Muette de Lyon —el empleo de *tria nomina* en la producción firmada (*QSP*, *MSM*...), o las similitudes formales o estilísticas con los vasos itálicos y tardo-itálicos— fueron considerados más tarde como escasamente significativos e insuficientes por parte de F. Mayet (1984: 56) como para entablar una posible relación social y, no digamos ya, económica entre los talleres de Los Villares de Andújar y la algunas *officinae* itálicas.

No es nuestra intención insistir en esta discusión, pero sí aportar datos para una lectura histórica aproximada del germen que se esconde tras la introducción de la técnica de la *sigillata* y su producción en la Bética. En tal sentido, merece especial atención una inscripción procedente de *Isturgi* con texto consagrado a la pancéltica y polifacética deidad *Epona*[74], en este caso transfigurada a la forma de un équido (HEp-12, 00299 = AE 2002, 00726) (fig. 25); de origen galo y vinculada a esos équidos como denota la raíz de su nombre, durante época romana su culto encontró adeptos y se extendió desde las Galias hacia el Este europeo y las regiones militares de los límites danubianos y renanos acompañando a los *equites* galorromanos, hasta incluso alcanzar Britannia tras la conquista romana; de carácter rural y doméstico, estaba vinculada al hogar y a la familia, aunque también, como sabemos por el tratamiento algo superficial dado por los autores latinos (*v.g.* Minucio Félix, *Oct.* XXVIII, 7), fue con seguridad diosa de la fertilidad équida y protectora de estos. No obstante, otros autores han especulado con su asociación al mundo funerario o al ámbito de la salud y las aguas salutíferas. En la P. Ibérica los testimonios son escasos, de época romana y todos circunscritos a la Meseta norte, lo que le otorga mayor trascendencia al ejemplar de *Isturgi*. Así, otras imágenes e inscripciones con el nombre de esta divinidad han aparecido en Lara de los Infantes y en Loncejares, en Marquínez y Albaina (Álava) y en Monte Bernorio (Palencia), en este último caso bajo la forma *Epane*.

Figura 25. Vista anterior del altar dedicado a la diosa Epona por un miembro de la familia de los Satrios (HEp-12, 00299 = AE 2002, 00726).

El altar votivo, manifestación de una transmisión de elementos culturales que transgrede los territorios pertenecientes al ámbito indoeuropeo de Hispania, ya ha sido observado como significante de ciertos procesos migratorios, si bien erróneamente vinculado a gentes que acudían atraídas por el trabajo en las explotaciones mineras de Sierra Morena (Olivares, 2007: 151). Mucho más evidente aparece la asociación con un miembro de la familia de los Satrios, lo cual nos permite aventurar un posible origen extrapeninsular para esta, a la que sin duda perteneció *M(arcus) Satrius Montanus*, uno de los primeros y más antiguos *officinatores* conocidos para los talleres isturgitanos junto a *CPF*, *MTF* —con quienes colabora (Sotomayor, 1977: 17; Roca, 1983: 434-435, 441; Fernández García, 1988: 55, 271)—, *Q.S.P*, *Cudas* y *Quartio* (Fernández García, 1987; 1988).

De este modo, y bajo otros indicadores tales como la reproducción más o menos fiel de tipos como la variante preflavia de la forma 15/17 (Roca, 1976: 35, 145) de indudable inspiración en la producción sudgálica de platos Drag. 15, o el fuerte recuerdo a las formas Drag. 28 de los talleres de Lezoux contenido en la forma decorada Aj. 14 propia de las *officinae* isturgitanas (Fernández García, 2004: 255), así como el gusto mostrado por el mismo *MSM* por las sintaxis decorativas en las que predominan los temas de guirnaldas (Fernández García, 1998: 83), podría hacernos pensar en la conexión con gentes procedentes de la Galia romana o, al menos, de áreas donde existiese un diálogo cultural más cercano y fluido con ella, como el área septentrional de la Península o incluso la Galia Cisalpina. La posible relación con esta última región, de fuerte carácter céltico, debe entenderse en el uso de determinados punzones asociados originalmente a esquemas decorativos itálicos, que confieren un carácter personal al estilo del mismo *MSM* y que no trascienden a la producción gala (Roca, 1980: 58-61, fig. 2). El *nomen Satrius* es bien conocido en la P. Itálica, incluyendo la región que precede a los Alpes, y no falta en Hispania o el Norte de África, aunque la *gens* es originaria de la Campania. En Italia los podemos encontrar, como en nuestro caso, vinculados a actividades productivas produciendo materiales de construcción (*C. Satrius* y *M. Satrius*), sigillatas nord-itálicas (*C. Satri* y *T. Satri*) (Gabucci, 1995: 45), o mencionados en un importante aparato epigráfico; bastantes de estos ejemplos se concentran en el ámbito que ocuparon los pueblos galos del septentrión itálico, en las actuales Lombardía, Veneto y Piemonte (Burgueño, 2000-2001: 220).

Por otra parte, la preferencia mostrada por *M. Satrius Montanus* —y otros fabricantes de la primera fase productiva (*CPF*, *MTF* y *QSP)*—por la fórmula abreviada

[74] Más sobre esta diosa en los trabajos monográficos de, entre otros, S. Reinach (1895), H. Hubert (1925), F. Benoît (1950), P. Lambretchs (1950), R. Magnen y E. Thévenot (1953), K. Linduff (1979), M. H. Bonnet (1983), L. S. Oaks (1986) y M. Euskirchen (1993); muy presente en otros análisis sobre caballos, deidades y mundo celta, es tratada por M. Mackintosh (1995), M. J. Green (1997). En la tradición historiográfica española, entre otras, figuran las consideraciones de J. C. Elorza (1970), o las asimilaciones de deidades prerromanas del mundo ibérico realizadas durante los años 50 por J. Mª Blázquez (1954) o E. Cuadrado (1956). También las menciones realizadas en el marco de aportaciones a la religión de las áreas célticas indoeuropeas de Hispania e Iberia por M. Salinas (1984-1985), F. Marco (1994) o J. C. Olivares (2002). Extraordinariamente útiles al respecto del caballo entre los galos son los trabajos de Mª M. Gabaldón (2003; 2005).

con los *tria nomina* nos remite a una buena porción de la producción nord-itálica de vasos la cual se desarrolla, sea total o parcialmente, de mediados del siglo I a inicios del II d. C., en forma de *planta pedis* la mayoría, eso sí (Mazzeo, 1985). También es cierto que, argüía F. Mayet, esta elección no es exclusiva de los talleres de Andújar pero si parece expresar una evidente tendencia al empleo de las tres letras que contrasta, como se desprende de las gráficas que ella misma emplea en su estudio (Mayet, 1984: 194, fig. 11), con la predilección de los alfareros tritienses por otras soluciones nominativas basadas en los *dua nomina* con *nomen* y *cognomen* sin abreviar, y mucho más cercanas a las empleadas por los fabricantes galos.

Nada resulta concluyente por el momento, y al final lo único seguro es que cuando algunos alfareros emigrados se asentaron en los *suburbia* de *Isturgi* ya existían las condiciones geográficas necesarias para favorecer la circulación de gentes desde las regiones céltico-galas del Imperio.

III.4.2.2. Clientes y consumo

De las menciones clásicas sobre la antigua Hispania la imagen que tradicionalmente se extrae es aquella de una tierra relativamente poblada. Aunque se ha demostrado un empresa difícil, los cálculos más ajustados sobre el global de los habitantes en Hispania durante el Alto imperio tienden a considerar como ciertas (Gozalbes, 2007: 208) cifras alrededor de los 3,5 y 4 millones de habitantes que A. Balil (1968: 329) y, más recientemente, Carreras (1996: 108) ha propuesto sumando tanto población urbana (25%), en torno al millón, como rural (75%), con diferencia la más importante. *Vicus*, *villae* y casas de campo salpicaban el territorio de las ciudades. Y todo sobre una densidad global de unos 7 habitantes por cada km^2 que, por otro lado, no se distribuían regularmente en la geografía peninsular. De la propuesta de Carreras (1996: 115) se desprende un mapa de densidades en el que sobresalen como proporcionalmente más pobladas áreas de Cataluña, Baleares y, lo más significativo a nuestro estudio, zonas del Sudeste entre el Alto Guadalquivir y las costas levantinas, y del valle medio y bajo del Guadalquivir. A lo que se puede añadir que siendo la Tarraconense 3,5 veces la extensión de la Bética, la cifra de ciudades que Plinio enumera en un caso y otro no responde a dicha relación de tamaño. Puestos a un lado los 175 núcleos urbanos de la Bética, y los 181 de la Tarraconense, si atendemos a poblaciones numéricamente similares para unas y otras, resultaría una densidad relativa entre tres y cuatro veces mayor en la provincia senatorial del sur de la Península.

Más allá del baile de números que ha caracterizado en gran medida el debate demográfico de la Hispania romana en las últimas décadas[75], algunos autores como J. N. Corvisier (2000: 83 y 87) coinciden en señalar los decenios entre los siglos I y II d.C. como una coyuntura de bonanza demográfica, es decir, de un crecimiento que él mismo eleva hasta el 10% desde la época de Augusto. Seguramente ese incremento de población favoreciese una mayor y más intensa ocupación del territorio resultando determinante para la consolidación y desarrollo de nuevos asentamientos rurales y, por ende, del sistema de *villae.*

De este modo, las inmejorables condiciones demogeográficas generadas en la Bética constituyen entonces una importante base sobre la que sustentar el éxito de la producción y comercialización de las vajillas de Los Villares de Andújar y, especialmente, de sus barnices rojos. Así fue gracias, primero, a una tupida red de ciudades y núcleos urbanos —la Tarraconense, mucho mayor en extensión, apenas soporta la comparación— cuya forma de vida requería continuamente del abastecimiento de estos productos, a la vez que suponían lugares de mercado a través de los que todo un territorio se podía servir ulteriormente para adquirir estos artículos; por su situación, los talleres isturgitanos se encontraban en un inmejorable lugar para alimentar los circuitos, no sólo hacia la depresión del Guadalquivir, sino también con respecto a las tierras densamente pobladas de algunas zonas interiores del sudeste peninsular. No en vano, y en segundo lugar, las mejoras en las condiciones de vida cooperaban para originar un marco general de desarrollo demográfico, o lo que es lo mismo, una masa crítica en aumento presta a adquirir cerámicas y vajillas en una región, la Bética, y una zona del Imperio, las Hispanias, ya de por sí relativamente pobladas (Tovar y Blázquez, 1975: 240); la misma población que, de seguro, ya apreciaba el saber hacer de las cerámicas sigillatas, entonces importadas.

[75] Un buen trabajo de síntesis al respecto de historiografía y demografía en el conjunto de las provincias hispanas es el publicado hace escasas fechas por el prof. E. Gonzalbes (2007).

IV. CARACTERIZACIÓN TEMPORAL Y ARQUEOMÉTRICA DE LA PRODUCCIÓN ISTURGITANA

IV.1. Introducción

El análisis tecnológico, principal objetivo de nuestro trabajo de ahora en adelante, a nuestro juicio requiere acompañarlo de algunas consideraciones sobre la contextualización temporal de la producción de los talleres, es decir, la incidencia experimentada por parte las distintas clases cerámicas en el conjunto de la producción de cerámicas a lo largo de la vida activa de los alfares o, lo que es lo mismo, la posición que estas ocupan en los contextos arqueológicos de desecho y rechazo resultantes de la actividad alfarera, en los vertederos; ello debe ayudarnos a puntualizar y ajustar apreciaciones sobre las técnicas empleadas en la confección de esos vasos, sobre su origen, transformación, introducción o posibles perfeccionamientos en el marco de una tecnología, común en sus bases empíricas, pero susceptible de matizaciones técnicas resultado de desarrollos independientes en ámbitos culturales otrora alejados pero entonces, aún durante el siglo I d.C., confluyentes.

¿Se reserva un lugar señalado en todo este proceso el sustrato productivo indígena de una región que hemos destacado desde el inicio como periférica a la implantación política, administrativa y social de Roma? Durante época republicana, la explotación de los distritos mineros de Sierra Morena y del Alto Guadalquivir debe entenderse así. Se trata de la expresión de la sustracción de recursos desde tierras perimetrales hacia el centro, que es quien marca tempranamente las normas desde los centros urbanos del Medio y Bajo Guadalquivir o el Levante, verdaderos agentes gestores del despojo. La acción, fue entonces selectiva, percutiendo especialmente sobre las áreas de interés saciantes de la economía del gigante centromediterráneo. Con el tiempo y un mucho de Augusto la zona, como muchas otras en el sur de Hispania, ha iniciado su integración decidida en el centro.

Por tanto, en una tesitura tal, la caracterización arqueométrica de las cerámicas arqueológicas debe avanzar en la respuesta de preguntas cruciales: ¿cual es el verdadero peso del elemento alóctono en la configuración del discurso tecnológico de las manufacturas asentadas en Los Villares de Andújar? Y en definitiva, como venimos pretendiendo concluir, ¿en qué modo afecta este impacto social y económico a la organización de la producción artesanal y protoindustrial de vajillas en cerámica?

IV.2. Consideraciones previas a la caracterización química y mineralógica

IV.2.1. Un estado de la cuestión

Como el gran centro productor de cerámicas sigillatas del sur peninsular que es, la producción de Los Villares de Andújar no ha pasado desapercibida del todo para la Arqueometría y, de hecho, son algunos los trabajos que han tenido como objeto la caracterización física y mineralógica de diversos aspectos de la producción de estos alfares. En primer lugar, la aportación de Picon recogida en la obra de Mayet (1984) sobra la producción hispana de sigillatas, como ya vimos a raíz de sus consideraciones sobre la procedencia de las materias primas, quedaba en gran medida lastrada a causa de ciertas deficiencias en la consideración de las posibilidades *a priori.* Lo admite cuando señala que las breves observaciones realizadas a tal objeto lo son "en attendant qu'une étude un peu approfondie de l'environnement géologique de l'atelier soit réalisée" (Picon, 1984: 311).

Con respecto a las pastas empleadas en el modelado de los vasos, el investigador francés propone cuatro grupos según los porcentajes medios de algunos elementos mayoritarios, concretamente en base a la cal contenida en las muestras, un total de 120 entre cerámicas pintadas, paredes finas, lucernas... e incluso algún molde. Al primero de ellos, el más rico en cal (% CaO=19), se acomodan un grupo relativamente reducido de los individuos seleccionados (n=10) para análisis y que, si hacemos caso al autor, casi todas ellos pertenecen a cerámicas "de tipo ibérico" procedentes de los niveles más antiguos del taller. Por su parte, en el que él denomina "groupe 2" —el más numeroso (n=67)—, el contenido en óxido de calcio ha descendido hasta el 11,8% y aparece empleado en la confección de cerámicas pintadas, y en las paredes finas, a las que considera imitaciones de sigillata. Durante el período de apogeo de la producción del alfar, las pastas de las cerámicas sigillatas registran un valor medio de cal aún menor (7,4%); este tercer grupo se caracteriza "par un certain manque de cohésion et un plus grande fragilité" de los que responsabiliza a la supuesta naturaleza "extrêmement sableuse des argiles" (Picon, 1984: 313). El último conjunto es el que aparece con más claridad por contraste, de nuevo, de los valores de cal, los cuales hasta ahora habían caracterizada a los grupos anteriores como pastas elaboradas con arcillas calcáreas. No es el caso de este "groupe 4", de carácter silíceo y, casi exclusivamente empleado para la fabricación de cerámicas culinarias de cocina.

Pero son los valores de CaO contenidos en los grupos calcáreos lo cual le sirve para trazar una supuesta línea evolutiva en el tratamiento de las arcillas por parte de los alfareros isturgitanos que, por otro lado, nos parece algo forzada. Además, identificar estos grupos configurados en base a una cierta concentración de CaO con otras tantas arcillas resulta bastante arriesgado, más cuando el resto de elementos mayoritarios no difiere sustancialmente de unos grupos a otros, cuando no describen tendencias graduales de aumento o reducción en muchos casos, lo que podría denotar, en todo caso, una manipulación combinada de distintas materias primas con el fin de obtener una única pasta, la más apropiada para cada vajilla. Tampoco sabemos en que lugar quedan otros clases y producciones cerámicas como las de tipo Peñaflor o las lucernas, lo que sin duda resta valor a las apreciaciones por parciales. Del mismo modo, creemos que faltan datos para contextualizar arqueológicamente las muestras seleccionadas. Otras apreciaciones, a pesar de todo, parecen bien encaminadas; como las realizadas sobre el cuarto grupo, entre otras razones por tratarse de una materia prima claramente distinta a las de los otros grupos calcáreos. Igualmente, son interesantes algunas de las explicaciones propuestas con el objetivo de explicar el único hecho innegable a inferir de su análisis, el creciente empleo, con el tiempo, de arcillas cada vez con menor contenido en cal para la confección de las cerámicas sigillatas. Al respecto, el autor muestra una evidente inclinación por las explicaciones que implican una transformación técnica, aunque las intuye poco convincentes. Se podrían aportar, por consiguiente, otras de tipo social o económico, quizás más lógicas y que no choquen frontalmente con la limitada capacidad del artesanado de esta época para lanzarse a la experimentación tecnológica, sobre todo si recordamos que el saber empírico, aun a pesar de haber sustentado la realización de manufacturas óptimas, no permite la comprensión de los mecanismos internos que rigen los comportamientos de los materiales. Esta situación podría, no vamos a negarlo, solventarse con la continua experiencia transmitida que ha promovido elecciones cada vez más refinadas con el objetivo de mejorar las capacidades de los objetos; el planteamiento encajaría de no ser porque, al contrario de a una cualificación del producto, en el caso las sigillatas hispánicas de Los Villares de Andújar se asiste a un proceso evidente de degradación del mismo consecuencia, no de mejores elecciones técnicas, sino de elecciones de optimización productiva. En fin, tampoco estamos de acuerdo con la hipótesis lanzada por el investigador francés quien aboga por un desarrollo autóctono de la técnica hasta llegar a la maestría en la confección de la "veritable sigillée", momento este precedido, como corresponde, por una importante fase de experimentación.

Algunos otros estudios algo más específicos y menos pretenciosos se han sucedido hasta la actualidad. Así, J. Mª Ricón (1985) incorporaba a las memorias de las intervenciones arqueológicas en Cástulo los resultados de los análisis efectuados para la determinación mineralógica mediante DRX de algunas sigillatas —y algunos moldes—, incluyendo piezas de Los Villares de Andújar. Los objetivos del estudio aparecen algo difusos, lo que motiva que la selección del material no se ajuste a ningún tipo de planteamiento de trabajo; la muestra es heterogénea, realizada sobre piezas geográficamente muy dispares en la que se entremezclan fragmentos recogidos en centros productores y receptores, peninsulares o extrapeninsulares. A pesar de las intenciones del autor, quien pretende extraer conclusiones cuantitativas de analíticas de tipo cualitativo o a lo sumo semicuantitativo (APP de Colby), el estudio no aporta más allá que una serie amplia de difractogramas dispuestos según la semejanza de unos con otros sin tener en cuenta aspectos como la clase cerámica o el contexto arqueológico. Lo único reseñable lo constituye, según Ricón (1985: 353; 2008; Ricón y Romero, 1995) el papel y la presencia en las sigillatas de origen hispano y sudgálico del feldespato sanidina como sello o marcador microestructural de fases mineralógicas de alta temperatura entorno a los 1000ºC.

Los moldes empleados en la manufactura de las sigillatas hispánicas de Andújar también han sido objeto de atención en un trabajo específico de proveniencia sobre los mismos (Vendrell-Saz *et al.,* 1994) y en el que, en nuestra opinión, se parten de ciertos planteamientos apriorísticos ya expuestos en la introducción —fabricación local y comercialización/circulación de moldes hacia otros talleres— que más tarde condicionarán excesivamente la discusión en torno a los resultados y la interpretación arqueológica que de ellos se concluya. Esta postura les lleva a considerar de los dos grupos de moldes determinados, uno local por asociación y semejanza con la composición monolítica de las cerámicas sigillatas isturgitanas, la cual aportan y que no parece corresponderse con el grupo 3 descrito por Picón para las pastas del período de la gran producción de estas *officinae*, sino más bien con aquellas del grupo 2 asociado a las paredes finas o a las cerámicas pintadas. Automáticamente, el grupo divergente de moldes aparece como "Imported molds", sin dejar resquicio a consideraciones de tipo técnico acerca de procedimientos o tratamientos diferenciales de una misma materia prima siempre de origen local. A lo que debemos sumar, otra vez, la falta de referencias arqueológicas para las muestras empleadas, o la inexistencia explícita de los criterios para la selección de estas últimas. Del estudio petrográfico de ambos grupos de moldes tampoco, a pesar de la intención de los autores, se deben extraer demasiadas conclusiones, puesto que en las dos muestras en lámina delgada microfotografiadas —de las que no aportan escala de referencia—, las semejanzas son mayores que las disimilaridades, seguramente producto de un tratamiento más refinado de depuración de la misma materia prima, con lo que se conseguirían eliminar los nódulos de cal de mayor tamaño, ciertos microfósiles, un menor tamaño de los cristales de cuarzo y, en general, mayor homometría de las partículas que componen la arcilla. Las diferencias en la composición química manifestadas por los diagramas bivariantes de algunos elementos minoritarios (Zr-Sr) podría deberse, asimismo, a la manipulación conjunta de diferentes materias primas. A la vez, otros datos nos resultan de gran interés, tales como la determinación de las temperaturas de cocción de los moldes estudiados, establecida en el rango de los 900ºC-1000ºC atendiendo a las fases mineralógicas de neoformación y descomposición, y hacia los 960ºC extraídos de los tests dilatométricos. Los mismos les ayudan a determinar una temperatura, según ellos, que se eleva hasta a los 1050ºC para las sigillatas.

La identificación de la producción de lucernas del alfar, las conocidas como lucernas tipo Andújar o derivadas de la Dr. 3, puso en primer plano la confección de este tipo de lámparas de origen bético. Después de su individualización, la localización en otros puntos del sur y el norte peninsulares planteaba la posibilidad de un origen diverso para este tipo de lucernas (Bernal, 1993), incluida la *Corduba*. Un estudio mineralógico por DRX (García Jiménez, Bernal y Morillo, 1999) añadía algo de luz a dicha problemática señalando a las piezas documentadas en el área astur como provenientes de un taller diverso al de Andújar. Sorprende, sin embargo, la heterogeneidad mineralógica de las muestras asociadas al taller de Andújar, un conjunto que no presenta ninguna característica propia, y que los autores achacan a fuentes de materia prima diversas. Tratándose de desechos resultado de cocciones defectuosas podría pensarse en una divergencia mineralógica consecuencia de condiciones de cochura distintas las cuales, a su vez, dependiendo de las temperaturas alcanzadas, ha determinado una microestructura mineral concreta. No obstante, pensamos que el análisis podría haber dado pie a apreciaciones más ajustadas de complementarlo con un análisis cuantitativo de tipo químico.

Del mismo modo, los barnices de las sigillatas isturgitanas han sido objeto de algunos estudios de caracterización. En uno de ellos, de nuevo es el equipo de M. Vendrell-Saz (Vendrell-Saz *et al.*, 1995) quienes pretenden establecer el carácter intencional de la producción de determinadas sigillatas recogidas entre los desechos de los talleres y a las que acompañan barnices, en esta ocasión, de tonalidades negras oscuras. Como en muchos de estos estudios, la valoración de los argumentos arqueológicos flaquea. Así, los autores pasan por alto, primero, el hecho de encontrarse trabajando sobre piezas que habían quedado incorporadas a contextos de rechazo (vertederos) después de ser desestimadas para su comercialización. A día de hoy, no se conocen en el registro arqueológico ejemplares de estos vasos procedentes de centros de consumo, lugares a los que sin duda llegaban los productos que en origen habían superado un mínimo "control de calidad". Además, para ellos, "this black sigillata pottery must be re-interpreted as a local production, which may represent an attempt by the potter to imitate foreign product" (ibíd., 239). Pero, ¿cuales son estos productos importados a los que imitar en pleno auge comercial de las cerámicas de barniz rojo? En nuestra opinión, de la detección de hercinita y magnetita en la mineralogía de estos barnices mediante el empleo de la DRX y la espectroscopía Mössbauer (EM), no se puede extraer más que la existencia probada por los autores de un episodio de reducción puntual durante la fase de enfriamiento (Maggetti, 1981; Vendrell Saz *et al.*, 1995: 246; Pradell *et al.*, 1993). Sin embargo, como veremos más adelante, estos defectos de cochura nos ofrecen un argumento indirecto de gran trascendencia a la hora de valorar las técnicas empleadas para la cocción de las cerámicas isturgitanas en capítulos siguientes.

En los 2000 algunos trabajos han aplicado al estudio de las sigillatas hispánicas la Espectroscopia de Plasmas Inducidos por Láser (LIPS) (López *et al.*, 2005), o distintos métodos de difracción combinados con microscopía para la caracterización, en concreto, de sigillatas béticas de los talleres de Granada (Compaña, León-Reina y Aranda, 2010). No obstante, el más significativo es un estudio comparativo de sendas muestras de *sigillata* hispánica procedentes de Tricio y Andújar a través del uso combinado del microscopio electrónico de transmisión (MET) y la DRX aplicados sobre los barnices de ambas probetas (Gómez-Herrero *et al.*, 2008). Como en el caso de Tricio, los revestimientos de los barnices rojos de Andújar —o al menos los del período de apogeo, al que presumiblemente debe pertenecer la muestra— presentan una matriz vítrea caracterizada por la existencia de una solución sólida cristalina (Fe_2O_3-Al_2O_3) rica en hematita, responsable del color rojo brillante del barniz. También en ambas se reconocen partículas de feldespatos de plagioclasa y álcali, precipitación de espinela, pequeños cristales de corindón y, más raramente, ilmenita y rutilo. Las desemejanzas tienen que ver, primero con el grosor del barniz, mayor en el caso del ejemplar norteño (~20µm *vs* ~15µm), y segundo en la proporción de Al contenido en la matriz SiO_2-AlO_3, en un ratio significativamente más elevado en el caso de Andújar (~2:1 *vs* ~3:1).

El más reciente de estos lo constituye el estudio encargado y realizado con motivo de este trabajo de investigación, titulado *Estudio de caracterización arqueométrica de las producciones cerámicas de paredes finas, de tradición ibérica pintadas, de tipo Peñaflor, lucernas y* terra sigillata *hispánica del centro productor de Andújar*, a cargo de la Dra. Marisol Fernández i Madrid y el Prof. Jaume Buxeda i Garrigós de la unidad de investigación ARQ|UB, Cultura material i Arqueometria, de la Universitat de Barcelona. La selección de muestras objeto de análisis en dicho informe técnico —remitidas en mayo de 2009 a dicha unidad— ha sido realizada por nosotros mismos durante el invierno y la primavera de 2009 en el Museo Provincial de Jaén bajo criterios y objetivos, propios, que a continuación desarrollamos.

No obstante, hemos de decir que en casi todos los trabajos mencionados se echa en falta un discurso arqueológico que llene de coherencia y sentido a las apreciaciones de tipo arqueométrico.

IV.2.2. Muestreo y selección

Para el presente estudio se realizó un muestreo de 24 individuos (fig. 26) (tab. 6) , 4 de cerámica de paredes finas, 4 cerámicas pintadas de tradición ibérica, 2 lucernas, 2 cerámicas tipo Peñaflor y 12 sigillatas hispánicas. Con la intención doble de cumplir con nuestros objetivos y de dar coherencia al análisis que proponemos, hemos procurado condicionar la selección de dichas muestras cerámicas atendiendo, primero, a criterios de tipo arqueológico, histórico y cronológico; y, segundo, a criterios físicos de exploración macroscópica de las piezas.

IV.2.2.1. El contexto arqueológico de los individuos cerámicos muestreados

De las muestras citadas, catorce proceden del denominado Corte 14 de la campaña de excavaciones de 1975, uno de los más significativos desde el punto de vista de la investigación arqueológica en Los Villares de Andújar. Este corte, situado al norte del Corte 12, fue realizado para continuar explorando el vertedero excavado en este

MUESTRA	INVENTARIO	ELEMENTO	CLASE	TIPO	CRONO	PASTA	GRUPO
LVA17	4612-C001	borde	par-fin	Mayet 25	50/75	7,5 YR 7/4 (M67)	1
LVA18	4631-C001	fondo	par-fin	Mayet 25	50/75	10 YR 7/3 (M75)	1
LVA19	7376-C001	fondo	par-fin	Mayet 37	50/75	10 YR 7/3 (M75)	1
LVA20	7555-C001	informe	par-fin	Mayet 25	50/75	2,5 YR 6/8 (M39)	1
LVA21	7560-C001	borde	pin-trad	lebrillo	50/75	2,5 YR 6/4 (M25)	1
LVA22	7486-C001	informe	pin-trad	jarrita	50/75	2,5 YR 6/4 (M25)	1
LVA23	CC-C001	borde	pin-trad	jarrita	50/75	2,5 YR 8/4 (K29)	1
LVA24	CC-C002	informe	pin-trad	jarrita	50/75	2,5 YR 6/2 (M50)	1
LVA25	7300-O001	-	lucerna	tipo Andújar	50/75	10 YR 8/3 (L71)	1
LVA26	7300-O002	-	lucerna	tipo Andújar	50/75	10 YR 8/3 (L71)	1
LVA27	7517-C001	borde	peñaflor	Martínez 1b	50/75	7,5 YR 8/6 (L57)	1
LVA28	7517-C002	borde	peñaflor	Martínez 1b	50/75	7,5 YR 8/6 (L57)	1
LVA29	7268-C001	pc	sig-his	24/25	50/75	10 R 7/3 (L25)	2
LVA30	7482-C001	borde	sig-his	15/17a	50/75	10 R 7/3 (L25)	2
LVA31	7482-C002	borde	sig-his	18	50/75	10 R 7/3 (L25)	2
LVA32	7362-C001	fondo	sig-his	-	50/75	10 R 7/3 (L25)	2
LVA33	1719-C001	borde	sig-his	15/17b	75/125	10 R 6/4 (N25)	3
LVA34	2683-C001	fondo	sig-his	29	75/125	2,5 YR 6/6 (M37)	3
LVA35	2674-C001	informe	sig-his	29	75/125	2,5 YR 6/4 (M47)	3
LVA36	4017-C001	fondo	sig-his	27	75/125	10 R 6/4 (N25)	3
LVA37	1823-C001	pc	sig-his	46	125?	2,5 YR 4/6 (R20)	4
LVA38	1823-C002	borde	sig-his	-	125?	2,5 YR 4/6 (R20)	4
LVA39	1823-C003	fondo	sig-his	27	125?	10 R 6/4 (N25)	3
LVA40	1823-C004	informe	sig-his	52	125?	10 R 6/4 (N25)	3

Tabla 7. Características de las muestras cerámicas analizadas. Los parámetros de la columna Clase aparecen codificados según las abreviaturas empleadas normalmente por nuestra parte en las tablas cuantitativo-tipológicas: par-fin, paredes finas; pin-trad, pintada de tradición ibérica; peñaflor, cerámica tipo Peñaflor; sig-his, terra sigillata hispánica; 15/17a: variante preflavia propia del repertorio de Los Villares de Andújar; 15/17b: variante clásica del repertorio hispano. Para la adscripción tipológica de las piezas muestreadas hemos optado por las clasificaciones referencia de cada una de las clases cerámicas contempladas, aunque en el caso de las cerámicas pintadas de tradición ibérica hemos preferido referirnos a la forma. La cronología es estratigráfica, no tipológica. El color de las pastas cerámicas viene expresado en colores Munsell y su correspondencia, entre paréntesis, en el código de Cailleux.

último justo el año anterior. En él la confluencia de tres cúmulos o depósitos —a su vez estructurados internamente por una imponente superposición de vertidos de diversa entidad y potencia— caracterizados por un contexto común de rechazo, formados sucesivamente y sobrepuestos en parte unos con otros, ofrecería a sus excavadores, M. Sotomayor y M. Roca, la posibilidad de fijar unas relaciones de prioridad o posterioridad en la producción de cerámicas de los talleres isturgitanos (fig. 27) —especialmente en sus fases iniciales de actividad (50/75 d. C.)—. Desde el punto de vista de la estratigrafía arqueológica, la manera de relacionarse entre sí los tres cúmulos y la proximidad entre ellos hacía pensar que éstos fueron formados en un relativo corto espacio de tiempo de varios años (Sotomayor *et al.*, 1979: 465-476).

El llamado Cúmulo 1 provenía del ángulo noreste del Corte 12. Estaba integrado en su mayoría por cerámicas de paredes finas en un 54 %, y cerámicas comunes y pintadas de tradición ibérica con un 35 % entre ambas producciones; el resto correspondía a lucernas y *sigillata* de producción local, por tanto en un porcentaje muy inferior al de las otras producciones; a este contexto pertenecen los individuos LVA20, LVA21, LVA22, LVA23, LVA24, LVA27, LVA28, LVA30, LVA31. El Cúmulo 2, también localizado en el citado Corte 12, presentaba importantes matices con respecto a las características aportadas por el primero y más antiguo de los grandes depósitos de desecho. Ahora, la proporción de la sigillatas hispánicas isturgitanas aumenta de forma más que considerable frente a las paredes finas y las cerámicas pintadas de tradición ibérica. De este segundo depósito

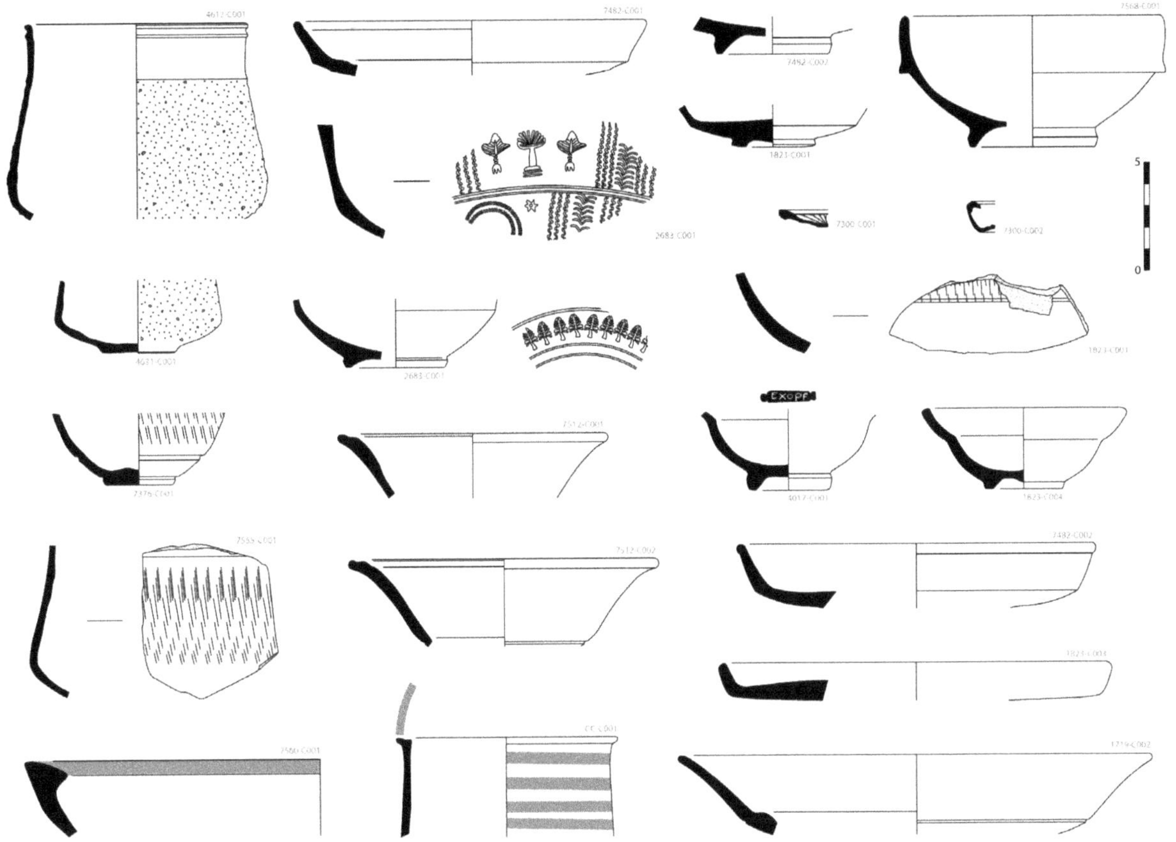

Figura 26. Los individuos cerámicos sometidos análisis de FRX y DRX. Cerámicas de paredes finas, pintadas de tradición ibérica, tipo Peñaflor, sigillatas hispànicas y lucernas.

proceden las piezas LVA29, LVA32. Por último el Cúmulo 3, que es exclusivo del Corte 14, cubría en su mayor parte al anterior y estaba, en otros puntos, separado del Cúmulo 1 por un estrato de naturaleza distinta a los descritos, puede que regularización. Este vertedero, el más reciente, presentaba unos porcentajes de *sigillata* hispánica local, paredes finas, lucernas y cerámicas pintadas de tradición indígena similares al cúmulo 2. La diferencia entre ambos residirá, pues, en las composición y proporciones formales de los contextos cerámicos de *sigillata* hispánica, es decir, se observa por ejemplo cómo la forma 15/17 disminuye en representatividad, del 30 % en el cúmulo anterior al 25,5 % ahora, o la progresión ascendente de las copas 35/36. De aquí proceden los individuos de lucerna LVA25 y LVA26 (ibíd.).

El resto se reparten entre otros cuatro sondeos de los realizados a lo largo de los 40 años de investigaciones arqueológicas en Los Villares de Andújar. Así, dos nuevas muestras fueron seleccionadas de entre el material que arrojó la excavación del Corte 12. El contexto arqueológico de LVA17 y LVA18 corresponde a la continuación del gran vertedero mencionado en el Corte 14, que fue planteado por sus excavadores inmediatamente al norte del sondeo en cuestión. Ya hemos hablado de la estrecha relación entre ellos existente (ibíd., 465), es más, cabría considerar estos últimos individuos como pertenecientes a la proyección hacia el sur de los vertederos asociados a los cúmulos 1 y 2 definidos en el Corte 14, aunque creemos que se trataría en concreto del contexto más antiguo, aquel dominado por los desechos de la producción de paredes finas, cerámicas comunes y cerámicas pintadas de tradición ibérica. No obstante, en este sondeo 12 el Cúmulo 2 viene caracterizado cronológicamente entre los años 50/75 d.C. gracias a la asociación de la producción de sigillatas hispánicas locales de la *officina* de *Cudas* con importaciones de barnices rojos sudgálicos firmados por el *officinator Primus* —en concreto, un plato de la forma 18 con el *sigillum PRIMI FE*—, un plato de la forma 17, así como algún fragmento de *sigillata marmorata* (ibíd., 457-459).

De un vertedero localizado en el Corte 10 y perteneciente a una fase más reciente de la actividad de los talleres de Andújar, al menos, a partir del último cuarto del siglo I d.C. (75/125), procede LVA36, muestra que presenta sobre el fondo la marca *EX O PT*; se trata de un productor que aparece vinculado en el mismo vertedero a otros de los más significativos de estos momentos tardíos tales como *EX O CL*, *EX O MC* y *EX O PF*. Las formas asociadas, como la 44 y la 46 significan la casi total ausencia de formas más antiguas como la 24/25 de los repertorios de estos establecimientos artesanales en esos momentos (ibíd., 444-448).

Por su parte, LVA33 corresponde a otro vertedero de similares características explorado en el Corte 17, en el que se encuentra presente la producción de otros tantos

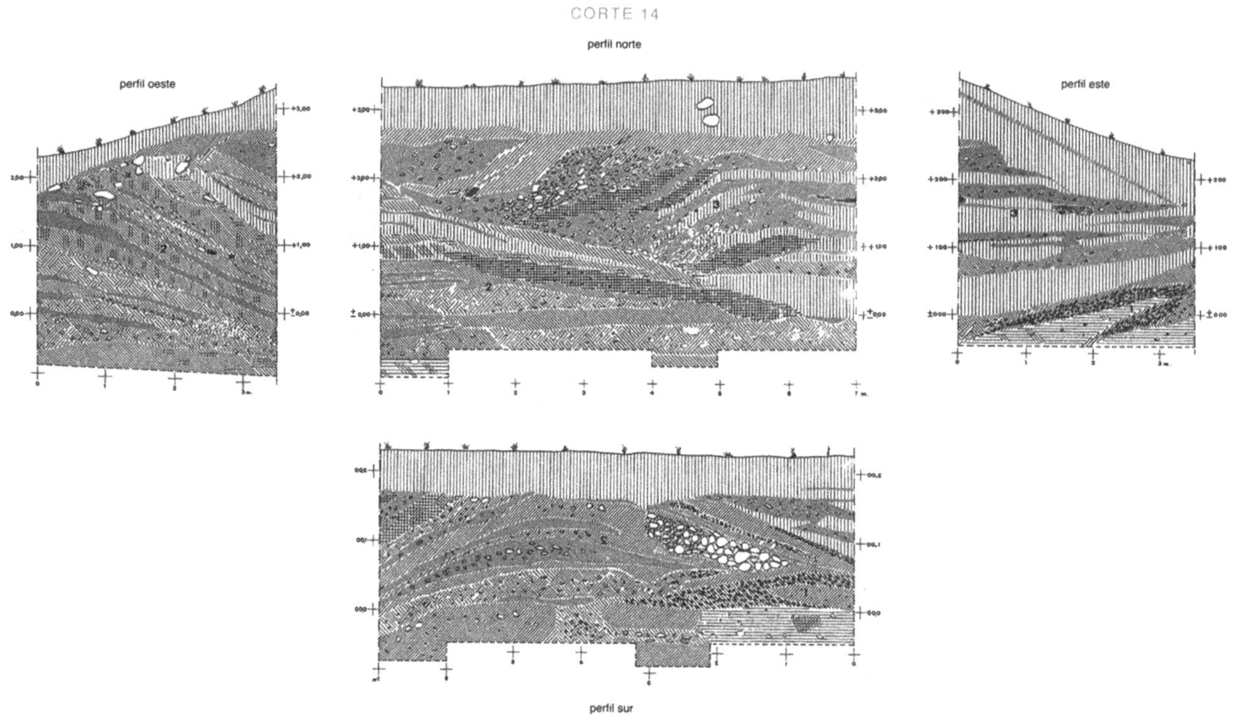

Figura 27. Los cuatro perfiles del Corte 14 de Los Villares de Andújar, sondeo llevado a cabo durante la campaña de 1975 (según Sotomayor *et alii,* 1979). Hemos volteado (efecto espejo) el dibujo correspondiente al perfil sur para facilitar la lectura estratigráfica de la documentación que ahora reproducimos.

alfareros representativos del momento de mayor expansión de la producción de sigillatas béticas de las *officinae* isturgitanas del 75/125 d.C., es decir, *EX OF CA*, *EX OF AA* y otros a los que se vincula una producción más modesta desde el punto de vista cuantitativo, es el caso de *GIC*. Como en el caso del sondeo anterior, el Corte 10, los vertidos con desechos generados por la actividad de los talleres alfareros se disponen en la estratigrafía amortizando espacios distintos desde el punto de vista funcional vinculados a fases de ocupación anteriores del barrio artesanal (Sotomayor *et al.*, 1981: 343-347).

Otras 2 muestras remiten al conjunto de cerámicas recuperado durante la excavación del Corte 26, ya en la década de los 80, durante la décima campaña de intervenciones en Los Villares. Este sondeo fue proyectado con la intención, primero, de completar el conocimiento acerca de los vertederos relacionados con la primera fase productiva de los alfares hacia el tercer cuarto del siglo I d.C., localizados años anteriores en la parte más oriental del asentamiento (parcela 219a); y, segundo, certificar de manera inequívoca la existencia de un más que probable "horizonte protohistórico", el cual ya se había ido enseñando prudentemente a sus excavadores desde años anteriores. Los resultados concluyeron satisfactoriamente en este sentido, e incluso se detectaron vertidos asociados a un momento transicional datado alrededor de época flavia (75/100 d.C.) señalado por la presencia de la producción de *Titus Oppius,* considerado "alfarero puente" entre los momentos iniciales de la producción de sigillatas y la etapa de mayor difusión de los barnices rojos isturgitanos definido ahora por un notable descenso —que no desaparición— de la representatividad de la producción de cerámicas pintadas de tradición ibérica, paredes finas y lucernas (Sotomayor *et al.,* 1984). Según la documentación original[76], tanto LVA34 como LVA35 provienen de la capas VIII ú VII de la secuencia de este.

Con el llamado Corte 18, un sector de excavación en la parcela 219d, se perseguía calibrar la entidad de los vertederos que, removidos por la acción de agentes antrópicos, asomaban en superficie. Además de compartir una articulación estratigráfica del registro similar a la observada en el Corte 17, al vertedero excavado en él corresponden las últimas muestras seleccionadas, LVA37, LVA38, LVA39 y LVA40. Se trata de un contexto material caracterizado por los grandes platos 15/17 sobre cuyo fondo se disponen, en lugar del tradicional *sigillum*, marcas anépigraficas consistentes en la impresión de entalle, en ocasiones dispuestas radialmente (Sotomayor *et al.,* 1981: 354-356). Son estos conjuntos los que suelen asociarse a lo largo de la investigación de los alfares a los últimas fases productivas aunque sus límites cronológicos (125 d.C.?) aún se presentan extremadamente vagos y susceptibles de ser matizados en futuras aportaciones.

IV.2.2.2. Criterio arqueológico

Los criterios arqueológicos de selección de las muestras se atienen a diversos presupuestos de partida ya establecidos a lo largo de las últimas décadas de investigación sobre las distintas etapas —o "generaciones de alfareros"

[76] De los listados y diarios de excavación de excavación.

en el caso de la producción de sigillatas— en torno a las cuales suele articularse la vida activa de los talleres isturgitanos. Recordemos que estas han sido tradicionalmente tres (Fernández García, 1998: 94-96; Roca, 2002: 327-328): la primera (50/75), parte hacia mediados del siglo I d.C. —aunque según M. Roca (1980: 270) cabría retrotraer su inicio hasta el reinado de Tiberio— se caracteriza, sobre todo, por una producción diversificada que hemos llamado en alguna ocasión "descentralizada" (Ruiz Montes, 2007: 116-117) por el segundo plano relativo que ha ocupado el estudio de paredes finas, cerámicas tipo Peñaflor, cerámicas pintadas de tradición ibérica y lucernas, en el marco de las sucesivas actuaciones y proyectos. Paradójicamente, y como ya hemos señalado en otro sitio (ibíd.), estas cerámicas pueden resultar a nuestro propósito extraordinariamente significativas debido a su potencial de información acerca del inicio de la actividad artesanal del complejo alfarero. No en vano, la aparición de gran parte de ellas —incluidas las cerámicas comunes— tiene lugar anterior y coetaneamente a la eclosión de las propias sigillatas isturgitanas. Por su parte, a esta primera producción de sigillatas de Andújar se asocian las *officinae* de *MSM* y asociados, *Cudas, Quartio* y *Optatus*, entre otros, donde se confeccionarán, según el caso, barnices rojos tanto lisos —con el recurso puntual a la barbotina—, como decorados a molde; todo sobre un repertorio formal amplio y diverso en el cual, además de las formas clásicas, se suman otras influenciadas por las series de *vasa potoria* o por las mismas tradiciones locales, además de algunos elementos vasculares consecuencia de eventuales incursiones creativas por parte de algunos artesanos.

En la segunda fase, centrada esencialmente a partir de época flavia y puede que el primer cuarto de la siguiente centuria (75/125 d.C.), asistimos a la proliferación de nuevos talleres y productores de *sigillata* (*AA, AHE, CAA, DACVS, GIC, LCA, MOV, PES, PT, TITVS OPPIVS*...) y, en consecuencia, a la etapa de gran producción y comercialización de éstas vajillas llegando a alcanzar, como sabemos, amplias regiones de las provincias norteafricanas; inversamente, el protagonismo de otras clases cerámicas decrece acusadamente evidenciando una especialización decidida del artesanado de la cerámica en la elaboración casi exclusiva de barnices rojos y cerámicas comunes y de cocina. Además, el repertorio de formas se simplifica, como otra consecuencia más del viaje hacia la estandarización que experimenta el ciclo productivo de la cerámica en Los Villares de Andújar. Del mismo modo, la sintaxis decorativa de los vasos decorados a molde gira hacia composiciones monótonas, repetitivas e insustanciales, a la par que se hace frecuente el empleo de la técnica del burilado sobre los cuerpos de las sigillatas.

Se ha hipotetizado con una tercera y última fase por parte de los investigadores, sin embargo es poco conocida aún. Este, en todo caso, pequeño epílogo ha sido situado *grosso modo* en algún momento de la primera mitad del siglo II d.C. (125 d.C.?), caracterizado por un panorama de evidente dejadez técnica en lo que se refiere a la producción de sigillatas, a la vez que aparece singularizado por el uso de las marcas de entalle en el fondo de algunos platos. No obstante, como decimos, los desechos de la producción que pudieran ser vinculados a esta ulterior fase productiva no aparecen en los contextos de vertedero nítidamente diferenciados de aquellos relativos a la fase de gran difusión que se venía desarrollando desde época flavia.

Queremos, con todo ello, observar las posibles divergencias composicionales operadas en el tiempo resultado, por otro lado, de otros tantos supuestos cambios y transformaciones, sea en la puesta en práctica de la técnica o en el empleo diferencial de unas u otras materias primas.

IV.2.2.3. Criterio macroscópico

Unido a lo anterior, una cierta uniformidad de las pastas cerámicas representadas en las distintas producciones de los alfares de Andújar nos permite, a través de una primera exploración macroscópica, aleatoria, acompañar al discurso arqueológico de la identificación preliminar de una serie de fábricas tipo alrededor de las cuales agrupar la producción. Atendiendo, por tanto, a los atributos observados el material cerámico se ha clasificado en cuatro grupos. Antes de pasar a la descripción de estos es importante diferenciar el concepto de "fábrica" que se refiere al producto terminado, cocido, de aquel de "pasta" que se refiere a la materia cruda preparada por el ceramista a partir de la materia prima.

- **Grupo 1**. Compuesto por los ejemplares caracterizados por tonalidades claras con coloraciones en su mayoría entre el rosa y los marrones claros y pálidos; no en vano, resulta el grupo con mayores matices dentro de las tonalidades descritas producto, aparentemente, de variaciones puntuales en el resultado de la cocción, apreciables incluso en una misma pieza. Por lo general, las cerámicas de este grupo se nos presentan bien depuradas, donde las partículas e inclusiones de mayor tamaño, esporádicas y de color gris, blanco y en ocasiones brillantes, no suelen superar los 0,5 mm. A este grupo se adscribe la producción de cerámicas pintadas de tradición ibérica, las cerámicas tipo Peñaflor, las paredes finas y, finalmente, las lucernas que se desarrolla desde los inicios de la actividad y durante toda la segunda mitad del siglo I.

- **Grupo 2**. Lo constituye un conjunto de cerámicas particularmente homogéneas en sus características técnicas. Éstas son ejemplares muy bien depurados, sin la existencia de inclusiones y desgrasantes visibles a ojo desnudo. Como consecuencia, la matriz es compacta y de una tonalidad bastante bien definida en torno al color rosa (L25). A esta descripción responde una serie concreta de sigillatas hispánicas con una referencia cronológica clara; en esencia aquellas asociadas a la producción más temprana de estas vajillas a mediados del siglo I.

- **Grupo 3**. La tercera de estas fábricas tipo supone el grupo más amplio dentro de la producción de sigillatas, para acabar configurando el aspecto típico de aquellas propias de la gran comercialización a partir del último cuarto del siglo I. Tal aspecto viene concretado por fábricas con tonalidades en la gama del rojo pálido (N25) con esporádicas incursiones hacia los marrones y rojos claros. El grado de compactación de estas es variable, aunque siempre caracterizada por la aparición y presencia de un importante número de puntos blancos y amarillos distribuidos de un modo homogéneo por la matriz; el tamaño de estos puede variar de unos ejemplares a otros, si bien nunca dejan de ser visibles a simple vista. Ocasionalmente pueden estar acompañados de finas inclusiones doradas especialmente brillantes.

- **Grupo 4**. Un pequeño conjunto asociado a formas tardías de la producción del alfar, ya en el siglo II, puede aparecer junto a las cerámicas del tipo anterior. El rojo (R20) es el color predominante y casi exclusivo de las fábricas de esta serie de sigillatas. Respecto al grupo anterior, las partículas, presumiblemente calcáreas, han desaparecido y surgen con mayor protagonismo las finas inclusiones doradas brillantes, ahora más frecuentes en una matriz bien depurada y compacta.

IV.2.3. Rutina analítica[77]

Para su caracterización arqueométrica, se ha desprendido a todos los individuos de las capas superficiales. Posteriormente, éstos han sido pulverizados y homogeneizados por medio del uso de un molino de bolas SPEX Sample-Prep Mixer 8000 con celda de carburo de tungsteno.

La composición química del material se ha determinado por FRX a partir de una muestra de polvo secado previamente en una estufa a 105°C durante 12 h. Para la determinación de los elementos mayores y menores se han realizado preparaciones de duplicados de perlas de 30 mm de diámetro, utilizando 0.3 g de espécimen en fusión alcalina con 5.7 g de tetraborato de litio ($Li_2B_4O_7$) (dilución 1/20) en un horno de inducción de alta frecuencia PHILIPS Perl'X-3 a una temperatura máxima de 1125°C. Para la determinación de los elementos traza y del sodio se han realizado preparaciones de pastillas a partir del espécimen anteriormente preparado, seco y con un tamaño de grano <80 µm mezclado con 2 ml de una solución de resina sintética N-Butil metacrilato (Elvacite 2044, en 20% de acetona). Esta mezcla, homogeneizada manualmente en un mortero de ágata hasta la sequedad, colocada sobre una base de ácido bórico (H_3BO_3) en un recipiente de aluminio de 40 mm de diámetro, fue sometida a una presión de 400 kN durante 60 s en una prensa HERZO G. La intensidad de la FRX ha sido medida con un espectrofotómetro PHILIPS PW 2400 utilizando un tubo de rayos X con ánodo de Rh como fuente de excitación. La cuantificación se ha realizado en función de su concordancia a la recta de calibración configurada con 60 patrones (Estándares Geológicos Internacionales). Así, se han determinado los siguientes elementos: Fe_2O_3 (como Fe total), Al_2O_3, MnO, P_2O_5, TiO_2, MgO, CaO, Na_2O, K_2O, SiO_2, Ba, Rb, Mo, Th, Nb, Pb, Zr, Y, Sr, Sn, Ce, Co, Ga, V, Zn, W, Cu, Ni y Cr. Igualmente, se ha calculado la Pérdida al Fuego (PAF) a partir de calcinaciones de 0.3 g de espécimen seco a 950°C durante 3 h. Las calcinaciones se han efectuado en un horno de mufla HERAEUS M 110 utilizando una rampa de calentamiento de 3.4°C min^{-1} y enfriamiento libre. Una detallada descripción de las condiciones analíticas, la precisión y la exactitud ya ha sido publicada (Hein *et al.*, 2002).

La composición mineralógica de los individuos ha sido estudiada a través de la DRX utilizando 1 g de los especímenes anteriormente preparados. La muestra en polvo se monta en un portamuestras estándar cilíndrico de 16 mm de diámetro y de 2.5 mm de altura (PW1811/16), en el cual se procede a una compactación manual de la muestra a través de una placa de vidrio hasta obtener una superficie plana. Las medidas se han efectuado utilizando un difractómetro de geometría Bragg-Brentano SIEMENS D-500 trabajando con la radiación Kα del Cu (λ = 1.5406 Å), con un monocromador de grafito en el haz difractado y una potencia de trabajo de 1.2 kW (40 kV, 30 mA). Las medidas han sido realizadas de (4 a 70)°2Θ con una medida de paso de 0.05°2Θ y un tiempo de adquisición de 3 s. Las evaluaciones de las fases cristalinas presentes en cada muestra analizada han sido identificadas y evaluadas con el paquete de programas Difrac-AT de SIEMENS que incluye el banco de datos del *International Centre for Diffraction Data-Joint Committee on Powder Diffraction Standard,* 2006 (ICDD-JCPDS). El estudio de los difractogramas nos permite aproximarnos a la Temperatura de Cocción Equivalente a la que pudieran haber sido calentadas las cerámicas arqueológicas estudiadas; más claramente, y según Picon (1973: 58), "on apellara température de cuisson équivalent la température de cuisson qui, maintenue pendant un palier d'une hore, aurait produit sur cette céramique prise en cru, des effets équivalents à ceux que l'on observe sur le tesson dont nous occupons". Los criterios de determinación de esta TCE tiene lugar en base a la evaluación de los minerales identificados en los difractogramas de cada individuo analizado, de acuerdo a las categorías establecidas por Maggetti (1981), es decir, los minerales primarios parte de la materia prima originaria y que no han desaparecido durante el proceso de cocción; los minerales de cocción, resultado de la transformación de las fases minerales primarias durante dicho proceso; y minerales secundarios, formados en un contexto postdeposicional, cristalizados a partir de agentes externos o por la transformación, como reacción interna, de algunos minerales de cocción.

Para realizar las observaciones por MEB se han preparado fracturas frescas de las muestras que se han adherido a un portamuestras con silicona recubierta con plata coloi-

[77] Rutina analítica y resultados extraídos parcialmente del informe técnico *Estudio de caracterización arqueométrica de las producciones cerámicas de paredes finas, de tradición ibérica pintadas, de tipo Peñaflor, lucernas y terra sigillata hispánica del centro productor de Andújar*, encargado con motivo de este trabajo y realizado por la Dra. Marisol Fernández i Madrid y el Prof. Jaume Buxeda i Garrigós de la unidad de investigación ARQ|UB, Cultura material i Arqueometria, de la Universitat de Barcelona.

dal y se han hecho conductoras con una capa de carbón en una atmósfera de alto vacío. El microscopio electrónico de barrido permite la observación y caracterización superficial de materiales inorgánicos y orgánicos, así como la obtención de imágenes de alta resolución para el estudio de esas superficies a partir de la interacción de un haz de electrones con la muestra en estudio. De la misma manera, se pueden obtener datos morfológicas y también realizar análisis químicos cualitativos y cuantitativos de los individuos muestreados. En nuestro caso, las observaciones se han realizado sobre fractura fresca de los individuos utilizando un aparato JOEL JSM-840 equipado con un detector de electrones secundarios (MEB-ES) y preparado para la adquisición digital de imágenes, trabajando típicamente, a 2000x, con un reloj de aceleración de 20 kV. Esta técnica ha sido utilizada ha sido empleada en el análisis de al menos una muestra correspondiente a cada una de las fábricas individualizadas dentro de las distintas producciones del alfar contempladas en este estudio. El objetivo es determinar la microestructura y el estadio de sinterización de la matriz y el barniz.

Finalmente, el estudio de los individuos por lupa binocular se ha realizado a partir de la observación de fracturas frescas utilizando una lupa binocular OLYMPUS SZX10. La lupa binocular está equipada con binoculares de 10x, con un zoom continuado que permite hacer observaciones de 6.3x a 63x. Las observaciones se han estandarizado a 25x. Éstas han sido realizadas sobre un individuo de cada producción o varios individuos, en el casos de que se hayan identificado diferentes fábricas dentro de cada producción. La finalidad de este procedimiento es la de fijar las características macroscópicas de cada producción para poder realizar, a partir de ellas, una asociación de piezas de procedencia desconocida con sus posibles talleres productores o áreas de procedencia. Este sistema no pretende ser sustitutivo de la caracterización arqueométrica a la hora de considerar la procedencia de un individuo dado, aunque sí puede ser de gran utilidad como complemento al método tradicional de clasificación a ojo desnudo, en especial cuando las técnicas arqueométricas no nos estén al alcance.

Los análisis por FRX, DRX y MEB se han realizado en los Servicios Científico-Técnicos de la Universitat de Barcelona.

IV.3. Resultados

IV.3.1. Caracterización química

Los resultados obtenidos en el análisis mediante FRX de las muestras procedentes de Los Villares de Andújar se ofrecen en la Tabla 3.2. En ella se muestran las concentraciones (% peso *vs* Fe) determinadas en el total de las 24 muestras cerámicas para los siguientes 25 elementos: Fe_2O_3, Al_2O_3, MnO, P_2O_5, TiO_2, MgO, CaO, Na_2O, K_2O, SiO_2, Ba, Rb, Mo, Th, Nb, Pb, Zr, Y, Sr, Sn, Ce, Co, Ga, V, Zn, W, Cu, Ni y Cr.

IV.3.1.1. Análisis estadístico

Hemos de decir que no existe un tratamiento estadístico único de los datos composicionales por lo que la aplicación del modelo cuyo objetivo es revelarnos la estructura interna de un conjunto de datos queda en manos del investigador. Así, para superar las distintas limitaciones que afectan a los datos composicionales, Aitchinson (1986) idea un modelo de contrastación matemática fundado en que dichos datos realmente no nos informan de los tantos por ciento de la composición, sino de los valores relativos entre ellos sea cual sea la composición. De ahí, propone trabajar con razones y, en consecuencia, obtener la estructura de covarianza de una composición, la cual quedará expresada en la denominada matriz de variación composicional (en adelante MVC). Con la matriz podremos cuantificar la variación total (en daelnate vt) así como determinar qué componentes son aquellos que introducen mayor variabilidad al conjunto, es decir, cuales son los responsables de las diferencias que se van a establecer. El origen de la variación composicional se puede identificar a partir de los valores $\tau.i$, es decir la suma de los valores de cada columna. Estos valores son mayores cuanto mayor es la variación asociada al elemento que encabeza la columna. Además, estos valores se pueden dar en relación al valor de la variación total ($vt/\tau.i$), cuanto menor sea este valor, mayor será la variación impuesta por el elemento en cuestión. Finalmente, la MVC permite igualmente identificar cual de los elementos determinados impone una menor variación relativa y será el idóneo para utilizar como divisor en la transformación de los valores químicos en logaritmos de razones (transformación ALR) sobre los cuales se realizará el tratamiento estadístico posterior.

Por tanto, los resultados del análisis químico por FRX (tab. 8) han sido tratados mediante técnicas estadísticas siguiendo las consideraciones de Aitchison (1986; 1992) sobre datos composicionales, adaptadas a la caracterización arqueométrica (Buxeda, 1999), empleando la transformación ALR a fin de minimizar el efecto de los componentes mayoritarios y otorgar un peso equivalente, o por lo menos mayor, a los restantes componentes. Con ello se pretende, además, atenuar la capacidad para alterar los datos por parte de posibles perturbaciones que puedan modificar la composición química de los artefactos cerámicos. Ademas, los componentes Sn, Mo, Co, W y Co no se han considerado por indeterminaciones e imprecisiones analíticas para el trabajo estadístico posterior.

	Fe_2O_3	Al_2O_3	MnO	P_2O_5	TiO_2	MgO	CaO	Na_2O	K_2O	SiO_2	Ba	Rb	Th	Nb	Pb	Zr	Y	Sr	Ce	Ga	V	Zn	Cu	Ni	Cr
LVA17	5.71	15.15	0.08	0.19	0.73	2.26	13.34	0.39	3.09	58.89	481	124	16	17	39	201	27	402	72	21	99	95	34	44	73
LVA18	5.22	14.42	0.08	0.21	0.68	2.63	21.98	0.45	3.22	50.95	396	116	14	17	82	166	26	535	49	20	77	93	39	44	62
LVA19	5.20	13.86	0.09	0.23	0.66	2.26	17.32	0.47	2.95	56.80	362	123	13	17	28	197	27	436	54	18	85	86	30	40	64
LVA20	5.57	15.74	0.07	0.17	0.75	2.07	16.22	0.41	3.07	55.76	439	130	15	18	25	221	28	420	63	20	81	88	34	46	72
LVA21	5.19	14.19	0.07	0.23	0.66	2.21	17.66	0.32	3.18	56.13	546	120	15	16	26	180	26	398	67	20	89	89	33	41	57
LVA22	5.34	13.87	0.06	0.20	0.70	1.84	15.47	0.33	2.49	59.55	350	115	12	18	23	253	29	409	61	18	85	78	36	40	69
LVA23	5.71	16.01	0.05	0.16	0.71	2.14	13.33	0.43	2.86	58.41	497	137	13	19	33	206	29	307	53	21	98	88	31	45	74
LVA24	5.45	14.84	0.05	0.18	0.68	1.97	14.08	0.42	2.69	59.47	458	128	11	18	26	229	28	300	75	19	88	83	33	42	71
LVA25	5.51	14.46	0.09	0.29	0.70	2.42	14.23	0.73	2.57	58.83	377	122	12	18	28	200	27	428	57	19	85	94	44	42	68
LVA26	5.53	15.19	0.09	0.18	0.70	2.06	11.79	0.51	2.91	60.89	374	134	13	18	29	206	29	324	75	20	95	89	33	46	79
LVA27	5.40	14.71	0.07	0.25	0.68	2.03	16.02	0.40	3.50	56.77	534	123	14	18	33	203	26	351	43	19	96	90	39	41	67
LVA28	5.52	15.07	0.06	0.20	0.70	2.18	16.06	0.44	3.09	56.50	456	130	13	19	30	207	29	369	65	20	93	87	35	42	70
LVA29	6.01	15.94	0.10	0.20	0.80	2.44	12.99	0.51	3.28	57.55	539	149	14	21	30	248	37	208	79	22	78	95	39	41	66
LVA30	5.85	15.58	0.09	0.19	0.77	2.95	13.69	0.49	3.38	56.85	516	143	15	20	25	238	35	240	82	20	78	88	34	35	60
LVA31	6.06	16.04	0.09	0.21	0.78	3.15	13.48	0.47	3.46	56.10	513	152	15	21	28	234	37	240	73	21	80	90	34	38	61
LVA32	6.25	16.71	0.10	0.17	0.79	2.93	10.98	0.53	3.25	58.12	471	151	14	21	25	232	36	204	82	22	86	90	35	38	66
LVA33	5.50	14.97	0.10	0.24	0.88	1.90	8.97	0.58	3.05	63.64	529	142	12	21	49	310	35	135	77	19	80	79	29	37	67
LVA34	5.65	14.78	0.10	0.24	0.86	1.99	10.06	0.54	2.99	62.63	520	128	12	21	27	295	35	159	75	18	83	83	34	39	65
LVA35	4.98	13.08	0.10	0.19	0.83	2.02	9.60	0.53	2.75	65.76	469	115	9	20	21	333	33	133	76	16	75	72	28	33	62
LVA36	4.86	12.80	0.09	0.13	0.87	1.74	9.07	0.53	2.70	67.05	455	116	9	20	26	365	33	137	83	15	72	69	29	31	62
LVA37	5.65	14.94	0.10	0.12	0.89	1.77	4.58	0.50	3.23	68.05	538	147	12	20	31	336	33	130	82	19	86	83	30	37	76
LVA38	5.41	14.55	0.09	0.17	0.88	1.99	6.75	0.51	3.00	66.48	530	143	14	21	53	332	33	140	77	18	77	86	31	34	68
LVA39	5.33	13.41	0.09	0.16	0.86	2.04	8.67	0.66	2.88	65.73	482	113	12	20	40	344	33	145	81	17	72	80	32	36	67
LVA40	5.30	13.26	0.09	0.15	0.86	1.92	8.08	0.58	2.87	66.73	453	114	11	20	33	352	33	134	74	17	78	78	27	35	67

Tabla 8. Resultados de los análisis de FRX (datos normalizados). Los valores de los elementos mayores y menores están expresados en porcentaje (%). Los valores de los elementos traza están expresados en partes por millón (ppm).

La MVC de los 24 individuos analizados (tab. 9) permite cuantificar la variación total (vt) presente en la matriz de datos. En el caso presente, la vt es ligeramente superior a la que se considera adecuada para la producción de materiales para una muestra monogenética de un único centro productor (vt = 0.80015) (Buxeda y Kilikoglou 2003), si bien este valor podría estar relacionado con la posibilidad que se hayan utilizado pastas diferentes para la elaboración de las diversas producciones cerámicas que incluye el actual estudio. Además, se puede observar que el origen de la variación composicional es debido principalmente a las variaciones relativas de los componentes

LVA	Fe_2O_3	Al_2O_3	MnO	P_2O_5	TiO_2	MgO	CaO	Na_2O	K_2O	SiO_2	Ba	Rb	Th
Fe_2O_3	0	0,00085	0,04418	0,04410	0,01435	0,01739	0,12794	0,03983	0,00600	0,01181	0,01705	0,00369	0,01375
Al_2O_3	0,00085	0	0,05135	0,04349	0,01880	0,01756	0,11968	0,04642	0,00583	0,01557	0,01809	0,00322	0,01128
MnO	0,04418	0,05135	0	0,08991	0,02655	0,05840	0,24724	0,02937	0,04473	0,03798	0,05417	0,04343	0,07315
P_2O_5	0,04410	0,04349	0,08991	0	0,07447	0,04625	0,08074	0,08296	0,04715	0,06334	0,06874	0,05482	0,04591
TiO_2	0,01435	0,01880	0,02655	0,07447	0	0,04626	0,20140	0,02504	0,01896	0,00441	0,01585	0,01608	0,04420
MgO	0,01739	0,01756	0,05840	0,04625	0,04626	0	0,09900	0,06143	0,01817	0,04681	0,04235	0,02193	0,01877
CaO	0,12794	0,11968	0,24724	0,08074	0,20140	0,09900	0	0,23155	0,12678	0,17835	0,18126	0,15062	0,10292
Na_2O	0,03983	0,04642	0,02937	0,08296	0,02504	0,06143	0,23155	0	0,05150	0,02908	0,05615	0,04376	0,07889
K_2O	0,00600	0,00583	0,04473	0,04715	0,01896	0,01817	0,12678	0,05150	0	0,01895	0,01215	0,00789	0,01203
SiO_2	0,01181	0,01557	0,03798	0,06334	0,00441	0,04681	0,17835	0,02908	0,01895	0	0,01975	0,01639	0,04008
Ba	0,01705	0,01809	0,05417	0,06874	0,01585	0,04235	0,18126	0,05615	0,01215	0,01975	0	0,01579	0,03146
Rb	0,00369	0,00322	0,04343	0,05482	0,01608	0,02193	0,15062	0,04376	0,00789	0,01639	0,01579	0	0,01779
Th	0,01375	0,01128	0,07315	0,04591	0,04420	0,01877	0,10292	0,07889	0,01203	0,04008	0,03146	0,01779	0
Nb	0,00726	0,01032	0,03010	0,05885	0,00325	0,03130	0,17020	0,02685	0,01181	0,00592	0,01436	0,00842	0,03422
Pb	0,09621	0,09501	0,13008	0,12829	0,09468	0,11285	0,22192	0,11151	0,08511	0,09976	0,10048	0,10085	0,08679
Zr	0,06619	0,07605	0,05300	0,15031	0,02141	0,12056	0,32533	0,04856	0,07527	0,02964	0,05501	0,06673	0,12151
Y	0,01200	0,01630	0,02535	0,07146	0,00473	0,03361	0,19149	0,02961	0,01753	0,01167	0,01653	0,01139	0,04185
Sr	0,23671	0,22322	0,39838	0,18190	0,34419	0,21036	0,05728	0,37668	0,24157	0,30269	0,32280	0,26422	0,18244
Ce	0,03251	0,03827	0,03545	0,11240	0,01723	0,06213	0,24248	0,04565	0,04225	0,02254	0,03433	0,03068	0,06619
Ga	0,00310	0,00161	0,05761	0,04228	0,02761	0,01554	0,10905	0,05686	0,00653	0,02331	0,02242	0,00615	0,00721
V	0,00881	0,00749	0,07364	0,04175	0,03205	0,03373	0,11216	0,06319	0,01444	0,01913	0,02846	0,01529	0,01729
Zn	0,00421	0,00348	0,05517	0,03488	0,02721	0,01588	0,10395	0,05001	0,00712	0,02113	0,02451	0,00974	0,00652
Cu	0,01207	0,01199	0,06408	0,02910	0,03704	0,02151	0,09221	0,05406	0,01820	0,03029	0,03796	0,02147	0,01914
Ni	0,01149	0,00891	0,08064	0,03822	0,04049	0,03170	0,08923	0,06596	0,01865	0,02854	0,04003	0,02037	0,01487
Cr	0,00777	0,00799	0,05860	0,05854	0,01826	0,04202	0,14525	0,04260	0,01744	0,00943	0,02911	0,01305	0,02572
τ.i	0,83928	0,85276	1,86256	1,68985	1,17455	1,22551	3,70804	1,74752	0,92606	1,08658	1,25881	0,96378	1,11398
vt/τ.i	0,95338	0,93830	0,42960	0,47350	0,68124	0,65291	0,21579	0,45788	0,86404	0,73640	0,63564	0,83022	0,71828
r v, τ	0,99793	0,99705	0,92482	0,83688	0,93146	0,95888	0,02039	0,92503	0,99681	0,95279	0,97410	0,99284	0,92948

LVA	Nb	Pb	Zr	Y	Sr	Ce	Ga	V	Zn	Cu	Ni	Cr
Fe2O3	0,00726	0,09621	0,06619	0,01200	0,23671	0,03251	0,00310	0,00881	0,00421	0,01207	0,01149	0,00777
Al2O3	0,01032	0,09501	0,07605	0,01630	0,22322	0,03827	0,00161	0,00749	0,00348	0,01199	0,00891	0,00799
MnO	0,03010	0,13008	0,05300	0,02535	0,39838	0,03545	0,05761	0,07364	0,05517	0,06408	0,08064	0,05860
P2O5	0,05885	0,12829	0,15031	0,07146	0,18190	0,11240	0,04228	0,04175	0,03488	0,02910	0,03822	0,05854
TiO2	0,00325	0,09468	0,02141	0,00473	0,34419	0,01723	0,02761	0,03205	0,02721	0,03704	0,04049	0,01826
MgO	0,03130	0,11285	0,12056	0,03361	0,21036	0,06213	0,01554	0,03373	0,01588	0,02151	0,03170	0,04202
CaO	0,17020	0,22192	0,32533	0,19149	0,05728	0,24248	0,10905	0,11216	0,10395	0,09221	0,08923	0,14525
Na2O	0,02685	0,11151	0,04856	0,02961	0,37668	0,04565	0,05686	0,06319	0,05001	0,05406	0,06596	0,04260
K2O	0,01181	0,08511	0,07527	0,01753	0,24157	0,04225	0,00653	0,01444	0,00712	0,01820	0,01865	0,01744
SiO2	0,00592	0,09976	0,02964	0,01167	0,30269	0,02254	0,02331	0,01913	0,02113	0,03029	0,02854	0,00943
Ba	0,01436	0,10048	0,05501	0,01653	0,32280	0,03433	0,02242	0,02846	0,02451	0,03796	0,04003	0,02911
Rb	0,00842	0,10085	0,06673	0,01139	0,26422	0,03068	0,00615	0,01529	0,00974	0,02147	0,02037	0,01305
Th	0,03422	0,08679	0,12151	0,04185	0,18244	0,06619	0,00721	0,01729	0,00652	0,01914	0,01487	0,02572
Nb	0	0,09669	0,03468	0,00254	0,31021	0,02106	0,01731	0,02338	0,01845	0,02568	0,03062	0,01486
Pb	0,09669	0	0,15594	0,11226	0,32138	0,14705	0,09421	0,10485	0,08435	0,09791	0,09689	0,09358
Zr	0,03468	0,15594	0	0,03186	0,50637	0,03258	0,09367	0,09261	0,09301	0,10366	0,11040	0,06322
Y	0,00254	0,11226	0,03186	0	0,34468	0,01451	0,02363	0,03506	0,02711	0,03639	0,04296	0,02481
Sr	0,31021	0,32138	0,50637	0,34468	0	0,39565	0,20399	0,19425	0,19304	0,18132	0,16323	0,23540
Ce	0,02106	0,14705	0,03258	0,01451	0,39565	0	0,04618	0,05638	0,05103	0,06506	0,06755	0,04070
Ga	0,01731	0,09421	0,09367	0,02363	0,20399	0,04618	0	0,00751	0,00245	0,01182	0,00755	0,01173
V	0,02338	0,10485	0,09261	0,03506	0,19425	0,05638	0,00751	0	0,00754	0,01700	0,00598	0,00714
Zn	0,01845	0,08435	0,09301	0,02711	0,19304	0,05103	0,00245	0,00754	0	0,00722	0,00619	0,01097
Cu	0,02568	0,09791	0,10366	0,03639	0,18132	0,06506	0,01182	0,01700	0,00722	0	0,01270	0,02019
Ni	0,03062	0,09689	0,11040	0,04296	0,16323	0,06755	0,00755	0,00598	0,00619	0,01270	0	0,00964
Cr	0,01486	0,09358	0,06322	0,02481	0,23540	0,04070	0,01173	0,00714	0,01097	0,02019	0,00964	0
τ.i	1,00835	2,86866	2,52759	1,17932	6,39197	1,71986	0,89933	1,01914	0,86517	1,02808	1,04282	1,00801
vt/τ.i	0,79353	0,27893	0,31657	0,67848	0,12518	0,46524	0,88972	0,78513	0,92484	0,77830	0,76730	0,79379
r v, τ	0,96012	0,98731	0,90512	0,94469	0,10986	0,92543	0,98271	0,96996	0,97999	0,95505	0,91032	0,98817
vt	0,80015											

Tabla 9. Matriz de variación composicional de los 24 individuos estudiados. En cada columna i (i=1,...,S) se encuentran las variancias después de la transformación en logaritmos de razones utilizando el componente x_i como divisor. vt=variación total, τ.i=suma total de las variancias de la columna i, vt/τ.i=parte de la variación total en la matriz de covariancias de logaritmos de razones utilizando el componente x_i como divisor respecto a la variación total, rv,τ=correlación entre los valores $\tau_{.ij}$ (i≠j) y los valores correspondientes τ.i (j=1,...,i-1,i+1,...,S).

P_2O_5, Ce, Na_2O y MnO ($vt/\tau_{.i}<0.5$), es decir que introducen una variabilidad >50% cuando son utilizados como divisores en una transformación ALR, Zr ($vt/\tau_{.i}<0.4$,) que introduce una variabilidad >60%, y especialmente Pb, CaO y Sr, $vt/\tau_{.i}<0.3$ los dos primeros y $vt/\tau_{.i}<0.2$ el último, introduciendo así una variabilidad >70% y >80% respectivamente. Como se puede observar, en este conjunto de datos los componentes que introducen una menor variabilidad cuando son utilizados como divisores en una transformación ALR son el Zn, Al2O3 y Fe2O3 $vt/\tau_{.i}>0.90$, especialmente, este último ($vt/\tau_{.i}>0.95$) que impone una variabilidad relativa inferior al 5%).

El estudio de las concentraciones obtenidas nos permiten observar que la alta variabilidad introducida por el plomo se debe principalmente a las concentraciones de 3 individuos con 75, 49 y 53 ppm mientras que el resto de individuos caracterizados presentan concentraciones que van de

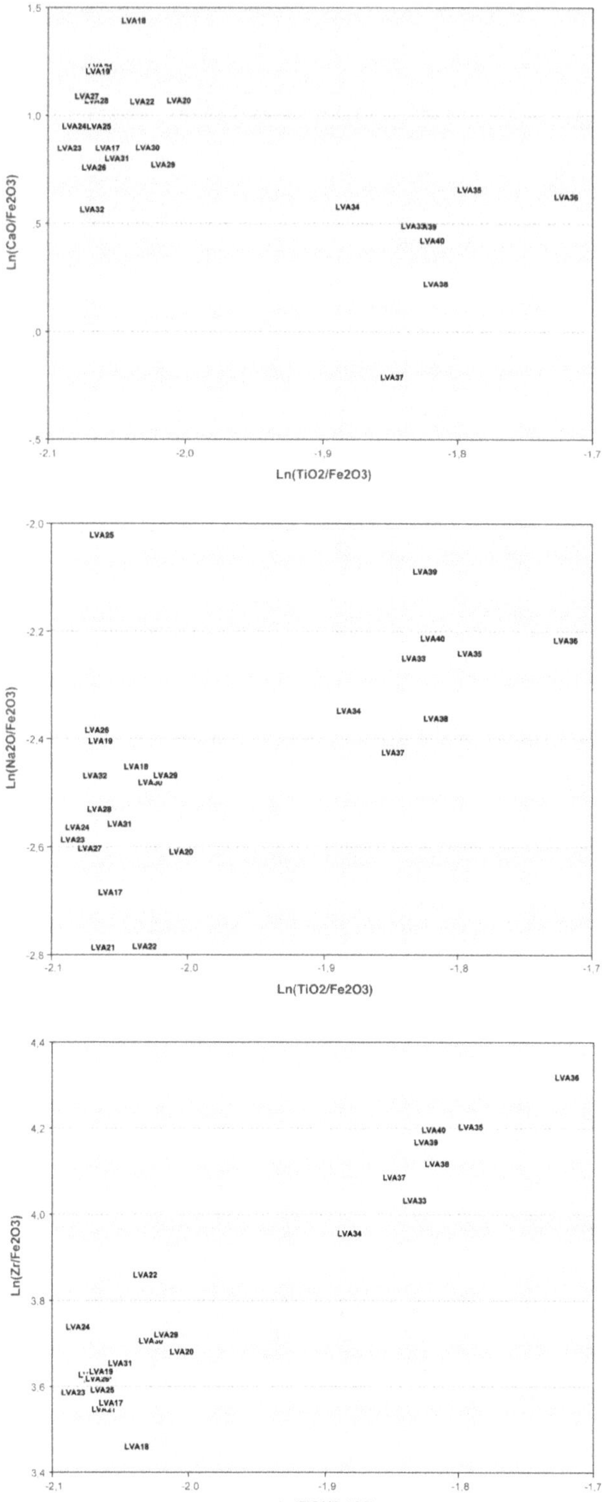

Figura 28. Diagramas bivariantes: arriba, Ln(CaO/Fe_2O_3)-Ln(Ti_2O/Fe_2O_3); centro, Ln(Na_2O/Fe_2O_3)-Ln(Ti_2O/Fe_2O_3); abajo, Ln(Zr/Fe_2O_3)-Ln(Ti_2O/Fe_2O_3).

21 a 40 ppm (en valores normalizados, en peso %). Ya a que los valores en estos tres individuos son aleatorios cabe la posibilidad de achacarlos a contaminaciones ocasionadas por la proximidad a objetos de plomo durante el periodo postdeposicional (Buxeda 1995). En cualquier caso, como no es posible identificar el origen de estas concentraciones, este elemento no ha estado considerado en el tratamiento estadístico general. Respecto al fósforo, la variabilidad que este elemento introduce se debe a variaciones aleatorias de sus concentraciones con valores de P_2O_5 que varían de (0.12 a 0.28) % (en valores normalizados, en peso %). Aunque es muy difícil identificar el origen de estas variaciones, muy probablemente se encuentran relacionadas con procesos de contaminaciones por materia orgánica durante la deposición (Duma, 1972; Collomb y Maggetti 1996; Buxeda y Campillo, 2001). Por este motivo, los resultados del fósforo tampoco serán considerados en este estudio.

Ayudándonos del software estadístico IBM SPSS Statistics 19, si trabajamos ahora con gráficos de doble entrada que incorporen aquellos componentes que introducen una alta variabilidad al conjunto de datos —es decir, Sr, CaO, Zr, MnO, Na_2O, Ce, TiO_2, Ni e Y—, y utilizando como divisor el Fe_2O_3, quien presenta el valor t.i más bajo de la matriz de variación composicional, se observa una clara tendencia de las muestras a agruparse de acuerdo con sus similitudes en los valores de los componentes que se indican para cada gráfico, sugiriendo cierta estructura en los datos. Así, en los diagramas correspondientes a los valores de los Ln(TiO_2/Fe_2O_3)-Ln(CaO/Fe2O3) (fig. 28, arriba) e Ln(TiO_2/Fe_2O_3)-Ln(Na_2O/Fe_2O_3) (fig. 28, centro), se puede observar cómo los individuos clasificados como las muestras más antiguas de *terra sigillata* hispánica (LVA29, LVA30, LVA31 y LVA32) de Los Villares de Andújar quedan agrupados conjuntamente con aquellos correspondientes a las producciones de cerámicas de paredes finas (LVA17, LVA18, LVA19 y LVA20), pintada de tradición ibérica (LVA21, LVA22, LVA23 y LVA24), lucernas (LVA25, LVA26) y tipo Peñaflor (LVA27 y LVA28) a la izquierda del gráfico, mientras que los individuos correspondientes a las muestras de *terra sigillata* vinculadas a la gran producción y comercialización de los talleres isturgitanos hasta su desaparición (LVA33, LVA34, LVA35, LVA36, LVA37, LVA38, LVA39 y LVA40) se agrupan a la derecha en ambos gráficos. En el caso del Ln(TiO_2/Fe_2O_3)-Ln(Zr/Fe_2O_3) (fig. 28, abajo), además de continuar la tendencia de las muestras a configurar dos grandes agrupaciones, se observa una clara correlación positiva de estos componentes en la que a mayor cantidad de TiO_2, mayor cantidad de Zr. De nuevo ahí, el grupo de las sigillatas hispánicas más tempranas se sitúa entremezclado con el resto de producciones y separadas de las sigillatas más recientes. Otros gráficos que muestran una situación similar son los formados por los valores de los Ln(CaO/Fe_2O_3)-Ln(Zr/Fe_2O_3) y Ln(Na_2O/Fe_2O_3)-Ln(Zr/Fe_2O_3).

En otros diagramas, el carácter basculante del grupo de sigillatas más antiguas se confirma. Así, podremos apreciar como en otras situaciones se agrupan con la sigillatas posteriores, y claramente diferenciados del grupo compuesto por el resto de las producciones. Así ocurre en los diagramas de los valores de los Ln(Y/Fe_2O_3)-Ln(Ni/Fe_2O_3) (fig. 29, arriba), Ln(Sr/Fe_2O_3)-Ln(Ni/Fe_2O_3) (fig. 29, centro) y Ln(Y/Fe_2O_3)-Ln(Sr/Fe_2O_3) (fig. 29, abajo), aunque en este último caso podría considerarse cierta inclinación de las primeras a

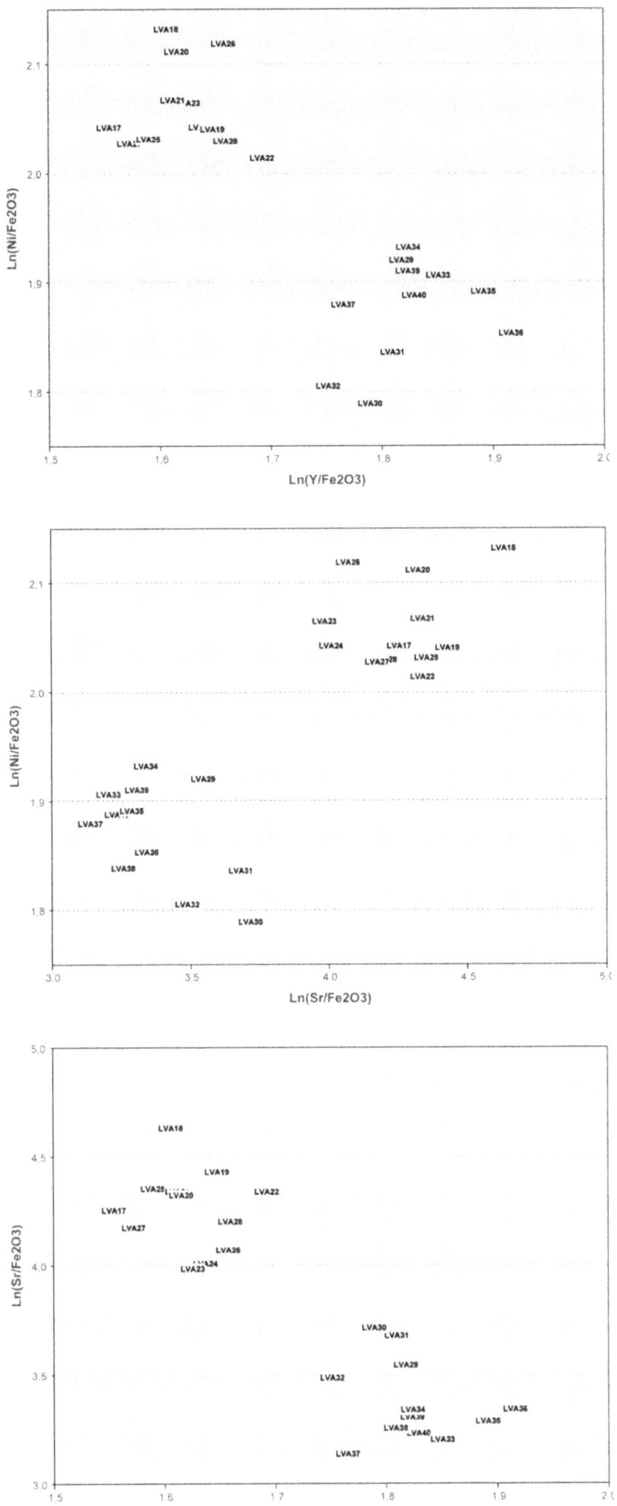

Figura 29. Diagramas bivariantes: arriba, Ln(Y/Fe_2O_3)-Ln(Ni/Fe_2O_3); centro, Ln(Sr/Fe_2O_3)-Ln(Ni/Fe_2O_3); abajo, Ln(Y/Fe_2O_3)-Ln(Sr/Fe_2O_3).

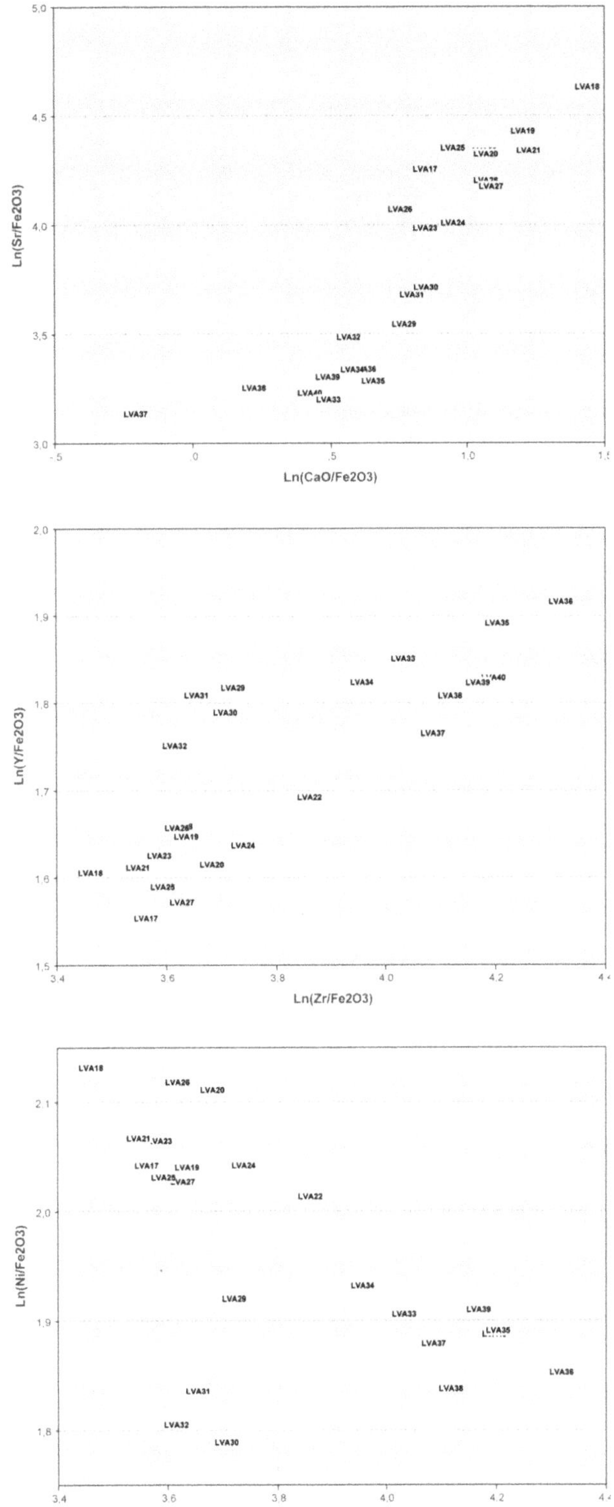

Figura 30. Diagramas bivariantes: arriba, Ln(CaO/Fe_2O_3)-Ln(Sr/Fe_2O_3); centro, Ln(Zr/Fe_2O_3)-Ln(Y/Fe_2O_3); abajo, Ln(Zr/Fe_2O_3)-(Ni/Fe_2O_3)

establecerse separadamente en una posición intermedia en la correlación negativa establecida entre el Y y el Sr. Lo misma moda en la que todas las muestras de *sigillata* aparecen distribuidas conjuntamente, podría decirse de los gráficos formados por los valores de los Ln(CaO/Fe_2O_3)-Ln(Ni/Fe_2O_3), Ln(Na_2O/Fe_2O_3)-Ln(Y/Fe_2O_3), Ln(Na_2O/Fe_2O_3)-Ln(Sr/Fe_2O_3), Ln(Y/Fe_2O_3)-Ln(Ce/Fe_2O_3) y Ln(Ce/Fe_2O_3)-Ln(Ni/Fe_2O_3).

La propensión de los individuos correspondientes a las sigillatas de la producción inicial a dibujarse como un grupo separadamente del resto se confirma, ya que presentan valores intermedios que no encajan con ninguna de las dos agrupaciones. Eso es lo que se desprende de los diagramas de los valores de los Ln(CaO/Fe_2O_3)-Ln(Sr/Fe_2O_3) (fig. 30, arriba), Ln(Zr/Fe_2O_3)-Ln(Y/Fe_2O_3) (fig. 30, centro), que también presentan una correlación positiva entre sus componentes, y en el de los valores de los Ln(Zr/Fe_2O_3)-(Ni/Fe_2O_3) (fig. 30, abajo), donde se describe una clara correlación negativa entre estos componentes. Otros gráficos que muestran una situación similar son los formados por los valores de los Ln(SiO_2/Fe_2O_3)-Ln(Zr/Fe_2O_3), Ln(TiO_2/Fe_2O_3)-Ln(SiO_2/Fe_2O_3), Ln(TiO_2/Fe_2O_3)-Ln(Y/Fe_2O_3), Ln(TiO_2/Fe_2O_3)-Ln(Sr/Fe_2O_3), Ln(TiO_2/Fe_2O_3)-Ln(Ni/Fe_2O_3), Ln(TiO_2/Fe_2O_3)-Ln(Cr/Fe_2O_3), Ln(CaO/Fe_2O_3)-Ln(Y/Fe_2O_3), Ln(Zr/Fe_2O_3)-Ln(Sr/Fe_2O_3) y Ln(Sr/Fe_2O_3)- Ln(Ce/Fe_2O_3).

En definitiva, los diagramas bivariantes sugieren que una única pasta cerámica fue utilizada para la elaboración de las producciones de paredes finas, cerámicas pintadas de tradición ibérica, lucernas y cerámicas tipo Peñaflor. Una segunda se habría utilizado para la *sigillata* de la gran producción iniciada alrededor de época flavia; las concentraciones más bajas en CaO y Sr, así como más altas en SiO_2 TiO_2 y Zr parecen indicar el empleo de una materia prima base más silícea (arenosa?) que la anterior y menos calcárea. Por su parte, las sigillatas hispánicas de la primera época del alfar, coincidentes con aquellas que presentan una mejor factura técnica en pastas y barnices, presentan en algunos casos similitudes con una u otra agrupación, sin que sea posible de momento realizar mayores precisiones, si bien podría pensarse por sus concentraciones intermedias, en una pasta situada entre dos extremos, uno silíceo, otro calcáreo.

Continuando con el tratamiento estadístico se realizó un análisis de conglomerados (en adelante AC) con el programa STATGRAPHICS Centurion 16 utilizando la distancia euclidiana al cuadrado y el proceso aglomerativo del centroide sobre la subcomposición Al_2O_3, MnO, TiO_2, MgO, CaO, Na_2O, K_2O, SiO_2, Ba, Rb, Th, Nb, Zr, Y, Sr, Ga, Ce, V, Zn, Cu Ni y Cr, transformados en logaritmos de razones utilizando el Fe_2O_3 como divisor, sin considerar los elementos P_2O_5 y Pb debido a los problemas expuestos anteriormente. En este análisis cluster se combina toda la información aportada por todos los datos químicos para permitir apreciar las similitudes de composición entre los individuos en estudio, y cuya expresión gráfica es el dendrograma, en el que se resume y ordena la información al hacer evidente qué individuos se parecen más y cuales presentan mayores diferencias. O lo que es lo mismo, cuanto mayor es la distancia respecto de la base en que se realizan las uniones entre los individuos y los grupos, menor es la similitud química entre ellos.

En nuestro caso, el estudio del dendrograma resultante del AC de la (fig. 31) muestra una estructura similar a la

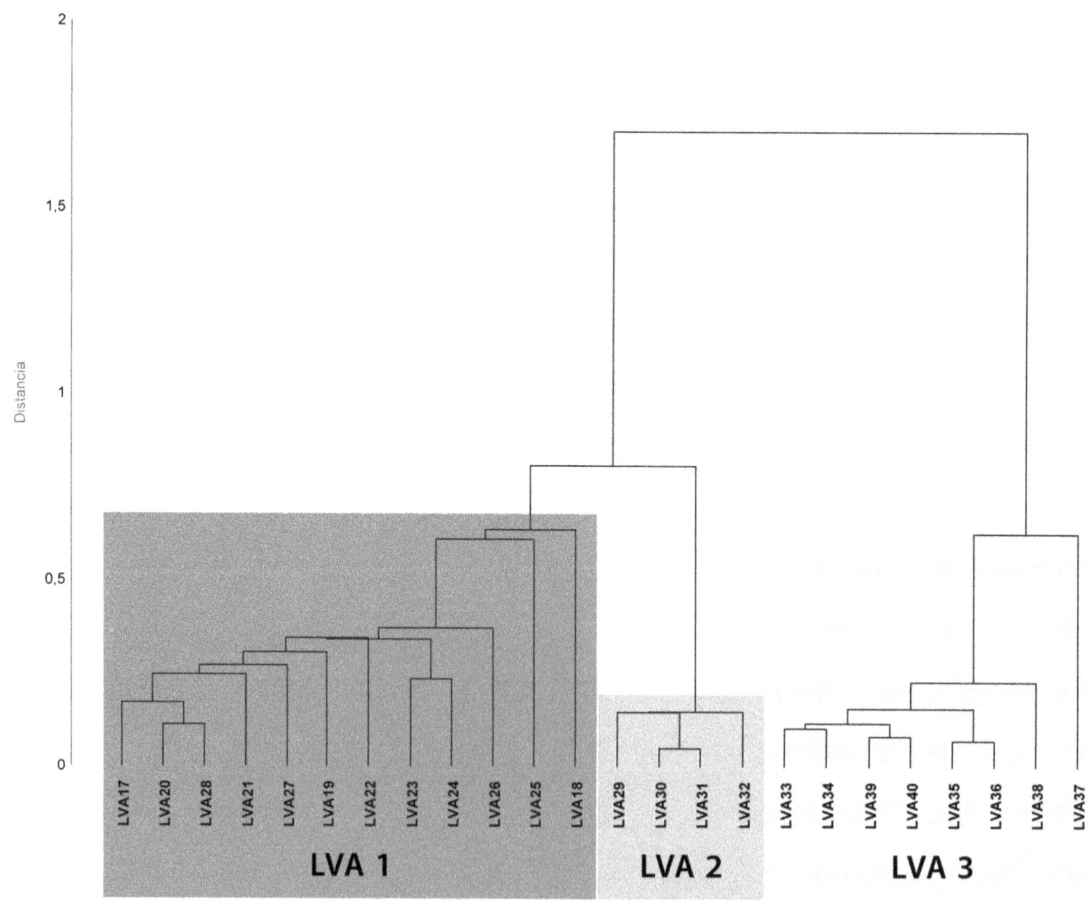

Figura 31. Dendrograma resultante del análisis de conglomerados utilizando la distancia euclideana al cuadrado y el proceso aglomerativo del centroide para la subcomposición Al_2O_3, MnO, TiO_2, MgO, CaO, Na_2O, K_2O, SiO_2, Ba, Rb, Th, Nb, Zr, Y, Sr, Ga, Ce, V, Zn, Cu Ni y Cr, transformados en logaritmos de razones utilizando el Fe_2O_3 como divisor.

observada en los análisis anteriores. Así, a la izquierda se encuentra una agrupación la cual se divide, a su vez, en dos: un primer grupo situado más a la izquierda (en adelante grupo LVA 1) formado por las producciones de paredes finas, cerámicas pintadas de tradición ibérica, lucernas y cerámicas tipo Peñaflor; y un segundo grupo en el centro del dendrograma que engloba la *sigillata* de mayor calidad (en adelante grupo LVA 2). Hay que destacar que la mayoría de estos individuos se fusionan a una distancia entre 0.3 y 0.4, indicando una gran similitud composicional de los individuos que lo forman; la fusión a mayor distancia es debida a los individuos LVA18 y LVA25. En el primer caso, con algunas disonancias en CaO y Sr SiO_2 y Zr con respecto al resto de individuos, debido probablemente al proceso de preparación de la pasta; y en el segundo, sus valores en Na_2O, K_2O y Rb podrían estar relacionados con un doble proceso de alteración y contaminación durante el enterramiento.

A la derecha del dendrograma, encontramos un segundo grupo que está formado aquellas sigillatas de la gran producción (en adelante grupo LVA 3). En todos los casos los individuos se fusionan a distancias muy cortas, significando un importante grado de homogeneidad de las pastas dentro de cada uno de estos subgrupos. Con una sola excepción, la del individuo LVA37, cuya fusión al resto del grupo a una distancia más elevada por sus contenidos más bajos en CaO y Sr, a causa quizás del proceso de preparación de la pasta. En este caso, en el que nos encontramos trabajando con un mayor número de variables, la fusión de los grupos LVA 1 y LVA 2, denota un mayor grado de similitud entre esos dos conjuntos de fábricas, por lo que muy probablemente, en ambos pudo usarse la misma materia prima en su elaboración, total o parcialmente. Según parece, otra materia prima se encuentra en la base de la preparación de las pastas del grupo LVA 3.

En definitiva y como conclusión del trabajo estadístico de los datos químicos, se puede decir que los ceramistas de Andújar habrían utilizado una única materia prima para la fabricación de producciones distintas como son las paredes finas, las cerámicas pintadas de tradición ibérica, las lucernas y las de tipo Peñaflor. Por otro lado, el estudio estadístico nos ha permitido distinguir una agrupación con la *sigillata* de mejor calidad y que presenta ciertas similitudes con la anterior. Podría tratarse de una materia prima muy similar o bien de la misma materia prima modificada para conseguir una pasta más adecuada para la fabricación de la *terra sigillata*. Finalmente, para la fabricación de la *sigillata* que venimos denominando "de la gran producción" se habría utilizado una arcilla base menos calcárea. A pesar de las similitudes creemos que las diferencias identificadas son debidas a la utilización de materias primas distintas y no a una menor depuración de una arcilla original común. Así, de acuerdo con estos resultados, se pueden definir tres grupos de referencia (GR) que servirán para la identificación de las producciones aquí analizadas en los centros de consumo susceptibles de haber comercializado estos productos (tab. 10).

Los Villares de Andújar	**LVA 1** (n=12)		**LVA 2** (n=4)		**LVA 3** (n=8)	
	Media	*Desv. Est.*	*Media*	*Desv. Est.*	*Media*	*Desv. Est.*
Fe_2O_3 (%)	5,44	0,18	6,04	0,16	5,33	0,28
Al_2O_3 (%)	14,79	0,90	16,06	0,47	13,97	0,92
MnO (%)	0,07	0,01	0,09	0,01	0,09	0,05
P_2O_5 (%)	0,20	0,03	0,19	0,01	0,17	0,04
TiO_2 (%)	0,69	0,02	0,78	0,01	0,86	0,02
MgO (%)	2,17	0,20	2,86	0,30	1,92	0,11
CaO (%)	15,62	2,65	12,78	1,23	8,22	1,78
Na_2O (%)	0,44	0,10	0,50	0,02	0,55	0,55
K_2O (%)	2,96	0,28	3,34	0,09	2,93	0,17
SiO_2 (%)	57,41	2,59	57,15	0,87	65,75	1,80
Ba (ppm)	439	67	509	28	497	35
Rb (ppm)	125	6	148	4	127	14
Th (ppm)	13	1	14	1	11	1
Nb (ppm)	17	1	20	1	20	1
Pb (ppm)	33	15	27	2	35	11
Zr (ppm)	205	22	238	7	333	22
Y (ppm)	27	1	36	1	33	1
Sr (ppm)	389	65	223	19	139	9
Ce (ppm)	61	10	79	4	78	3
Ga (ppm)	19	1	21	1	17	1
V (ppm)	89	6	80	3	77	5
Zn (ppm)	88	4	90	3	78	5
Cu (ppm)	35	3	35	2	30	2
Ni (ppm)	42	2	38	2	35	2
Cr (ppm)	68	5	63	3	66	4

Tabla 10. Media aritmética y desviación estándar (datos normalizados) de los GR definidos en este estudio (ppm=partes por millón).

IV.3.2. Caracterización mineralógica (tab. 11)

Los resultados de la caracterización química ponen de manifiesto que casi todos los individuos analizados se corresponden con cerámicas definidas tecnológicamente como calcáreas (CaO > 7-8%) (Olcese, 2003: 19) con valores más bajos para el grupo LVA 3, medios para el grupo LVA 2 y altos para el grupo LVA 1. Únicamente los individuos LVA37 y LVA38 presenta un contenido en CaO inferior al 7-8% y deben ser considerados como poco calcáreos o silíceos.

El estudio de los difractogramas ha permitido diferenciar diversas fábricas para las diferentes agrupaciones de acuerdo con las fases minerales identificadas. Y lo haremos estructurándolo de acuerdo a los grupos resultantes de la caracterización química.

IV.3.2.1. Grupo LVA 1

IV.3.2.1.1. Cerámica de paredes finas (fig. 32)

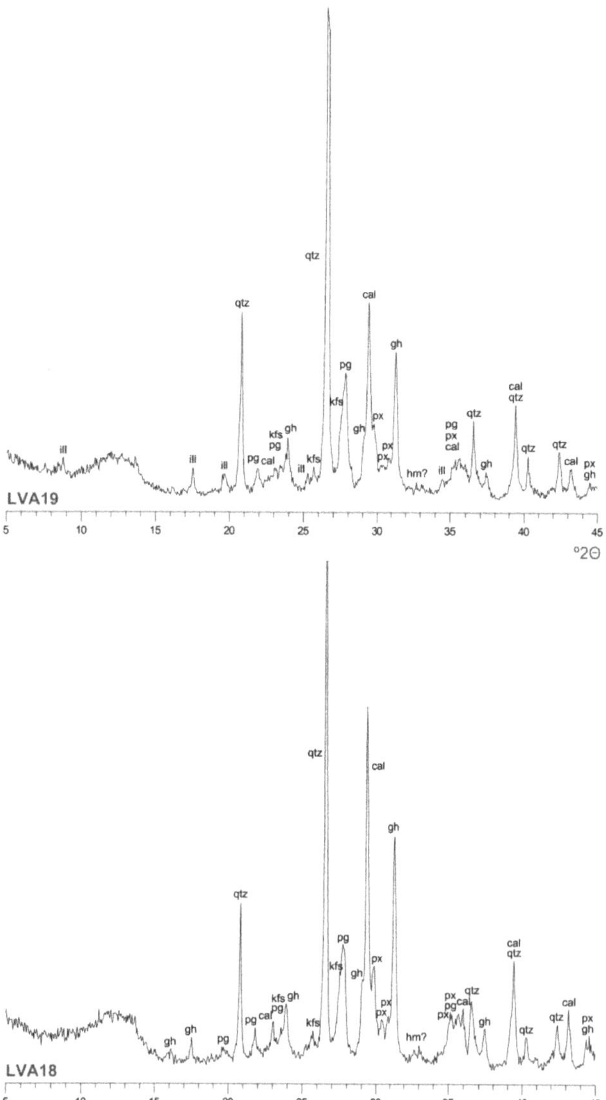

Figura 32. Difractogramas. Paredes finas: arriba el individuo LVA19 de la F1; abajo el individuo LVA18 de la F2. Ill: illita-muscovita; qtz: cuarzo; pg: plagioclasa; kfs: feldespato potásico; cal: calcita; gh: gehlenita; hm: hematites; px: piroxeno.

Esta producción está formada por cuatro individuos (LVA17 a LVA20), cuyos difractogramas han permitido identificar dos fábricas de acuerdo con la asociación de fases cristalinas observadas. La primera fábrica (F1) incluye los individuos LVA17 y LVA19, los cuales muestran los tres picos principales de filicatos de illita-muscovita, cuarzo, calcita, feldespato potásico, plagioclasas, piroxenos y picos poco destacados de gehlenita y hematites. De acuerdo con estas observaciones, se puede estimar una TCE para esta fábrica en el rango 850/900-1000ºC.

La segunda fábrica (F2) está formada por los otros dos individuos que forman esta producción, LVA18 y LVA20. En este caso, las difractometrías muestran la descomposición de los filosilicatos de los cuales ya no se observa ningún pico. Tanto la gehelenita como la hematites presentan ahora picos claros y destacados. Todo ello nos permite estimar una TCE superior a los 950-1000ºC.

IV.3. 2. 1. 2. Cerámica pintada de tradición ibérica (fig. 33)

Entre los cuatro individuos que forman esta producción se han identificado dos fábricas. La primera (F1) está formada por un individuo (LVA21), cuyo difractograma delata picos destacados de filosilicatos de illita-muscovita, cuarzo y calcita. Se observa feldespato potásico, con picos poco destacados y también podría haber plagioclasas, pero éstas no son claras. No se identifican fases de cocción con lo que la temperatura de cocción equivalente baja, inferior o en torno a los 800ºC.

La segunda fábrica (F2) está formada por los tres individuos restantes (LVA22 a LVA24). Respecto a la fábrica anterior, se observa una clara reducción de los picos correspondientes a filosilicatos de illita-muscovita, de los cuales prácticamente ha desaparecido el pico de 10 Å, y también de la calcita. Se observa un aumento del feldespato potásico así como de las plagioclasas que muestran ahora picos claros. Se han desarrollado fases de cocción correspondientes a piroxenos, gehlenita y hematites. Todo ello nos permite estimar una temperatura de cocción equivalente en el rango 900-950ºC.

IV.3.2.1.3. Lucernas (fig. 34)

Cada uno de los dos individuos que corresponden a esta producción pertenece a una fábrica distinta aunque ello no signifique, en este caso, temperaturas de cocción equivalentes distintas. Así, en el difractograma del individuo LVA25 (F1) no se identifican fases correspondientes a filosilicatos de illita-muscovita; las fases principales corresponden a cuarzo, plagioclasas, piroxenos con unos picos muy destacados y gehlenita. También se observa calcita y analcima. La total descomposición de los filosilicatos de illita-muscovita nos indica que la cerámica habría superado los 950/1000ºC de temperatura. Respecto a la analcima, se trata de una zeolita sódica que contiene agua en su composición química ($NaAlSi_2O_6 \cdot H_2O$) cosa que significa que si se encuentra de manera primaria en la arcilla la cerámica no puede estar cocida a muy alta temperatura. En nuestro caso, en el que hemos estimado una TCE por encima de los 950-1000ºC, la presencia de este mineral debe considerarse secundaria, correspondiente a un proceso de alteración post-deposicional de la cerámica. En este proceso se produce un enriquecimiento del N_2O y una pérdida de K_2O y Rb que podría estar relacionada con la alteración de la fase vítrea durante el enterramiento (Buxeda, 1999; Buxeda y Cau 1997; 1998; Buxeda *et al.*, 2001; 2002; Zacharias *et al.*, 2003; 2005). Son precisamente las diferencias en los contenidos de estos componentes las que provocaban su marginalidad respecto al resto de individuos del grupo LVA 1, en los tratamientos estadísticos anteriores. La calcita también debe considerarse secundaria.

El segundo individuo de esta producción, LVA26 muestra las mismas fases que la fábrica anterior excepto la analcima y la gehlenita. Por tanto, la TCE se puede estimar también superior a los 950-1000ºC, probablemente ligeramente superior a la anterior por la desaparición de la gehlenita pero sin que se pueda precisar más.

IV.3.2.1.4. Cerámicas tipo Peñaflor (fig. 35)

Los dos individuos de esta producción aquí analizados se corresponden con dos fábricas diferentes que indican dos rangos de TCE distintos. Así, el individuo LVA27 correspondiente a la fábrica 1 reporta picos destacados de filosilicatos de illita-muscovita, cuarzo y calcita. Podría haber feldespato potásico pero no está claro. No se identifican fase de cocción con lo que la TCE se puede estimar en torno a los 800ºC o incluso inferior.

Por su parte, el difractograma del individuo LVA28, muestra una clara disminución de los picos correspondientes a los filosilicatos de illita-muscovita y a la calcita. Ahora el feldespato potásico es claro y se han desarrolla-

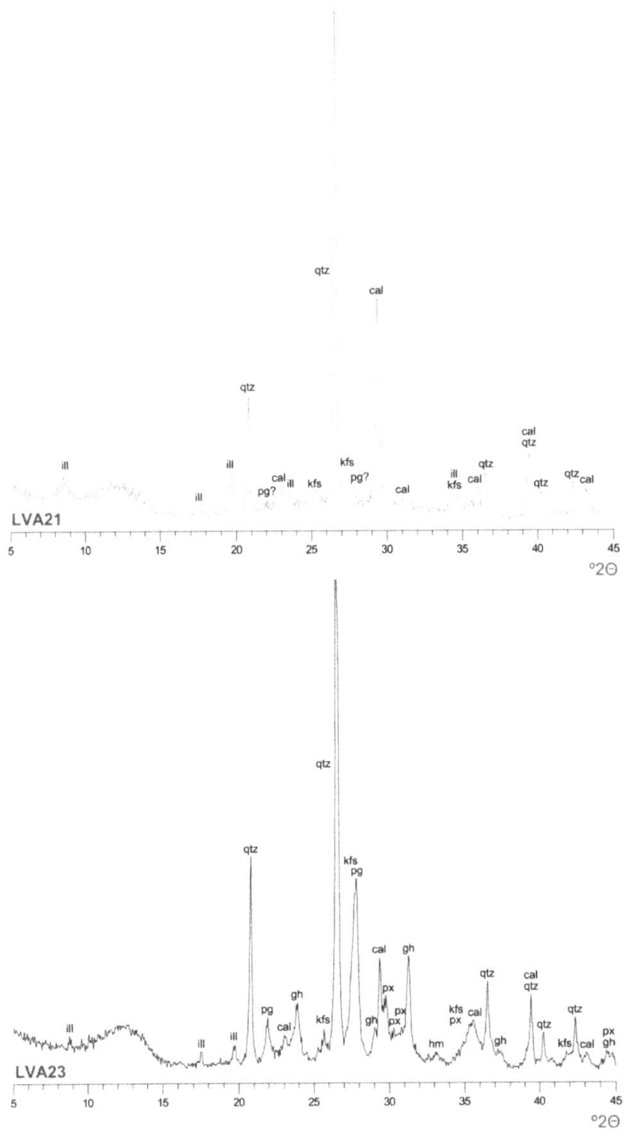

Figura 33. Pintadas de tradición ibérica: arriba el individuo LVA21 de la F1; abajo el individuo LVA23 de la F2. Ill: illita-muscovita; qtz: cuarzo; pg: plagioclasa; kfs: feldespato potásico; cal: calcita; gh: gehlenita; hm: hematites; px: piroxeno.

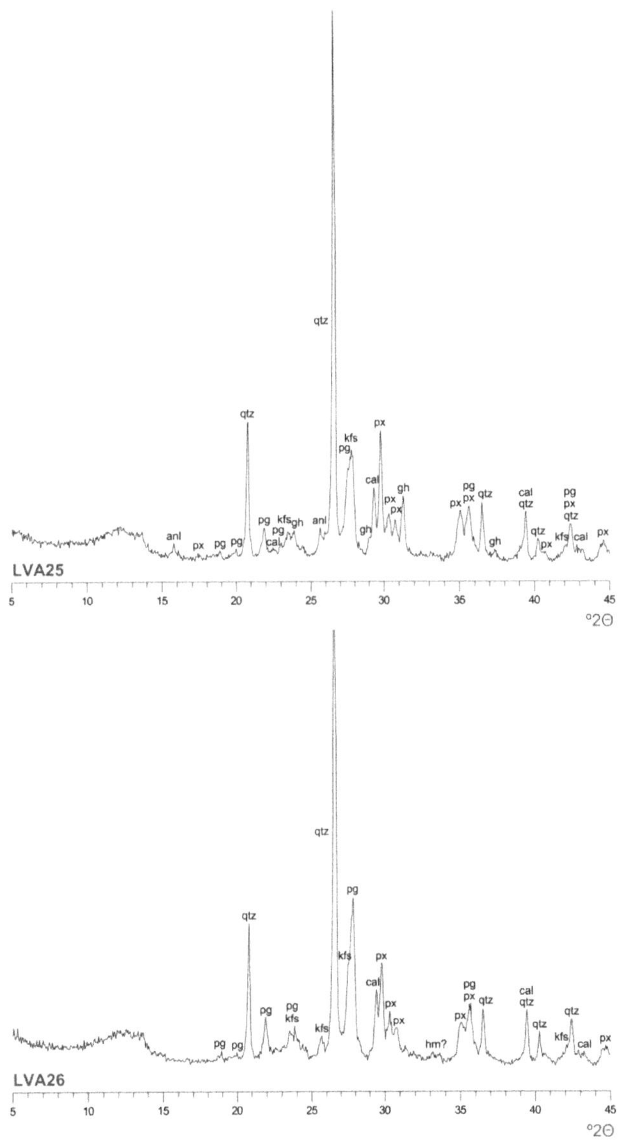

Figura 34. Lucernas: arriba el individuo LVA25 de la F1; abajo el individuo LVA26 de la F2. Ill: illita-muscovita; qtz: cuarzo; pg: plagioclasa; kfs: feldespato potásico; cal: calcita; gh: gehlenita; hm: hematites; px: piroxeno; anl: analcima.

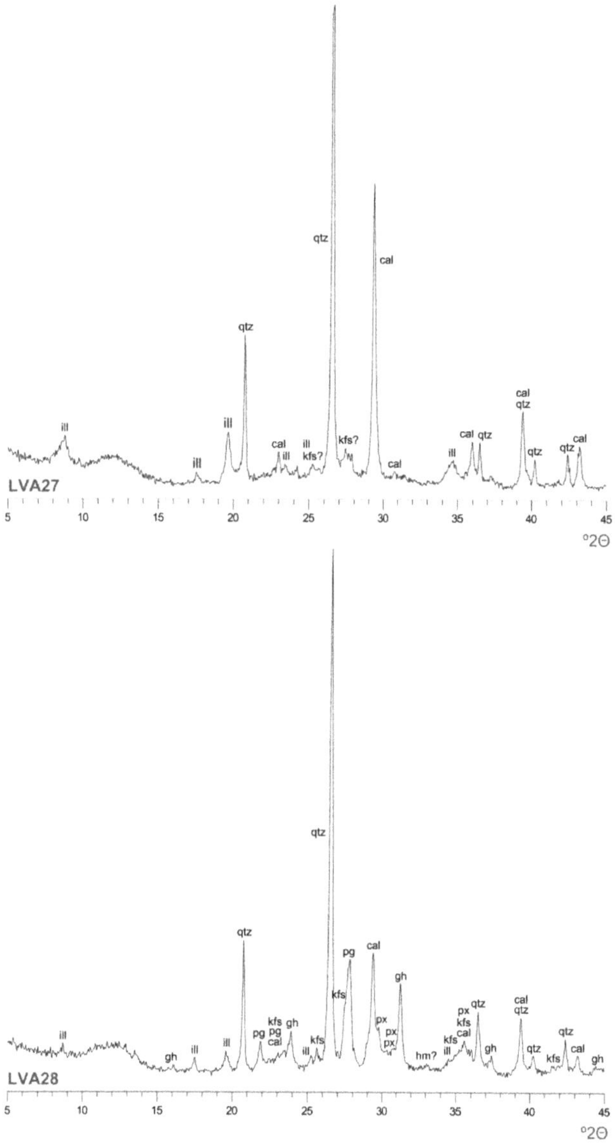

Figura 35. Difractogramas. Cerámicas tipo Peñaflor: arriba el individuo LVA27 de la F1; abajo el individuo LVA28 de la F2. Ill: illita-muscovita; qtz: cuarzo; pg: plagioclasa; kfs: feldespato potásico; cal: calcita; gh: gehlenita; hm: hematites; px: piroxeno.

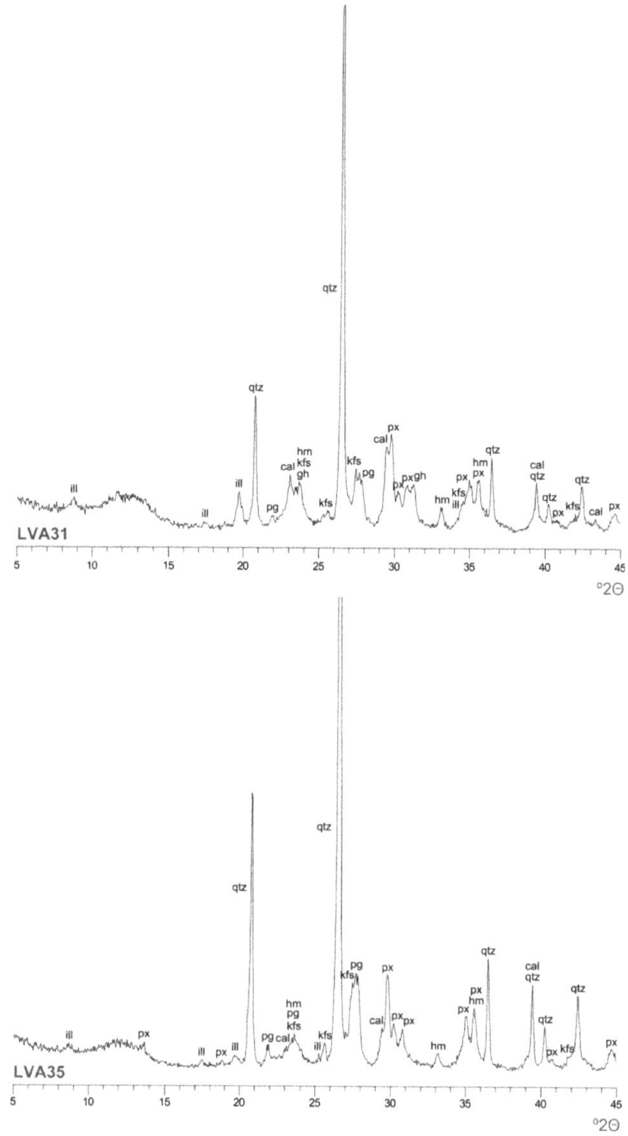

Figura 36. Difractogramas. Terra sigillata hispánica (LVA 2): arriba el individuo LVA31 de la F1; Terra sigillata hispanica (LVA 3): abajo el individuo LVA35 de la F1. Ill: illita-muscovita; qtz: cuarzo; pg: plagioclasa; kfs: feldespato potásico; cal: calcita; gh: gehlenita; hm: hematites; px: piroxeno.

do también las plagioclasas, los piroxenos y la gehlenita. Parece observarse un pico incipiente de hematites. En este caso, la TCE se puede estimar en el rango 850/900-950ºC.

IV.3.2.2. Grupo LVA 2 (fig. 36)

Los difractogramas de los cuatro individuos que forman esta agrupación (LVA29 a LVA32) se corresponden con la misma fábrica, es decir que los cuatro fueron cocidos a la misma temperatura. Sus difractogramas muestran los tres picos más importantes de filosilicatos de illita-muscovita, cuarzo, feldespato potásico, plagioclasas, un pico destacado de calcita, piroxenos y hematites. También se observa un pico correspondiente a gehlenita. La presencia de los tres picos de filosilicatos de illita-muscovita nos indica que la temperatura no ha sido superior a los 950/1000ºC. Por otro lado, la presencia de piroxenos y gehlenita, fases de cocción que cristalizan a partir de los 800-850ºC nos permiten estimar una TCE en el rango 850/900-950ºC para este grupo.

IV.3.2.3. Grupo LVA 3

En este grupo se incluyen ocho individuos (LVA33 a LVA40), cuyos difractogramas han permitido identificar tres fábricas de acuerdo con la asociación de fases cristalinas observadas. La primera fábrica (F1) (fig. 36) está formada por los individuos LVA34, LVA35 y LVA36. Sus difractogramas muestran cuarzo, filosilicatos de illita-muscovita, feldespato potásico, plagioclasas, hematites, calcita y piroxenos. La presencia todavía clara de los tres picos principales de los filosilicatos de illita-muscovita a la izquierda del difractograma nos indica que la temperatura no habría superado los 950/1000ºC. Este hecho, conjuntamente con la presencia de piroxenos que corresponden a fases de cocción y que cristalizan a partir de los 800-850ºC, nos permiten estimar una TCE en el rango 850/900-950ºC para esta fábrica.

La segunda fábrica (F2) (fig. 37) está formada por los individuos LVA37 y LVA38, que presentan respecto a los anteriores una reducción de los picos correspondientes a filosilicatos de illita-muscovita, de los cuales ya sólo se observa el pico correspondiente a 4.5 Å, cosa que nos indica que la temperatura ha superado los 900ºC. Las plagioclasas son dudosas y tampoco se identifican picos de piroxenos. Hay que destacar que de este grupo LVA 3, los dos individuos que forman esta fábrica 2 son los que presentan los contenidos de CaO más bajos. Es por ello que la fase de alta temperatura que se identifica en este caso es la espinela, óxido de aluminio y magnesio que no contiene calcio en su composición y que cristaliza en torno a los 900-950ºC. La hematites presenta un pico más destacado que el observado para la F1. La cristalización de la espinela y la clara disminución de filosilicatos, nos lleva a estimar una TCE en torno a los 900-950ºC para esta segunda fábrica.

La tercera y última fábrica de este grupo (F3) (fig. 37) está compuesta por los individuos LVA33, LVA39 y LVA40. Sus difractogramas muestran la desaparición de los picos correspondientes a filosilicatos de illita-muscovita, un desarrollo importante del feldespato potásico, de las plagioclasas y de los piroxenos. No se observa tampoco una presencia importante de calcita, más bien escasa. Todo nos lleva a estimar una TCE de 950-1000ºC.

IV.3.3. Caracterización microestrauctural

A partir de los resultados procedentes de la caracterización mineralógica, se han realizado observaciones sobre fracturas frescas por MEB para el estudio de la microestructura y el estadio de sinterización de la matriz.

IV.3.3.1. Grupo LVA 1

IV.3.3.1.1 Cerámica de paredes finas

Para el estudio de las paredes finas por MEB, se realizaron observaciones sobre los individuos LVA17 de la F1 y LVA18 de la F2. La matriz del primero (fig. 38, a) presenta un estadio de vitrificación continuada. El engobe (fig. 38, b), con un grosor de unos 15/20 µm, a pesar de la temperatura alcanzada, no presenta un estadio de vitrificación total. Así se pueden observar todavía diversos poros alargados así como inclusiones que nos indican que la temperatura no ha permitido su fusión completa.

Por otro lado, la matriz del otro individuo (LVA18) de la F2 (fig. 38, c) muestra un aumento de la bandas de superficies suaves que, además, son más anchas, indicando un estadio de vitrificación continuada/avanzada. El engobe (fig. 38, d), de menor grosor en este caso (5 µm), se muestra ahora en un estadio de vitrificación total, puede que debido a ese menor grosor del recubrimiento arcilloso.

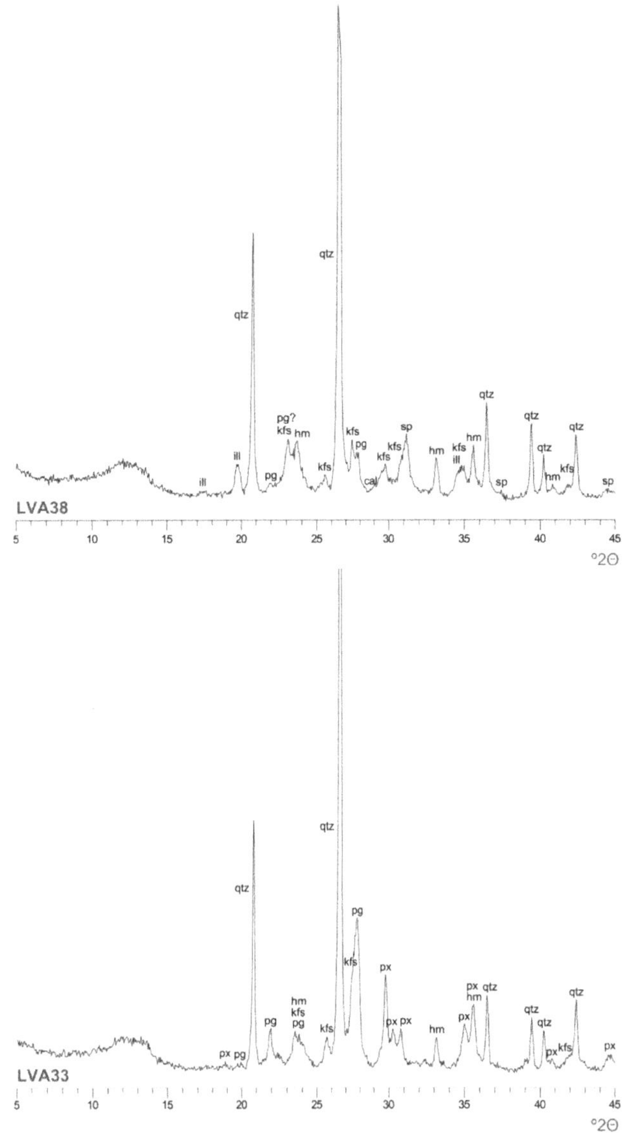

Figura 37. Difractogramas. Terra sigillata hispánica: arriba el individuo LVA38 de la F2; abajo el individuo LVA33 de la F3. Ill: illita-muscovita; qtz: cuarzo; pg: plagioclasa; kfs: feldespato potásico; cal: calcita; gh: gehlenita; hm: hematites; px: piroxeno.

Grupo químico	Fábrica mineralógica	TCE	Fases cristalinas	Individuos
LVA 1	LVA1a-F1 (n=2)	850/900-950ºC	ill, qtz, kfs, pg, px, gh, hm?, cal	LVA17, 19
	LVA1a-F2 (n=2)	950/1000ºC	qtz, kfs, pg, px, gh, hm?, cal	LVA18, 20
	LVA1b-F1 (n=1)	800ºC	ill, qtz, kfs, pg?, cal	LVA21
	LVA1b-F2 (n=3)	900-950ºC	ill, qtz, kfs, pg, px, gh, hm, cal	LVA22, 23, 24
	LVA1c-F1 (n=1)	950/1000ºC	qtz, kfs, pg, px, gh, cal, anl	LVA25
	LVA1c-F2 (n=1)	950/1000ºC	qtz, kfs, pg, px, cal	LVA26
	LVA1d-F1 (n=1)	800ºC	ill, qtz, kfs?, cal	LVA27
	LVA1d-F2 (n=1)	850/900-950ºC	ill, qtz, kfs, pg, px, gh, hm, cal	LVA28
LVA 2	LVA2-F1 (n=4)	850/900-950ºC	ill, qtz, kfs, pg, px, gh, hm, cal	LVA29, 30, 31, 32
LVA 3	LVA3-F1 (n=3)	850/900-950ºC	ill, qtz, kfs, pg, px, hm, cal	LVA34, 35, 36
	LVA3-F2 (n=2)	900-950ºC	ill, qtz, kfs, pg, hm, cal, sp	LVA37, 38
	LVA3-F3 (n=3)	950/1000ºC	qtz, kfs, pg, px, hm, cal	LVA33, 39, 40

Tabla 11. Fábricas definidas para cada uno de los tres grupos químicos identificados y sus TCE estimadas según las fases cristalinas observadas por DRX. LVA1a: paredes finas; LVA1b: pintadas de tradición ibérica; LVA1c: lucernas; LVA1d: tipo Peñaflor.

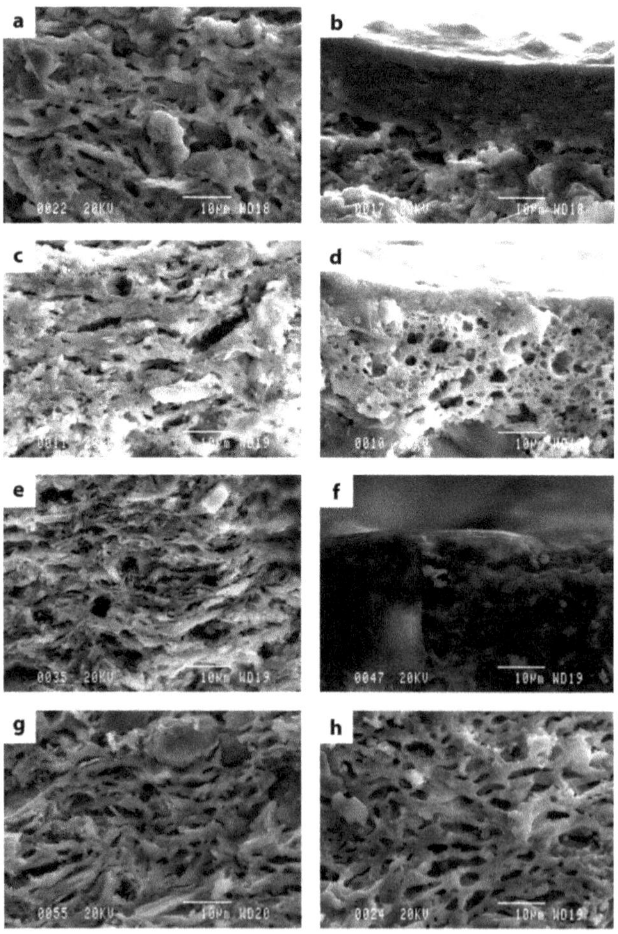

Figura 38. Microfotografías MEB (2000x). Paredes finas (LVA1): a-d. Cerámicas pintadas de tradición ibérica (LVA1): e-g. Lucernas (LVA1): h.

IV.3.3.1.2. Cerámica pintada de tradición ibérica

Los estudios por MEB para la cerámica de tradición ibérica se centraron en los individuos LVA21 de la F1 y LVA23 de la F2 con la intención, como en los casos anteriores, de realizar observaciones sobre la matriz y, aquí, sobre la pintura rojiza utilizada para la decoración en esta producción. Así, en el caso de LVA21 su matriz (fig. 38, e) presenta un estadio de vitrificación muy inicial con finas bandas de superficies suaves y lisas formadas por el inicio de fusión de algunas láminas de arcilla, aspecto es característico de una temperatura relativamente baja. En el mismo individuo (fig. 38, f) puede observarse una pequeña área que resalta ligeramente sobre el resto de la superficie, de unos pocos micrómetros y que podría tratarse de la pintura indicada; esta capa de pintura es muy fina (>5 μm).

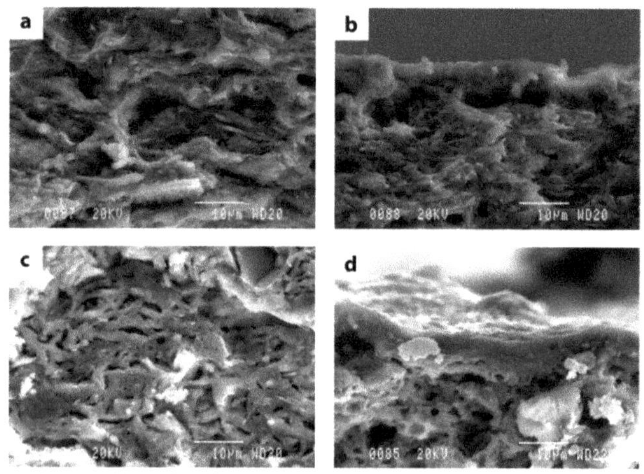

Figura 39. Microfotografías MEB (2000x). Cerámicas tipo Peñaflor (LVA1).

Por su parte, la matriz del individuo LVA23 (fig. 38, g) muestra un estadio de vitrificación continuada con zonas de bandas de superficies suaves y lisas formadas por la fusión de las láminas de arcilla.

V.3.3.1.3. Lucernas

Finalmente, de las dos lucernas analizadas en este trabajo hemos procedido al estudio por MEB únicamente del individuo PRM010 de la F2 ya que la única diferencia entre esta fábrica y la F1 no es la temperatura sino la presencia de analcima, lo que no afecta a la microestructura de los individuos. Así, se puede observar cómo la matriz del individuo LVA26 (fig. 38, h) presenta un estadio de vitrificación continuada/avanzada.

IV.3.3.1.4. Cerámicas tipo Peñaflor

Las observaciones para esta producción se han centrado sobre los individuos LVA27 de la F1 y LVA28 de la F2. En el primer caso (fig. 39, a), la microscopía permite observar una matriz en estadio de no vitrificación donde las láminas de arcilla todavía no han iniciado el proceso de fusión entre ellas y, por tanto, no se observan superficies lisas ni tampoco cuellos de fusión entre las láminas de arcilla. Este aspecto corresponde claramente a una temperatura de cocción baja. El engobe (fig. 39, b) es una capa muy fina, de un grosor de unos 5-10 µm; su estadio se corresponde con una vitrificación inicial. Su adherencia a la matriz es baja.

En el caso del individuo LVA28 la situación de la matriz es muy diferente (fig. 39, c), presentando diversas zonas de bandas amplias lisas debido a la fusión de las láminas de arcilla e indicando un estadio de vitrificación continuada. Por su parte el engobe de este individuo no presenta un estadio de vitrificación total como cabría esperar por la temperatura alcanzada y el poco grosor, unos 5-10 µm (fig. 39, d). Tampoco se observa un importante grado de adherencia a la matriz.

IV.3.3.2. Grupo LVA 2

De este grupo, correspondiente a la *sigillata* hispánica de la producción inicial se han realizado observaciones sobre el individuo LVA31 (fig. 40, a) la matriz del cual muestra un estadio de vitrificación continuada. El barniz, por su parte, tiene un grosor uniforme de unos 20 µm y presenta un estadio de vitrificación total (fig. 40, b). Además, también se observa un mayor grado de adherencia de éste a la matriz impermeabilizando las piezas de manera adecuada y ofreciendo un mayor grado de durabilidad al recubrimiento.

IV.3. 3. 3. Grupo LVA 3

Respecto al tercer grupo, correspondiente a la *terra sigillata* de la gran producción, las observaciones sobre un individuo de cada fábrica, es decir, sobre los individuos LVA35 de la F1, LVA38 de la F2, y LVA33 de la F3. Las matrices de todos estos individuos (fig. 40, c, e y g) muestran superficies lisas y numerosos cuellos de fusión entre las láminas de arcilla indicando un estadio de vitrificación continuada, siendo ligeramente más alta para la F3.

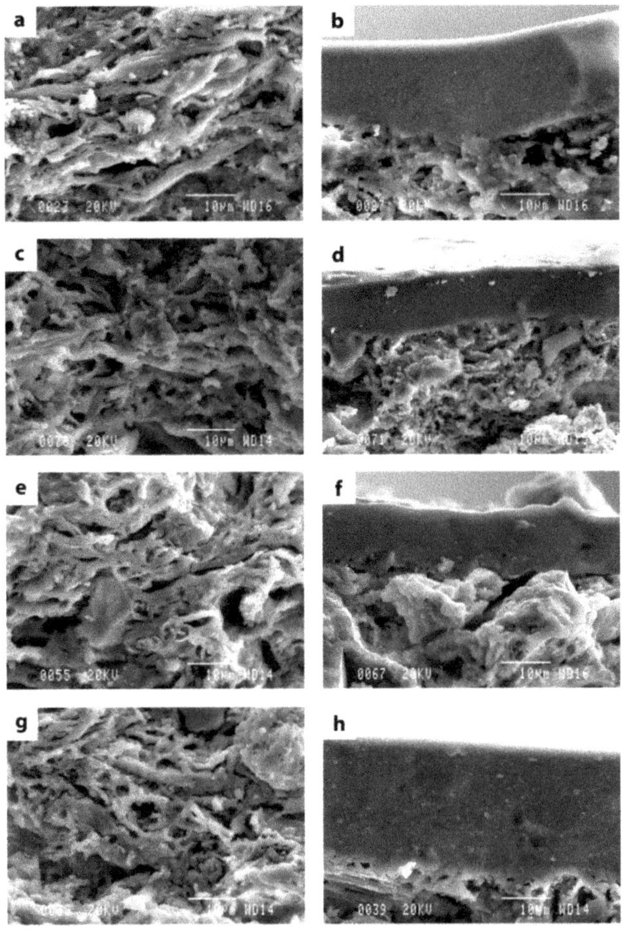

Figura 40. Microfotografías MEB (2000x). Terra sigillata hispánica (LVA2): a y b. Terra sigillata hispánica (LVA3): c-h.

El barniz por su parte se muestra desigual y, en general, presenta un grosor mayor al habitual para las producciones de *terra sigillata* que acostumbra a encontrarse entre los 10 y los 20 µm; en el caso del individuo LVA35 hemos podido observar un grosor que varía entre los 20 y los 40 µm (fig. 40, d). Su aspecto es de vitrificación total aunque se observa algún poro alargado que indica que todavía no se ha completado el proceso de fusión de las arcillas que lo forman. El barniz del individuo LVA38 (fig. 40, f) muestra el espesor habitual para este tipo de producciones, es decir entre los 10 y los 20 µm, aunque también presenta un grosor desigual dependiendo de la zona siendo su estadio de vitrificación total. Finalmente, el barniz del individuo LVA33 (fig. 40, h) tiene un grosor en general en torno a los 25 µm y a pesar de la alta temperatura que se ha estimado para esta fábrica todavía se observan, en algunas zonas, pequeñas partículas que no se habrían fundido.

IV.3.4. Caracterización macroestructural

De acuerdo con las producciones definidas a partir de la caracterización arqueométrica se han llevado a cabo observaciones con una lupa binocular sobre un individuo de cada producción o de diversos individuos en aquellos casos que se hayan identificado diferentes fábricas dentro de cada una de ellas, con la finalidad de fijar las características macroscópicas de cada producción.

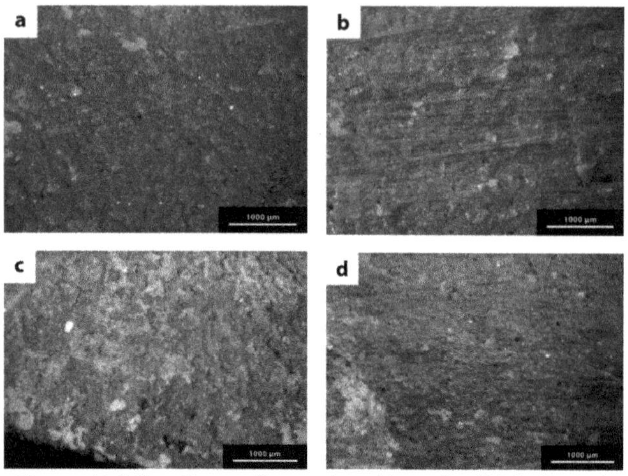

Figura 41. Microfotografías por lupa binocular (25x). Cerámicas tipo Peñaflor (LVA 1): a. superficie externa y aspecto del engobe del individuo LVA27; b. superficie interna y trazas de bruñido en el individuo LVA27; c. superficie externa y aspecto del engobe del individuo LVA28; b. superficie interna y trazas de bruñido en el idivíduo LVA28.

IV.3.4.1. Grupo LVA 1

La observación por binocular de las cerámicas tipo Peñaflor del grupo LVA 1 (fig. 42, a y b) revelan una matriz relativamente compacta con un bajo índice de porosidad y con inclusiones de aproximadamente unos 200 µm distribuidas de manera irregular por la matriz. En general se trata de inclusiones blanquecinas y grisáceas, esféricas y alargadas que podrían corresponder a cuarzo aunque también se observan algunas de tonalidades marrones (óxidos de hierro/hematites?) y otras casi negras (biotita?) de difícil identificación. La matriz presenta un color naranja claro en el individuo LVA27 correspondiente a la fábrica de más baja temperatura, y más blanquecino en el individuo LVA28 de temperatura superior.

Especial interés concita para nuestro estudio algunas de las características técnicas observables en esta serie de cerámicas cuya producción esporádica precede la aparición y definitiva eclosión de las sigillatas hispánicas béticas de Andújar. Estas piezas engobadas (fig. 41, a-d), mates en sus superficies externas, aparecen brillantes o semibrillantes al interior gracias a un bruñido realizado mediante un instrumental blando y cuyas trazas son apreciables gracias a la lupa binocular.

Por su parte, los individuos correspondientes a cerámicas de paredes finas del mismo grupo LVA 1 (fig. 42, c y d), muestran una matriz también bastante compacta, con poca porosidad y abundantes inclusiones aunque en este caso la mayoría son más pequeñas, de unos 100 µm y las de tamaño mayor, de unos 200 µm son pocas y se encuentran dispersas por la matriz. Las más pequeñas son, en su mayoría, esféricas y de aspecto redondeado y de colores blanquecinos y grisáceos pudiendo corresponder a cuarzos. El color de la matriz es de una tonalidad beige para el individuo LVA17 correspondiente a la fábrica de temperatura más baja y más blanquecina para el individuo LVA18 de temperatura superior.

En relación a las cerámica pintadas de tradición ibérica del mismo grupo (fig. 42, e y f), su estudio por binocular ha permitido observar una matriz bastante compacta y con poca porosidad en la cual se aprecian abundancia de inclusiones de 200 a 400 µm, esféricas y de aspecto redondeado que, como en los casos anteriores, podrían corresponder a cuarzos. Son perfectamente visibles algunos microfósiles (foraminíferos?) incluidos en la matriz. También se observan algunas inclusiones de tonalidad marrón (óxidos de hierro/hematites?). El color de la matriz presenta un color naranja claro para el individuo LVA21 para el cual la temperatura estimada ha sido más baja y blanquecino para el individuo LVA23 de temperatura superior.

Finalmente, la observación por binocular de la cerámica clasificada como lucernas (fig. 42, g) permite distinguir una matriz rugosa ligeramente más porosa que las anteriores y con abundancia de inclusiones de tamaño pequeño (100 µ) y mediano (200 µ). Se observan inclusiones oscuras, casi negras, brillantes (biotita?) y algunas for-

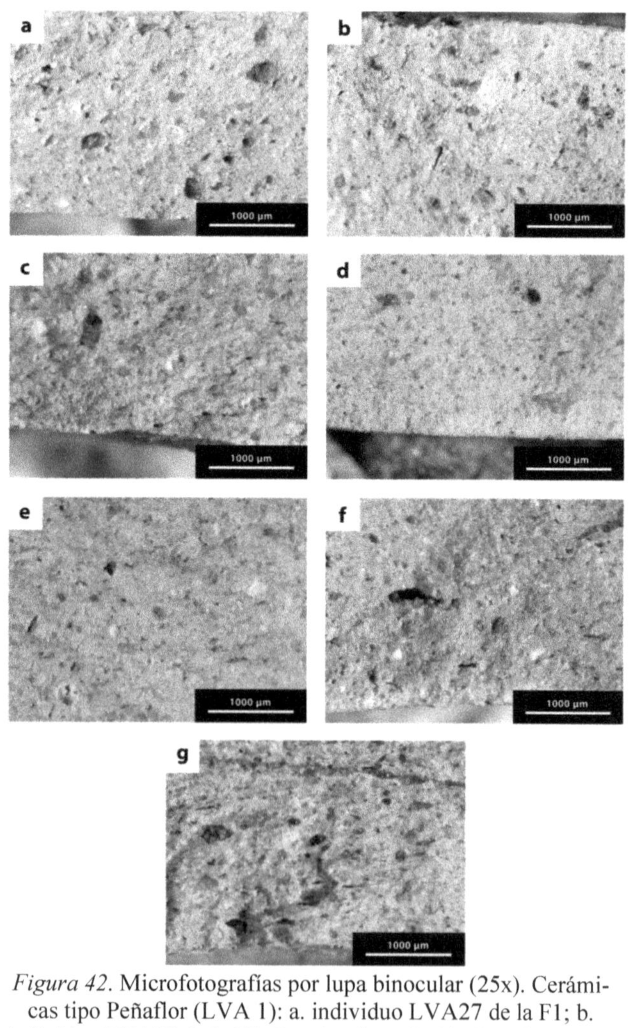

Figura 42. Microfotografías por lupa binocular (25x). Cerámicas tipo Peñaflor (LVA 1): a. individuo LVA27 de la F1; b. individuo LVA28 de la F2. Paredes finas (LVA 1): c. individuo LVA17 de la F1; d. individuo LVA18 de la F2. Cerámicas pintadas de tradición ibérica: e. individuo LVA21 de la F1; f. individuo LVA23 de la F2. Lucernas: g. individuo LVA26 de la F2.

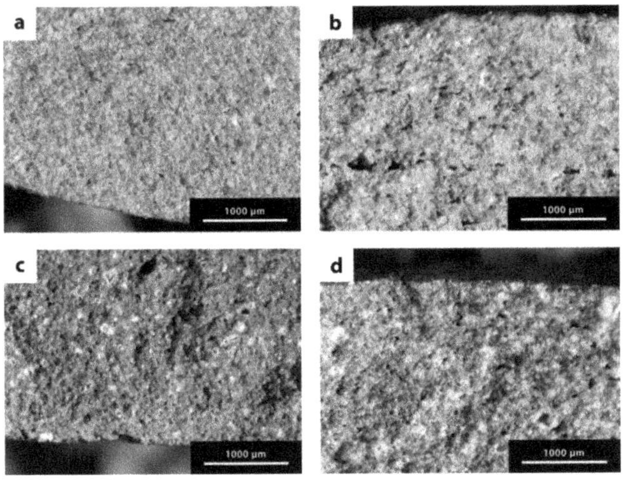

Figura 43. Microfotografías por lupa binocular (25x). Terra sigillata hispáníca (LVA2): a. individuo LVA31. Terra sigillata hispánica (LVA3): b. individuo LVA35 de la F1; c. individuo LVA38 de la F2; d. individuo LVA33 de la F3.

madas por diversos cristales. También se observan bastantes inclusiones transparentes. La mayoría de estas inclusiones podrían corresponder, como en los casos anteriores a cuarzos. El color de la matriz es beige tendiendo al gris.

IV.3.4.2. Grupo LVA 2

En el caso de la producción de sigillatas de primera época (LVA 2), su estudio por binocular (fig. 43, a) permite observar una matriz más compacta, sin porosidad, de un tono rojizo con una gran abundancia de zonas blanquecinas distribuidas de manera uniforme por toda la matriz, proporcionándole una tonalidad clara y sin inclusiones visibles.

IV.3.4.3. Grupo LVA 3

En su estudio por binocular, los individuos correspondientes a la gran producción de *terra sigillata* hispánica de Los Villares de Andújar (LVA 3) (fig. 43, b, c y d), muestran una matriz rugosa, rojiza con numerosas zonas blanquecinas cubriendo los poros que en el caso de los individuos. En el caso de los individuos LVA37 y LVA38 el color de la matriz es más intenso, más oscuro, debido a su menor contenido en CaO, los únicos de toda la muestra analizada que deben considerarse como poco calcáreos. Se observan en todos inclusiones dispersas muy pequeñas, de unos 100µm, de color blanquecino y grisáceo esféricas y de aspecto redondeado que podrían corresponder a cuarzos, más fáciles de observar en LVA38 dada la menor cantidad de puntos blanquecinos y también el menor tamaño de éstos.

V. TECNOLOGÍA DE COCCIÓN DE LOS VASOS ISTURGITANOS

V.1. Introducción

El objetivo fundamental de la correcta caracterización del proceso productivo a través de la comprensión de los factores de implantación de una actividad, de los detalles del proceso técnico, del funcionamiento particular de las estructuras, de las características de las cerámicas, justifica que ahora centremos nuestra atención en las estructuras de cocción asociadas a los talleres del suburbio artesanal de Los Villares de Andújar, como fieles indicadores, en definitiva y en palabras de P. Duhamel (1978-79: 72), de un determinado desarrollo social y económico alcanzado. Además, la cochura efectuada en estas estructuras fijas y cerradas donde tienen lugar las transformaciones físico-químicas que afectan a la arcilla al contacto con el calor, marca desde el punto de vista técnico el final del ciclo productivo de la cerámica y el momento a partir del cual el objeto va a desarrollar su vida útil (Cuomo di Caprio, 2007: 484, 487, 508).

Aunque estos elementos estructurales permanentes, indicadores inequívocos de una actividad productiva localizada, deberían ayudarnos en el estudio arqueológico de la articulación de los espacios de transformación y trabajo al interior de los asentamientos productivos (Mannoni y Giannichedda, 2004: 250), el carácter discontinuo y deslavazado de la información espacial de que disponemos hoy día para el caso de estudio, nos invita a concentrar el análisis en estas instalaciones fijas ya conocidas; éstos en muchas ocasiones, junto a las áreas de descarga por donde se extienden los vertederos, son únicos testigos supervivientes de la producción de cerámicas por el carácter perecedero de otros elementos lo que dificulta la identificación de otros espacios accesorios.

La problemática asociada al estudio de este tipo de estructuras de cochura en la Antigüedad, caracterizada por la confusión cronológico-cultural (Broncano y Coll, 1988: 217) que, a su vez, ha determinado tipologías sin significado cronológico o regional (Mannoni y Giannichedda, 2004: 190; Cuomo di Caprio, 2007: 485), no niega, por contra, la capacidad de éstas para reflejar la puesta en práctica por parte del artesano de unos conocimientos técnicos acumulados que evolucionan y se desarrollan (Duhamel, 1978-79: 65; Cuomo di Caprio, 2007: 510). Tradiciones y sustratos productivos que confluyen en la producción de una clase cerámica concreta cuya consecución supondrá la puesta en práctica a lo largo de todo el proceso productivo de nuevos procedimientos y el perfeccionamiento de otros en base a la introducción de matices tecnológicos o modificaciones funcionales sobre una misma morfología, como bien señaló P. Duhamel (1978-79: 54).

V.2. Las estructuras de cocción: los hornos

V.2.1. Datos previos

Cuatro[78] han sido hasta el momento los hornos documentados y excavados en Los Villares de Andújar, tres de ellos durante las dos campañas que tuvieron lugar en los años 1972 y 1973 (Sotomayor, Pérez y Roca, 1976), y un cuarto durante la campaña de 1979 (Sotomayor *et al.*, 1981). El estado de conservación de éstos resultó distinto según los casos. El denominado Horno 1 (en adelante, Los Villares 1) conservaba su parrilla aún intacta pero su conveniente documentación y estudio se vio dificultada por la complicada situación de esta estructura.

Algo parecido ocurrió por desgracia con el Horno 2 (en adelante, Los Villares 2) del que sus excavadores señalan que "apareció en tan buen estado de conservación que puede considerarse prácticamente íntegro" (Sotomayor, Pérez y Roca, 1976: 127), incluidas las paredes de adobes de dimensiones variables del laboratorio.

Este conjunto se completó con el Horno 3 (en adelante, Los Villares 3) del que, al contrario de los anteriores, no se conservaba la parrilla, totalmente arrasada. Este hecho permitió una exploración detallada de la estructura interna de las cámaras de combustión de estos hornos.

El Horno 4 (en adelante, Los Villares 4), bastante bien conservado, se diferenciaba de los anteriores por su gran diámetro, aproximadamente 4 m —exactamente 3,80 m—, por los 2 m de los anteriores —1,90 m, 2,20 m y 1,85 m respectivamente—.

Hasta el momento, las valoraciones cronológicas al respecto son escasas, si bien, en cualquier caso, su construcción y uso debió situarse a grandes rasgos entre los siglos I y II d.C., período de actividad señalado para los talleres isturgitanos (Roca, 1976: 100; 1980: 270).

V.2.2. Horno Los Villares 1

V.2.2.1. Contexto espacial y arqueológico

Localizado en el denominado Corte 6 (fig. 44) — del espacio parcelado actual sobre el que se cree que se extendió el barrio artesanal isturgitano — durante la tercera

[78] Sabemos de la existencia de un quinto horno del que desconocemos cualquier dato sobre la morfología detallada que presentó por su situación en un arcén de la carretera JA-2321 que va de Andújar a la pedanía de Los Villares. Sin embargo, sobre él se pudo realizar una toma de muestras en el marco de un Proyecto sobre dataciones arqueomagnéticas para la creación de una primera Curva de Variación Secular para la Península Ibérica (Núñez, Osete y Bernal, 2000a y b).

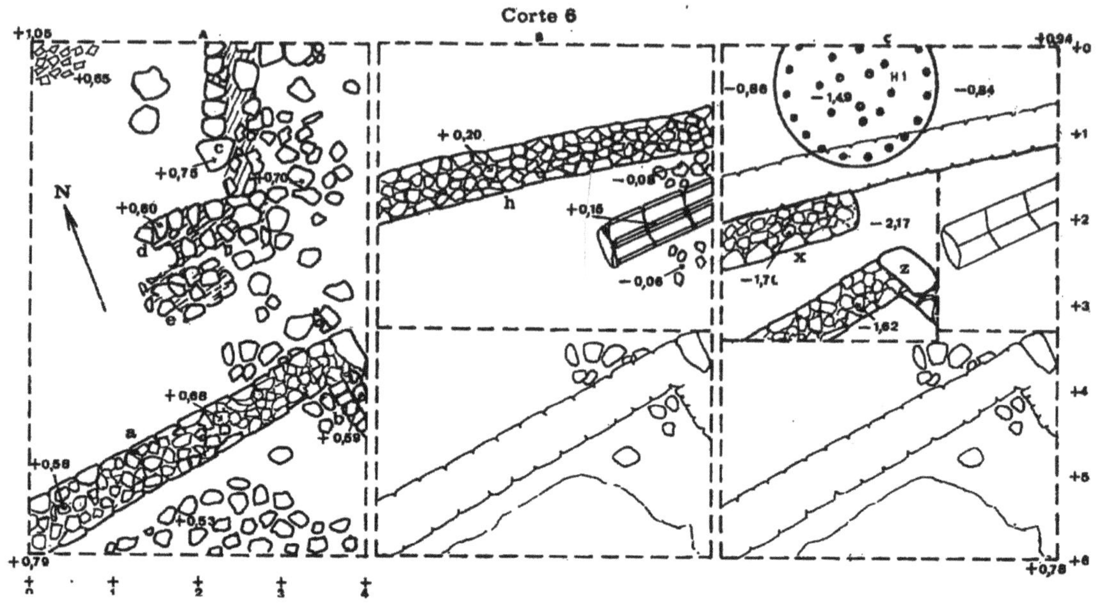

Figura 44. Tres vistas de la planta del Corte 6 en otros tantos momentos de la excavación del mismo (según Sotomayor, Pérez y Roca, 1976: 119).

campaña de excavaciones en el alfar en los meses de agosto y septiembre del año 1973, su hallazgo en los últimos días de la misma motivó la imposibilidad de extender la exploración hasta el *praefurnium*. Este primer horno apareció bajo los niveles de ocupación de al menos dos fases posteriores a la construcción, uso y abandono final de la estructura. Estas fases se encuentran caracterizadas por una serie de muros y estructuras constructivas, además de espacios funerarios de los que únicamente poseemos como referencias cronológicas algunos de los materiales inmediatamente infrapuestos a una sepultura de inhumación con cobertura de *tegulae* dispuestas a dos aguas (Sotomayor, Pérez y Roca, 1976: 120).

Por su parte, los restos conservados del horno, incluida la parrilla y parte del alzado de los muros perimetrales del cierre de la cámara superior, aparecen colmatados por depósitos sedimentarios que proporcionaron conjuntos materiales similares a los ya señalados, aunque al mismo tiempo la construcción de la estructura, parcialmente enterrada, tuvo lugar mediante una excavación en el terreno. Afectando, en consecuencia, a otras trazas de ocupación más antiguas relacionadas con un claro horizonte de época ibérica si atendemos a las descripciones de sus excavadores cuando señalan la aparición de "abundantes fragmentos de cerámica gris tosca, algún que otro fragmentos [*sic*] de cerámica gris algo más fina y bruñida y varios fragmentos de cerámica ibérica. A esta cerámica suceden [...] fragmentos de cerámica gris [...] del broce tardío [*sic*]" (ibíd., 121).

V.2.2.2. Morfología

El horno Los Villares 1 (fig. 45) muestra una morfología de planta circular y doble cámara superpuesta, la superior o cámara de cocción y la inferior o cámara de combustión a la que se accedería, si bien lo desconocemos en este caso, a través de un pasillo o acceso de carga, el *praefurnium*. Ambas cámaras están separadas por un piso perforado o parrilla presumiblemente sostenido por un pilar central. Esta parrilla, de 1,90 m de diámetro aparece atravesada por 27 orificios que permiten el paso del calor hacia el laboratorio; son de unos 10 cm de ancho distribuidos por la superficie más o menos regularmente —20-29 cm de distancia unos de otros— y de modo concéntrico hasta la pared del horno. Las perforaciones más centrales se disponen en oblicuo con el fin de salvar y no entorpecer la estabilidad del pilar central que sirve de sostén en la cámara inferior.

Del laboratorio o cámara de cocción donde se depositaban los vasos se conservó el alzado del muro que delimitaba este espacio hasta unos 60 cm de altura, realizado en adobes de aproximadamente 25 cm de lado.

Figura 45. Vista del laboratorio y parrilla del horno Los Villares 1 bajo otras estructuras posteriores (Foto: M. Sotomayor).

La cámara inferior o de combustión se presenta excavada en el terreno como comentábamos, si bien desconocemos las características concretas de los elementos que en este caso la configuran.

V.2.2.3. Datación

Cuando más arriba contextualizábamos desde el punto de vista del registro arqueológico el horno Los Villares 1, señalábamos como otras fases más recientes se superponían a la citada estructura; los contextos materiales de éstas ocupaciones posteriores aparecen dominados por las producciones locales de *sigillata* hispánica que nos remiten en todo caso y como *terminus post quem* a fases avanzadas de actividad de los talleres alfareros, entre fines del siglo I e inicios o mediados del siglo II d.C., como demuestra la práctica ausencia de formas 24/25, la presencia de platos con marcas anepigráficas o de *officinae* (*EX O AA, EX O PT, EX O MOV*...) que desarrollaron su actividad, como sabemos, nunca antes de época flavia (ibíd., 120).

De los estratos que amortizan directamente esta instalación, a partir del análisis de los hallazgos cerámicos[79], se desprende una cronología esencialmente de fines del siglo I d.C. para el fin del uso de este primer horno, a tenor de la presencia de vasos de la forma 27 con la firma *EX O CA* y otras marcas anepigráficas[80] (marcas de entalle) también en ese conjunto (ibíd., 121).

V.2.3. Horno Los Villares 2

V.2.3.1. Contexto espacial y arqueológico

Durante la misma campaña, en le Corte 8 (fig. 46) fue localizado el horno Los Villares 2, el mejor conservado de todos; la estructura parece formar parte de un ambiente aterrazado significado por un gran muro que recorre longitudinalmente el sector excavado y sobre el que se apoya, dándole además cobijo, el horno en cuestión. Aparentemente de una complejidad estratigráfica menor que la puesta al descubierto en el Corte 6, al oeste de la estructura de aterrazamiento ("muro a") se extendían sucesivos vertidos y desechos de la producción, sobre todo, de sigillatas hispánicas locales, entre otros, del taller conocido por el *sigillum EX O PT*, y que buzan en dirección sur. En este subsector oeste materiales asociados a una frecuentación de la zona durante época ibérica afloran en los paquetes sobre los que apoya el laboratorio del horno al norte. Tanto el horno como los espacios alrededor aparecen igualmente envueltos por el citado vertedero (ibíd., 123).

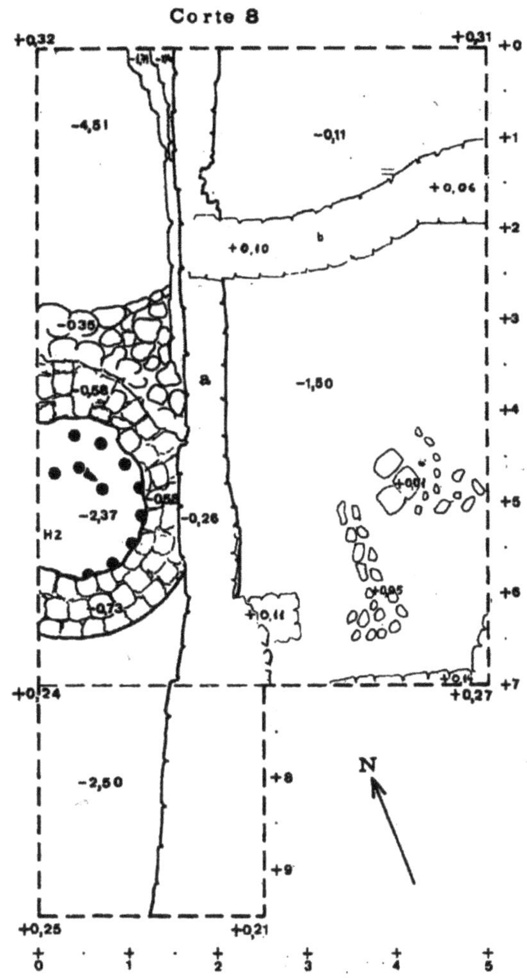

Figura 46. Planta del Corte 8 al final de los trabajos con el horno Los Villares 2 (según Sotomayor, Pérez y Roca, 1976: 126).

Al este del muro que separa el horno de la plataforma superior son escasos los restos pertenecientes a las fases romanas altoimperiales, con estructuras muy deterioridas y huellas de lo que pudo ser un nivel de circulación; sin embargo, casi inmediatamente se reproduce la disposición estratigáfica detectada al norte del subsector oeste y comienzan a documentarse indicios de ocupaciones más antiguas, de nuevo determinadas materialmente por las cerámicas grises ya mencionadas (ibíd., 125).

V.2.3.2. Morfología

Como indicábamos, este horno es el que presentaba el mejor estado de conservación en el momento de ser exhumado, cuando sus excavadores señalan que "*puede considerarse prácticamente íntegro*" (ibíd., 127) (fig. 47), exceptuando el punto más alto del laboratorio cuyos restos fueron hallados, según parece, caídos sobre la parrilla. La misma alcanza los 2,20 de diámetro y presenta unas 34 toberas perforadas distribuidas con mayor regularidad que en el caso anterior desde el anillo más exterior, adosado directamente a la pared de la cámara de cocción, hacia el centro.

Este muro circular que delimita la cámara de cocción se compone de adobes de unos 30 cm de lado (fig. 48). No parecen haberse documentado puertas de entrada o acceso al laboratorio con lo que probablemente la carga debió hacerse cuando el muro circular del laboratorio con una

[79] Invs Aj. 3419 a Aj. 3422, extraídos de los listados y diarios de excavación.
[80] Inv. Aj. 3420 (Roca, 1976: 31, lám, 2, 6).

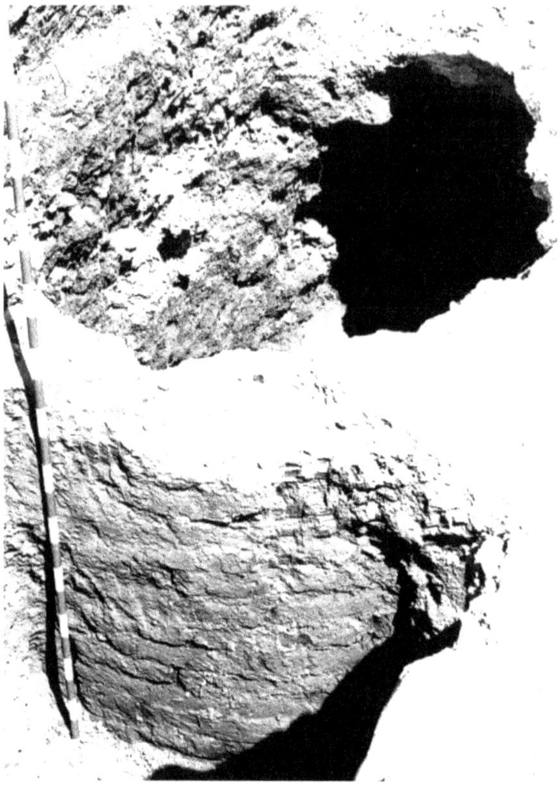

Figura 47. El horno Los Villares 2 con las paredes del laboratorio en un inmejorable estado de conservación (Foto: M. Sotomayor).

Figura 48. Detalle de los adobes de la pared de la cámara de cocción al interior del horno Los Villares 2 (Foto: M. Sotomayor).

alzada prudencial aún permitía el acceso relativamente fácil para, una vez completada la carga de los materiales, finalizar con la cubrición total mediante una falsa cúpula o solución abovedada provisional realizada con barro o cualquier otro material similar. Sin embargo, el hecho de que el horno Los Villares 2 vacío de su carga conservase las paredes del laboratorio intactas —al menos en la extensión conocida del mismo— y el derrumbe de la cubierta sobre la parrilla hace pensar que la descarga del mismo, una vez finalizada la cocción, debió realizarse por una abertura practicada sobre la pared de la cámara de cocción que en su momento no pudo explorarse, quizás la misma usada para su carga. Aunque esto último no implique una solución permanente para la cubierta del laboratorio, entendemos que sus paredes, encajadas y parcialmente adosadas al terreno escalonado, sí lo fueron. Este hecho añadiría solidez a la estructura y a la solución abovedada de cubrición, pues deja descansar sobre esta estructura fija y fuertemente asentada las tensiones que ese cierre pudiera generar.

La solución de cubrición se situaría a una altura aproximada en torno a los 2 m, si bien en los hornos de mayor diámetro y mayor capacidad de carga, dicha solución puede que se situase a mayor altura. Parece probable, por tanto, que la altura de la cámara de cocción debe corresponderse, al menos, con el diámetro máximo de la parrilla como afirma N. Cuomo di Caprio (2007: 516). No se ha podido determinar, a pesar de la inmejorable conservación de estos hornos, si existió en la clave de estas soluciones de cubrición abertura alguna que permitiese la salida de gases y humos generados durante el horneado de las piezas.

V.2.3.3. Datación

Efectivamente, ya hemos comentado como un importante y homogéneo vertedero, presumiblemente de época flavia, se superponía y envolvía al horno que ahora nos ocupa. Esta es una fecha o *terminus post quem* que parece confirmarse para la génesis de los depósitos que rellenan el laboratorio (invs. Aj. 3269 a Aj. 3273); de nuevo se constataron mayoritariamente platos de la forma clásica hispana 15/17 generalizada en la producción isturgitana a partir de época flavia, así como copas de la forma 27, todas en *sigillata* hispánica local, con la marca *EX O PT* entre las cerámicas recuperadas en su interior (Sotomayor, Pérez y Roca, 1976: 124).

De este modo, como en el caso del horno Los Villares 1, podríamos asociar su actividad con la primera de las fases productivas del alfar, a mediados y durante el tercer cuarto del siglo I d.C, hasta su abandono hacia el último cuarto del mismo siglo.

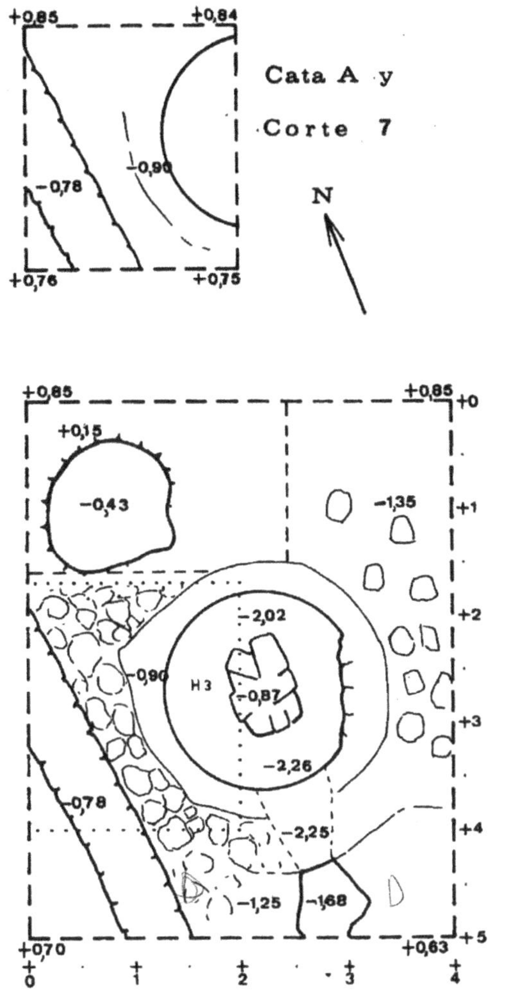

Figura 49. Planta del Corte 7, antes Cata A, al final de los trabajos con el horno Los Villares 3 (según Sotomayor, Pérez y Roca, 1976: 122).

V.2.4. Horno Los Villares 3

V.2.4.1. Contexto espacial y arqueológico

A diferencia de los anteriores, este tercer horno apareció arrasado a nivel de la cámara inferior, lo que lejos de representar una desventaja nos permite analizar la disposición estructural de los elementos que componen esa cámara de combustión; localizado en el Corte 7 —originalmente Cata A— (fig. 49) de esa misma campaña de 1973, no muy lejos del Corte 6 donde se exhumó el horno Los Villares 1 (ibíd., 121-123).

En esta ocasión, la estratigrafía se presenta algo menos compleja que en los sectores anteriores debido a la acción del deterioro y erosión sufrida por la secuencia arqueológica más reciente en esta parte del yacimiento. Sin embargo, cabe relacionarlo con alguna otra estructura, un muro igualmente arrasado a una cota similar y dispuesto en paralelo al horno, o quizás a la inversa puesto que parece sostener la plataforma donde, excavado en parte, éste se sitúa. Entre este muro —de alrededor de 60 cm de espesor— y el lado oeste del horno se dispone un importante relleno de cantos de tamaño medio que no fue excavado; aunque con menor frecuencia, también aparecen en

Figura 50. El horno Los Villares 3 arrasado por debajo de la parrilla dejando al descubierto la cámara inferior (Foto: M. Sotomayor).

la mitad oeste de la zona formando parte de la plataforma donde se inserta la cámara inferior.

Casi todo el material procede de las rellenos inmediatamente infrapuestos a la tierra de labor, resultado de la destrucción de la estratigrafía arqueológica en esta zona. No obstante, el conjunto muestra cierta homogeneidad, siendo una vez más protagonistas los productos de talleres que sellan con *EX OF LCV* o *EX OF CA*, el primero de ellos también conocido en el Corte 8 donde apareció el horno Los Villares 2. Restos *in situ* del vertedero al que pertenecían la mayor de estos desechos cerámicos parecen disponerse al sur del área excavada en este Corte 7 aprovechando el rebaje del terreno en torno a la boca de alimentación del horno, concretamente en el ángulo sudeste.

V.2.4.2. Morfología

Otra vez de planta circular (fig. 50), la cámara inferior o de combustión conservada se presenta excavada en el terreno, al que se adosa un forro realizado con adobes y de unos 30 cm de espesor. En esta cámara inferior, un pilar central rectangular de ángulos achaflanados —más acentuado en su cara anterior del sostén— ayuda a sustentar una parrilla perforada, que en su parte inferior debió presentar una falsa bóveda resultado de la inclinación de los muros de la cámara de combustión hacia el centro mediante la aproximación de hiladas de adobes, después aseguradas con la aplicación de un revestimiento de barro, según parece desprenderse de los restos del arranque conservados la mitad este. En la "clave" de la

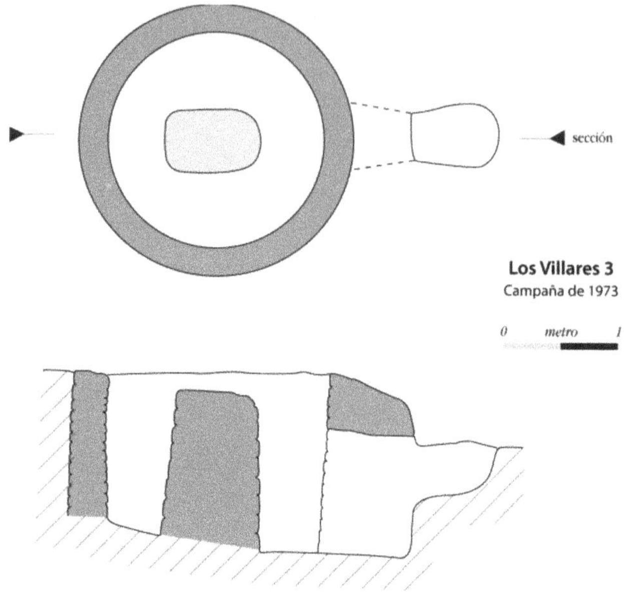

Figura 51. Planta y sección de la infraestructura del horno Los Villares 3 donde se observan las características comentadas (elaboración propia a partir de Sotomayor, Pérez y Roca, 1976: 142, fig. 18).

falsa bóveda, la altura parece no haber superado los 1,40 m.

Al menos en este horno Los Villares 3, el suelo de la cámara inferior presenta un cierto desnivel de unos 20 cm en dirección a un *praefurnium* podríamos considerar una interpretación de aquel de tipo escalonado, aunque no debemos desechar que se trate de una fisonomía condicionada en este caso por el tipo de acceso desde una abertura de sección subcircular escalonada hacia la superficie que nos muestra la documentación generada por sus excavadores (fig. 51). Así, el hogar con una altura no superior a 1,10 m se muestra dispuesto entre la mitad anterior de la cámara inferior y la entrada de unos 50 cm de ancho que le antecede (ibíd., 128).

V.2.4.3. Datación

Por desgracia, el escaso conjunto de materiales recuperado en los depósitos que rellenaban la cámara inferior del horno no nos permite establecer los elementos y argumentos tipológicos para una discusión cronológica precisa acerca de esta instalación. De nuevo, hemos de valorar la fecha posible de formación del vertedero que se extendió por la zona, el cual, si bien muy afectado por fenómenos de alteración postdeposicional —como el propio horno—, no deja lugar a dudas sobre su cronología esencialmente flavia, si no más reciente. Lo que nos sugiere un *terminus ante quem* estratigráfico para su uso en la línea de lo contemplado en los dos casos anteriores.

V.2.5. Horno Los Villares 4

V.2.5.1. Contexto espacial y arqueológico

Durante la campaña del año 1979, cuyo principal objetivo fue el del estudio en la conocida como parcela 219e de los vertederos que podían apreciarse a simple vista en superficie, en uno de los sectores de excavación planteados ante el inicio de la intervención, en el Corte 20 el equipo del profesor Sotomayor dio con un nuevo horno, el cuarto de los constatados y documentados arqueológicamente hasta ahora.

Desde las primeras cavas este corte aparecía dominado por un imponente vertedero en el que se entremezclaban defectos de hornadas de cerámicas comunes —en esta ocasión la producción más representada— y sigillatas,

Figura 52. Aspecto del Corte 20 con el horno Los Villares 4 al fondo junto al perfil norte del sector de excavación (Foto: M. Sotomayor).

adobes, escorias, ímbrices y tégulas. Como en los anteriores se pudo constatar la existencia de ocupaciones o, al menos, frecuentaciones de época ibérica; trazas que ya fueron afectadas, además, durante la construcción del horno. Estos vertidos, de una potencia considerable, cubrían y se superponían al horno una vez este estuvo fuera de uso, el laboratorio del cual suponía además la cota más profunda del vertedero (Sotomayor *et al.*, 1981: 356).

V.2.5.2. Morfología

Conservado 1,80 m por encima del nivel del piso perforado, el horno excavado en el Corte 20 resultó ser el de mayores dimensiones de los hasta ahora conocidos con casi 4 m de diámetro (fig. 52). Hasta la parrilla las paredes del laboratorio se levantan con adobes de 45 cm de lado, 20 cm de ancho y 10 de grosor. Los restos de enlucido de barro sobre estas paredes podrían sugerir que así lo fue en toda su extensión, si bien podría también pensarse en reparaciones e intervenciones de refuerzo puntuales sobre una estructura de grandes dimensiones sometida, tanto a los rigores de la cocción y el choque térmico como a las tensiones generadas por la misma instalación usada en repetidas ocasiones. Para Sotomayor y sus colaboradores, al menos hasta la altura conservada del laboratorio, la estructura permanece enterrada como la cámara inferior y sus muros apoyados sobre el terreno, con los beneficios que ello debía suponer para el conjunto de la operación a la que estaba destinada la instalación.

Por su parte, la parrilla presenta 55 perforaciones dispuestas en círculos concéntricos, aunque ganan en desorden hacia el centro desde el círculo más exterior junto y adosado a la pared de la cámara superior (fig. 53).

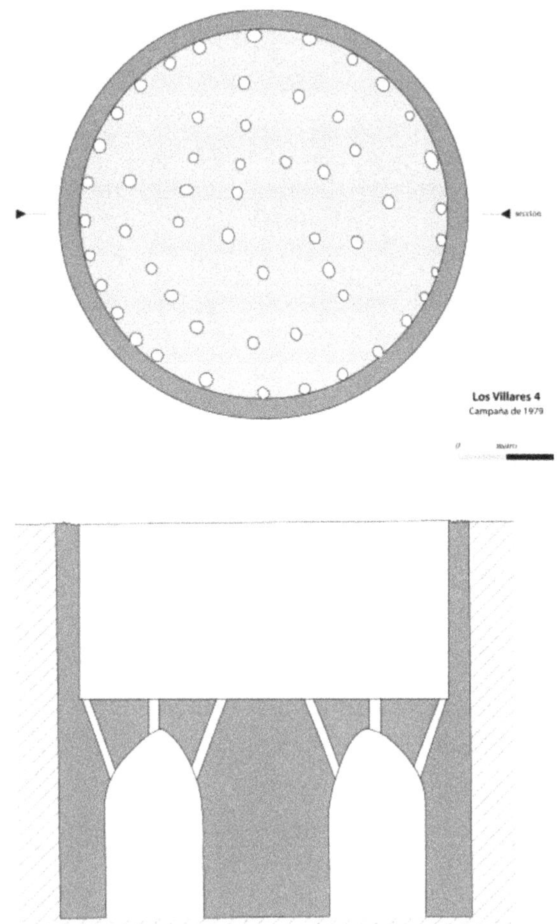

Figura 53. Planta y sección restitutivas de los restos conservados del horno Los Villares 4 (elaboración propia a partir de Sotomayor *et alii*, 1981: 358 y 358, figs. 37 y 38).

De la cámara de combustión sabemos que se encontraba conectada a un *parefurnium* en estado ruinoso pero del que se pudieron apreciar algunos arcos de refuerzo de adobe revestidos de barro situados a lo largo del corredor a intervalos de 30 cm. Del resto del hogar, sus excavadores presuponen que la falsa bóveda de la cara inferior del piso perforado fue ejecutada a la manera del horno Los Villares 3, si bien no habría que descartar la extensión de las falsas arcuaciones de adobes del pasillo de acceso a toda la extensión de la cámara inferior (ibíd., 357 y 358).

V.2.5.3. Datación

Para discutir la cronología en torno a la cual se produjo la amortización de la estructura disponemos de un nutrido conjunto de materiales más heterogéneo que en casos anteriores, motivado por las presencia de desechos de diversas producciones en el interior del horno, así como otros elementos ajenos a la de los talleres locales (invs. 20/54 a 20/124).

De él destaca la presencia residual aún de cerámicas pintadas de tradición ibérica y paredes finas, pero también la consolidación definitiva de las variantes clásicas del plato 15/17 hispánico, aunque aún con las paredes no excesivamente abiertas y exvasadas asociado a la producción del servicio de cuenco y plato representado por las formas 35 y 36; la concurrencia de formas decoradas hemiesféricas, generalizadas en los repertorios tempranos de los talleres isturgitanos con otras formas de la producción lisa y decorada clásicas como la 59 y la 37 con sintaxis compositivas poco acertadas, dibujan un contexto de no fácil lectura pero que podría remitirnos a época flavia (75/100 d.C.) Así, y como en los casos anteriores, este horno debió estar funcionando hasta epoca flavia y puede que durante toda la primera fase productiva de los alfares (50/75 d.C.).

V.3. Elementos cerámicos funcionales y estructurales

Con este epígrafe hacemos referencia a toda una serie de elementos relacionados con la producción de cerámicas, con el modelado y sobre todo con la cochura de los vasos, que hasta el momento han pasado desapercibidos para la investigación arqueológica en los talleres de Los Villares de Andújar, como para una gran mayoría de las investigaciones en asentamientos productivos alfareros, donde sin duda fueron ampliamente usados. Esta falta de documentación responde esencialmente a un problema arqueológico y ha limitado el interés demostrado hacia éstos respecto a otros materiales considerados tradicionalmente más interesantes.

Se trata de objetos en barro o arcilla vinculados directamente al sostén, apilamiento y acomodo de los vasos en los hornos, o a la propia estructura de estos últimos. Todos comparten como origen arqueológico en los estratos y cúmulos de desechos resultado de la actividad alfarera. La función de cada uno de estos accesorios no resulta del todo clara aunque la contextualización arqueológica, las características técnicas y su localización en otros centros productores de época clásica, helenística y romana repartidos por todo el Mediterráneo nos permiten lanzar hipótesis acerca de una interpretación para ellos.

De todos, han sido los elementos distanciadores o separadores, y de sostén o soportes colocados para la cocción entre los vasos[81] los que han suscitado la atención de los escasos estudios que han abordado el análisis y clasificación de este tipo de artefactos, por otro lado, extraordinariamente significativos para el conocimiento de las técnicas de cochura de las cerámicas durante la Antigüedad. Los más significativos han sido los de S. Patitucci Uggeri (1988) para los ejemplares (*separatori*) helenísticos de la antigua ciudad estrusco-adriática y romana de *Spina*, o la completa obra monográfica de V. Cracolici (2003) sobre este tipo de hallazgos en el antiguo *kerameikos* de Metaponto, activo entre los siglos VI y IV a.C., quien cuenta con la ayuda de toda una literatura al respecto procedente de ambientes culturales asimilados de Grecia y el sur de Italia; aquí cabe destacar la documentación generada por J. K. Papadopoulos (1992) para la Atenas helenística y romana, o las numerosas piezas provenientes de Taranto (Dell'Aglio, 1996), en el ámbito de la Magna Grecia datadas entre el siglo V y el IV a.C. Son algunos más los ejemplos y noticias dispersas con casos en todo caso frecuentes desde el siglo VI a.C. hasta el período romano (Cracolici, 2003: 19).

En el ámbito de producción de la *terra sigillata*, se conocen morfologías análogas de estos accesorios en los vertederos de *Ateius* de Arezzo (Kenrick, 1997), en el taller de Umbrio Cordo en Torrita di Siena (Pucci, 1992: 116-117), en el asentamiento etrusco-romano de Chiusi (Mascione y Aprosio, 2003), pero también en la *officinae* de Jesi (Brecciaroli, 1996-1997: 235-239) y, más recientemente Scoppieto (Bergamini, 2006); tampoco faltan ejemplos en la Galia, donde podemos mencionar la ya clásica aportación de G. Chenet y G. Gaudron (1955) sobre Lavoye, conjuntamente con las de M. Lutz (1959) acerca del alfar de Mittelbronn, y la de J. R. Terrisse (1972) a propósito de la *officina* galorromana de Martres-de-Veyre. Más cercanas en el tiempo son las informaciones generadas por las investigaciones arqueológicas en el grupo de talleres en torno a Montans y que debemos a Th. Martin (1996 y 1998). En la Península Ibérica, aunque sin estar necesariamente relacionados con la producción de sigillatas, se conocen separadores tipo carrete en el alfar de la Maja, en Calahorra y, aunque sin demasiada información, en el grupo de talleres en torno a Tricio o en Bronchales (Mezquíriz, 1985: 118).

Más raras si cabe son las referencias al grupo de piezas interpretadas como elementos estructurales de los hornos. No obstante son bien conocidos, sobre todo en ámbito itálico, los denominados *tubuli* de bóveda (Cuomo di Caprio, 2007: 517-518) para, entre otras ventajas, aligerar las cubiertas estables de determinado tipo de hornos. Relacionados con hornos destinados a la cocción de *sigillata* contamos con los de Chiusi (Mascione y Aprosio, 2003) y Scoppieto (Bergamini, 2006); aunque no son exclusivos de esta producción como lo demuestra los de Sallèles d'Aude (Laubenheimer, 1990: 68-69) asociados

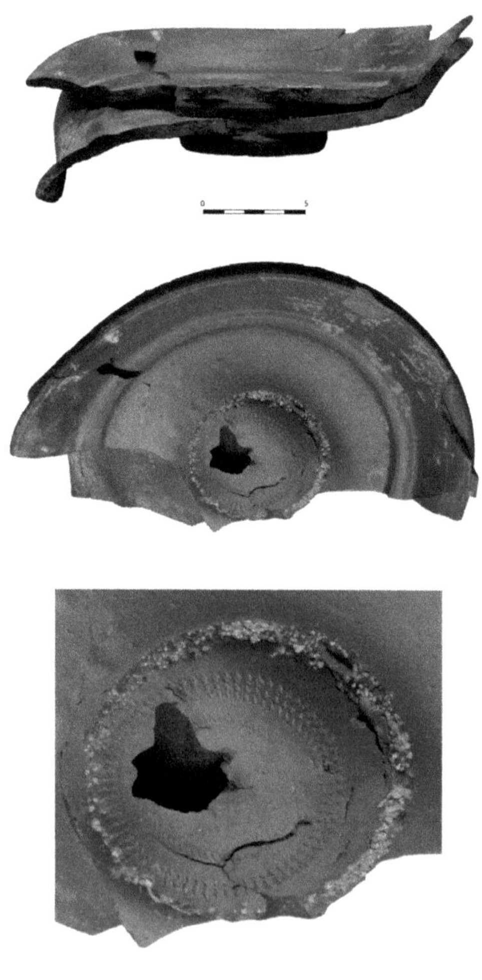

Figura 54. Vista de dos platos 15/17 (inv. Aj. 768) de *sigillata* hispánica deformados por el exceso de cocción. En detalle, disco de apilamiento denotado por la presencia de la arena que se disponía en el pie de las piezas y que ha quedado incrustada sobre el fondo del plato situado debajo.

81 Dentro de esta clase de piezas cerámicas utilizadas durante la fase de cocción, se han manejado distintas denominaciones que han añadido confusión al conjunto de estos accesorios y a la función de cada uno de ellos; así, algunos autores han empleado entremezclada e indistintamente nomenclaturas descriptivas y funcionales poco precisas que multiplican innecesariamente la tipología de separadores, por un lado, y soportes, por otro. Éstas, en ocasiones, han estado fundamentadas sobre planteamientos tecnológicos erróneos: carrete o pirámide *vs* separador, ajustador o soporte. Como M. Bergamini (2006: 292, nota n. 38), nos inclinamos por considerar y denominar a todos estos complementos auxiliares de la cocción, "separadores" a aquellos que tienen como objeto la función de evitar el contacto entre los vasos, y "soportes" para los dedicados por sus dimensiones a sostener piezas de cierta altura como los cálices itálicos.

a la producción de ánforas, los de Pompei en la via dell'Abbondanza (Cerulli Irelli, 1977: 54-56 y 70-71) y Porta Ercolanense (Annecchino, 1977: 106-107), *Altinum* (Sandrini, 1998: 128-132) y Riccione (Stoppioni, 1993: 94). En suelo hispano, algunas de estas tuberías para bóveda aparecen vinculadas al taller y horno de la Plaza de la Catedral del Burgo de Osma —dedicado a la producción de sigillatas, otras cerámicas comunes y materiales de construcción— (Romero *et al.*, 2008: 320), aunque sus excavadores sugieren sin demasiada convicción la posibilidad de que hubiesen sido empleadas como conductos para la distribución del calor en los hornos en los que la cochura de los vasos tiene lugar de forma indirecta (*four à tubulures*). Lo mismo hipotetizan con respecto a los ímbrices —aunque también podían usarse los mismos *tubuli*— hallados en el entorno del horno junto a otros desechos de la producción, para ser dispuestos adosados a las paredes del laboratorio al modo de lo visto en estructuras como la de Villarroya de la Sierra (Medrano y Díaz, 2000: 274), o en los denominados últimamente en la historiografía francesa de *tubulures périphériques* conocidos en Chatigny (Luxeuil) (Card, 2008), Gueugnon (Notet, 1996: 52), Mathay (Lame y Mazimann, 1993) o Montans (Schaad, 2007), entre otros ejemplos abundantes, sobre todo, en el centro y el norte de Francia.

Otro conjunto de elementos constatados arqueológicamente en contextos de desecho, comprende una tipología constituida por bloques irregulares fragmentados de arcilla rica en arena y tierra cocida, por tanto expuestos a

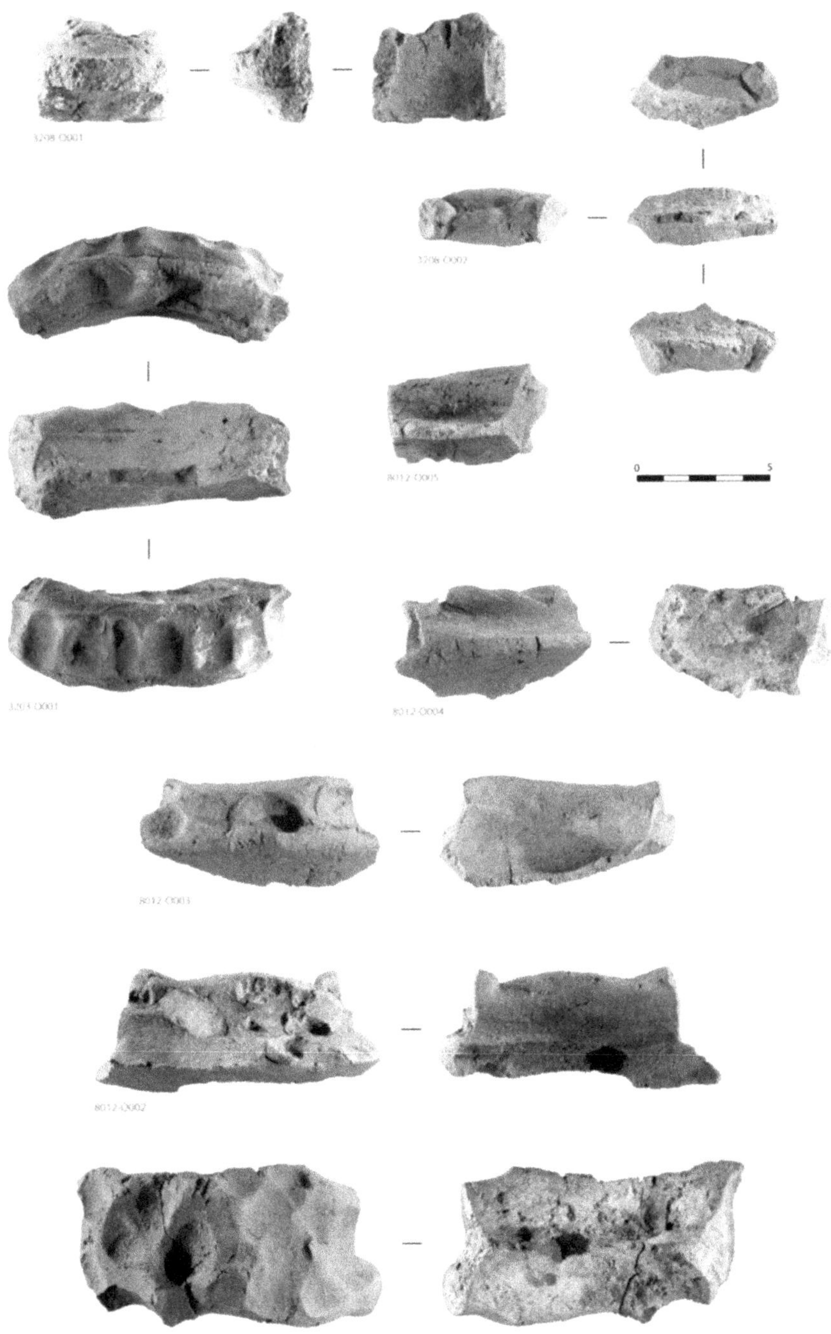

Figura 55. Separadores distanciadores no torneados empleados en crudo en el proceso de apilado.

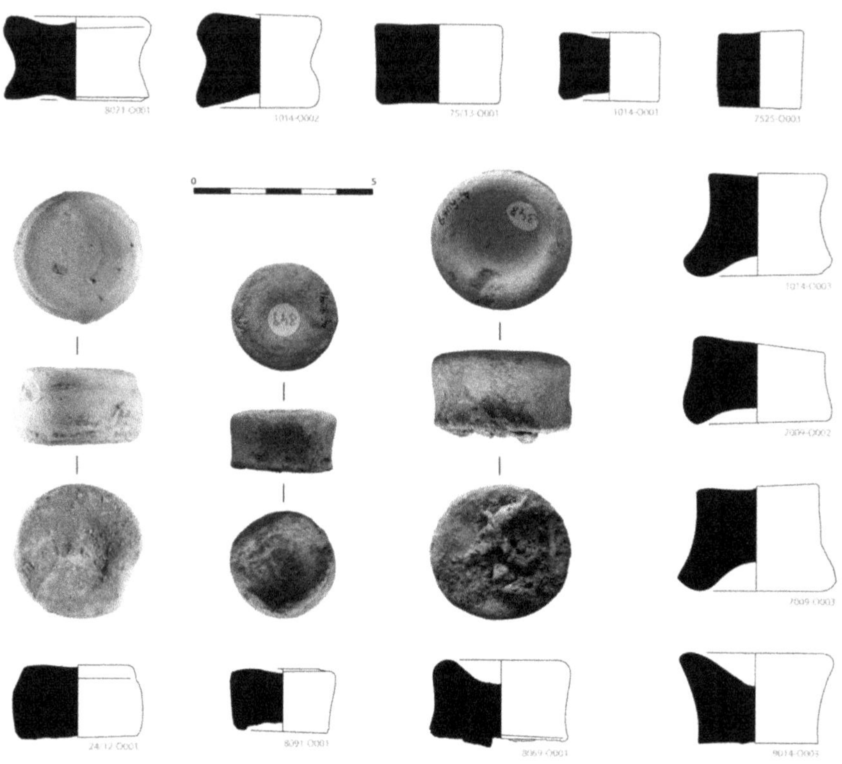

Figura 56. Separadores distanciadores torneados de forma subcilíndrica.

calor, que en numerosas ocasiones incorporan insertos desechos de vasos fragmentados o aparecen adheridos a placas de cerámica y materiales de construcción de morfología plana. Sobre éstos, que aparecen mencionados en la historiografía reciente relativa a yacimientos italianos —en Vasanello, Scoppieto y Arezzo (Cuomo di Caprio, 2007: 338-339; Bergamini, 2006: 290)— como *croste* o *grumi*, M. Picon (2002: 153) sugirió, a cuento de los ejemplares de Vasanello, que podían formar parte de un sistema de cochura indirecta desconocido, aunque semejante al empleado en los talleres productores de sigillatas africanas del África proconsular mediante la disposición de los vasos dentro de cobijas o cajas de cerámica (*casette*)[82]. En la misma línea, no hace mucho N. Cuomo di Caprio (Cuomo di Caprio, 2007: 339-347) ha propuesto, acompañadas de las impresiones resultado de las correspondientes experimentaciones prácticas, diversas hipótesis que los interpretan como parte de conductos o paneles articulados de diversas manera en el interior del laboratorio y garantizar así una cocción de tipo indirecto.

V.3.1. Elementos funcionales en la cochura

El apilado de los vasos en el interior del horno antes de iniciar el proceso de cochura debe garantizar, por un lado, la integridad de las piezas a través de la búsqueda de la estabilidad de todo el conjunto pero al mismo tiempo optimizar al máximo el espacio disponible en el interior de la cámara superior del horno. Y ello debe realizarse, por otro lado, salvaguardando el flujo de aire y su discurrir, lo más uniforme posible, por todo el laboratorio; de lo contrario el riesgo de deformaciones y fusiones en la hornada se acrecenta.

Para esta operación del apilado el artesano se servirá de descartes, pellas de arla cruda y piezas de cerámica modeladas con tal intención, la de separar las copas, platos, cuencos... unos de otros, y dar un equilibro seguro a la hornada. Lo que podía completarse con el empleo de arena repartida en torno al pie de cada una de las piezas y evitar así que pudieran quedar pegadas unas con otras en la pila, tal como describe Th. Martin (1996: 28) (fig. 54).

V.3.1.1. Distanciadores

Para introducirnos en el análisis de estos accesorios en Los Villares de Andújar conviene diferenciar en primer lugar entre aquellos no torneados de formas más o menos casual, de los que si lo están y pasaron de alguna manera por el torno.

V.3.1.1.1. No torneados

Localizados en la revisión llevada a cabo sobre los fondos materiales de las intervenciones antiguas en el complejo alfarero de Andújar depositados en el Museo Provincial de Jaén desde inicios de los años 70, en esta primera categoría incluimos los distanciadores o separadores, lamentablemente no muy numerosos (9 individuos), con formas indefinidas por haber sido acomodados aún en crudo y como consecuencia de la presión aplicada sobre la masa de arcilla. Así lo demuestran las digitaciones impresas en las masas, las cuales adquieren casi

[82] La descripción de este sistema nos viene dada por M. Bonifay (2004: 61-65).

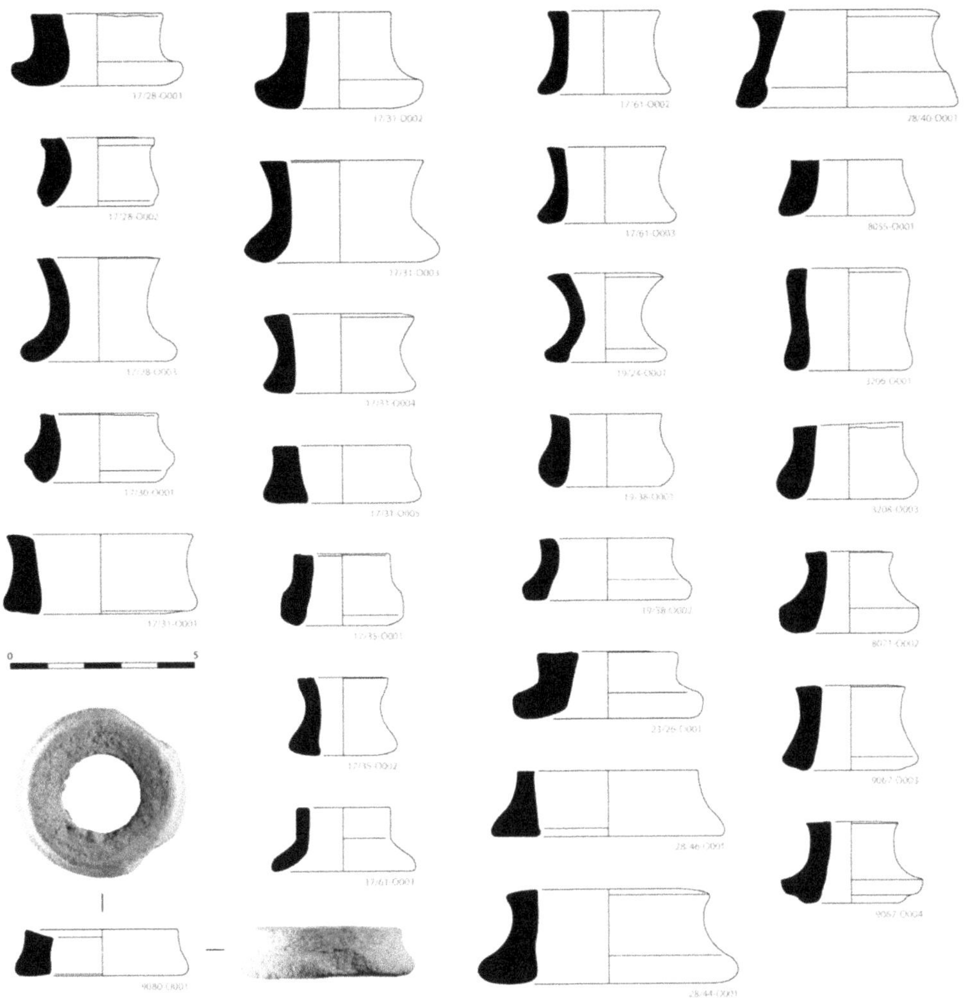

Figura 57. Separadores distanciadores tipo carrete de pastas calcáreas.

siempre formas de sección subtriangular. A un lado una superficie rugosa e irregular, y en los otros lisa significando quizá la impronta en negativo de los vasos en los que se apoyaban. La arcilla empleada en casi todos los casos es de tonalidades anaranjadas o rojizas, depurada aunque también arenosa, de carácter silíceo por tanto (fig. 55).

Todos proceden de estratos relacionados con contextos interpretados como vertidos de desechos producto de la actividad alfarera, por ahora, en torno a época flavia; aparecen en los cortes 8 y 15 junto a cerámicas comunes, paredes finas y sigillatas de producción local indistintamente. Creemos que este tipo de artefactos debieron ser en los vertederos mucho más numerosos de lo que el registro arqueológico recuperado nos muestra hasta el momento y que la escasez de estos ha de ponerse en relación con un problema de naturaleza arqueográfica.

Separadores de este tipo o con características similares se conocen en Scoppieto (Bergamini, 2006), y en el ámbito peninsular en Bezares, La Maja-Calahorra (Cinca, 2000: 328-329), Talavera de la Reina (Juan, 1983: s/p, fig. 9) y Bronchales, si bien en algunos de estos casos han sido interpretados en manera diversa, como ajustadores dispuestos en las juntas de las columnas de los tubos radiantes de una cocción indirecta en un *four à tubulures* (Juan, 1985: 41-43), lectura que, como más adelante veremos, presenta ciertas disonancias en su aplicación a Los Villares de Andújar.

V.3.1.1.2. Torneados

De nuevo localizados en los fondos del Museo Provincial de Jaén, contamos con un grupo de elementos separadores que para darles forma se ha acudido al uso del torno en mayor o menor grado, parcial o totalmente. Al contrario de los anteriores, éstos van a poder ser reutilizados cuantas veces se quiera.

V.3.1.1.2.1. Subcilíndricos

El primer tipo de estos distanciadores torneados remite por lo general a formas subcilíndricas y macizas, en ocasiones con alguna de sus caras, o ambas, rehundidas para describir un lado cóncavo (fig. 56); sus diámetros se sitúa entre los 2,5 y 4,5 cm. Todos los ejemplares (12 individuos) emplean pastas de base calcárea para su modelado,

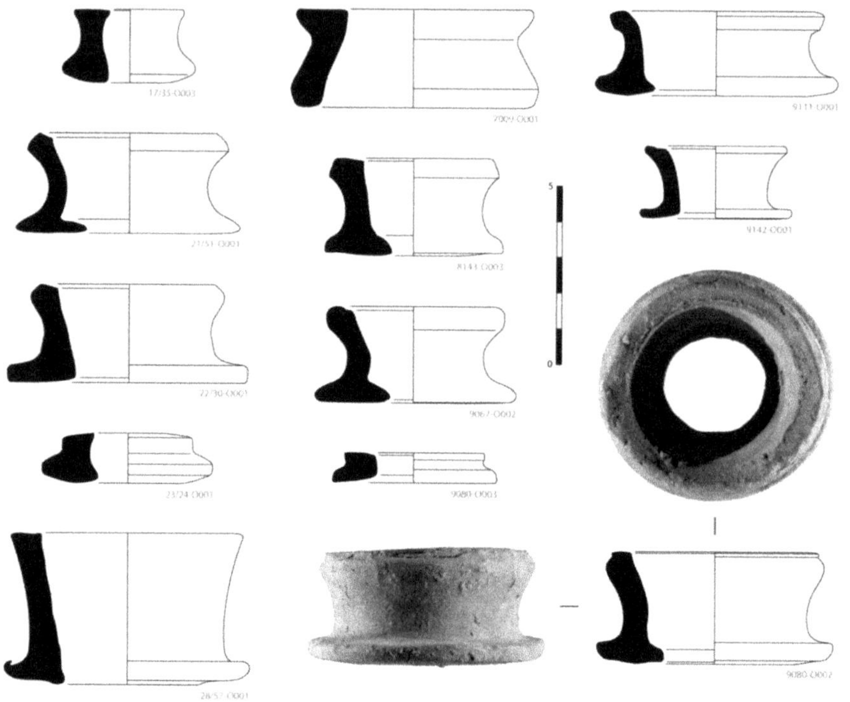

Figura 58. Separadores distanciadores tipo carrete de pastas no calcáreas.

de tonalidades rosáceas a beige asimilables al Grupo 1 descrito anteriormente en el estudio macroscópico de las cerámicas arqueológicas.

Hasta el momento han aparecido siempre asociados a contextos de desecho, resultado de la actividad alfarera durante la primera fase productiva de los talleres isturgitanos, junto a la vasos firmados por los talleres de *Quartio* o *MSM*. En tales depósitos se presentan entremezclados con un conjunto heterogéneo de materiales —como paredes finas, cerámicas comunes, pintadas de tradición ibérica, *sigillata*...— sin que pueda, por ello, establecerse una relación evidente entre una determinada clase cerámica y el uso exclusivo de este tipo de elementos distanciadores en la cocción de aquellos.

Separadores con estas características o muy próximas fueron empleados en el taller etrusco-romano de Chiusi (Mascione y Aprosio, 2003: 269-270), y en la producción de *sigillata* oriental A y de cerámicas de Çandarli (Hayes, 1982: 9).

V.3.1.1.2.2. Carretes

Relativamente abundantes en Los Villares, constituyen un conjunto de accesorios en el que podemos distinguir a su vez tres grupos atendiendo a ciertas particularidades físicas y técnicas. Un primer grupo (28 individuos) (fig. 57) comprende aquellos ejemplos de distanciadores realizados en pastas calcáreas depuradas y de tonalidades claras asimilables, como también es el caso de los separadores macizos subcilíndricos, al Grupo 1 pastas del estudio arqueológico de las cerámicas analizadas en el capítulo anterior. En general de menor tamaño, exceptuando casos contados que superan el rango de los 3-5 cm de diámetro máximo, presentan perfiles de líneas simples y paredes curvas o cóncavas en unas ocasiones, y troncocónicas en otras; los extremos se presentan engrosados, dando a veces la impresión de bocas de botella cortadas con el hilo por debajo del borde. La proximidad formal con algunos de los separadores atenienses publicados por Papadopoulos (1992) es evidente.

El segundo grupo (12 individuos) (fig. 58) viene caracterizado técnicamente por el empleo en su confección de arcillas no calcáreas, silíceas y de tonalidades rojo-anaranjadas, igualmente bien depuradas[83]. Todos se sitúan entre los 5 y los 7 cm de diámetro máximo; además, pueden diferenciarse dos morfologías atendiendo a la sección de sus paredes, en general cóncavas: paredes de sección en forma de L retrógrada o en forma de T invertida según la forma de lo que podríamos considerar el engrosamiento en la zona de la base de cada una de estas formas. En este conjunto de carretes de pastas silíceas incluimos un par de elementos diferenciados del resto por su escasa altura, en torno a 1 cm, cercanos a los conocidos en talleres como los de *Spina* (Patitucci Uggeri, 1988) ya citados. De un modo genérico, morfologías semejantes encontramos en Scoppietto (Bergamini, 2006: 293), Taranto (Dell'Aglio, 1996) y, especialmente, en las *officinae* galas dedicadas, aunque no sólo, a la producción de sigillatas.

[83] Pastas que podemos poner en relación con la empleada para la elaboración de las cerámicas de cocina producidas en los mismos talleres (Peinado, 2010), y equiparable al grupo 4 que propuso M. Picon (1984).

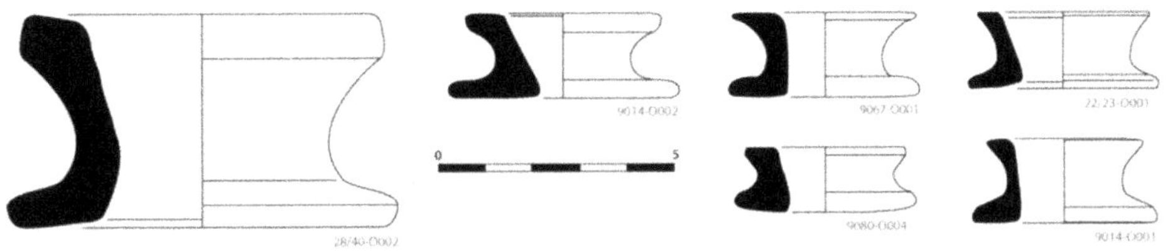

Figura 59. Separadores distanciadores tipo carrete barnizados.

Por último, el conjunto menos numeroso (6 individuos) (fig. 59) se encuentra morfológicamente próximos a los ejemplares del grupo anterior, paredes de sección en forma de L retrógrada, si bien de menor tamaño en casi todos los casos (4-5 cm), aunque con excepciones. No obstante, la mayor diferencia reside en el tratamiento de la superficies, ahora barnizadas con engobes entre rojos y marrones.

Todos los ejemplares aparecen revueltos en los vertederos, asociados a las distintas producciones de los alfares. Sin embargo parece intuirse una relación directa entre carretes del grupo de las pastas silíceas de mejores cualidades refractarias y los barnizados con la cocción de sigillatas. Desde el punto de vista temporal, los mismos parecen haber sido empleados, en el estado actual de los datos, preferencialmente hasta época flavia; mientras, el primer tipo de carretes, el de pastas calcáreas parece haber sido empleado a lo largo de toda la vida activa del asentamiento.

V.3.1.2. Soportes

Hemos incluido en la categoría de soportes algunos pocos objetos (6 individuos) (fig. 60) que, compartiendo un origen y contexto arqueológico común —ya que todos han sido hallados en vertederos—, por su tamaño pudieran, como hipótesis, haber actuado como soportes, puede que destinados a evitar el contacto de las pilas de vasos con la parrilla dado el amplio diámetro de su base; no obstante la funcionalidad concreta de este tipo de elementos no es desconocida, a lo que sin duda no ayuda la

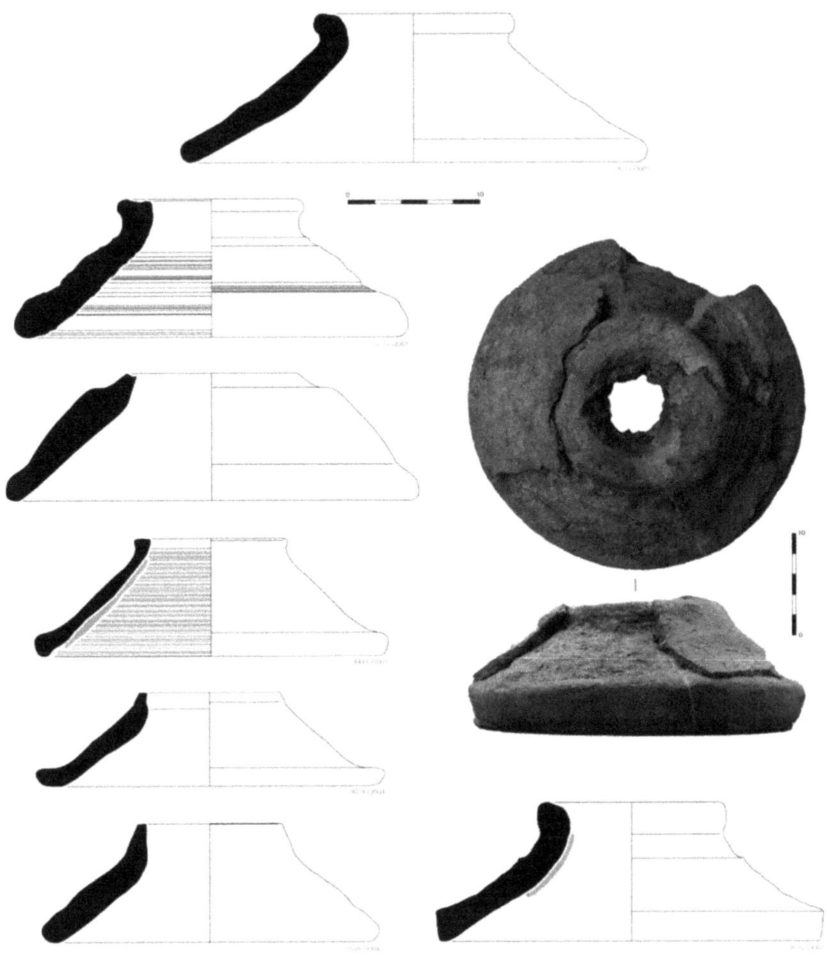

Figura 60. Soportes torneados.

inexistencia de referencias a elementos similares en otros asentamientos productivos constatados arqueológicamente.

Desde el punto de vista formal éstos vienen definidos por un cuerpo troncocónico, abocinado, estriado en ocasiones en alguno a ambos lados, de extremos por lo general engrosados y con frecuentes adherencias de barro cocido con improntas vegetales, por lo que resulta evidente que han estado expuestos a calor con posterioridad a su fabricación. Sus paredes son gruesas y el diámetro de su base oscila entre los 25 y los 30 cm. Los pocos ejemplares conocidos en Los Villares aparecen modelados empleando pastas silíceas de mayores cualidades refractarias.

V.3.1.3. Otros elementos funcionales de la cochura

A pesar de todo, son muchos otros los accesorios y objetos que auxilian al maestro hornero durante la cochura de los vasos y de los que ni siquiera podemos intuir la función que estos desempeñaron en dicho proceso, el más delicado de todos los del ciclo productivo de la cerámica. Entre ellos podemos contar con un conjunto bastante amplio de piezas de cuya existencia, particularmente en los talleres béticos productores de *sigillata* hispánica, ya teníamos alguna noticia gracias a Juan (1985: 40), quien los considera entre los elementos separadores, a la vez que resalta el origen exclusivamente meridional de los ejemplares conocidos: "...En los talleres de Andújar, Cartuja, Albaicín y Alameda se han recogido numerosos fragmentos de vasos de *sigillata*, con un agujero practicado en el centro, que según Sotomayor podrían haber servido a modo de trébedes para sustentar o separar vasos...". En efecto, todos los individuos (14) (fig. 61) documentados en Los Villares de Andújar y que presentamos en este estudio corresponden a vasos, siempre de *sigillata* local, a los que, una vez fragmentados intencionadamente o no se les practicó en el centro una perforación postcocción mediante un instrumento realizando movimientos circulares oblicuos al plano horadado.

Su uso como trébedes o separadores se presenta como una posibilidad no descabellada, aunque difícil de valorar sin indicios sólidos que ayuden a contextualizar arqueo-

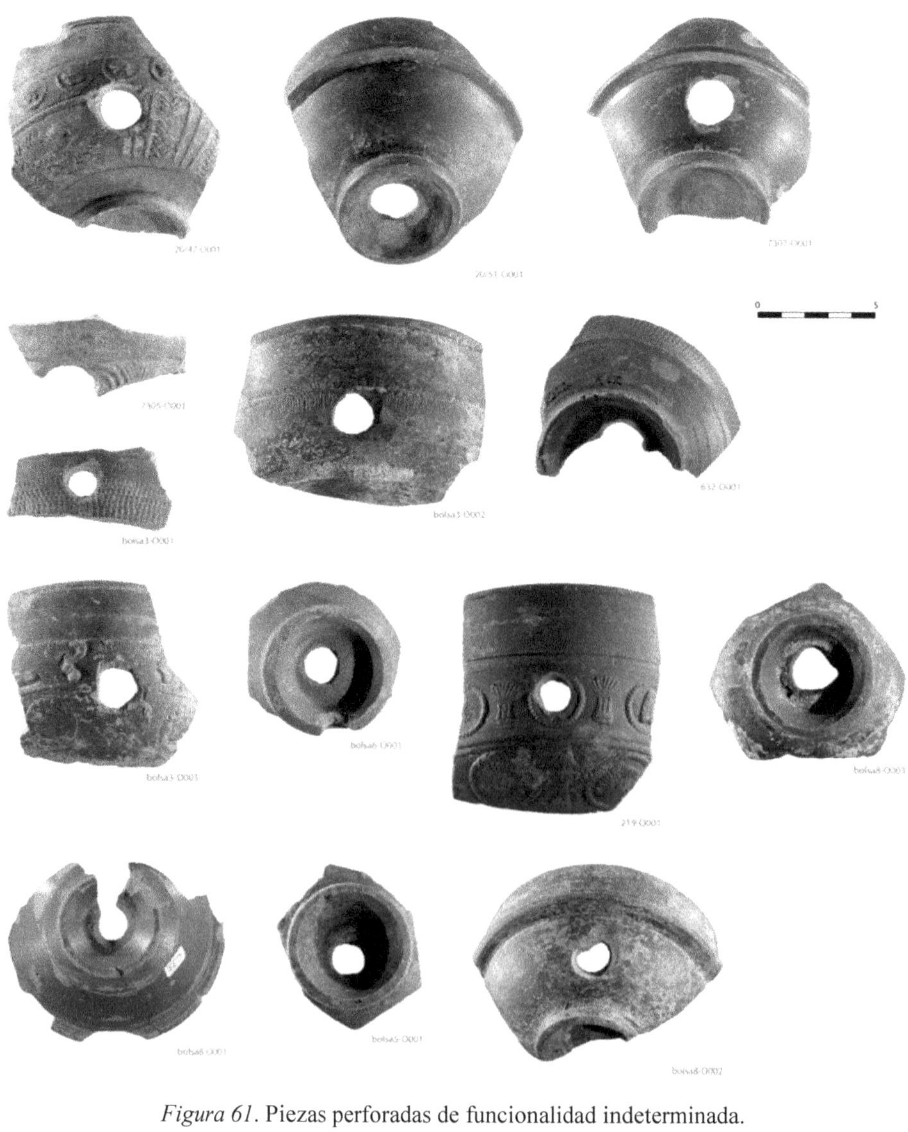

Figura 61. Piezas perforadas de funcionalidad indeterminada.

lógicamente estas piezas y que nos ayude a desentrañar el papel desempeñado por ellas en el marco del proceso de apilado de los vasos en el laboratorio de los hornos. Más allá de su función, el empleo de este tipo de instrumentos únicamente en los talleres surpeninsulares denota la puesta en funcionamiento en ellos de procedimientos en algunos extremos comunes y exclusivos de los artesanos y maestros horneros productores de cerámicas finas en la Bética.

Sea como sea, y aunque gran parte de los individuos nos han llegado en los fondos museísticos desprovistos de cualquier tipo de dato sobre su localización y hallazgo, éstos parecen haber sido empleados a lo largo de la mayor parte de la vida de los talleres del suburbio isturgitano gracias a las valoraciones tipológicas extraídas del tipo de soporte elegido para realizar las perforaciones. Aunque la muestra no resulta excesivamente significativa, por el momento, son más los ejemplos de estos artefactos que pueden ser adscritos a fases medias de la actividad artesanal, de época flavia en adelante, si bien no faltan piezas cronológicamente más tempranas, puede que insinuando una relación de proporcionalidad derivada de una intensificación de la producción y el mayor volumen de ésta que tiene lugar con el paso del tiempo.

Desde el punto de vista formal, podría inferirse una preferencia por los fondos y paredes de copas, formas de dimensiones modestas, quedando excluidos platos y grandes copas o boles. Por su parte, las dimensiones de las perforaciones, bastante regulares en sus dimensiones a lo largo del tiempo, varían levemente entre los 1,5 y 2 cm de diámetro.

Cabría mencionar, aunque no disponemos de demasiados datos más allá de menciones aisladas a materiales de construcción mezclados en los vertederos con los desechos generados por la cocción de las piezas, el empleo de tégulas e ímbrices en el proceso de apilado de los vasos, empleados a modo de cama directamente sobre la parrilla para evitar las cenizas y la acción directa del fuego, a la vez que sirven de soporte y base para el resto de la hornada, como ha detectado la etnografía (Sempere, 1992: 210). No obstante, es posible que fragmentos de *tegulae* y ladrillos, fragmentados o no, puedan haber sido empleados también en las cubiertas de barro de las cámaras de cocción de los hornos.

Un caso particular lo constituyen las denominadas probinas, haciendo referencia a una serie de piezas sin forma definida revestidos con el barniz de las sigillatas y que Roca y Fernández García (1987-88: 205-206) describían como fragmentos "unos totalmente lisos, de forma rectangular con las esquinas redondeadas o alargadas, planos por un lado y convexos por el otro, en otros casos se trata de pellas de arcilla, simplemente aplanadas por la presión de los dedos sobre ambas caras o sobre una superficie plana; en un caso la presión se ha ejercido sobre el fondo interno de un plato de forma 15/17. Aunque no siempre, suelen presentar restos de inscripciones o marcas [...] Parte importante de estos fragmentos se refiere a material decorado; en este caso la decoración puede proceder de la impresión de la arcilla sea sobre un molde sea sobre un vaso. De cualquier modo y al igual que ocurre con el material liso, es bastante frecuente la presencia de inscripciones o marcas incisas". Determinar su funcionalidad no es un asunto baladí pero el problema, a nuestro juicio, está aún abierto a interpretaciones, como bien señala Mª I. Fernández García (2012). Inicialmente interpretadas como pruebas de punzones, tras hallazgos posteriores y la diversificación de casos se apuntó a pruebas también de barniz o de horno (ibíd.). Recientemente vienen siendo interpretadas como testimonios de una rudimentaria "contabilidad" o identificación de hornadas siguiendo un mecanismo de control de la producción de los distintos *officinatores* (Fernández García y Morales, 2007; Fernández García, 2012) semejante al constatado en el complejo alfarero sudgálico de La Graufesenque, conocido gracias a los ilustrativos grafitos recuperados, donde se detallan cuidadosamente aspectos relativos a la

Figura 62. Piezas de cerámica denominadas "probinas" e interpretadas como muestras o catas de cocción en los hornos.

producción y comercialización de las vajillas cerámicas, con mención expresa de productores o del número de vasos cocidos en una hornada (*i. e.* Marichal, 1986; Bemont y Vernhet, 1989). En el caso isturgitano la interpretación se fundamenta en las alusiones puntuales a alfareros, en la asociación de las decoraciones de los ejemplares decorados a estilos de alfareros conocidos, y por tanto, entendidos como marcas identificativas de un taller, y a grafías incisas que pudieran expresar cantidades (Fernández García y Morales, 2007; Fernández García, 2012).

Entre estas probinas se cuentas ejemplares lisos (fig. 62, a), muchas con inscripciones precocción de difícil lectura, o unas pocas alusivas a alfareros como *Quartio* (fig. 62, b), otras decoradas (fig. 62, c) en ocasiones también con inscripciones o letras incisas previas a la cocción, en algunos casos haciendo mención a divinidades (fig. 62, d) (Fernández García y Morales, 2007: 48; Fernández García, 2012). Hasta el momento se conocen un total de 117 individuos de estos elementos repartidos entre los vertederos explorados en los cortes 12, 14, 16, 22, 24, 26, 30 y 31 (Fernández García y Morales, 2007: 47; Fernández García, 2012) y, aunque las referencia cronológicas son difusas, parecen proceder en su mayoría de entre mediados y fines del siglo I d.C., desde los inicios de la producción de sigillatas hasta la constatación de la actividad de alfareros "transicionales" como *Titus Oppius*.

En nuestra opinión, debemos considerar la posibilidad de que estas probinas en realidad se correspondiesen con las catas o muestras de cocción de las que los artesanos horneros se han servido hasta hoy para realizar el seguimiento al proceso de cocción y comprobar el estado de vitrificación de los revestimientos, instrumentos de medida por otra parte asistidos de manera exclusiva por la experiencia y los cuatro sentidos (Sempere, 1992: 194). Es cierto, que las piezas de contabilidad o identificación de hornada completamente lisas son pocas en relación al resto, pero ¿y las que parecen aludir a deidades expresadas en dativo, en especial, *IOVI*? (Fernández García, 2012) Es sabido el carácter crucial de la hornada en el proceso productivo de la cerámica, de su resultado depende el trabajo de muchas semanas y, por ello, se trata de un procedimiento no exento de esoterismo (Sempere, 1992: 194) en el que, más allá del buen manejo del experimentado hornero, otros factores fuera de su alcance y su formación empírica podían determinar el éxito o el fracaso de la cochura ¿son estas alusiones una manera encomendarse en busca de una satisfactoria resolución del proceso? Por otro lado, viendo las dimensiones modestas de la mayoría de los hornos en torno a los 2 m de diámetro ¿sería necesario introducir estos identificadores en laboratorios cuya capacidad limitada no permitiría la cocción de los productos de más de uno o dos talleres? A esto hay que decir que se ha estimado la capacidad de hornos de dimensiones muy parecidas entre los 1000 y 2000 vasos (Coll, 2000: 205), muy alejados de los 40000 que podían componer las grandes hornadas de La Graufesenque, por lo que estas herramientas de control de la producción habrían tenido mayor sentido en el contexto de gran expansión de estos alfares a partir de época flavia.

V.3.2. Elementos estructurales del horno

Otro reducido conjunto de evidencias responden, a nuestro juicio, a las trazas dejadas por la propia arquitectura de las estructuras de cochura, es decir, de los hornos. Como en Scoppieto, se tratan bien de masas de barro en cuya matriz han quedado incorporados fragmentos de cerámicas, sobre todo sigillatas; o bien vasos fragmentados de esta misma clase con arcillas y barros adheridos (fig. 63).

Figura 63. Elementos estructurales pertenecientes a la propia arquitectura de los hornos para cocer vasos.

En tal sentido, un bloque de barro (bolsa3-O004) nos ofrece valiosas pistas al respecto del origen de estas evidencias. El primero, más evidente y que venimos comentando desde el inicio, es la presencia de cerámicas incrustadas en dicha masa de barro cocido, que podemos intuir más importante por las improntas presentes en el bloque. A lo que se une la existencia indudable de dos superficies bien diferenciadas. Una de ellas, la superior curvada y que vamos a considerar exterior, ha adquirido dicha forma intencionadamente tal como demuestran las improntas dejadas por el deslizamiento de las manos sobre el fango; el recorrido seguido por las manos y su desplazamiento muestra la repetición de movimientos circulares, naturales cuando se trata de modelar una superficie de tendencia esférica. La cara opuesta, inferior, donde pueden observarse las incrustaciones de vasos fragmentados —en concreto, una forma 35/36 de *sigillata* hispánica local—, ofrece otro tipo de improntas, una de ella, la más importante, es plana quizá por haber extendido el barro sobre otra superficie también plana, puede que una tégula.

VI. DISCUSIÓN

VI.1. Introducción

Desde un inicio diseñamos la redacción de este capítulo con el ánimo de dar respuesta al principal objetivo que se le presupone a cualquier investigación de este tipo, es decir, incorporar los datos y conclusiones particulares extraídas del articulado de este trabajo en una interpretación con significado arqueológico.

Se trata, pues, de discutir los resultados para llegar de esta forma a una síntesis con valor histórico donde queden integradas en un todo las consideraciones parciales realizadas hasta ahora relativas a los factores tanto físicos como geográficos implicados en la decisión de implantar una actividad alfarera de tal envergadura en aquel lugar, la tecnología de la producción cerámica puesta en práctica por dicha comunidad de artesanos y su desarrollo en el tiempo, a lo que sin duda afectó la intensificación de la comercialización de esto bienes en el marco socioeconómico de la Bética.

VI.2. *Isturgi* y su territorio

VI.2.1. El papel del Medio en el origen de la actividad alfarera

Los Factores Físicos son aquellos directamente vinculados al marco geográfico natural y que, en el caso de un taller alfarero vienen caracterizados por la disponibilidad efectiva de los recursos necesarios para la puesta en marcha de la producción de cerámicas, la materia prima y los elementos que nos ayudan a transformarla.

En efecto, vista esta definición, la aparición de los talleres alfareros de Los Villares de Andújar supuso, sin lugar a dudas, la construcción de una nueva relación en términos de aprovechamiento de los recursos del asentamiento y su territorio de explotación, dejando definitivamente atrás el diálogo heredado de tiempos pretéritos e inaugurando uno nuevo en el que el medio se vio expuesto a un intenso, aunque relativo, proceso de antropización.

VI.2.1.1. Arcillas y pigmentos. Áreas de extracción y aprovisionamiento

Ese medio circundante, para cuya determinación teórica ha resultado de gran ayuda el modelo del Área de Recursos, parece haber ofrecido unas condiciones extraordinarias para dar la respuesta adecuada a las necesidades técnicas de los maestros alfareros y para el asentamiento de nuevos —en el caso de los artesanos llegados de fuera— en el entorno de la Vega de Andújar.

Como anticipaba dicho modelo, los depósitos arcillosos detectados en nuestro estudio susceptibles de haber aprovisionado la actividad no distan, por un lado, más de 1 km de la comunidad de alfareros para el caso de las arcillas significadas por su alto contenido en CaO, las inagotables margas arcillosas o carbonatadas del Valle del Guadalquivir; éstas se encuentran seguramente en la base de las pastas cerámicas del grupo LVA 1 (paredes finas, cerámicas pintadas de tradición, cerámicas tipo Peñaflor...) y al que ha de incorporarse, atendiendo a los valores del GR (tab. 12), el conjunto de la producción de cerámicas comunes romanas béticas de pasta clara producidas allí (Peinado, 2010: 127-129, 290 y 383) (fig. 64); y a unos 3,5 km de las formaciones triásicas más próximas a la Depresión del Guadalquivir, lugar al que con total seguridad los artesanos y las *officinae* isturgitanas acudieron en busca del segundo tipo de arcillas, aquellas de excelentes cualidades refractarias debido a sus altos contenidos en SiO_2 e inapreciables cantidades de CaO; son, en consecuencia, las más indicadas para la elaboración de las pastas de las cerámicas de cocina elaboradas en Los Villares (tab. 12) (ibíd.) o las suspensiones arcillosas base de, al menos, los barnices de las sigillatas hispánicas locales; este constituiría el grupo LVA 4 de pastas empleadas en Los Villares. Son estos los dos tipos de arcillas que han ofrecido las mayores semejanzas físico-químicas con las pastas de las cerámicas arqueológicas recuperadas en el yacimiento.

Tampoco la mineralogía desmiente esta afirmación, observándose la formación de fases mineralógicas de alta temperatura similares singularizadas en base a la neoformación principal, entre los 900° y los 1000°C, de minerales —además de cuarzos de alta temperatura— como las gehlenitas y los piroxenos para las fábricas arqueológicas calcáreas y las muestras de arcillas procedentes de los ambientes carbonatados; de hematites y, en especial, las espinelas para las fábricas arqueológicas no calcáreas (grupo LVA 3, fábrica 2, individuos LVA37 y LVA38), los barnices de las sigillatas de Andújar (Gómez-Herrero *et al.*, 2008: 101) y las muestras experimentales de arcillas del Trías recogidas para ser calcinadas. Además, la presencia en la matriz de microfauna marina tipo foraminíferos tanto en las muestras experimentales de arcilla terciaria (LVA01/02) como en la matriz de las pastas de ciertas cerámicas arqueológicas (*i. e.* LVA21) del grupo químico LVA 1, no hace más que apoyar la identificación de la materia prima empleada en dicho grupo con las margas calizas de los ambientes terciarios del Mioceno, abundantísimos en toda la depresión del Guadalquivir.

Hemos visto cómo las posibilidades de estudio de la ubicación de enclaves de extracción de arcilla se ha apoyado en la renovación metodológica que ha supuesto el acceso y adaptación de las técnicas arqueométricas a dicho problema arqueológico, en especial y para el caso de la familia de la *terra sigillata,* la aplicación de análisis químicos como ya hemos visto: Fluorescencia por Rayos X, Activación de Neutrones (INNA) y, más recientemen

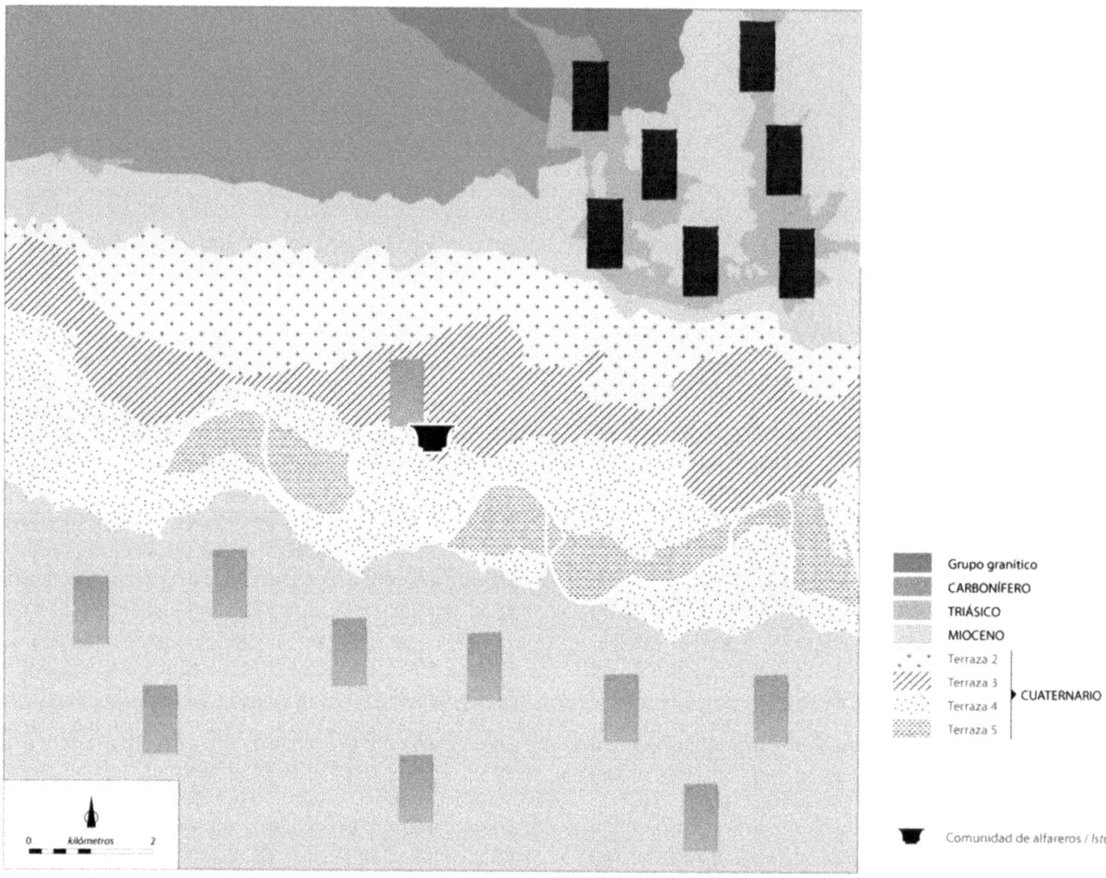

Figura 64. Depósitos de materiales arcillosos en el área de recursos teórica de Los Villares de Andújar aptos para su aprovechamiento en la producción de cerámicas.

te, Espectroscopia de Plasmas Inducidos por Láser (LIPS). Recordemos que la clave de su interés, reside en que, gracias a ellos, se pueden determinar algunos de los elementos químicos que constituyen las arcillas y las cerámicas, a partir de los que realizar estudios cuantitativos (en porcentajes) sobre la composición global de la muestra y determinar si se dan semejanzas/diferencias geoquímicas (Desbat y Schmidt, 2003: 59-82).

Sin embargo, nunca hemos pretendido abordar la resolución de una cuestión que hubiese resultado del todo infructuosa por los condicionantes que ya en su momento mencionamos y que tenían que ver con la intensa transformación fisonómica del medio a lo largo de los siglos, o la amplia extensión espacial en el territorio de los ambientes geológicos candidatos al sostenimiento de la extracción de las materias primas. En Andújar confluyen ambas limitaciones, por lo que en todo momento hemos evitado hablar de lugares concretos y canteras, prefiriendo hablar de áreas como un concepto más amplio y circunscribiendo nuestras indicaciones a la localización espacial, en el marco de un territorio de aprovisionamiento teórico, de los depósitos geológicos con los requisitos materiales para nutrir la actividad alfarera. No es, en cualquier caso, común la presencia conjunta en un mismo territorio de arcillas con cualidades físicas diversas que ofrezcan al artesano una gran versatilidad y flexibilidad a la hora de afrontar la producción de vajillas cerámicas distintas funcional y estéticamente hablando. Creemos, por tanto, que Los Villares reunía no muy alejados en su área de recursos los requisitos materiales idóneos para su elaboración, en especial en lo que a la producción de sigillatas se refiere. Pero más definitiva, puesto que la confluencia de ambos tipos de arcillas tiene lugar en otros puntos del Alto Guadalquivir no muy alejados —área actual de Bailén—, se muestra su localización con respecto a la mayor arteria de comunicaciones de la región en la Antigüedad, el río *Baetis*, un nexo cualitativo sobre el que más tarde volveremos.

Llegados a este punto, no queremos pasar por alto la asociación de las arcillas silíceas en los mismos ambientes geológicos de estas materia primas con las denominadas areniscas y lutitas rojas. Sin contar el recurso fácil al empleo en las construcciones de cantos y bolos rodados de río, ésta se trata de la piedra local por excelencia. Es fácil que las primeras labores de monumentalización y transformación arquitectónica del asentamiento hacia época augustea (Abascal, 1996: 57; Ruiz Montes, 2007: 111) hayan recurrido de un modo insistente al conocido localmente como asperón; así lo dice la remoción continua de estos materiales en el solar de la antigua *Isturgi*. En consecuencia, plantear la posibilidad de una explotación conjunta de ambos recursos en el mismo frente de trabajo, arcillas y piedra, hecho que abriría el debate a consideraciones extraordinariamente complejas de tipo legal acerca de la propiedad de las canteras y los regímenes de aprovechamiento de estas explotaciones.

Los Villares de Andújar	CERÁMICA DE COCINA (n=16)		CERÁMICA COMÚN ROMANA BÉTICA (n=14)	
	Media	*Desv. Est.*	Media	Desv. Est.
Fe2O3 (%)	6,11	0,49	5,30	0,27
Al_2O_3 (%)	16,14	1,37	14,28	0,64
MnO (%)	0,07	0,01	0,08	0,01
P_2O_5 (%)	0,09	0,03	0,21	0,04
TiO_2 (%)	0,83	0,07	0,69	0,03
MgO (%)	1,13	0,13	2,17	0,24
CaO (%)	2,44	1,41	16,27	2,79
Na_2O (%)	0,33	0,09	0,45	0,06
K_2O (%)	2,63	0,25	2,89	0,17
SiO_2 (%)	70,07	2,29	57,49	3,36
Ba (ppm)	450	42	449	38
Rb (ppm)	131	11	131	9
Th (ppm)	12	1	12	1
Nb (ppm)	19	1	19	1
Pb (ppm)	49	46	35	10
Zr (ppm)	355	36	222	29
Y (ppm)	31	2	28	2
Sr (ppm)	103	33	445	71
Ce (ppm)	85	7	69	8
Ga (ppm)	19	2	19	1
V (ppm)	115	9	86	6
Zn (ppm)	61	5	88	8
Cu (ppm)	29	19	35	6
Ni (ppm)	37	4	43	5
Cr (ppm)	94	7	70	4

Tabla 12. Media aritmética y desviación estándar (datos normalizados) de los GR químicos (FRX) definidos recientemente para la categoría de las cerámicas comunes producidas Los Villares de Andújar (según Peinado, 2010: 290, tab. 5. 2). Siguiendo la nomenclatura empleada en el presente trabajo los valores indicados para la Cerámica de Cocina quedarían incorporados al esquema general de grupos de referencia de pastas de Los Villares de Andújar como LVA 4, en cuya base arcillosa principal se usaron las arcillas silíceas procedentes de los depósitos triásicos aledaños a la Vega de Andújar. Los valores de referencia correspondientes a la Cerámica Común Romana Bética se ajustan con gran exactitud a los ofrecidos en nuestro análisis para el grupo LVA 1 de pastas con base arcillosa calcárea, por lo que esta clase cerámica quedará incluida en dicho grupo.

A día de hoy, y atendiendo a las evidencias, parece impensable que el ocaso y crisis de la actividad artesanal alfarera en el área suburbana del antiguo *Municipium Triumphale* allá por las medianias del siglo II d.C. haya estado motivado entre otras razones por un agotamiento de los recursos y, más concretamente de las fuentes de suministro de arcillas —como en alguna momento se ha propuesto (Roca, 1976: 11)—, extraordinariamente abundantes aún en la actualidad en el entorno del sitio arqueológico.

Mucha menor incidencia en los condicionantes de establecimiento se le presupone a las fuentes de materias primas para la elaboración de pinturas para las cuales, como dijimos al principio, Arnold (1985: 47-49, table 2.3) había individualizado dinámicas al margen de las anteriores; dinámicas de más amplio recorrido las cuales podrían llegar a motivar desplazamientos de hasta 50 km de distancia desde el asentamiento. A nuestro juicio, las deficiencias en el aprovisionamiento de pigmentos en Los Villares de Andújar para la confección de cerámicas de tradición ibérica, debieron solventarse acudiendo a los canales de distribución y comercialización de rojos ocres procedentes de los ambientes de la Campiña. Así parece desprenderse del microanálisis de la pintura utilizada en la decoración de las cerámicas pintadas de tradición ibérica (individuo LVA21) singularizadas, junto al alto contenido en Fe, por la presencia nada despreciable de Ca; ambos índices parecen remitirnos a los óxidos de hierro naturales explotados en la campiña jiennense hasta la actualidad (IGME, 2009-2010) localizados en las Zonas Externas de la Cordillera Bética (fig. 65). Estos minerales, empleados tradicionalmente para la elaboración de pigmentos y pinturas, se presentan intrusivamente —y procedentes de rocas ígneas ricas en hierro y magnesio— intercalados en un conjuntos de estratos de calizas y dolomías, de ahí los notables valores de Ca reportados por el microanálisis, consecuencia evidente de un ambiente altamente carbonatado. Los afloramientos de esos materiales contenidos en la llamada Formación Zamoranos del Triásico superior (Noriense y Rotiense) (Pérez-López *et al.*, 1992) han sido ampliamente explotados, como señalábamos, en puntos cercanos a la Vega de Andújar en Torre del Campo, con importantes huellas de labores

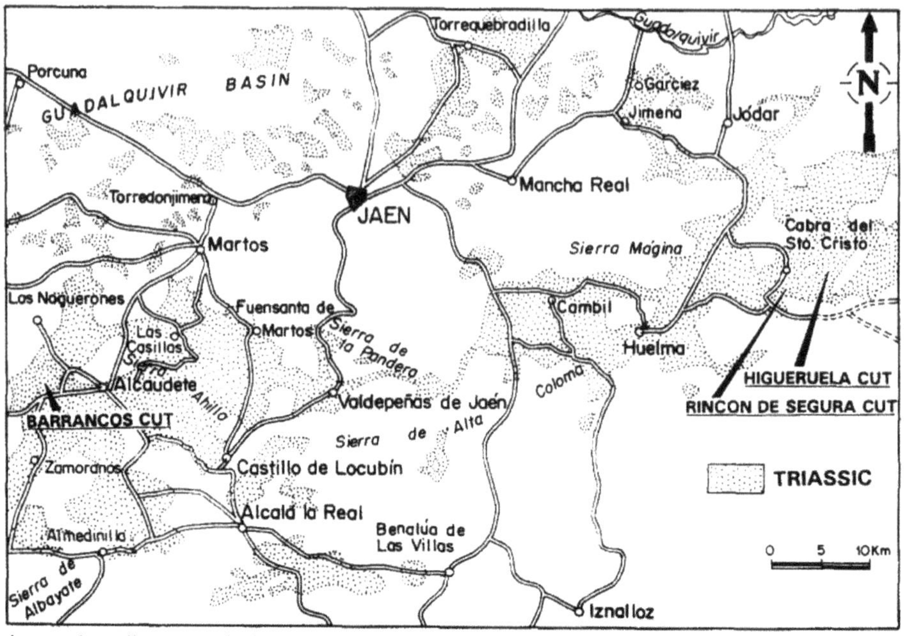

Figura 65. Afloramientos de sedimentos triásicos en las Zonas Externas de la Cordillera Bética. Muchos ofrecen altas concentraciones de óxidos de hierro naturales, extensamente explotados en la provincia de Jaén en el triángulo Torrequebradilla-Porcuna-Jaén capital (según Pérez-López, 1996).

contemporáneas en El Berrueco o Garcíez (BDMIN[84], 0925001-0925015) —en las proximidades del *oppidum* iberorromano de Atalayuelas—, localidades situadas a unos 20 km de Los Villares.

VI.2.1.2. Acarreo y consumo de aguas

Es conveniente decir que cualquier tipo de conclusión y consideración referida a los recursos hídricos disponibles dos milenios atrás elaborada y sustentada en datos pertenecientes a las últimas décadas distan de ser calificados como indiscutible. En este sentido, es lógico pensar que en términos generales, como bien señala D. Solé (1997: 6) en su estudio sobre el alfar ibérico de Fontscaldes, la situación de los recursos hídricos se ha visto limitada en los últimos años por circunstancias diversas entre las que destacan la reducción gradual de la masa forestal o la perforación intensiva de los acuíferos.

Teniendo en cuenta lo dicho, y a pesar de la parquedad de los datos existentes aportados en este punto, habíamos llegado a la conclusión parcial por la cual gracias al extenso sistema de arroyos contribuyentes y no muy virulentos del río Guadalquivir que discurren al norte de su curso desde el piedemonte de Sierra Morena y sus primeras elevaciones, la respuesta a las exigencias hídricas debió encontrarse asegurada en todo momento. En este sentido, todos los indicios y el sentido común apuntan al papel protagonista del actual Arroyo Martín Gordo (fig. 66) en el abastecimiento de aguas, aunque eso sí, y como ya comentamos, a través de hipotéticas captaciones y desvíos de caudal conducidos hasta los suburbios de *Isturgi* mediante algún tipo de infraestructura hidráulica aún por determinar. Tampoco hay que descartar, atendiendo a un posible clima predominante entonces más húmedo, el carácter permanente de alguno de estos cursos y, en consecuencia, menos expuesto a los rigores del estiaje y a las reducciones de caudal aparejadas a esa época del año. A lo cual cabe añadir que una masa fo-

Figura 66. Vista actual del Arroyo Martín Gordo en las proximidades de Los Villares de Andújar en una fotografía correspondiente a junio de 2010.

[84] La Base de Datos de Recursos Minerales (BDMIN) integra la información geológico-minera del Instituto Geológico y Minero de España sobre indicios y explotaciones de rocas y minerales.

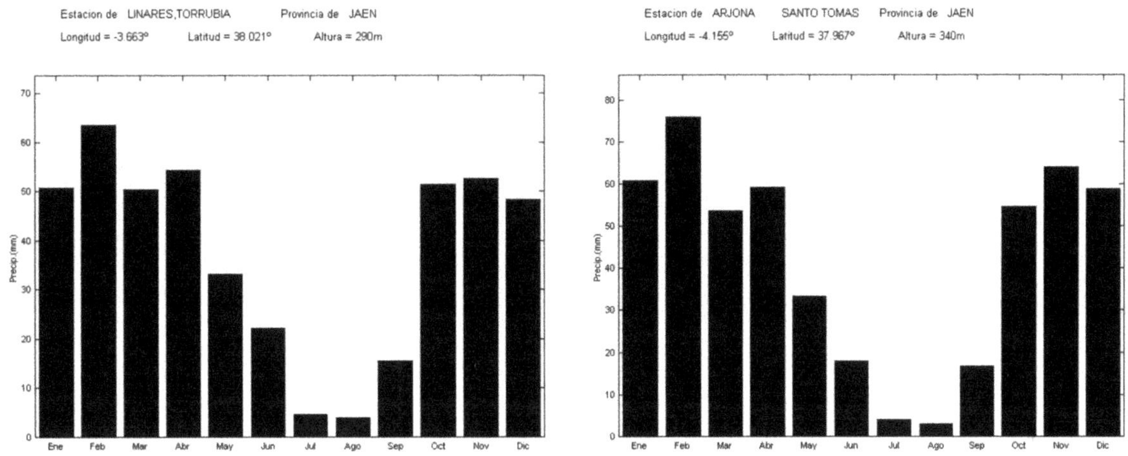

Figura 67. Régimen anual medio de precipitaciones durante el período 1964-1993 en las estaciones pluviométricas de Linares y Arjona (Fuente: Proyecto CLIME, Organización espacial y temporal de la precipitación en el litoral mediterráneo español).

restal mayor, con su sotobosque, habría facilitado una lenta pérdida de la humedad retenida por el suelo, haciendo más duraderos las épocas de mayor caudal. De no ser así, y ese período seco descrito al menos en los últimos 30 años en esta parte de la Depresión del Guadalquivir (fig. 67) entre los meses de mayo y octubre, hubiese condicionado definitivamente el régimen de caudal de las fuentes y surgencias de abastecimiento para una actividad tan voluminosa, podría haberse recurrido al almacenamiento y consumo regulado de aguas; sin olvidar el recurso puntual a los pozos practicados para extraer las aguas del potente acuífero del Guadalquivir.

Y es que no debemos minimizar el impacto de la necesidad de agua para la actividad alfarera ya que, al menos en el caso de Andújar, la cifra de unos 10 litros de agua para obtener 1 kg de pasta utilizable —desechándose otro de material en el proceso de preparación del barro— (Echallier y Montagu, 1985: 142), debe entenderse como un término mínimo a tenor del grado de depuración de las pastas que presentan las cerámicas producidas en estos talleres, en especial el de las sigillatas hispánicas; y del tratamiento exhaustivo para conseguir la fracción ilítica de las arcillas no calcáreas con la que elaborar sus barnices. Se trata de una proporción muy similar a la observada en el tratamiento de las materias primas empleadas en la fabricación de cerámicas numantinas, donde el proceso de selección gravitacional simple tipo levigado[85] elimina en datos sólo aproximativos entre un 30 y 50% del aporte de sedimento incial (García Heras, 1998: 122). Sin embargo, hay quien ha señalado que esta importancia es relativa y que es posible hacer alfarería sin necesidad de un aporte particularmente voluminoso de agua en el taller, pues con el líquido de una misma pileta se pueden procesar, dependiendo del tamaño partícula a conseguir, varios kilos de material con pérdidas de agua cifradas en torno a un 20 ó 30% en cada operación (Coll, 2000: 192).

Por contra, en lugares donde ello fuese posible el consumo de aguas se dispararía por su uso auxiliar, por ejemplo, en los hornos (¿enfriamiento?), como parece ocurrir en el alfar romano de Los Tejares de Lucena, donde un entramado de canalizaciones conecta las estructuras de combustión y cocción con el suministro de aguas[86].

Fuese cual fuese la intensidad de uso del agua en las *officinae* isturgitanas las particularidades de ese sistema de arroyos, característico en este punto de la depresión aluvial del Guadalquivir, y la consecuente abundancia de aguas, hacía de este entorno un lugar donde la incidencia de los presumibles períodos de déficit hidrológico y sus efectos se harían sentir de un modo más tenue.

VI.2.1.3. Acercándonos a la gestión del combustible leñoso en una actividad especializada

Ante la imposibilidad de realizar ponderaciones taxonómicas particulares en Los Villares de Andújar, las aptitudes potenciales de vegetación ofrecen en todo caso un interesante elenco de especies sobre las que pudo recaer el peso del suministro de combustibles, en especial para la actividad alfarera si observamos como aspecto fundamental la capacidad calorífica de las distintas leñas al alcance de los artesanos. Dicho lo cual, y antes de elaborar un cuadro de posibles combustibles leñosos, cabe aclarar determinados conceptos relativos a las estrategias de aprovisionamiento y recogida de este tipo de recursos.

Hemos de señalar que el uso particular de una determinada madera como combustible, limitado en primer lugar a la oferta disponible en el medio, puede estar en estrecha relación con sus cualidades físicas, tales como el poder calorífico, la cantidad de humos desprendida mientras arde o el tamaño. O lo que es lo mismo, la recogida de madera en un asentamiento está determinada por las actividades llevadas a cabo en el mismo, por las características físicas de la madera disponible y finalmente por factores socio-culturales específicos de cada grupo (Smart y

[85] Procedimiento de decantación de arcillas descrito por J-Cl. Echallier y J. Montagu (1985: 142).

[86] Hasta no hace demasiado tiempo en talleres de Bailén y otros muchos pueblos, al finalizar la cocción se apagaban las ascuas con agua, para tras un período de tiempo en que el hogar permanecía cerrado, obtener cisco o carbón vegetal menudo (Sempere, 1992: 211).

Clasificación de especies según su Poder Calorífico		
ALTO	**MEDIO**	**BAJO**
Arbutus unedo	*Calicotome villosa*	*Anthyllis cytisoides*
Buxus sempervirens	*Cistus albidus*	*Cistus crispus*
Calluna vulgaris	*Cistus laurifolius*	*Eucaliptus camaldunensis*
Cistus ladanifer	*Lavandula stoechas*	*Pteridium aquilinum*
Cytisus multiflorus	*Olea europaea*	*Rubia peregrina*
Cytisus scoparius	*Phlomis purpurea*	
Erica arborea	*Pinus pinea*	
Erica australis	*Quercus coccifera*	
Erica scoparia	*Quercus ilex*	
Genista falcata	*Quercus suber*	
Genistella tridentata	*Rhamnus lycioides*	
Juniperus oxycedrus	*Rubus idaeus*	
Phillyrea angustifolia	*Rubus ulmifolius*	
Pinus radiata	*Stipa tenacissima*	
Rosmarinus officinalis	*Thymus vulgaris*	
Stauracanthus boivinii	*Ulex parvifolius*	
Teline linifolia		

Tabla 13. Poder calorífico de especies mediterráneas (según Elvira y Hernando, 1989).

Hoffman, 1988). Desde este planteamiento paleoetnobotánico parece claro que por norma general la demanda y las preferencias en cuanto a combustible están condicionadas por la oferta del mismo, y en muy raras ocasiones se produce un transporte de madera desde zonas lejanas. Si bien no faltan ejemplos etnográficos en los cuales se registra un cambio en las estrategias de selección de fuentes de energía combustibles en función de las modificaciones de disponibilidad de una determinada leña, puede que agotada como resultado de su sobreexplotación (Madubansi y Shackleton, 2007).

En cualquier caso el criterio de la disponibilidad y abundancia de determinadas especies en el ambiente vendrá condicionado por la relación esfuerzo-rendimiento en el acopio de la madera para la obtención de la cual fuese necesario un menor esfuerzo en el desplazamiento, menor distancia y menor desnivel con respecto al punto de partida de los recolectores de leña (García Martínez y Ramírez, 2010: 58). Así ocurre en alfares como el de la calle Santa María 19 de Jumilla, fechado en los siglos XII y XIII, pero del cual se puede concluir que no se daban procesos selectivos en la recogida de leña para la alimentación de las estructuras. El criterio primordial de preferencia deviene entonces el principio antes comentado de la disponibilidad y abundancia de determinadas especies en el ambiente, siendo las más recurrentes aquellas más frecuentes en el medio circundante (ibíd.).

No obstante, la inversión de esfuerzo puede estar también en relación con la degradación de la biomasa existente, como se ha comprobado en comunidades rurales de Bangladesh, donde la distancia recorrida ha variado desde 2-3 Km hace 10 años, 4-5 Km hace 5 años, y 7-8 km en las condiciones actuales de deforestación (Miah, Ahmed, y Uddin, 2003). En Los Villares la degradación del manto forestal no debió ser para nada despreciable, como tampoco lo debió ser la huella que en el medio dejó un proceso antrópico de deforestación reiterada y continuada a lo largo de aproximadamente 150 años. Un simple cálculo, si tenemos en cuenta los, como mínimo, 6,2 kg[87] necesarios de leña por cada kilogramo de cerámica, sobre una producción de 10 t de cerámicas por año arroja un gasto de 62 t de leña. Ello supone un término inasumible para el ecosistema y para la capacidad de regeneración de los bosques y las principales especies leñosas, estimada en 2,25 t al año (Miró, 1990).

Sabemos gracias a multitud de estudios etnográficos (*i.* e. Sempere, 1992; Martínez Peñín, 2006) cómo los combustibles preferidos a emplear por los maestros horneros han sido, en gran medida, los constituidos por el denominado sotobosque o las áreas de matorral denso y monte bajo, es decir, leñas de sección fina procedentes de arbustos y especies arborescentes, además de otras maderas de sección algo más gruesa, todo ello bien seco —muy importante ya que la incidencia de la humedad en la combustión es notoria—, con un poder calorífico (tab. 13) considerable y que al arder proporcionen una llama atemperada y lo más libre de humos posible con el objeto de po-

[87] Se trata ésta de una cantidad mínima ya que Echallier y Montagu (1985: 142) van a realizar sus estimaciones sobre el consumo y la inversión de energía de combustible vegetal en un horno de llama invertida, un tipo de infraestructura cuyo rendimiento térmico es entre un 30% a 40% más eficaz que un horno clásico (Coll, 2000: 202).

tenciar atmósferas oxidantes o reductoras según las necesidades, ya que retamas, romeros y, en general, otras especies con una importante presencia de hidrocarburos en su composición, facilitan la segunda. Cada tipo de combustible tiene unas cualidades específicas a la hora de ser usado, incluso de manera combinada. En cualquier caso, han sido muchos los tipos de fuentes energéticas empleadas, de muy distintas calidades y origen en función del producto a obtener; desde romeros, aliagas, jaras, pajas de trigo, mazorcas de maíz, estiércol, serrín y orujo, pasando por sarmientos, tamujas, enebros, olivillas, acebuches, hasta los desechos de la limpia del olivo, pino y quercáceas en general.

Dadas las potencialidades observadas en las series vegetativas de los encinares silicícolas y, sobre todo, basófilos que se extienden a lo largo del área de aprovisionamiento teórica que propusimos al principio de este trabajo, unido a los índices caloríficos descritos para distintas especies mediterráneas, entendemos que en los taxones *Quercus rotundifolia*, *Olea europaea* subsp. *sylvestris*, *Quercus coccifera*, *Pistacia lentiscus*, *Rhamnus oleoides*, *Arbutus unedo*, *Tamarix gallica*, *Phillyrea angustifolia*, *Rhamnus alatiernus*, *Juniperus oxycedrus*, concurrirían las condiciones más adecuadas para haber servido como combustibles, los más apreciados en el contexto productivo que ahora nos ocupa (fig. 68). Como vemos, estas potencialidades ofrecen, además, amplias posibilidades de combi-

Figura 68. Especies vegetales leñosas del bosque mediterráneo en la Sierra de Andújar: a. encina (*quercus rotundifolia*) en flor, a la derecha, junto a varios pies de acebuche (*Olea europaea* subsp. *sylvestris*), a la izquierda; en la base de la encina aparece un lentisco (*pistacia lentiscus*), algo muy frecuente; b. en detalle, *quercus rotundifolia* en plena floración; c. en detalle, lentisco en flor; d. detalle de una olivilla o labiérnago (*Phillyrea angustifolia*) en su apogeo sexual (Fotos: Francisco Moreno Madrid, ERITACO).

nación según sus características a lo largo del delicado proceso de cocción de los vasos, en el que se alternan alimentaciones del fuego con diferentes tipos de leña dependiendo de las necesidades concretas de cada una de las fases de la cochura.

VI.2.2. Materialización urbanística: un barrio artesanal suburbano

A nivel urbanístico, las consecuencias de la implantación de la actividad y de la nueva relación establecida con el Medio se hacen sentir con claridad, encontrando su propia vía de materialización en las áreas periurbanas y suburbanas del asentamiento nuclear.

Durante la primera mitad y mediados del siglo I d.C. *Isturgi*, como otras muchas ciudades de la Bética, experimenta un desarrollo urbanístico resultado de un contexto generalizado de bonanza económica en la región, expresado en la intensificación de la producción y el comercio de bienes; y sobre todo social, significado en aumentos de población y procesos migratorios consecuencia de la mejoría experimentada en las condiciones de la vida. Sin duda empujado y favorecido por esta coyuntura, en Los Villares asistimos a la aparición y desarrollo junto a la ciudad de un hábitat nuclearizado —por tanto más eficiente desde el punto de vista productivo (Costa, 1994: 112)—, alrededor del cual se articulará el artesanado de la cerámica (fig. 69), lo cual, a pesar de las limitaciones arqueográficas existentes, constituye claramente un modelo de implantación territorial muy alejada del patrón disperso por el territorio propio de los talleres septentrionales productores de *sigillata* hispánica en torno al foco de *Trititum Magallum* (Novoa, 2009). No obstante, una aglomeración de población y artesanos especializados dedicados la mayor parte del tiempo a las tareas propias de su oficio, no hubiese sido nunca posible sin el sustento de la producción excedentaria de bienes de primera necesidad sustraída de un territorio que concentraba en las terrazas más bajas de la Vega importantes potencialidades agrícolas, como ya vimos al principio, objeto de aprovechamiento sistemático desde entonces.

Más allá de las evidentes implicaciones que pudieran derivarse acerca de las diferentes condiciones de uso del suelo así como de la realidad legal de la estructura territorial del *ager* adscrito a un asentamiento —donde creemos, además, que tienen mucho que ver los modos y estrategias de integración territorial empleados en cada caso por Roma—, a nivel microespacial, a nivel de asentamiento, conceptos como el de *suburbium* y *continentia* (Bedon, 1998) ayudan a sintetizar y caracterizar material, social y económicamente una aglomeración suburbana de las características de la que aquí estudiamos. En nuestra opinión, la presencia de ésta y otras muchas aglomeraciones suburbanas producto del desarrollo urbanístico más allá de los límites estrictos del *oppidum* —el centro administrativo-político— pero sin una separación física neta con él, y las actividades económicas (Béal y Goyon, 2002) que allí van a tener lugar apuntalan aún más el carácter productor de la ciudad que determinadas tradiciones y escuelas historiográficas habían negado y

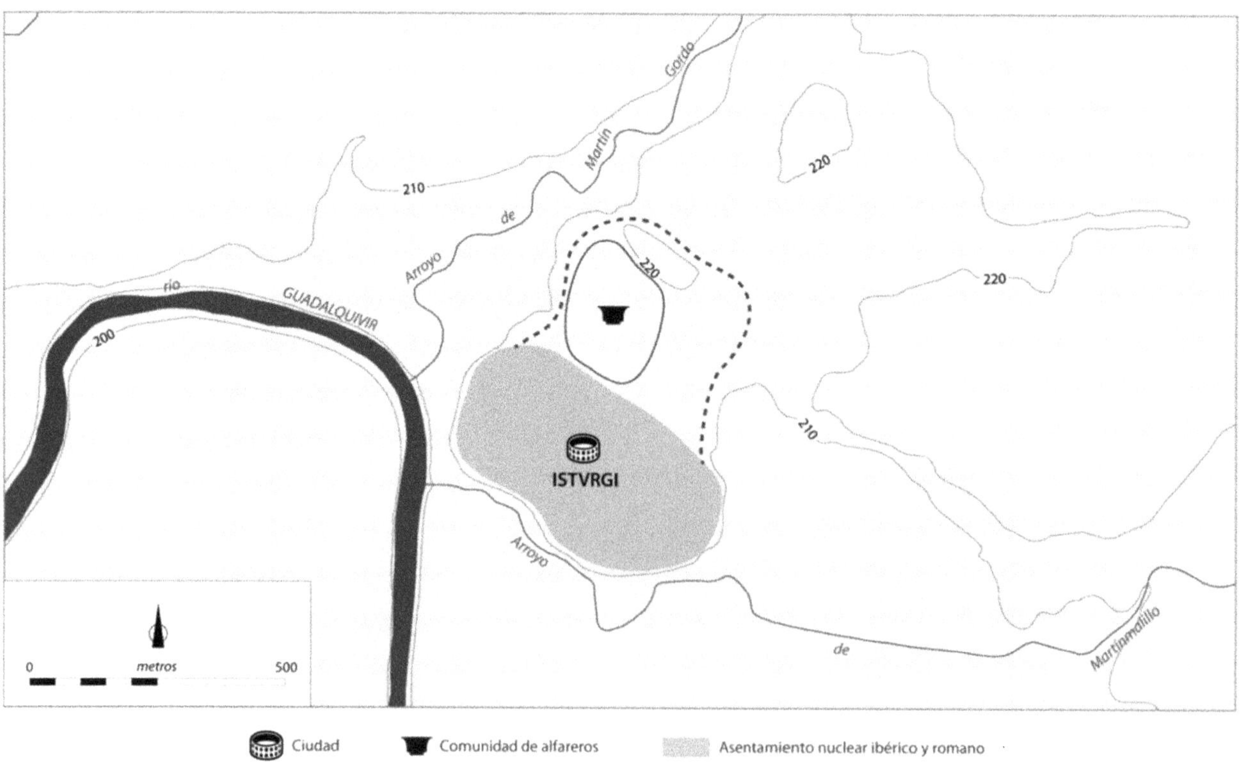

Figura 69. Propuesta e hipótesis de restitución de la topografía antigua del *Municipium Isturgi Triumphales* con el desarrollo urbanístico suburbano que da origen al barrio artesanal donde se va a concentrar la producción de cerámicas durante el Alto Imperio.

desechado durante décadas con la reafirmación de la ciudad consumidora. Los matices de tipo jurídico y administrativo ligados a estas nociones no son de menor transcendencia en un espacio considerado de transición en el marco de la relación ciudad-campo (Chevallier, 1998: 33).

En cualquier caso, no se trata de una realidad ajena al ámbito surpeninsular si tenemos en cuenta las no pocas referencias existentes en textos normativos municipales en la Bética; la *Lex Irnitana*, la *Lex Flavia Malacitana* o la *Lex Ostipponensis* —datadas en época flavia— recurren a la expresión *continentia aedificia* que C. Nicolet (1987), a cuento de la *Tabula Heraclea*, equiparó con la acepción actual de suburbio. De la lectura y análisis de estas y otras fuentes se han derivado algunas propuestas de zonificación (Arnaud, 1998: 80) de los *suburbia* que podrían incluir, por tanto, no sólo edificaciones de todo tipo[88] (*continentia aedificia*) sino áreas dedicadas a cultivos arbustivos y ornamentales (*horti*), así como las villas y propiedades agrícolas y ganaderas de las élites locales (*fundi suburbani*). Un factor determinante en la vertebración y localización de dichos espacios serán las vías de comunicación que salen y entran de la ciudad, y las posibilidades de transporte que en ese sentido ofrecerán los cursos de agua (ibíd., 77-79), elementos muy presentes en el caso de Los Villares de Andújar. Estos "barrios periféricos" caracterizados por una materialidad múltiple aparecen, desde el punto de vista de la administración, íntimamente dependientes del propio núcleo habitado, aunque jurídicamente regidos por las normativas vinculadas al campo.

VI.3. La comercialización de cerámicas finas como resultado de una coyuntura provincial

Ya hemos dibujado en capítulos anteriores la manera o alrededor de qué parámetros tuvo lugar el comercio de bienes en general, y de cerámicas de difusión regional en particular en la Bética durante el período en cuestión. Esta distribución, como ya vimos, se sostuvo en un sistema articulado de vías de comunicación de distinto tipo y núcleos habitados de mayor a menor rango interconectados que harían posible la comercialización y redistribución escalonada de las vajillas cerámicas hasta distancias hacia el interior, más allá del río y el mar, de entre 75 y 100 km dependiendo de diversos factores como la orografía o la mera rentabilidad a ojos del comerciante. Ferias y mercados frecuentados por comerciantes asistidos por el menudeo de los buhoneros se convierten en este panorama en agentes del comercio terrestre, además de factores de modulación del alcance de dicha distribución.

De este modo, el comercio de cerámicas finas isturgitanas constituye un ejemplo claro y significativo de la circulación a nivel regional y por tierra de bienes no destinados a sostener el abastecimiento de productos de primera necesidad caracterizado por unas distancias matizables, como acabamos de señalar, y más allá de las cuales no sería posible el aprovisionamiento regular y provechoso desde la perspectiva del comerciante de estos artículos. En este hecho ha de encontrarse la progresiva proliferación de "talleres menores" productores de *sigillata* en los valles interiores de la Bética. Las *officinae* de *Singilia*, Antequera, Cartuja, Albaicín como localizaciones más conocidas, no son más que la consecuencia material de este fenómeno modulador y de la capacidad de las condiciones del comercio por tierra para determinar el mapa productivo de la región. La reflexión es inmediata. Cabe preguntarse si en el marco del mundo romano altoimperial, en regiones con las condiciones o mejores aún que las descritas para la Bética, se han valorado en su justa medida el comercio y la distribución de bienes a través de las vías de comunicación terrestres. Tradicionalmente no ha sido así en lo concerniente al comercio que trascendía el ámbito local, sin embargo, como suele ocurrir, pueden presentarse situaciones tan diversas como las circunstancias que puedan afectar a los desplazamientos por tierra de estos artículos, por lo que en zonas con una densa red de ciudades y núcleos habitados, en una coyuntura de bonanza económica respaldada, primero, por la acción política del Estado en gran medida, pero también motivado por las necesidades de éste, los intercambios que tiene lugar a lo largo de los caminos desempeñan un papel nada despreciable en la vida económica de toda la región. Pistas y caminos vecinales, conectaban, a su vez, Los Villares con rutas interiores, no sólo al sur del río, sino también al norte donde le asistía una red de caminos secundarios dispuestos para la circulación de personas y bienes hacia la Sierra Morena, y los distritos mineros del Alto Guadalquivir y la Meseta sur.

Pero, evidentemente, y más en lo concerniente a Los Villares de Andújar, el río se constituye en el eje de este mecanismo jerarquizado de distribución. Es a través de el *Baetis* como se pueden alcanzar las mayores distancias en la comercialización de bienes, y de él parten, en gran medida, los canales de distribución hacia el destinatario final, sea mediante la red de caminos y vías públicas intensamente transitadas, sea por el mar gracias al impulso político que recibe el comercio marítimo hacia el Atlántico. Al río corresponde, además, la capacidad de movilización de mayores volúmenes de este tipo de mercancías, si bien a un cierto nivel y en determinadas condiciones de transporte la capacidad de distribución de cargamentos considerables por tierra no debería descartarse.

VI.3.1. Una simulación del transporte de cerámicas finas por tierra

Por todas estas pistas y caminos traficarían recuas de mulas o asnos cargados de mercancías no muy voluminosas y fáciles de apilar, entre ellas las cerámicas de mesa; a su favor juega una alta capacidad de adaptación a distintos relieves sin una pérdida excesiva de velocidad relativa, moderadas exigencias de descanso (Carreras, 1994: 15) y, por tanto, amplias jornadas útiles, lo que hacía de

[88] Entre los que se pueden precisar, junto a las áreas residenciales de variada extracción social, otras de necrópolis, construcciones de tipo cultual, veánse santuarios y templos; de tipo económico como *horrea*, puertos fluviales, talleres artesanales; y lúdicos como los anfiteatros, circos y otras estructuras híbridas, todas ellas por excelencia instalaciones suburbanas.

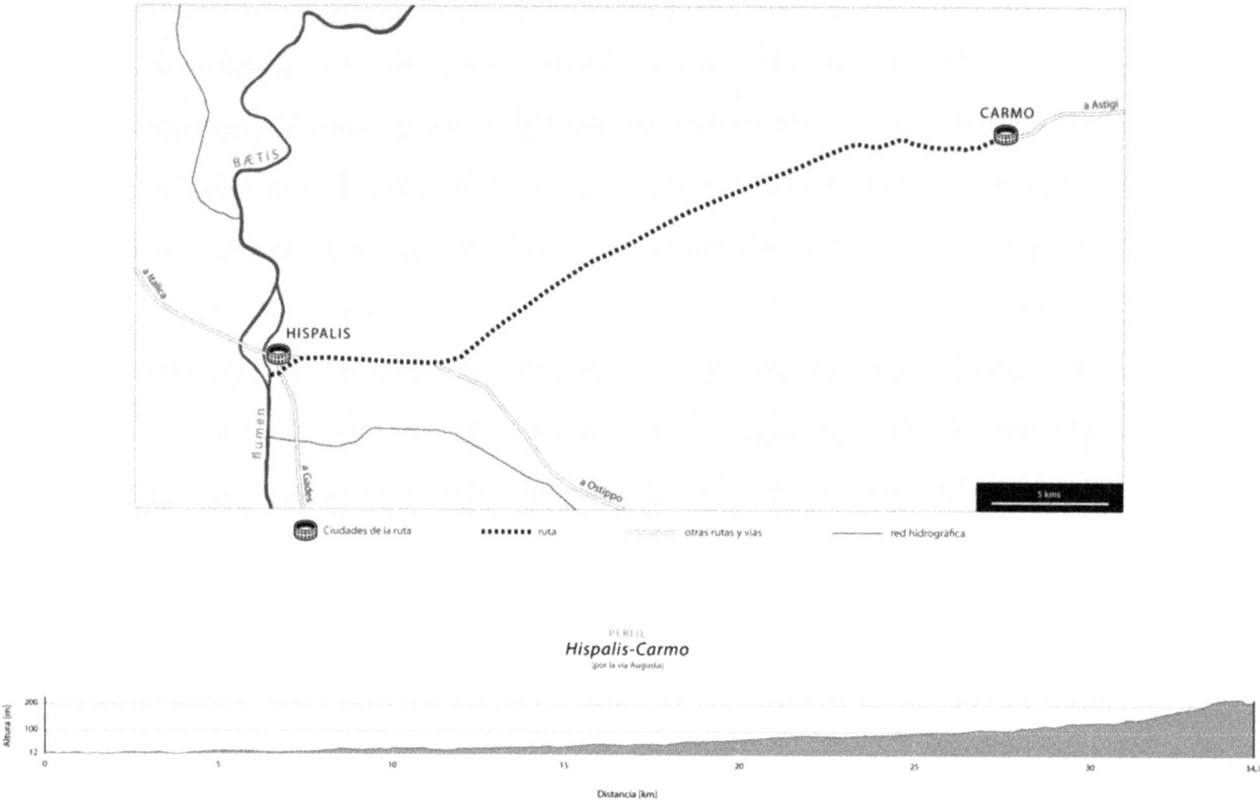

Figura 70. Diagrama y perfil del camino por la *vía Augusta* entre *Hispalis* y *Carmo*.

esa elección de transporte la ideal para ese tipo de artículos. Pero para el traslado de grandes portes no debemos excluir del todo el empleo de carros tirados por bueyes —dóciles, seguros y fuertes— allá donde las infraestructuras lo permitiesen, por su volumen de carga y aún a costa de un encarecimiento de unos siete puntos con respecto a las reatas de bestias; en este sentido, Sillières (1990: 764) cifraba las costas de un flete de unas 1200 *librae*[89] de peso equivalente a un millar de vasos, en un 1% del valor venial de esa carga por cada milla recorrida, lo que haría escasamente rentable la transacción con este medio de transporte a distancias más elevadas de lo habitual (*i. e.* 100 millas = 100%).

Si realizamos un pequeño y simple, pero ilustrativo ejercicio de simulación (fig. 70) podremos comprobar cómo un carro tipo *reda* con su cargamento (389 kg) podía recorrer sin demasiados problemas los *ca.* 34,7 km que separaban el puerto fluvial de *Hispalis* de la actual Puerta de Sevilla de Carmona, entrada por esta parte de la antigua *Carmo*[90]. Recordemos que se estima una velocidad tipo media de 1,6 km/h para el transporte en este tipo de vehículos con una carga pesada, lo que permitiría cubrir una distancia de unos 25 km por cada jornada máxima de 16 horas. Esta es, además la distancia a la que solían situarse las *mansiones* a lo largo de las vías, o dicho de otro modo, éstas se disponían normalmente separadas por una distancia que se correspondía con la jornada media de viaje de un carro (Carreras, 1994: 16), el medio que necesitaría de mejores infraestructuras de asistencia y descanso en su trayecto.

Con estos parámetros de fondo, el trayecto se completaría en unas 22 horas útiles de camino, es decir, en una jornada y un tercio escaso de otra por una ruta que, por otra parte, presenta un perfil suave en el que la pendiente de promedio ascendida por kilómetro recorrido no supone más de 0,0062 m, valor de media que sólo aumenta en un último tramo más acusado de algo menos de 10 km, tracto durante el cual por cada uno de estos se experimenta un incremento de la altura de aproximadamente 0,0115 m. Por tanto, una marcha que transcurría por un terreno prácticamente llano y por una calzada de primer orden (*via Augusta*) en las mejores condiciones posibles de conservación del firme.

Si consideramos los valores que nos propone Sillières, tras recorrer esa distancia el gasto del transporte al que debía hacer frente el comerciante supondría un 23% del valor venal, restando aún un amplio margen de ganancia superior al 70% en el momento de puesta a la venta de las vajillas, por lo que, como venimos diciendo, no hay que eliminar en ningún caso la posibilidad de una distribución por tierra mediante vehículos pesados en condiciones geográficas de transporte análogas a las expuestas.

[89] Ese es el valor que aparece en el Edicto de Precios de Diocleciano como el estándar de carga en un carro romano medio, es decir, unos 389 kg.

[90] Un asentamiento que se muestra perfectamente abastecido de cerámicas isturgitanas, como han puesto de relieve los estudios de J. Vázquez (2002; 2004).

VI.3.2. El Baetis*: origen y factor modulador de la comercialización*

Al margen de la definición propuesta con anterioridad acerca del concepto de navegabilidad y de las consideraciones de Estrabón o Plinio el Viejo queda, en nuestra opinión, la navegación puntual limitada en el tiempo y, puede que también, en la carga susceptible de ser desplazada por la embarcaciones que en ella se empleasen; ese es el tipo de navegación fluvial de la que, como ya dijimos, pudo haberse servido la distribución de los productos isturgitanos, dada la baratura de este medio para la puesta en circulación de grandes volúmenes de mercancías. Sin embargo, rápidamente surge una pregunta: ¿cómo hacer depender de esta temporalidad la gran comercialización de estas vajillas? Seguramente su producción también lo fue.

Sea como sea, y para hacernos una idea de las ventajas de este transporte con respecto al las modalidades desarrolladas por vía terrestre, si consideramos las variables consideradas por Carreras (1994), un comerciante, ayudándose de una de esas embarcaciones de ribera (*lintres*, *scaphae* y *rates*), podía desplazar una carga mínima de 2,5 t (*ca.* 6500 vasos) desde *Isturgi* hasta la capital provincial (aprox. 125 km) en unas 50 horas de trayecto —de 3 días con descansos y según duración de las jornadas útiles (16 horas)— a un coste que no superaría el 6% del valor venial (0,067% x milla[91]) del total del cargamento. Unos costes que incluso pueden haberse visto atenuados en el caso de que las vajillas cerámicas hubiesen viajado como pcargamento secundario parasitando una mercancía de mayor valor añadido como pueden haber sido los metales de Sierra Morena, aunque este es un extremo en el estado actual de los conocimientos de difícil contrastación arqueológica.

Esta coyuntura paradigmática puede ejemplificar la intensa relación entablada entre los talleres artesanales asentados en Los Villares de Andújar y los cursos de agua como medio de distribución y transporte de la producción —al margen de su uso como posible fuente de suministro de aguas para la confección de cerámicas, función que solían desempeñar cursos de caudales mas modestos, como los arroyos—, una asociación que aparece de un modo recurrente en no pocos establecimientos alfareros protoindustriales coetáneos en otras zonas del Imperio como el sur de la Galia (La Graufesenque o Montans). No obstante, en los grandes centros o áreas productoras de Hispania un tercer elemento forma parte de esta relación, seguramente determinado por una red de caminos secundarios menos desarrollada y en peores condiciones[92], y un menor caudal de los principales ríos; se trata de la presencia de vías estatales de primer orden discurriendo por los valles de las grandes y recientemente adecuadas arterias fluviales y sus cabeceras navegables, la *via Augusta* con relación a *Isturgi* y la vía *De Italia in Hispanias* —en el tramo entre *Tarraco y Asturica Augusta*— en el caso del grupo de talleres en torno a Tricio. Todo ello, articulado junto a las áreas donde se disponía de las mejores materias primas, debía determinar la elección de un lugar más o menos concreto para el establecimiento de una producción de cerámicas finas como la de la *sigillata* hispánica de Andújar, a la que le acompañaba una innegable vocación de comercio a media o larga distancia.

En efecto, podríamos concluir que al definitivo establecimiento de la producción de sigillatas hispánicas isturgitanas sin duda le precedió una valoración de las potencialidades en los términos expuestos, un trabajo de planificación que justificase un desplazamiento de artesanos y una inversión para la puesta en marcha de una actividad que, al final, tuvo que considerar las posibilidades y ventajas adicionales que podía ofrecerle el sustrato productivo local a medio y largo plazo, esencialmente en términos de capacidad de formación y transmisión de las técnicas a nuevos maestros artesanos —o lo que es o mismo, un mayor volumen de producción— ya familiarizados con la tecnología de la cerámica, y que entonces ya participaban de la configuración del barrio artesanal como tal con la producción de cerámicas de tradición local, paredes finas y lucernas, todo con cierta anterioridad a la eclosión de los barnices rojos. Es indudable que tras este acto se esconde el acicate que supuso para "inversores" como *MSM* la relevancia económica que la Bética había adquirido ya durante la primera mitad del siglo I d.C. y, en especial, durante el reinado del emperador Claudio, lo que la había convertido en una tierra de oportunidades y donde, no lo obviemos, aún no existía una producción autóctona de lo que podríamos llamar sigillatas clásicas. Así se cubría una demanda de barnices rojos que apenas conseguía cubrir la producción, ciertamente atomizada, de cerámicas tipo Peñaflor.

En definitiva, en Los Villares de Andújar, como en cualquier otro centro productor, son los factores geográficos, particulares o singulares los que suponen el factor cualitativo, el elemento diferenciador sobre los demás, y el que determina las potencialidades y, al fin, el carácter de unos y otros asentamientos productivos haciéndoles trascender lo local o no. Son aquellos que, por ejemplo, definen una mejor posición con respecto a las zonas de mayor densidad poblacional del valle medio y bajo del Guadalquivir.

VI.4. Consideraciones técnicas acerca de la producción isturgitana

VI.4.1. Preparación de materias primas, pastas y revestimientos

Una vez completado el análisis de las muestras de arcilla, así como el de las cerámicas arqueológicas, son diversos los aspectos a inferir desde el punto de vista del acondicionamiento de las arcillas empleadas para la elaboración

[91] Lo que supone una reducción relativa de los costes de transporte de en torno a los 14,9 puntos por los mismos kg de mercancía en la misma distancia recorrida.

[92] En la Bética se desconocen corporaciones de comerciantes que hubiesen desarrollado su actividad preferiblemente por tierra como es el caso de los *collegia* de odreros, por otro lado, bien conocidos en otras partes del Imperio. Este hecho puede haber constituido el claro síntoma de una red de comunicaciones relativamente en peor estado que en otras regiones como la Galia.

de las pastas. Para la valoración de estas cuestiones técnicas partiremos de una premisa inicial, aquella que asume la imposibilidad de establecer una correspondencia inequívoca entre las fuentes y las materias primas base extraídas de ellas con los objetos transformados. Sin embargo, de esta aparente limitación surgen interesantes valoraciones.

Ya hemos comprobado cómo para la elaboración de las cerámicas del grupo químico LVA 1 se emplearon pastas de base calcárea realizadas con toda seguridad con las margas arcillosas que abundan en la zona. Si bien en el caso de las muestras de arcilla comprobábamos la estabilidad en los porcentajes de las concentraciones de elementos, la variabilidad constatada de las de las cerámicas arqueológicas no tiene que ver más con el proceso de tratamiento de las arcillas consistente, esencialmente, en la limpieza y decantación de la materia prima, y quizás también en su exposición prolongada a los agentes atmosféricos (peptización). La caída en los valores de, por ejemplo, CaO es el resultado de la eliminación de los granos de calcita (caliches) de mayor tamaño contenidos en la matriz margosa, lo que unido a la retirada de otras inclusiones detectadas gracias a la observación de la materia prima con lupa binocular haría descender el contenido en este elemento considerablemente. Nos referimos a la presencia regular de microfauna fósil o foraminíferos, nada raros en depósitos geológicos generados en ambientes marinos y que suponen un aporte extra de CaO al conjunto de la muestra. Por norma general, y salvo excepciones, estos foraminíferos no han sido detectados en las cerámicas arqueológicas. De ello podemos deducir que las arcillas calcáreas fueron procesadas y decantadas para obtener pastas con un tamaño de partícula menor de los 0,5-0,4 mm, dimensiones que, por lo general, suelen mostrar este tipo de inclusiones calcáreas.

Más en detalle, aceptada la correspondencia directa entre las arcillas terciarias (LVA01/02) y las pastas del grupo químico LVA1, y de las arcillas secundarias (LVA04) con las pastas del grupo LVA 4, es interesante observar el comportamiento composicional de las muestras experimentales para describir las transformaciones acaecidas tras los posibles tratamientos a que fueron expuestas las materias primas empleadas en la elaboración de las pastas de los individuos cerámicos. En el caso de las arcillas calcáreas, el tratamiento viene dado por una pérdida significativa de CaO, como decimos, y un aumento proporcional a esta pérdida de elementos como el Si_2O_3 y, en menor medida, el K_2O, lo que podría indicar un acondicionamiento básico que afecta, suprimiéndolos, a minerales carbonatados y otras inclusiones orgánicas propias de estos ambientes (microfauna). El resto de elementos mayoritarios permanecen invariados o con fluctuaciones de su concentración poco relevantes. Ello da lugar a las pastas utilizadas en el grupo químico LVA 1 de las cerámicas pintadas de tradición ibérica, paredes finas, tipo Peñaflor y lucernas, pero también, como hemos comprobado a lo largo de nuestro análisis, de algunos de los moldes usados en la fabricación de sigillatas decoradas y de las cerámicas comunes béticas.

Un tratamiento similar parece inferirse para las arcillas silíceas contenidas en la base de las pastas no calcáreas con las que se elaboraron las cerámicas de cocina de los talleres de Andújar. Ahora los minerales o componentes de la matriz afectados por los tratamientos serán aquellos en cuya composición química dominan elementos como el Fe_2O_3, el Al_2O_3 y, minoritariamente, el MgO; esta pérdida se compensa de manera proporcional en el incremento de los valores, ya de por sí elevados, de SiO2 y, aunque menos, del CaO. Como en el caso anterior, las concentraciones de otros elementos principales, de hacerlo, sufren leves variaciones poco significativas.

En el caso de las sigillatas hispánicas de la gran producción, el grupo químico LVA 3, los diagramas bivariantes empleados en el estudio estadístico de la composición química ya sugerían el empleo de una materia prima base distinta, de carácter silíceo —determinado por el predominio del mineral de cuarzo—, aunque con un contenido de CaO, si bien menor, aún apreciable. Atendiendo a la disponibilidad de materias primas y las semejanzas físicas, podemos afirmar que en la base de estas pastas fueron empleados los materiales ricos en sílice procedentes de los depósitos secundarios que afloran puntualmente a escasos kilómetros al noreste del asentamiento y que, sin duda fueron utilizados, así mismo, en la confección de las pastas con las cuales se modelaron las cerámicas de cocina (grupo químico LVA 4) de Los Villares de Andújar. A diferencia de estas últimas, los valores medios de las concentraciones elementales sugiere el añadido o, más bien, el uso combinado de los dos tipos de arcillas conocidos en el entorno geológico del asentamiento. Entendemos que un tratamiento similar dará lugar a las pastas vinculadas a las cerámicas sigillatas de los primeros momentos de la producción de barnices rojos en Andújar, aunque ahora ambas arcillas se presentan en una proporción relativa que privilegia de cierta manera la parte calcárea de la mezcla, como parece indicar el dendrograma resultado del AC, donde la asociación del grupo químico LVA 2 se establece con LVA 1, con la producción de base calcárea.

Este hecho, el del uso combinado de distintas materias primas con características diversas la una de la otra, supone un elemento de avance técnico con respecto a las producciones más tempranas, las cuales empleaban un solo sedimento de base margocaliza depurada. En efecto, sabemos que en la mayoría de las ocasiones los artesanos productores de sigillatas privilegian el uso de pastas calcáreas (*i. e.* Picon, Vichy y Mellie, 1971; Picon *et al.*, 1972-1973) al parecer con la intención, en primer lugar, de favorecer el grado de adherencia del barniz a la matriz y, en segundo lugar, simplificando y relajando el control del proceso de cocción de los vasos puesto que las propiedades físicas y mecánicas de este tipo de pastas con contenidos de CaO entre el 7-8 % y el 15-16 % no variarán apenas entre los 850 y 1050ºC (Maniatis y Tite, 1978-1979).

A pesar de las limitaciones impuestas por el número reducido de individuos cerámicos analizado, los valores de Desviación típica podría sugerir mayores y más estrictos procesos de tratamiento de los sedimentos, o al menos, un mejor control de los trabajos de homogeneización, destacando en este sentido las cerámicas del grupo LVA 2 asociado a las sigillatas de mejor calidad producidas en las primeras etapas de la producción de éstas en *Isturgi*. Una tendencia ya insinuada por la producción de paredes finas, cuyas pastas, encuadradas en el grupo químico LVA 1, ya presentan un apreciable grado de depuración, evidenciando además un importante trabajo de homogeneización. Los artesanos productores de estos vasos y, sobre todo los primeros productores de sigillatas parecen aplicarse de una manera más precisa a la selección de sedimentos lo que implicaría una inversión de tiempo y energía mayor. Ello contrasta con lo observado en relación a la mayor parte de las clases cerámicas vinculadas al grupo LVA 1, acaso las más expuestas a las influencias de los sustratos productivos locales, a los que corresponderían tratamientos menos controlados desde el punto de vista técnico. Aquí, los índices de desviación doblan o triplican aquellos de las sigillatas de mejor calidad de acabado en elementos tan ilustrativos como el SiO_2 y el CaO. No obstante, los valores medios de la gran producción de barnices rojos (LVA 3), experimenta un repunte en las medidas de dispersión estadísticas que podría ser interpretado como la expresión numérica de una menor inversión de tiempo en el tratamiento de homogeneización de los sedimentos consecuencia natural, a su vez, de una mayor demanda o volumen de producción de vasos.

Las observaciones mediante lupa binocular de las muestras arqueológicas suponen un documento gráfico adicional para apoyar estas apreciaciones. En primer lugar, en todos los casos, salta a la vista la presencia de dos tipos de sedimentos cuyas proporciones, con el tiempo y de un grupo a otro, varían para determinar el color general de la pasta entre tonalidades claras beige vinculadas a las fábricas más tempranas, y las rojizas para la series más recientes. Por el momento no está a nuestro alcance explicar las causas de esta fluctuación en la relación de arcillas de un tipo u otro empleadas en la preparación de la pasta, si bien no descartaríamos una intencionalidad meramente estética en busca de asemejar las coloraciones de la pasta y el barniz al modo de las importaciones sudgálicas, sobre todo si tenemos en cuenta que el acceso a ambas materias primas no debió resultar problemático en ningún momento. Es más, de haber habido escasez, esta afectaría en todo caso a las reservas mucho menos importante en el entorno de arcillas secundarias, las, por otro lado, más alejadas del asentamiento. Por otra parte, es fácil observar el alto grado de depuración, homogeneidad y compactación de las pastas relacionadas con la confección de sigillatas más antiguas sin inclusiones que destaque sobre el conjunto del grano de la matriz, que contrasta de forma evidente con las matrices de los individuos pertenecientes a la serie más reciente de sigillatas isturgitanas caracterizadas por fracturas mucho más irregulares, producto de un menor grado de depuración, o lo que es lo mismo, del mayor tamaño de grano de los materiales contenidos en la matriz y de las inclusiones, aunque pequeñas (100 μm), ahora sí presentes en la pasta; en esta ocasión, las partículas de las distintas arcillas se distribuyen de forma menos uniforme y las vacuolas aumentan en número y dimensiones, dando como resultado final un producto menos resistente y de calidad técnica inferior.

En lo que se refiere al resto de clases cerámicas analizadas, las contenidas en el grupo LVA 1 —con tonalidades de matriz claras como corresponde a las pastas basadas en sedimentos calcáreos (Picón, 2002: 145; Cuomo di Caprio, 2007: 122-124)—, hemos visto cómo a la lupa se observan inclusiones de mayor tamaño (100-200 μm) que las detectadas en las sigillatas hispánicas. A excepción, eso sí, de las cerámicas de paredes finas las cuales dentro de su propio grupo químico constituyen un caso particular, en tanto en cuanto sus características físicas, en términos de compactación, homogeneización y acondicionamiento de la pasta, se aproxima mucho más a lo observado para la *terra sigillata* local.

Además de para las pastas de las cerámicas de cocina, y de la *terra sigillata* local de forma conjunta con las arcillas calcáreas, los sedimentos secundarias del Trías (LVA04) fueron los elegidos para confeccionar los engobes y revestimientos de las cerámicas finas de los talleres de Andújar; para la reducida serie de cerámicas tipo Peñaflor y para las paredes finas los ceramistas empleará la fracción fina de un material ilítico, rico en potasio. Ni en vano, el contenido en K_2O de los depósitos secundarios de la Vega de Andújar, junto a altas concentraciones de Fe_2O_3 (10 %), asciende hasta el 6 %. Es evidente que, incluso con anterioridad al inicio de la producción de sigillatas, los maestro alfareros locales ya conocían de alguna manera las propiedades físicas y los depósitos de los que extraer la materia prima más apropiada para hacer los revestimientos arcillosos de estas vajillas.

Parece ser que todos los engobes fueron aplicados por inmersión. Sin embargo, sí hemos detectado ciertas singularidades en el tratamiento de la superficie dado a las cerámicas tipo Peñaflor. Cubre la superficie de estas producciones un engobe de no muy buena calidad, poco espeso (5-10 μm) y poco homogéneo, irregular en su disposición sobre la pieza aunque adherido aceptablemente debido a la porosidad de la pasta. Al igual que otras series de cerámicas tipo Peñaflor del tramo medio-bajo del Guadalquivir, el recubrimiento arcilloso al interior se presenta brillante o semibrillante, en contraposición a un exterior siempre mate. Sin embargo, y a diferencia de las anteriores, las de Los Villares de Andújar recurren al tradicional alisado/bruñido previo a la cocción utilizando un instrumento blando para conseguir el característico brillo interno, y del que son visibles, como ya señalábamos, múltiples trazas sobre la cara interna de las piezas.

Dada la proximidad temporal, casi en relación de coetaneidad con las verdaderas sigillatas hispánicas, se hace difícil pensar en estas últimas como la consecución natural del discurrir evolutivo de las técnicas locales, es decir, promoviendo elecciones técnicas cada vez más refinadas a través de un proceso de experimentación acierto/error que podría haberse dilatado durante siglos; todo en contra de la opinión expresada por F. Mayet alrededor del origen de la implantación de la técnica de la *sigillata* en Los Villares de Andújar, para quien "les potiers d'Andújar paraissent donc avoir obtenu la maîtrise des vraies sigillées de façon empirique" (Mayet, 1984, 57). Visto el indiscutible y súbito salto técnico que supone la confección de sigillatas con respecto a la experiencia empírica acumulada durante siglos, la refinada elaboración de sus barnices, y la cuidada selección de las materias primas más adecuadas, así como las dificultades que venían mostrando los artesanos locales para dotar de engobes de cierta calidad a sus productos, es fácil colegir el origen ajeno y alóctono de los maestros alfareros de la *sigillata* asentados en las *officinae* isturgitanas. Una vez establecidos la situación cambia y la transmisión de la técnica tiene lugar sin mayores problemas a través del proceso tradicional inscrito en la relación establecida entre el maestro y el aprendiz.

En el extremo contrario, de los barnices de la *terra sigillata*, en términos genéricos, sabemos de su elaboración en base a la fracción fina ilítica de las materias primas empleadas en sus pastas, enriquecidas además con óxidos de hierro. En lo que hace relación a Los Villares, entendemos que de las arcillas utilizadas en la pasta, las arcillas no calcáreas del Trías (LVA04), las cuales ya presentan de por sí en su composición una concentración apreciable de Fe_2O_3, fueron las elegidas para la fabricación de estos recubrimientos. Como también ocurre ahora, los estudios realizados sobre barnices de sigillatas de otras regiones del Mediterráneo (Tite, Bimson y Freestone, 1982; Michel *et al.*, 1987; Sciau *et al.*, 1992; Picon, 1997; Mirti, Appolonia y Casoli, 1999) muestran soluciones illíticas con contenidos de Fe_2O_3 y K_2O más altos que los de las pastas; así ocurre con las pastas de las sigillatas locales y las arcillas secundarias, 9-10 % frente a 5-6 %, y 2-3 % frente a 1 % respectivamente. Esta relación sugiere, en principio, que las materias primas base no necesitarían ser sometidas a un proceso excesivamente laborioso para obtener un barniz de gran calidad dadas las cualidades naturales de estos materiales, más allá de obtener la fracción lo más fina posible de la arcilla mediante el levigado (fig. 71) de los sedimentos. No obstante, los procesos concretos de selección y preparación restan en gran medida desconocidos (Montagu, 1989), ni siquiera los ensayos experimentales han proporcionado, a día de hoy, revestimientos arcillosos con la misma composición descrita para los barnices de las cerámicas arqueológicas.

VI.4.2. La cocción de los vasos. Aspectos generales

De los datos tecnológicos aportados por la caracterización mineralógica de las cerámicas podemos concluir que la mayor parte de las fábricas definidas de todas las clases cerámicas contempladas —incluyendo las sigillatas— ofrecen una TCE en el rango de los (900-950/1000)ºC; se trata del mismo en el que con más frecuencia se sitúan las fábricas de cerámicas de cocina y común romana bética estudiadas recientemente (Peinado, 2010: 277).

No obstante, de este hecho se pueden destacar algunos puntos. En primer lugar, y como vemos, sólo en unos pocos casos, las lucernas, algún individuo de paredes finas y alguna fábrica (F3) de las sigillatas correspondientes a las fases de mayor expansión, las temperaturas se estiman ligera y ocasionalmente por encima la horquilla de los 950/1000ºC. Para comprender estos fenómenos puntuales debemos recordar que nos encontramos trabajando en todo momento con elementos rechazados y descartados por exceso o por defecto del conjunto de la producción que cumple los parámetros establecidos por los artesanos para su puesta en circulación. Sin embargo, hay que añadir que dado el tipo de hornos empleados en la cochura de los vasos, es decir, hornos bicamerales de tiro vertical directo, llama desnuda y de convección, las temperaturas alcanzadas en la cámara superior podían

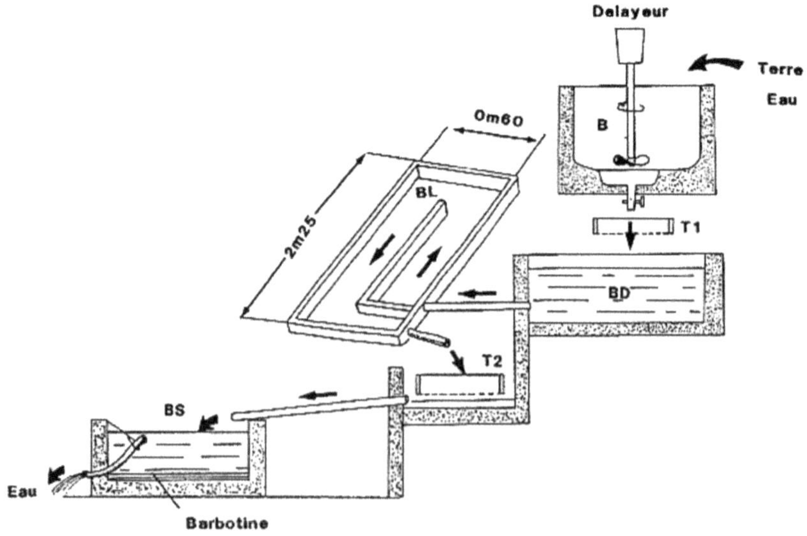

Figura 71. Esquema de una instalación tipo de tratamiento de depuración de las arcillas por decantación (BD) y levigación (BL), al final de cuyo proceso se obtendrá la barbotina (BS) con un tamaño de grano de sus partículas menor de los 40 μm (según Echallier y Montagu, 1985).

variar, al menos 150ºC entre las zonas bajas más próximas a la parrilla donde las temperatura se situarían alrededor y puntualmente por encima de los 1000ºC, hasta incluso los 1050-1100ºC; y aquellas periféricas, laterales y altas del laboratorio a unos 850ºC, como bien señalan Echallier y Montagu (1985: 143) (fig. 72); esto plantea la posibilidad de detectar, como ahora, fábricas esporádicas para las que se estiman TCE por encima o por debajo de esta rango. Por ello, en el lado contrario, no deben extrañarnos fábricas cocidas a temperaturas eventualmente por debajo del rango de los 900ºC, como es el caso de la fábrica 2 de las cerámicas tipo Peñaflor. Por tanto, entendemos que temperaturas que se situasen fuera del rango de los 900-950/1000ºC constituyen un número reducido e inevitable de vasos sometidos puntualmente a temperaturas no deseadas, al margen del control ejercido por el maestro hornero sobre el proceso de cochura de los vasos.

Especialmente llamativa es la TCE estimada para las sigillatas de primera época, el grupo químico LVA 2, nunca por encima del los 950/1000ºC; son aquellas que ofrecen a simple vista los mejores acabados y calidades técnicas de todas las sigillatas locales producidas a lo largo de la vida de los talleres isturgitanos. De la MEB se desprendía la alta calidad del barniz empleado en estas piezas, en un estadio de vitrificación total, adherente y con un grosor uniforme de unos 20 µm en todas las partes de la pieza. Este acabado de la superficie en un vaso cocido a una temperatura relativamente baja con respecto a lo que por muchos investigadores se considera *terra sigillata* de buena factura producida siempre por encima del rango mencionado, únicamente es posible siguiendo un estricto y experimentado proceso de selección y acondicionamiento de los sedimentos arcillosos empleados en la fabricación de la pasta y el barniz, lo que permitirá, obteniendo el tamaño de grano más apropiado, aún a estas temperaturas no excesivamente elevadas alcanzar un importante grado de sinterización[93] en los recubrimientos de estas piezas. Todo esto demuestra, en definitiva, la posibilidad real de obtener *terra sigillata* de un alto nivel técnico y con barnices con un importante, cuando no completo grado de impermeabilización sin la necesidad de alcanzar temperaturas en el rango de los 1050-1100ºC que en principio, según la historiografía dominante, no sería posible desarrollar con garantías de éxito sin el concurso de los llamados hornos de radiación o cualquier otro sistema de llama indirecta (*four à tubulures*), en contraposición al tipo de horno de tiro vertical directo.

Pero también se advierte el fenómeno contrario, es decir, en las producciones de *terra sigillata* de la época de mayor difusión de las vajillas de estos talleres se detecta cierta relajación en el control, antes estricto, de los procesos de tratamiento de sedimentos, desde la preparación de la pasta a la homogeneización de las materias primas o la aplicación de los barnices. En los individuos del grupo LVA 3 el barniz aparece ahora desigual, con grosores que varían entre 10 y 40 µm, incluso en la misma pieza. Además, a pesar de los rangos de TCE alcanzados, similares, aunque puede que algo superiores a los determinados para LVA 2, los barnices no han completado el proceso de fusión, densificación y vitrificación de las arcillas que lo forman, como delata la existencia de algún pico alargado o partícula en la matriz de estos barnices. Ello es debido, al contrario de lo sugerido para el grupo LVA 2, a una depuración de las arcillas insuficiente para obtener el tamaño de grano apropiado que garantice una vitrificación completa y, en consecuencia, una impermeabilización adecuada de las piezas, lo que las hace más duraderas.

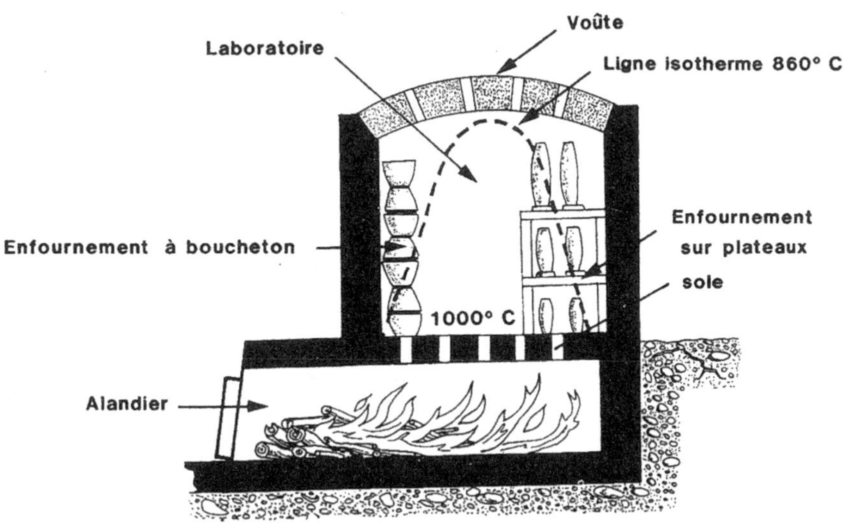

Figura 72. Esquema de un horno a llama directa como los de Los Villares de Andújar con indicación de las partes esenciales de la estrcutura y la línea isotérmica señalizando las zonas de mayor y menor concentración térmica (según Echallier y Montagu, 1985).

[93] Término empleado para designar el proceso de densificación y vitrificación que al final lleva al revestimiento arcilloso de la sigillata a su estado de porosidad mínima (Cuomo di Caprio, 2007: 314-315).

VI.4.3. Hornos y procedimientos de cocción. Elementos para el debate

VI.4.3.1. Cocción directa *vs* cocción indirecta y sigillatas

De la descripción material de estos hornos se derivan una serie de apuntes técnicos que consideramos de gran interés. Estos hornos aprovechaban el tiro y la circulación del aire y los gases calientes por convección. La cocción de las piezas, por tanto, se realizaba por el contacto del aire caliente con ellas; dicho tiro, a su vez, permitía ser regulado de diversas maneras: obturación de las perforaciones, disposición estratégica de la carga en el laboratorio, disposición del hogar en la cámara inferior, etc. Directamente asociado a este tipo de tecnología de cocción se encuentra el proceso de cochura de los vasos definido por Picon (1973) como tipo A, en el que se alterna fases de cocción esencialmente reductora a causa de la acción de los gases y humos de la combustión en el laboratorio, con un enfriamiento predominantemente en atmósfera oxidante en la que los humos dejan paso al oxígeno que ahora circula libremente a través de la cámara de cocción. Las cerámicas, con un alto grado de porosidad, y que con anterioridad habían sufrido una reducción del óxido férrico de sus pastas proporcionándoles una tonalidad gris, al inicio del enfriamiento cuando aún las temperaturas son altas, la reoxidación se manifiesta a través de la restitución del óxido férrico favoreciendo la formación de nuevos cristales de hematites; entonces, las cerámicas vuelven a adquirir tonalidades claras con coloraciones distintas atendiendo a su composición química, entre el rojo pálido, pasando por naranjas claros hasta beige y amarillos. Como venimos observando en las características físicas y mineralógicas de las cerámicas arqueológicas, este es el proceso de cocción seguido por los maestro horneros de Los Villares de Andújar para la cochura de las cerámicas pertenecientes al grupo químico LVA 1, aunque ya sabemos que también lo fueron las cerámicas comunes béticas y las cerámicas de cocina producidas en estos mismos talleres (Peinado, 2010), y presumiblemente los moldes en cerámica para la elaboración de sigillatas decoradas, a tenor de las coloraciones de sus pastas, claramente encuadrables junto a las vinculadas al primero de los grupos químicos de Andújar que acabamos de mencionar.

Si hacemos caso a la historiografía dominante, además de esta cocción reductora-oxidante, hemos de señalar que cabe la posibilidad de que los hornos de Los Villares de Andújar, a raíz de la introducción de la *terra sigillata* —con revestimientos impermeables y perfectamente sinterizados como en el caso de las sigillatas tempranas de mejor calidad (LVA 2)—, recurrieran a la cocción indirecta por calor de radiación mediante *tubuli* insertos en las perforaciones de la parrilla, según el modelo tradicional a imagen de las reconstrucciones efectuadas del gran horno de La Graufesenque (*four à tubulures*) (*i. e.* Vernhet, 1981; Picon, 1998; Picon y Vernhet, 2008). Los conductos, en contacto directo con los gases y el aire caliente se calentaban para desempeñar de este modo su papel como emisores de calor, a la vez que dirigían hacia el exterior humos que podían resultar nocivos para el acabado exquisito que requerían vajillas de cerámica fina como la *sigillata*. En la base de esta clase de hornos se encuentra el proceso de cocción definido como de tipo C (Picon, 1973) en el que todas las fases de cocción vienen caracterizadas por una atmósfera oxidada de principio a fin de la cochura. En estas condiciones la formación de óxidos de hierro se ve favorecida, provocando que el número y la medida de las partículas de estos óxidos aumente ayudando, en consecuencia, a la formación de nuevos cristales de hematites.

No obstante, a día de hoy en Los Villares de Andújar, varios elementos de consideración nos plantean muy serias dudas al respecto. En primer lugar, y como se puede observar en aquellos hornos que conservan la parrilla intacta, la localización más bien desordenada y poco lógica de las aberturas por las que circularía el aire caliente y donde se dispondrían insertas las columnas de *tubuli*, no ayudaría en ningún caso al proceso de carga y a la disposición ordenada de los vasos en el laboratorio que imprimiese, además, una mayor homogeneidad a la cocción. En segundo lugar, y no menos importante, resulta alarmante la inexistencia en el registro arqueológico vinculado a la actividad alfarera de los talleres, de trazas, artefactos o elementos cerámicos estructurales claramente asociados a su uso como tubos conductores de calor y, por tanto, como partes integrantes de un procedimiento técnico de implementación puramente alóctona. Y no hay que olvidar aquellos indicios claros que traíamos a primer plano, los cuales hablaban de ciertas cerámicas sigillatas desechadas a causa de su exposición a fenómenos episódicos de carburación durante la fase de enfriamiento de la cocción, que no hubiesen sido posibles de ninguna manera en hornos de cocción a llama indirecta o por radiación. Al contrario —y casi paradójicamente si nos atenemos a los modelos propuestos para la producción de verdaderas sigillatas— las evidencias sobre la producción de estos barnices rojos son inequívocas y de sobra conocidas en Los Villares tras décadas de investigación.

La disfunción se hace evidente en este punto, y nos conduce a la formulación de preguntas que inciden sobra los propios fundamentos del modelo que sustenta la imagen generada y generalizada en gran parte de la historiografía moderna (*i. e.* Vernhet, 1981; Picon, 1998; Picon y Vernhet, 2008) relativa al procedimiento técnico empleado para la obtención de las cerámicas sigillatas sinterizadas y la puesta en práctica de la mencionada cocción por radiación; y lo hace debido, por un lado, a la excesiva dependencia del modelo ideado por los investigadores franceses y sus *fours à tubuleres* y, por otro, a la extrema simplificación y escasa flexibilidad presupuesta a las técnicas de cocción y a los artesanos encargados de su realización. Si aceptamos para el maestro hornero una profunda especialización y unos conspicuos conocimientos acerca del comportamiento de una hornada, ¿porque no hacer lo mismo con la más que probable búsqueda y experimentación por parte de estos de soluciones técnicas intermedias? Otros modelos que parecen más ajustados (Cuomo di Caprio, 2007), han aceptado la posibilidad de producir verdaderas sigillatas parcialmente sinterizadas y de calidad aceptables sin el concurso específico de la cocción de tipo indirecto a través de elementos radiantes y, por consiguiente, eliminando el exagerado determinismo desempeñado por los distintos tipos de cochura en la configura ción y articulación del modelo.

Según lo observado en Los Villares de Andújar y en la serie de cerámicas *terra sigillata* de las fases tempranas de la producción, podemos aún ir más lejos y afirmar que, al contrario de lo pensado hasta ahora, los artesanos horneros que llegaron con la tecnología de la *sigillata* a *Isturgi* se encontraban en situación de cocer sigillatas sinterizadas con un, como diría Picon (2002), *vernis grésés* que impermeabiliza y le da mayor resistencia mecánica al manufacto, sirviéndose de hornos bicamerales de tiro vertical y llama directa, y sin la necesidad de desarrollar temperaturas elevadas de (1050-1100)ºC; no en vano, poco más allá de éstas se sitúa el umbral que sostiene el delicado equilibrio físico de la cocción de las cerámicas antes de producirse el desastroso fenómeno de la fusión (fig. 73). Seguramente conscientes de estos riesgos sobre la hornada y la imposibilidad de alcanzar esas temperaturas de forma controlada en base a sus conocimientos empíricos, en Andújar nunca pretendieron alcanzar rangos tan altos. Quizás con la intención de minimizar estos mismos peligros de fusión y reducir el número de vasos fallidos en cada hornada los artesanos de Los Villares redujeron paulatinamente, y cuando la distribución en los mercados reclamaba una mayor eficiencia productiva, la proporción de sedimentos calcáreos en las pastas de sus sigillatas. Limitaban así la capacidad fundente de sus pastas una vez que con el paso de los años se hizo evidente una cierta despreocupación o pérdida de maestría en el proceso productivo. Esa despreocupación, que como hemos visto implica un aumento del tamaño de grano de las partículas de arcilla constituyentes de, al menos, los barnices, empujó a los alfareros a asumir algunos riesgos en el proceso de cocción llevando las temperaturas hasta los 950/1000ºC con el objeto de continuar ofreciendo un mínimo de calidad en sus revestimientos. Puede que en todo esto, decimos, resida la reducción de arcillas carbonatadas en las pastas, sobre todo cuando es difícil justificar de otro modo la tendencia al desuso de los depósitos más abundantes y más a la mano de los alfareros de Los Villares.

Creemos, por tanto, que todas las sigillatas de las *officinae* isturgitanas debieron ser cocidas adoptando un proceso de cocción que, sin el concurso de elementos radiantes con los que intermediar en el laboratorio la difusión del calor, garantizase el predominio de una atmósfera oxidante durante las fases de cochura y enfriamiento de la hornada a través del control preciso y disciplinado de un flujo continuo de aire por la cámara de cocción. Éste bien podría haberse tratado de la cocción semioxidante que autores como Montagu (1989) ya han planteado y que no supondría ningún tipo de cambio estructural en la morfología de los hornos más que la desaparición de la cubierta del laboratorio o, sencillamente, la disposición de chimeneas en ella. De esta manera, si bien el alfarero no consigue una atmósfera del todo oxidante, ni tampoco una carburación importante de las cerámicas, sí obtendrá un resultado muy similar al de la cocción del modo C. Como es lógico, todo esto supone una conocimiento profundo y especializado, además de una vigilancia —no sólo mediante las evidencias visibles que presenta el horno, sino también gracias al empleo de muestras (probinas?)— y cuidado extremos por parte de los artesanos que trascendía las pautas y rudimentos puestos en práctica de manera mecánica en las cotidianas cochuras alternantes del modo A (reductor-oxidante) ya conocidas por los alfareros locales.

Últimamente, el mejor conocimiento de los hornos con conductos, así como las dificultades para identificar esos

Figura 73. Platos de la forma 15/17 apilados y pegados unos con otros por efecto de una sobrecocción que ha llevado las cerámicas al punto de fusión.

elementos estructurales (*tubuli*) ligados a hornos alfareros fuera de la Galia, generan hoy día no pocas dudas en los foros especializados referentes a algunos de los extremos asentados y generalmente aceptados por los planteamientos técnicos sobre la tecnología de fabricación de las cerámicas antiguas ideados por Verhnet y Picon, y su automática extrapolación a otros talleres en distintas zonas del Imperio. Visto lo visto, afirmaciones hechas por parte de algunos autores en las que se relaciona la adopción en los talleres galos productores de *sigillata* de hornos de radiación para su elaboración —en sustitución de los hornos de llama directa o convección— de acuerdo a unas supuestas y favorables condiciones de comercialización (Picon, 2002: 155-156), dejan de tener sentido dada la casuística de Los Villares de Andújar.

VI.4.3.2. La continuidad de un modelo prerromano

Avanzando, son otras muchas los aspectos tecnotipológicos que captan nuestra atención en este punto y que pueden ayudarnos a caracterizar desde el punto de vista técnico los hornos hasta ahora conocidos en Los Villares de Andújar, pero también el desarrollo cultural que precede a estas estructuras en la Península Ibérica y el peso que en la adopción de unas u otras morfologías tienen las tradiciones productivas locales.

El primero de los puntos básicos de análisis al que debemos hacer mención es el de la construcción de la cámara de combustión de estas estructuras; este procedimiento, mediante excavación en el terreno y posterior revestimiento de sus paredes mediante adobes, añade consistencia y eficacia calórica a la estructura garantizando su estanqueidad. Se trata de un recurso técnico originado y generalizado en las antiguas culturas del Próximo Oriente, conocido en Megiddo o Tell Nashbesh (Delcroix y Huot, 1972). Por otro lado, la presencia de un pilar central en estas estructuras de combustión en hornos cuya parrilla presenta un diámetro interno de entre 2 y 4 m como es nuestro caso, se encuentra fuertemente vinculada a la tradición semita en la Península Ibérica, de la que son buen ejemplo los hornos del Cerro del Villar (Aubet *et al.*, 1999: 79-80), o el área de San Fernando (*i. e.* Gago *et al.*, 2000; De Frutos y Muñoz, 1994; Sáez Romero, 2004; Ramon *et al.*, 2007); ese pilar central, también hecho de adobes —como el caso del horno ibérico datado hacia −450 de Ronda (Aguayo, Sanna y Padial, 2013)—, en Los Villares adopta en planta una forma rectangular aunque con los ángulos achaflanados (Los Villares 3) (fig. 74), creemos que con el objetivo principal de garantizar un mejor flujo aerodinámico del tiro , mejor control de este, mejor combustión y, en fin, distribución del aire caliente por la cámara superior. Además, el suelo de la cámara inferior, al menos en el horno Los Villares 3, presenta un cierto desnivel en dirección al praefurnium lo cual favorece un mejor rendimiento térmico evitando el calentamiento innecesario de un mayor volumen de aire, a lo que también ayuda la planta circular de la estructura a falta de soluciones inferiores más complejas —en base a canales o corredores— que garantizasen una mejor distribución del calor en la cámara superior. Al parecer esto fue corriente en los hornos protohistóricos en ámbitos indígenas, como en los de Alcalá del Júcar (Broncano y Coll, 1988: 215), Cerro Macareno (Ruiz Mata y Córdoba, 1999), Cerro de los Infantes (Contreras, Carrión y Jabaloy, 1983) por ser los más cercanos geográficamente

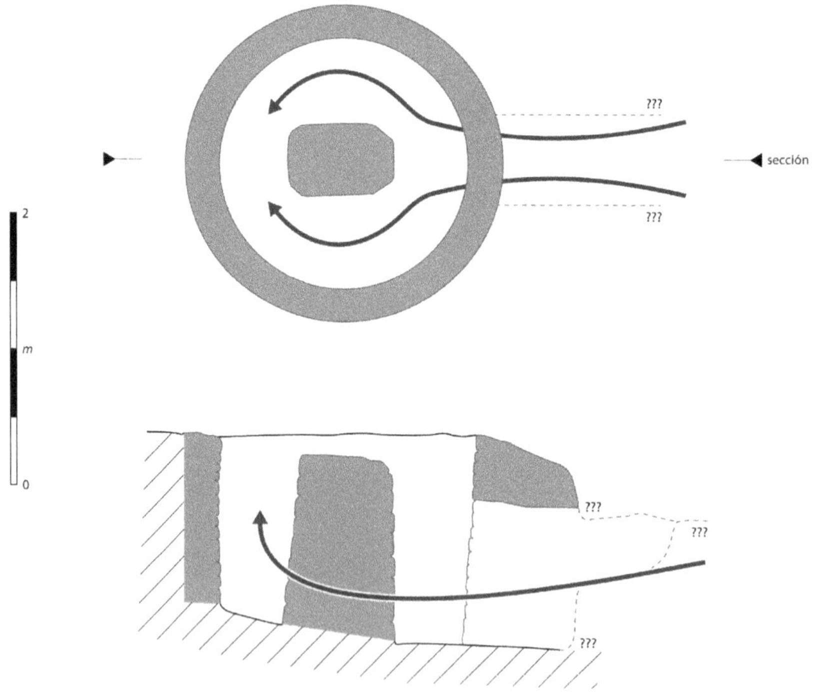

Figura 74. Planta y sección de la infraestructura del horno Los Villares 3 donde se observan las características comentadas así como la dirección de los flujos de aire, ayudados por la morfología inclinada del suelo de la cámara y el pilar central achaflanado (elaboración propia a partir de Sotomayor, Pérez y Roca, 1976: 142, fig. 18).

y mejor conocidos. Además, en estos hornos la disposición del hogar, entre la mitad anterior de la cámara inferior y el corredor que le antecede, permite un mejor control de la combustión y de todo el proceso, si bien requiere de mayor gasto de combustible.

Recorriendo hacia arriba la morfología un elemento intermedio, la parrilla o piso perforado separa la infraestructura de la superestrucura. Respecto a ese elemento que divide este tipo de estructuras en dos partes con funciones diferenciadas, hemos de señalar que serán pocos los casos documentados en los que la parrilla se encuentre construida en base a una falsa bóveda. De nuevo, el horno ibérico de Alcalá del Júcar (Broncano y Coll, 1988: 213), con el que los ejemplares isturgitanos guardan unas estrechas similitudes —amén de las diferencias cronológicas entre estos y aquel— es uno de esos escasos ejemplos conocidos, fundamentalmente debido a la ínfima proporción de hornos que conservan este elemento. Hoy por hoy, la disposición más o menos regular de las perforaciones practicadas en la parrilla no parece deberse, como podría pensarse en el caso contrario, a un desarrollo progresivo de la conciencia técnica de sus constructores a la hora de buscar un mejor reparto del calor y, en consecuencia, una mayor uniformidad en las condiciones caloricas de la hornada (Sotomayor, Pérez y Roca, 1976: 127; Sotomayor, Roca, Sotomayor y Atencia, 1981: 357-359). En el caso particular de Los Villares 1, en el momento de su excavación muchas de las perforaciones aparecieron selladas mediante piezas discoidales a modo de obturadores de parrilla, aprovechando cerámicas comunes fragmentadas[94]. No podemos saber cual fue su función, si fueron situadas allí como un instrumento para regular y corregir el tiro durante la cochura o, por contra, fueron colocadas en el momento de la descarga de la hornada con la intención de evitar la subida de un calor remanente desde la cámara de combustión que entorpeciera una descarga apresurada de las piezas recién cocidas. Sin mayores detalles, la primera opción se presenta como la más interesante y por la que nosotros nos decantamos ya que no todas las toberas se encontraban cegadas. El mismo recurso se detecta en Carmona, en los hornos tardoturdetanos del arroyo Albollón (Rodríguez Rodríguez, 2001: 320).

Menos aún podemos decir acerca de la disposición y soluciones constructivas adoptadas por los artesanos respecto a la cámara superior, sin embargo sí podemos anotar algunos puntos gracias el envidiable estado de conservación que mostraban los hornos Los Villares 4 y, en especial, Los Villares 2. Este último aprovechará lo que parece haber sido una topografía suburbana en cierta medida aterrazada para apoyar parcialmente las paredes del laboratorio dotando de mayor resistencia a la superestructura, a la vez que le añade mayor eficiencia calórica. El mismo hecho parece sugerir una arquitectura permanente para las paredes que limitan el laboratorio y, quizás, temporal de la solución de cubierta de la misma cámara. Conclusiones parecidas pueden inferirse del horno Los Villares 4, del cual sus mayores dimensiones determinaron que no sólo la cámara de combustión se situase, como en los otros casos, excavada en el terreno, sino que también el laboratorio se encontrase semienterrado. Es fácil entender que lo que buscaban era dar mayor solidez a una estructura de unos 4 m de diámetro con fuertes tensiones que soportar. Como también denotan las reparaciones puntuales con barro detectadas en los muros del laboratorio, estas paredes debieron ser fijas, más si tenemos en cuenta la inversión de esfuerzo que supondría levantarlas cada vez que tuviera lugar una cochura de vasos. Aquí, como en el resto de hornos con partes adosadas al terreno, los maestros horneros, en lugar de la simple cara vista resultante de corte en el terreno, emplearon forros de adobes con la idea de favorecer el rendimiento térmico y minimizar las pérdidas de calor. No parecen, en cualquier caso, laboratorios aptos por su forma para la cocción de materiales cerámicos de construcción como tégulas.

Hay que decir que, en nuestra opinión equivocadamente, en la historiografía sobre los alfares isturgitanos se ha tendido a buscar paralelos morfológicos de estas estructuras única y exclusivamente en el marco de la dominación cultural romana de la Península (Sotomayor, Pérez y Roca, 1976: 128). Actualmente parece más apropiado pensar que la correcta contextualización e interpretación de este tipo de hornos debe llevarnos a considerar los precedentes que expliquen su presencia y el importante papel desempeñado en un centro artesanal de época romana durante los siglos I y II d.C. Así, el análisis pormenorizado de la morfología de estos hornos nos permite establecer una adscripción tipológica clara en base a la clasificación propuesta por N. Cuomo di Caprio (1971-1972) dentro de la Categoría I/a, o a la de J. Coll y S. Broncano (1988; Coll, 2000; 2005; 2008) (fig. 75) —

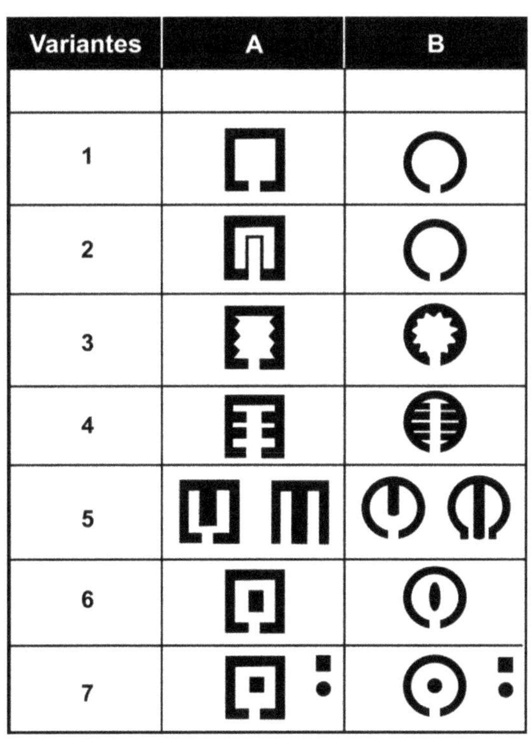

Figura 75. Tipología de las cámaras de combustión de los hornos de la Antigüedad (según Coll, 2005).

[94] Información extraída de los diarios de excavación.

realizada originalmente para los hornos ibéricos pero perfectamente operativa en una aproximación de inicio para época romana, sobre todo si tenemos en cuenta que parten para su elaboración de la amplia clasificación de P. Duhamel (1978-79)[95]—, correspondientes al tipo B7.

De lo expuesto resulta claro que los referentes más cercanos morfológica y técnicamente para las estructuras de combustión y cocción existentes en Los Villares de Andújar hemos de buscarlos en el mundo prerromano y, en consecuencia, directamente vinculados a las tradiciones técnicas del sustrato productivo indígena, a su vez fuertemente mediatizado y canalizado por el elemento semita, fenicio primero y púnico después. En este sentido, los hornos cerámicos tardo-turdetanos de Carmona constituyen el exponente más claro de lo que venimos contando, por tratarse de estructuras contemporáneas o poco anteriores a las de Los Villares de Andújar. Allí es donde en los ocho hornos excavados en el barrio artesanal alfarero de las inmediaciones del arroyo Albollón (ss. IV-II a.C.) (Rodríguez Rodríguez, 2001: 311-312) podemos observar prácticamente los mismos recursos y conceptos técnicos y formales que venimos desarrollando; en esencia, la presencia de pilar central en un conjunto de morfología circular, el empleo predominante de adobes en la estructura, o la disposición abovedada del trasdós de la parrilla. Con esos mismos parámetros y sin alejarnos de Carmo, más próximas aún en el tiempo son las estructuras de cochura del área occidental extramuros de la ciudad, un sector artesanal que se desarrolló a partir del último tercio del siglo I a.C. y en el que destaca el horno del solar de la calle Montáchez, activo hasta poco antes del cambio de Era (Cardenete *et al.*, 1991; Rodríguez Rodríguez, 2001: 316-317). De otros hornos circulares de pilar central coetáneos, aparentemente muy similares a los analizados, los separan sin embargo determinadas particularidades formales y técnicas. Suelen ser de mayores dimensiones, se detecta un uso masivo del ladrillo, recurren a adoptar soluciones de sostén de las parrillas mediante arcuaciones radiales... recursos expresivos, en fin, de una mayor complejidad técnica o de nuevas necesidades productivas. Teniendo en cuenta estas salvedades, las similitudes son igualmente evidentes con los fornaces del Hospital de las Cinco Llagas en Sevilla (Tabales, 2003), o los del alfar de Azanaque en Lora del Río (Romo y Vargas, 2001).

Lo dicho hasta ahora demuestra cómo los hornos del barrio artesanal suburbano de *Isturgi* constituyen un caso excepcional de perduración del tipo de horno tradicional prerromano en la región del Valle del Guadalquivir y gran parte del Sur peninsular, que ya entonces, hacia mediados del siglo I d.C. había sufrido ciertas modificaciones y matices estructurales como los ya comentados en los paralelos del las Cinco Llagas. Tampoco tendrán nada que ver con aquellas tipologías puramente itálicas que proponían en la cámara de combustión infraestructuras de distribución y redirección del tiro a través de corredores centrales y muros trasversales de compartimentación hacia el laboratorio. De todo ello parece desprenderse que los conocimientos empíricos adquiridos por los artesanos indígenas/autóctonos resultaron determinantes para el funcionamiento de las *officinae* romanas de Los Villares (Ruiz Montes y Peinado Espinosa, 2010; 2011; 2012: 294), plenamente operativas ya hacia inicios de época flavia tras su surgimiento a fines de época julio-claudia.

[95] Somos conscientes de la existencia de clasificaciones o más bien observaciones tipológicas realizadas *ex profeso* para su aplicación a los hornos de los alfares romanos de la actual Andalucía que, a nuestro juicio, quedan pendientes de ser desarrolladas, como es el caso del trabajo de M. Sotomayor (1997).

VII. CONCLUSIONES

Se impone ahora realizar un balance, una valoración general en la que destacar los aspectos más sobresalientes en relación a los objetivos más o menos implícitos con los que iniciamos este análisis. Este tipo de análisis en torno a la producción de cerámicas antiguas lleva aparejado como objetivos particulares avanzar en la caracterización del proceso productivo, el desarrollo tecnológico y organizativo de dicho proceso, como ya señalamos al comienzo; a esto nos hemos dedicado en todo el capitulado anterior. Pero sobre todo era evidente el interés por contrastar las hipótesis de trabajo de las que partíamos, las cuales eran ya fruto de un trabajo de reflexión arqueológica previa.

Planteábamos la posibilidad de que Los Villares se hubiese instituido a partir de un cierto momento en un centro de actividad artesanal especializado, eso sí, ayudado por unas inmejorables condiciones confluyentes en el territorio inmediato. El análisis llevado a cabo nos permite, no sólo identificar las particularidades y circunstancias concretas que afectan al asentamiento y a su territorio en términos de productividad, sino también en torno a qué líneas generales se desarrolló e inscribió la actividad a nivel regional, y en qué medida el devenir social y económico de ésta le influyó. En este sentido, nos ha sido de gran ayuda definir, por un lado, los que hemos denominado Factores Físicos, aquellos directamente vinculados al marco geográfico natural y que, en el caso de un taller alfarero vienen caracterizados por la disponibilidad efectiva de los recursos necesarios para la puesta en marcha de la producción de cerámicas, la materia prima y los elementos que nos ayudan a transformarla; y por otro, los llamados Factores Geográficos, los cuales hacen alusión directa al marco social, económico y político en el que se inscribe la producción de cerámicas, es decir, son lo suficientemente dispares como para no responder de un modo exclusivo a exigencias estrictamente de índole productiva. No cabe duda de que debería hablarse de una responsabilidad compartida, de una afección variable, a la hora de la elección de un lugar para ubicar en él un asentamiento productivo.

Son evidentes, y así ha quedado de relieve, las posibilidades que el medio ofrece para la implantación de este tipo de actividades artesanales en este punto concreto de la Vega del Guadalquivir en su discurrir por la región del Alto Guadalquivir: las mejores arcillas, abundantes, de fácil acceso y de diferentes cualidades físico-químicas; leñas igualmente abundantes, cercanas al asentamiento y apropiadas por su variabilidad y poder calorífico; y, por último, aguas garantizadas por una hidrografía sustantiva caracterizada por una importante red de arroyos afluyentes del Gadalquivir y el acuífero al que éste da lugar. Aunque indirectamente, tampoco debemos menospreciar la capacidad de incidencia que las evidentes potencialidades agrícolas de las terrazas bajas de la Vega tuvieron en el surgimiento de una actividad especializada que podía mantener ocupada en sus menesteres a una parte de los habitantes durante gran parte del año, los cuales, en consecuencia, necesitaban de un acceso cotidiano y sin limitaciones a los excedentes de la producción de alimentos generados en el territorio de la ciudad.

No obstante, la valoración de la realidad económica en la cual se inscribe la actividad, de las formas de comercio que puedan darse en tal realidad, así como de las posibilidades concretas de distribución o de acceso a los artículos comercializados por parte de una importante población son aquellas circunstancias que en gran medida, y por poner dos ejemplos claros y muy significativos, van a determinar que en el caso concreto de Los Villares de Andújar se imponga la producción de la cerámica fina altoimperial romana por antonomasia, suplantando al que hasta entonces y desde fines del siglo I a.C. había sido el gran complejo productivo alfarero de la región, situado en Peñaflor en el medio-bajo Guadalquivir; no olvidemos que a este último le precedía una larga tradición en la producción de vajillas, y del que, *a priori*, podría pensarse que guardaba una mejor posición con respecto al ámbito provincial y a los grandes centros urbanos donde reside el poder político. También son los mismos componentes escondidos detrás de una comercialización, la de las cerámicas sigillatas de Andújar, que merece el rango de comercio a media-larga distancia, llegando a surtir con suficiencia territorios y localizaciones tan alejadas como la provincia Mauritania Tingitana, en el norte de África, o la región alrededor del estuario del Tajo, en torno a la antigua *Olisipo*, la actual Lisboa.

Rápidamente ya podríamos obtener una primera conclusión: son estos factores geográficos, concretos, particulares, menos comunes —al final, agua, leña y arcilla abundan en casi cualquier lugar...— los que hacen distintos unos de otros asentamientos productivos, y permite a los productos de algunos de ellos trascender los ámbitos local y regional. De este modo, las decisiones políticas adoptadas desde los años en torno al cambio de Era y, con especial intensidad, durante la primera mitad del siglo I d.C. sobre urbanización, introducción de cultivos especializados y adecuación de caminos y vías de transporte fluviales, no sólo terrestres, van encaminadas a potenciar las capacidades productivas en general de la Bética con el objeto, en parte, de solventar las necesidades del Estado y de la política de expansión atlántica que Roma pretendía desarrollar desde inicios de siglo I d.C., y que tuvo como consecuencia más señalada la presencia estable romana en *Britannia* y la ocupación definitiva de las provincias del norte de África ya hacia el reinado de Claudio.

A nivel local, el peso específico del río en gran medida navegable como arteria de comunicaciones y, en especial, de distribución de mercancías por toda la región, además

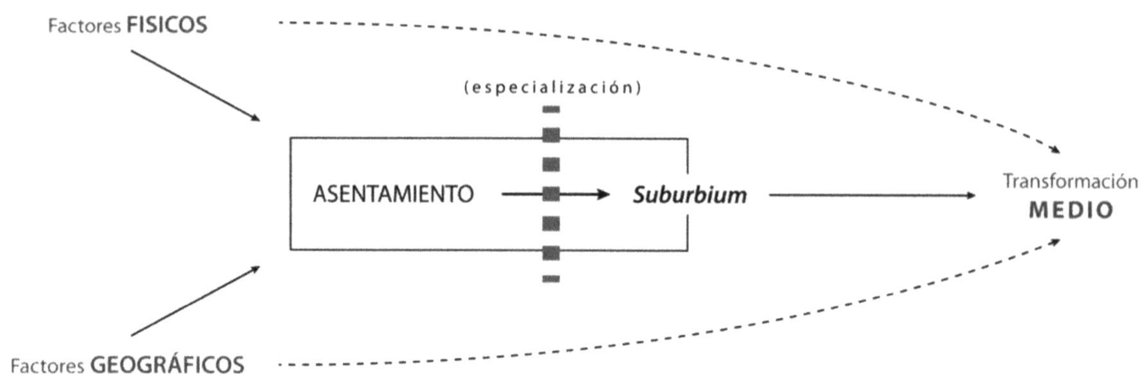

Figura 76. Diagrama que resume los términos del diaólogo establecido, y sus consecuencias, las más significativas, en el asentamiento y su territorio.

de su articulación con otras vías terrestres, fuesen de primer orden o de carácter vecinal, unido a su localización interprovincial en la cabecera, por tanto, de las grandes vías de comunicación provinciales, determinan unas posibilidades de comercialización nada despreciables, potenciadas por las mejoras en el nivel de vida, el desarrollo demográfico y la tupida red de ciudades que poblaban toda la Depresión del Guadalquivir hasta su desembocadura. Creemos, en definitiva, que sin estos elementos y gracias a la confluencia de éstos con los recursos y, en concreto, con las mejores materias primas base para la elaboración de las pastas, los talleres de Los Villares de Andújar, a los que les acompaña como decíamos una evidente vocación de comercio a media-larga distancia, nunca hubiesen existido en este lugar del Alto Guadalquivir.

De esta manera, los Factores Físicos y Geográficos más favorables desde el punto de vista de los recursos y el comercio, presentes o que ejercen su influencia combinada sobre un mismo territorio, acabarán por precipitar la creación de barrios artesanales, *suburbia* especializados y con significado cualitativo vinculados a asentamientos principales, lo que no debería ser, en ningún caso, confundido con la práctica común de localizar labores artesanales dispersas en las periferias de los núcleos habitados. En ultima instancia, el fuerte y desconocido proceso de especialización productiva lleva aparejado una modificación de los modos de organizar el trabajo que habían persistido sustentados en las formas sociales indígenas. Pero si esto es a nivel urbanístico, en definitiva, el impacto de la especialización artesanal se hace sentir, alterándolo, en el entorno, modificando sustancialmente los términos de la relación del asentamiento con su área de recursos, un "diálogo" que hasta entonces, y durante siglos, ha permanecido invariado (fig. 76).

Por otro lado, la caracterización del proceso productivo nos permite individualizar modos y procesos de transferencia tecnológica personales a través del desplazamientos de artesanos y la consiguiente introducción de nuevas técnicas para cuya aplicación la experiencia de los alfareros locales proporciona una excelente base de éxito en su transmisión posterior, como denota la morfología indígena de los hornos de Los Villares de Andújar. La producción de cerámicas sigillatas es el exponente más claro, por cuanto se le vinculan tratamientos de selección de sedimentos para la elaboración de las pastas y de los revestimientos, empleo combinado de materias primas de origen diverso —algunas no empleadas anteriormente—, depuración de las arcillas y fabricación de vasos con revestimientos sinterizados ajenos a las técnicas del sustrato productivo local. No en vano, la *sigillata* se trata de la cerámica fina de mesa que poco a poco suplanta a la correspondiente vajilla cerámica autóctona cotidiana (cerámicas tipo Peñaflor y cerámicas pintadas de tradición ibérica), junto a las cuales se produce y a la que, con el tiempo, acabará por fagocitar. Las *officinae* productoras de *sigillata* hispánica activas a partir de mediados del siglo I d.C. se presentan como un fenómeno de transferencia de una "tecnología adecuada" —o "intermedia"—, donde mucha de esa tecnología puede además ser construida y puesta en servicio usando los materiales y el conocimiento locales; el objetivo de estos talleres, apoyándose en parte en un nivel de tecnología más sencillo que puede alcanzar con eficacia el propósito buscado, será el de ofrecer a un gran espectro de población con un creciente, aunque modesto, poder adquisitivo "productos adecuados", al margen de otras cerámicas importadas más costosas de adquirir. En cualquier caso, el origen de las nuevas técnicas permanece incierto, si bien las analogías en la tecnología de cocción podrían remitirnos a los ámbitos técnicos de la Península Itálica, donde, como en Andújar, la producción de sigillatas sinterizadas fue posible sin el concurso de soluciones de cochura sofisticadas, más allá del empleo del tiro vertical y la llama directa.

En general, a la introducción de nuevas técnicas y producciones cerámicas ajenas a la tradición local, le acompañan, puede que de un modo aún más obvio aunque no siempre, nuevas formas de organización de la producción y del proceso productivo, que ganan en especialización y eficiencia productiva. Las estrategias de aprovisionamiento y captación de materias primas se intensifican y potencian con una organización más racional y, como venimos diciendo, eficiente. Sin embargo, en Andújar la creciente aceptación de estos "productos adecuados" favorece la puesta en marcha de un mayor número de talleres dedicados algunos casi en exclusividad a la producción de sigilltas, abocados a partir de época flavia a elevar sus índices de productividad en detrimento de la inversión de tiempo y trabajo en la aplicación de las técnicas y los conocimientos adquiridos, de los procedimientos de adecuación de las pastas y los barnices; en pocas palabras, una pérdida de maestría en beneficio de la productividad. Podemos decir entonces que en las sociedades prendustriales las condiciones de la demanda y las necesidades de productividad van a determinar, en muchos casos, la aplicación más o menos estricta de los procedimientos técnicos; pero también, en modo sucesivo, la transferencia de "tecnologías intermedias" de las anteriores a otros puntos de la región a través de la implantación de talleres menores no exclusivamente dedicados a la producción de estas cerámicas finas a los que se asocia, en consecuencia, un menor grado de especialización.

Al final, Los Villares de Andújar nos ofrece, y aún debe ofrecernos en un futuro, los elementos de valoración necesarios con los que individualizar los procesos de cambio y transferencia tecnológicos —y de organización de la producción— experimentados por el artesanado de la cerámica en la Bética y en Alto Guadalquivir durante el siglo I d.C., todo como expresión, en definitiva, de su particular proceso de romanización.

BIBLIOGRAFÍA

ABAD CASAL, L. (1975): *El Guadalquivir vía fluvial romana*, Sevilla.

ABASCAL PALAZÓN, J. M. (1986): *La cerámica pintada romana de tradición indígena en la Península Ibérica: centros de producción, comercio y tipología*, Madrid.

ABASCAL PALAZÓN, J. M. (1996): "Programas epigráficos augusteos en Hispania", *Anales de Arqueología Cordobesa* 7, pp. 45-82.

ABASCAL PALAZÓN, J. M. y ESPINOSA RUIZ, U. (1989): *La ciudad hispanoromana. Privilegio y poder*, Logroño.

ADROHER AUROUX, A. Mª (1987-1988): "Cerámica de barniz negro en el Sureste: bases para un análisis geoeconómico", *Cuadernos de Prehistoria de la Universidad de Granada* 12-13, pp. 185-194.

ADROHER AUROUX, A. Mª (1991): *Arqueología y registro cerámico. La cerámica de barniz negro en Andalucía Oriental*, Tesis doctoral inédita, Universidad de Granada.

ADROHER AUROUX, A. Mª y CABALLERO, A. (2008): "Imitaciones de barniz negro en pasta gris de época tardoibérica. La cerámica gris bruñida republicana", en A. Mª Adroher y J. Blánquez (eds.): *Primer Congreso Internacional de Arqueología Ibérica Bastetana, Comunicaciones*, Serie Varia 9, Madrid, pp. 319-329.

ADROHER AUROUX, A. Mª y CABALLERO, A. (2012): "Imitaciones de campanienses en el mediodía peninsular. La cerámica gris bruñida republicana", en D. Bernal, y A. Ribera (eds.): *Cerámicas Hispanorromanas II. Producciones regionales*, Cádiz, pp. 23-38.

AGUAYO DE HOYOS, P., GARRIDO, O., BARAHONA, E. y PADIAL ROBLES, B. (1998): "Estudio preliminar de los depósitos de arcilla utilizados para la elaboración de cerámicas arqueológicas en la Depresión Natural de Ronda", en J. Bernabeu, T. Orozco y X. Terradas (eds.): *Los recursos abióticos en la prehistoria: caracterización, aprovisionamiento e intercambio*, Valencia, pp. 173-188.

AGUAYO DE HOYOS, P., SANNA, C. y PADIAL ROBLES, B. (2013): "Documentos para ilustrar una tradición alfarera local: un horno cerámico ibérico en Ronda ciudad", en D. Bernal, L. C. Juan, M. Bustamante, J. J. Díaz y A. M. Sáez (eds. científicos): *Hornos, talleres y focos de producción en Hispania*, Monografías Ex Officina Hispana 1, t. I, Cádiz, pp. 141-155.

AGUILAR, J., DELGADO CALVO FLORES, G., DELGADO CALVO FLORES, R., DELGADO RODRIGUEZ, M., FERNÁNDEZ GARCÍA, J., NOGALES, R., ORTEGA, E., PÁRRAGA, J., SAURA VÍLCHEZ, I., SIERRA, C. y SIMÓN, M. (1987): *Memoria del mapa de suelos de la provincia de Jaén a escala 1:200.000*, Granada.

AGUILERA MARTÍN, A. (2004): "El contenido de las Haltern 70 según los tituli picti", en C. Carreras Monfort y A. Aguilera Martín (eds.): *Culip VIII i les àmfores Haltern 70*, Monografies del CASC 5, Girona, pp. 119-120.

AITCHISON, J. (1986): *The Statistical Analysis of Compositional Data*, London.

AITCHISON, J. (2005): "A concise guide to compositional data analysis", *Second Compositional Data Analysis Wokshop*, Girona

ALARCÓN, F. y AGUILERA, L. (1993): "Excavación Arqueológica de emergencia. Los Castillejos (El Bosque). Informe preliminar", *Anuario Arqueológico de Andalucía 1991*, t. III, pp. 43-46.

ALMENDRAL LUCAS, J. Mª (1993): "Vías romanas entre Cástulo y Corduba: apuntes para un estudio tecnológico", *Caminería Hispánica: Actas del I Congreso de Caminería Hispánica*, Vol. 1, pp. 117-132.

ALMENDRAL LUCAS, J. Mª (2002): "Caminos antiguos entre Cástulo y Cordoba", Revistas de Obras Públicas 3421, pp. 53- 62.

ALONSO VILLALOBOS, C, y GARCÍA VARGAS, E. (2003): "Geopolítica imperial romana en el Estrecho de Bibraltar: el análisis geoarqueológico del puerto de "Baelo Claudia" y el emplazamiento de "Mellaria" (Tarifa, Cádiz)", *Habis* 34, pp. 187- 200.

ALVAR EZQUERRA, J. (1981): *La navegación perromana en la Península Ibérica: colonizadores e indígenas*, Madrid.

ÁLVAREZ, A., CEBRIÁN, R. y RODÀ, I. (2009): "El mármol de Almadén de la Plata y los *marmora* importados del foro de Segobriga", en T. Nogales y J. Beltrán (eds.): *Marmora Hispana. Explotación y uso de los materiales pétreos en la Hispania Romana*, L'Erma di Bretschneider, Roma, pp. 101- 118.

ANNECHINO, (1977):"Suppellettile fittile da cucina di Pompei", en *L'instrumentum domesticum di Ercolano e Pompei nella prima età imperiale*" pp. 105-114

ARÉVALO GONZÁLEZ, A. (2005): "Aportación a la

circulación monetaria de la Bahía de Cádiz: los hallazgos monetarios de la Avda. Pery Junquera (San Fernando, Cádiz)", en *XIII Congreso Internacional de Numismática*, Madrid, pp. 471-479.

ARNAUD, P. (1998): "Vers une définition géodynamique des suburbia: Eléments pour une zonation des zones péri-urbanes", *Caesarodunum* XXXII, pp. 63-81.

ARIÑO GIL, E., LANZAROTE SUBÍAS, Mª P., MAGALLÓN BOTAYA, Mª A. y MARTÍN BUENO, M. (1991): "Las vías *De Italia in Hispanias y Ab Asturica Terracone*. Su influencia en el emplazamiento y desarrollo de las ciudades en el Valle Medio del Ebro", *Bolskan* 8, pp. 243-270.

ARIÑO GIL, E. y MAGALLÓN BOTAYA, Mª A. (1992-1993): "Problemas de trazado de las vías romanas en la Provincia de La Rioja", *Zephyrus* XLIV-XLV, pp. 432-455.

ARNAUD, P. (1998): "Vers une définition géodynamique des suburbia: Eléments pour une zonation des zones péri-urbaines", en R. Bedon (ed.): Suburbia: les faubourgs en Gaule romaine et dans le regions voisines, *Caesarodunum* XXXII, Limoges, pp. 63-81.

ARNOLD, D. E. (1980): "Localized Exchange: an Ethnoarchaeological Perspective", en R. Fry (ed.): *Models and Methods in Regional Exchange*, Society for American Archaeology Papers 1, Washington, pp. 147-150.

ARNOLD, D. E. (1985): *Ceramic theory and cultural process*, Cambridge.

ARNOLD, D. E. (2000): "Does the Standardization of Ceramic Pastes Really Mean Specialization?", *Journal of Archaeological Method and Theory* 7, pp. 333-375.

ARNOLD, D. E. (2005): "Linking Society with the Compositional Analyses of Pottery: A Model from Comparative Ethnography", en A. Livingstone Smith, D. Bosquet y R. Martineau (eds.): *Pottery Manufacturing Processes: Reconstitution and Interpretation*, BAR International Series 1349, Oxford, pp. 15-21.

ARNOLD, D. E. (2006): "The Threshold Model for Ceramic Resources: A Refinement", en D. Gheorghiu (ed.): *Ceramic Studies: Papers on the Social and Cultural Significance of Ceramics in Europe and Eurasia from Prehistoric to Historic Times*, BAR International Series 1553, Oxford, pp. 3-9.

ATKINSON, D. (1942): *Report on Excavations at Wroxeter (the Roman city of Viroconium) in the County of Salop 1923-1927*, Oxford.

AUBET SEMMLER, M. E. (1994): *Tiro y las colonias fenicias de occidente*, Barcelona.

AUBET, Mª E., CARMONA, P., CURIÀ, E., DELGADO, A., FFERNÁNDEZ, A. y PÁRRAGA, M. (1999): *Cerro del Villar. I. El asentamiento fenicio en la desembocadura del río Guadalhorce y su interacción con el hinterland*, Serie Arqueología, Monografías, Sevilla.

BALIL ILLANA, A. (1961): "Notas sobre terra sigillata hispánica (III)", *Revista de Archivos, Bibliotecas y Museos* 69, pp. 283-299.

BALIL ILLANA, A. (1968): *Economía de la Hispania romana*, Estudios de economía antigua de la Península Ibérica, Barcelona.

BARBA COLMENERO, V. y FERNÁNDEZ ORDÓÑEZ. A (e. p.): "Un enclave comercial del siglo I a.C. en la Alta Andalucía: el Cerro de la Atalaya de Lahiguera (Jaén)", en *Actas I Congreso sobre la producción en la Sociedades Mediterráneas*.

BARBA COLMENERO, V., FERNÁNDEZ ORDÓÑEZ. A. y TORRES SORIA, M. J. (e. p.): "La Cerámica Gris Bruñida Republicana, imitaciones y nuevas formas documentadas en la Alta Andalucía en el almacén comercial del Cerro de La Atalaya de Lahiguera (Jaén)", en *Actas del II Congreso de la SECAH*, Braga.

BARGAGLIOTTI, S.; CIBECCHINI, F. y GAMBOGI, P. (2004): "The Punta Ala «b wreck»: a mixed cargo of the Hadrianic Period", en M. Pasquinucci y T. Wescki (eds.): *Close Encounters: Sea-and Riverborne Trade, Ports and Hinterlands, Ship Construction and Navigation in Antiquity, the Middle Ages and in Modern Time*, BAR International Series 1283, Oxford pp. 93-103.

BATS, M. (1987): "Consommation, production et distribution de la vaisselle céramique", en P. Rouillard y Ch. Villanueva-Puig (eds): *Grecs et Ibères au IV siglo av. J.-C. Commerce et Iconographie*, Bordeaux, pp. 197-216.

BÉAL, J.-C. y GOYON, G. (2002): *Les artisans dans le ville antique*, Lyon.

BEDON, R. (1998): "Les faubourgs des villes gallo-romaines: perspective d'ensemble", en R. Bedon (ed.): *Suburbia: les faubourgs en Gaule romaine et dans le regions voisines*, Caesarodunum XXXII, Limoges, pp. 9-20.

BELTRÁN MARTÍNEZ, A. (1961): "El río Ebro en la Antigüedad clásica", *Caesaraugusta* 17-18, pp. 65-78.

BELTRÁN FORTES, J. y LOZA AZUAGA, Mª. L. (1998): "Explotación y uso de "marmora" malacitanos en época romana", *SPAL* 7, pp. 129- 149

BELTRÁN FORTES, J. y LOZA AZUAGA, Mª. L. (2003): *El mármol de Mijas: explotación, comercio y uso en época antigua*, Mijas.

BÉMONT, C. y JACOB, J.-P. (1986): *La terre sigillée gallo romain.Lieux de production du Haut Empire: implantations, produits, relations*, Documents d'Archéologie Française 6, Paris.

BÉMONT C. y VERNHET A. (1992-1993): "La fournée des nones d'octobre", *Annales de Pegasus* 2, pp. 19-21.

BENOÎT, F. (1950). Les mythes de l'outre-tombe. Le cavalier à l'anguipède et l'écuyère Épona, Bruxelles, Latomus Revue d'études latines.

BENOÎT, F. (1962): "Nouvelles épaves de Provence, III", *Gallia* XX, pp. 147-176.

BERNAL CASASOLA, D. (1993): "Una pieza excepcional del Museo Nazionale de Roma y el problema de las lucernas tipo Andújar", *Espacio, tiempo y forma. Serie II, Historia Antigua*, pp. 207-220.

BERGAMINI, M. (1995): "Un insediamento produttivo sul Tevere in territorio tudertino", *Journal of Ancient Antropology* III, pp.179-194.

BERGAMINI, M. (2002-2003): Scoppieto (Terni). Scavo di un complesso produttivo di età romana (anni 1995-1998), *Notizie degli Scavi di Antichità* XIII-XIV, 2002-2003, pp. 5-88.

BERGAMINI, M. (2006): "La manifattura romana di scoppieto. Elementi fittili funzionali", en S. Menchelli y M. Pasquinucci (eds): *Territorio e produzione ceramiche. Paesaggi, economia e società in età romana*, Atti del Convegno Internazionale, Pisa, pp. 283- 300.

BERGAMINI, M. (2007): "Stato della ricerca e degli studi", en M. Bergamini (a cura di): *Scoppieto I. Studi del territorio e dei materiali (Lucerne, Opus doliare, Metalli)*, Firenze, pp. 57-70.

BERMEJO MELÉNDEZ, J. (2010): *Un modelo de implantación territorial y municipal en la Baeturia Celtica: Arucci/Turobriga, civitas et territorium*, Tesis doctoral inédita, Universidad de Huelva.

BERNI MILLET, P. (1998): *Las ánforas de aceite de la Bética y su presencia en la Cataluña Romana*, Barcelona.

BLÁZQUEZ JIMENEZ, A. (1914): "Sobre una comunicación de D. Ángel Delgado", *Boletín oficial de la Real Academia de la Historia* LXIV, pp. 525- 533.

BLÁZQUEZ Y DELGADO AGUILERA, A. y BLÁZQUEZ JIMENEZ, A.(1923): *Vías Romanas de Sevilla a Córdoba por Antequera. De Córdoba a Cástulo por Epora. De Córdoba a Cástulo por El Carpio. De Fuente La Higuera a Cartagena y de Cartagena a Cástulo*, Memoria de la Junta Superior de Excavaciones y Antigüedades 59.

BLÁZQUEZ MARTÍNEZ, J.M. (1954): "Dioses y caballos en el mundo ibérico", *Zephyrus* V, pp. 193- 212.

BLÁZQUEZ MARTÍNEZ, J. Mª (1957): "La economía ganadera de España Antigua a la luz de las fuentes literarias griegas y romanas", *Emerita* XXV, pp. 159-184.

BLÁZQUEZ MARTÍNEZ, J. Mª (1980) "La exportación del aceite hispano en el Imperio romano. Estado de la cuestión", en J. Mª Blázquez (coord.): *Producción y comercio del aceite en la Antigüedad. Primer Congreso Internacional*, Madrid, pp. 19-46.

BLÁZQUEZ MARTÍNEZ, J. Mª (1997): "Vías e itinerarios: de la antigüedad a la Hispania romana", en J. A. Abásolo (ed.): *Viajes por la historia de nuestros caminos*, pp. 5-67.

BLÁZQUEZ MARTÍNEZ, J. Mª y REMESAL RODRÍGUEZ, J. (eds.) (1999): *Estudios sobre el Monte Testaccio (Roma). I*, Col.lecció Instrumenta 6, Barcelona.

BLÁZQUEZ MARTÍNEZ, J. Mª y REMESAL RODRÍGUEZ, J. (eds.) (2001): *Estudios sobre el Monte Testaccio (Roma). II*, Col.lecció Instrumenta 10, Barcelona.

BLÁZQUEZ MARTÍNEZ, J. Mª y REMESAL RODRÍGUEZ, J. (eds.) (2003): *Estudios sobre el Monte Testaccio (Roma). III*, Col.lecció Instrumenta 14, Barcelona.

BLÁZQUEZ MARTÍNEZ, J. Mª y REMESAL RODRÍGUEZ, J. (eds.) (2007): *Estudios sobre el Monte Testaccio (Roma). IV*, Col.lecció Instrumenta 24, Barcelona.

BLÁZQUEZ MARTÍNEZ, J. Mª y REMESAL RODRÍGUEZ, J. (eds.) (2010): *Estudios sobre el Monte Testaccio (Roma). V*, Col.lecció Instrumenta 30, Barcelona.

BONNET, M.H. (1983): "Notes sur quelques représentations inconnues ou peu connues de la déesse Epona dans l'est de la France", *Revue Archéologique de l'Est et du Centre-Est* XXXIV, pp. 161-165.

BONSOR, G. (1931): *The Archaeological Expedition along the Guadalquivir*, New York.

BONSOR, G. (1989): *Expedición arqueológica a lo largo del Guadalquivir*, Écija.

BOUBE, J (1965): *La terra sigillata hispanique en Maurétanie Tingitane. I. Les marques de potiers*, Etudes et Travaux D'Archeologie Marocaine 1, Rabat.

BOUBE, J (1966): "La terra sigillata hispanique en Maurétanie Tingitane. Supplément au Catalogue des marques de potiers", *Bulletin d'Archélogie Marocaine* 6, 115-143.

BOUBE, J (1968-1972a): "La terra sigillata hispanique en Maurétanie Tingitane. Supplément II au Catalogue des marques de potiers", *Bulletin d'Archélogie Marocaine* 8, pp. 67-108.

BOUBE, J (1968-1972b): "Les fouilles de la nécropole de Sala et la chronologie de la terra sigillata hispanique", *Bulletin d'Archélogie Marocaine* 8, pp. 109-118.

BOUBE, J (1968-1972c): "Index des marques hispaniques trouvées à Sala", *Bulletin d'Archélogie Marocaine* 8, pp.119-126.

BOUBE, J (1977): *Sala III, Les Necropoles: les planches*, Serie Villes et sites archeologiques du Maroc, Rabat.

BOUBE, J (1999): *Les nécropoles de Sala*, Paris.

BRECCIAROLI TABORELLI, L. (1996-1997): "L' officina ceramica di Aesis (III sec. a.C. I sec. d.C.)", *Notizie degli Scavi* 7-8, pp. 5-250.

BRONCANO, S. y COLL CONESA, J. (1988): "Horno de cerámica ibérico de la Casa Grande, Alcalá del Júcar (Albacete)", *Noticiario Arqueológico Hispánico* 30, pp. 187-228

BRUHNS, H. (1985): "De Werner Sombart à Max Weber et Moses Finley: la typologie de la ville antique et la question de la ville de consommation", en Ph. Leveau (ed.): *L'origine des richesses dépensées dans la ville antique: actes du Colloque organisé à Aix-en-Provence*, Aix-en-Provence, pp. 255-273.

BUXEDA I GARRIGÓS, J. (1995): *La caracterització arqueomètrica de la ceràmica de Terra Sigillata Hispanica Avançada de la ciutat romana de Clunia i la seva contrastació amb la Terra Sigillata Hispanica d'un centre productor contemporani, el taller d'Abella*, Tesis Doctorals Microfitxades 2524, Universitat de Barcelona, Barcelona.

BUXEDA I GARRIGÓS, J. (1999): "Alteration and Contamination of Archaeological Ceramics: the Perturbation Problem", *Journal of Archaeological Sciencies* 26, pp. 296- 313.

BUXEDA I GARRIGÓS, J., CAU ONTIVEROS, M. A., GURT I ESPARRAGUERA, J. M. y TUSET I BERTRAN, F. (1995) "Análisis tradicional y análisis arqueométrico en el estudio de las cerámicas comunes de época romana", en X. Aquilué y M. Roca (coords.): *Ceràmica comuna romana d'època altoimperial a la Península Ibèrica. Estat de la questió*, Monografies Emporitanas VIII, Empùries, pp. 39-60.

BUXEDA I GARRIGÓS, J. y CAU ONTIVEROS, M. A. (1997): "Caracterización arqueométrica delas ánforas T-8.1.3.1 del taller púnico F3-13 (Eivissa)", en J. Ramon Torres (coord.): *FE-13: un taller alfarero de época púnica en Ses Figueretes (Eivissa)*, Treballs del Museu Arqueolo`gic d'Eivissa i Formentera 39, pp. 179-205

BUXEDA I GARRIGÓS, J. y CAU ONTIVEROS, M. A. (1998): "Possibilitats i limitacions en lèstudi arqueomètric de les produccions ceràmiques ebusitanes", *Pyrenae* 29, pp. 97-115.

BUXEDA I GARRIGÓS, J y CAMPILLO I QUINTANA, J. (2001): "Identificació arqueològica i arqueomètrica de noves produccions de Terra Sigillata Hispànica al'àrea dels Pirineus catalans", *Pyrenae* 31/32, pp. 113-131.

BUXEDA I GARRIGÓS, J, MADRID I FERNÁNDEZ, M. y GURT I ESPERRAGUERA, J.M. (2001): "Provinenca i tecnologia de les cerámiques de pisa i d'Obra de Manises del dipòsit de la Plaça Gran de Mataró", en J. A. Cerdà i Mellado (ed.): *La ceràmica catalana del segle XVII trobada a la Plaça Gran (Mataró)*, Associació Catalana de Ceràmica Decorada i Terrissa, Barcelona, pp. 155-170.

BUXEDA I GARRIGÓS, J, MOMMSEN, H., TSOLAKIDOU, A. (2002): "Alterations of Na, K and Rb concentrations in Mycenaean pottery and a proposed explanation using X-ray diffraction", *Archaeometry* 44, pp. 187-198.

BUXEDA I GARRIGÓS, J. y KILIKOGLOU, V. (2003): "Total variation as a measure of variability in chemical data sets", en L. van Zelst (ed.): *Patterns and Process. A Festschrift in honor of Dr. Edward V. Sayre*, Smithsonian Center for Materials Research and Education, Suitland, Maryland. pp. 185-198.

BURGUEÑO VILLAREJO, E. (2000-2001): "Segell sobre *tegula* a Els Pedrets (Blanes, La Selva), *Lucius Satrius* un llibert d'origen itàlic al nucli urbá de Blanes", *Pyrenae* 31-32, pp. 217-222.

CABANÉS, F.J. (1830): *Guía general de correos, postas y caminos del Reino de España: con un mapa itinerario de la Península*, Madrid.

CAMODECA, G. (2006): "Graffito con conto di infornata di sigillata tardo-italica da Isola di Migliarino (Pisa)", en S. Menchelli y M. Pasquinucci (eds.): *Territorio e produzioni ceramiche: paesaggi, economia e società in età romana*, Pisa, pp. 207-216.

CAMPOS CARRASCO, J. M. (2009): "El urbanismo del municipio romano de Turobriga (Aroche, Huelva)", en R. Cruz-Auñón y E. Ferrer (coords.): *Estudios de Prehistoria y Arqueología en homenaje a Pilar Acosta Martínez*. Sevilla, pp. 465-482.

CANTO, A. M. (1977-1978): "Avance sobre la explotación de mármol en la España romana", *Archivo Espa-*

ñol de Arqueología 50-51, pp. 165-187.

CAPEL SAÉZ, H., GARCIA LANCETA, L., MONCADA MAYA, J. O., OLIVE OLLE, F., QUESADA CASAJUANA, S., RODRIGUEZ BAIXERAS, A., SANCHEZ PEREZ, J. E. y TELLO ROVIRA, R. (1983): *Los ingenieros militares en España, siglo XVIII. Repertorio biográfico e inventario de su labor científica y espacial*, Barcelona.

CARD, Ch. (2008): "Nouvelles donnés sur les productions des ateliers de potiers gallo-romains de Luxeuil-les-Bains (Haute-Saône): la vaisselle en céramique non sigillée", *Revue archéologique de l'Est* 57, pp. 205- 226.

CARDENETE, R., GÓMEZ, M. T., JIMÉNEZ, A., LINEROS, I. y RODRÍGUEZ, I. (1991): "Excavaciones arqueológicas de urgencia en el solar de la calle Montánchez 4, Carmona (Sevilla)", *Anuario Arqueológico de Andalucía 1989*, vol. III, pp. 585-591.

CARANDINI, A. (1980): "Roma imperialistica: un caso di sviluppo precapitalistico", en E. C. Kopff y J. H. D'Arms (eds.): *Seaborne commerce*, Memoirs of the American Academy at Rome 36, pp. 11-19.

CARRASCO SERRANO, G. (1997): "Sobre CIL II 3270 y la antigua vía romana de comunicación Cástulo. Sísapo", en M. Criado del Val (coord.): *Caminería hispana: actas del III Congreso Internacional de Caminería Hispánica celebrado en Morelia (Michoacán)*, pp. 183-192.

CARRERAS MONFORT, C. (1994): *Una reconstrucción del comercio en cerámicas: la red de transporte en Britania*, Barcelona.

CARRERAS MONFORT, C. (1996): "Una nueva perspectiva para el estudio demográfico de la Hispania Romana", *Boletín del Seminario de Estudios de Arte y Arqueología*, pp. 95-122.

CARRERAS MONFORT, C. (2001): "Producción de Haltern 70 y Dressel 7-11 en las inmediaciones del Lacus Ligustinus (Las Marismas, Bajo Guadalquivir)", en *Congreso Internacional Ex Baetica Amphorae: Conservas, aceite y vino de la Bética en el Imperio Romano (Écija-Sevilla, Diciembre 1998)*, Écija, pp. 419- 426.

CARRERAS MONFORT, C. y FUNARI, P. P. A. (1998): *Britannia y el Mediterráneo: estudios sobre el abastecimiento de aceite bético y africano en Britannia*, Col.lecció Instrumenta 5, Barcelona.

CARRETERO POBLETE, P. A. (2004): "Las producciones cerámicas del tipo Campamentos Numantinos y su origen en San Fernando (Cádiz): los hornos de Pery Junquera", en D. Bernal y L. Lagóstena (eds.): *Figlinae Baeticae. Talleres alfareros y producciones cerámicas en la Bética romana (ss. II a.C.-VII d.C.)*, BAR International Series 1266, pp. 427-439.

CARRETERO POBLETE, P. A. (2005): "Difusión de ánforas tipo "Tiñosa" en Algarve (Portugal) y la comercialización de productos agrícolas púnico-turdetanos entre los siglos V y III a.C.", *XELB* 5, pp. 305-316.

CARRETERO POBLETE, P. A. (2007): "Las villa agrícolas púnico-turdetanas de la campiña gaditana (Cádiz, España)", en J. L. López Castro (ed.): *Las ciudades fenicio-púnicas en el mediterráneo occidental, III Coloquio del CEFYP (Adra, Almería 2004)*, Almería, pp. 187-208.

CARRETERO P. A., GARCÍA, R. y FELIÚ, Mª D. (2004): "Ánforas tipo Tiñosa: Análisis de su caracterización químico-mineralógica y su perspectiva histórica", *Avances en Arqueometría 2003*, Cádiz, pp. 183-198.

CARRILERO MILLÁN, M. (2001): "El comercio ibérico del siglo VI al siglo III a.C.", en F. Wulff; G. Cruz y C. Martínez (eds.): *Comercio y comerciantes en la Historia Antigua de Málaga (Siglo VIII a.C. - año 711 d.C.)*, Málaga, pp. 277-297.

CARRILLO DÍAZ–PINÉS, J. R. (1995): "Testimonios sobre la producción de aceite en época romana en la Subbética Cordobesa", *Antiquitas* 6, pp. 53–91.

CARRILLO DÍAZ-PINÉS, J. R. (1998): "*Turres Baeticae*: una reflexión arqueológica", *Anales de Arqueología Cordobesa* 10, pp. 33-86.

CASTELLVI, G., COMPS, J.-P., KOTARBA, J., y PEZIN, A. (1997): *Voies romaines du Rhône à l'Èbre:* via Domitia et via Augusta, Documents d' Archéologie Française 61, Paris.

CASTRO LÓPEZ, M. (1998): *La Campiña de Jaén (siglos I-II dne). Construcción de un paisaje agrario*, Tesis doctoral inédita, Universidad de Jaén.

CASTRO LÓPEZ, M. y GUTIÉRREZ SOLER, L. (2001): "Conquest and Romanization of the valley of Guadalquivir", en S. Keay y N. Terrenato (eds.): *Italy and the West: comparative issues in romanization*, Oxford, pp. 145-160.

CELESTINO ESPINOSA, P. (1878): "Reseña de varios puentes construidos en España desde la antigüedad hasta principios del siglo XIX", *Revista de Obras Públicas*, pp. 189-190.

CERAMI, P. (2001): "*Exercitio Negotiationum*. Tipologia storico-giuridica della disciplina dei rapporti commerciali", en *Iuris vincula. Studi in onore di M. Talamanca*, vol. V, Napoli, pp. 149-168.

CERAMI, P. (2008): "Impresa e societas nei primi due secoli dell'impero", *Annali del Seminario Giuridico*,

52, pp. 75-132.

CERULLI IRELLI, G. (1977): "Officina di lucerne fittili a Pompei", en A. Carandini (ed.): *L'instrumentum domesticum di Ercolano e Pompei*, pp. 53-72.

CHAVES TRISTÁN, F. (2000): "¿La monetización de la Bética desde las colo- nias púnicas?", en Mª P. García-Bellido y L. Callegarin (coords.): *Los cartagineses y la monetización del Mediterráneo occidental*, Anejos de Archivo Español de Arqueología XXII, Madrid, pp. 113-126.

CHENET, G. y GAUDRON, G. (1955): *La cèramique sigillée d'Argonne des II et II siècles*, Supplément à Galia VI, Paris.

CHEVALLIER, R. (1998): "Problématique de suburbium. L'image de la ville vue de l'extérieur", en R. Bedon (ed.): *Suburbia: les faubourgs en Gaule romaine et dans le regions voisines*, Caesarodunum XXXII, Limoges, pp. 21-33.

CHIC GARCÍA, G. (1979-1980): "Lacca", *Habis* 10-11, pp. 255-276.

CHIC GARCÍA, G. (1981): "El estado y el transporte de las ánforas olearias béticas durante el Alto Imperio romano", *Gades* 7, pp. 27-36.

CHIC GARCÍA, G. (1988): *Epigrafía anfórica de la Bética II. Los rótulos pintados sobre ánforas olearias. Consideraciones sobre la annona*, Sevilla.

CHIC GARCÍA G. (1991): "Estrabón y la práctica de la amalgama en el marco de la minería sudhispánica: un texto mal conocido", en C. González Román (ed.): *La Bética en su problemática histórica*, Granada, pp. 7-30.

CHIC GARCÍA G. (1990): *La navegación por el Guadalquivir entre Córdoba y Sevilla en época romana*, Ecija.

CHIC GARCÍA G. (1994): *La Proyección Económica de la Bética en el Imperio Romano (Época Altoimperial)*, Sevilla.

CHIC GARCÍA G. (1995): "Un factor importante de la economía de la Bética: el aceite", Hispania Antiqua 19, pp. 95-128.

CHIC GARCÍA, G. (1997): Historia económica de la Bética en la época de Augusto, Sevilla.

CHIC GARCÍA, G. (2003): "Navegación fluvial por el Guadalquivir", en *El* Baetis-*Guadalquivir, puerta de Hispania. Actas del I Ciclo de Estudios sobre Sanlúcar de Barrameda*, Sanlúcar de Barrameda, pp. 39-88.

CHIC GARCÍA G. (2005): "El comercio de la Bética altoimperial", *Habis* 36, pp. 313-332.

CHIC GARCÍA, G. (2006): "Neuroeconomía: nuevas orientaciones en los estudio de Historia Económica", *Antigüedad y cristianismo* XXIII, pp. 953-963.

CHIC GARCÍA, G. (2008): "Una perspectiva de la economía en el sur de Hispania durante la República romana", en J. Uroz, J. M. Noguera y F. Coarelli (eds.): *Iberia e Italia. Modelos romanos de integración territorial. Actas del IV Congreso Hispano-Italiano Histórico-Arqueológico*, Murcia, pp. 325-352.

CHOCLÁN SABINA, C. (1984): *Cerámica iberorromana producida en los alfares de Los Villares de Andújar (Jaén). Campañas 1981-82*, Memoria de licenciatura inédita, Universidad de Granada.

CINCA MARTÍNEZ, J. L. (2000): "Elementos del alfar en el casco urbano de Calahorra, ¿un nuevo taller de producción de cerámica romana?, *Iberia* 3, pp 319-332.

CISNEROS CUNCHILLOS, M. (1988): *Mármoles hispanos: su empleo en la España romana*, Monografías Arqueológicas 29, Zaragoza.

CISNEROS CUNCHILLOS, M. (2007): "Mármoles de importación y mármoles de sustitución: su utilización en algunas ciudades hispanas", *Veleia* 14, pp. 195-204.

CODD, E. F. (1970): "A Relational Model of Data for Large Shared Data Banks", *Communications of the ACM 13* (6), pp. 377-387.

COLIN, X. (2000): "Commerçants itinérants et marchands sédentaires dans l'Occident romain", en E. Lo Cascio (ed.): *Mercati permanenti e mercati periodici nel mondo romano*, Capri, pp. 149-160.

COLL CONESA, J. (2000): "Aspectos de tecnología de producción de la cerámica ibérica", en *III Reunío sobre economía en el Món Ibéric*, Saguntum Extra 3, pp. 191- 209.

COLL CONESA, J. (2005): "Hornos y producción de cerá- mica romana en la Comunidad Valenciana", en J. Coll (coord): *Recientes investigaciones sobre producción cerámica en Hispania*, pp. 155-173.

COLL CONESA, J. (2008): "Hornos romanos en España. Aspectos de morfología y tecnología", en D. Bernal y A. Ribera (eds. científicos): *Cerámicas hispanorromanas. Un estado de la cuestión*, Cádiz, pp. 343-383.

COLLOMB, P. y MAGGETTI M. (1996): "Dissolution des phosphates presentes dans des ceramiques contaminees", *Revue d'Archeometrie* 20, pp. 69-75.

COLLS, D., ETIENNE, R., LEQUÉMENT, R., LIOU, B. y MAYET, F. (1977): *L'epave Port-Vendres II et le commerce de la Bétique à l'epoque de Claude*, Archaeonautica 1, Paris.

CONTRERAS CORTÉS, F., CARRIÓN MÉNDEZ, F. y JABALOY SÁNCHEZ, E. (1983): "Un horno de alfarero protohistórico en el Cerro de Los Infantes (Pinos Puente, Granada)", en *Actas del XVI Congreso Nacional de Arqueología (Murcia-Cartagena 1982)*, Zaragoza, pp. 533-537.

CONTRERAS CORTÉS, F. (1984): "Clasificación y tipología en Arqueología. El camino hacia la cuantificación", *Cuadernos de Prehistoria de la Universidad de Granada* 9, pp. 327-385.

CONTRERAS CORTÉS, F. (coord.) (2000): *Proyecto Peñalosa. Análisis Histórico de las Comunidades de la Edad del Bronce del Piedemonte Meridional de Sierra Morena y Depresión Linares-Bailén*, Monografías. Arqueología 10, Sevilla.

CONTRERAS, F., NOCETE, F., y SÁNCHEZ, M. (1987): "Análisis histórico de las comunidades de la Edad del Bronce de la Depresión Linares-Bailén y estribaciones meridionales de Sierra Morena. Sondeo estratigráfico en el Cerro de Plaza de Armas de Sevilleja (Espeluy, Jaén)", *Anuario Arqueológico de Andalucía* 1985, t. II, pp. 141-149.

CORCHADO SORIANO, M. (1963): "Pasos naturales y antiguos caminos entre Jaén y La Mancha", *Boletín del Instituto de Estudios Giennenses* 38, pp. 9-41.

CORCHADO SORIANO, M. (1981): "Caminos recorridos por Santa Teresa de Jesús y San Juan de la Cruz en La Mancha", *Cuadernos de Estudios Manchegos* 2, pp. 145-156.

CORTIJO CEREZO, Mª L. (1990-1991): "La política territorial julio-claudia y flavia en la Bética", *Memorias de Historia Antigua* XI-XII, pp. 249-293.

CORTIJO CEREZO, Mª L. (2005): "Referencias al bosque en las campañas militares de la Hispania romana", *Hispania Antiqua* 29, pp. 43-60.

CORVISIER, J.N.(2000): *La population de l'Antiqué Classique*, Paris.

CORZO SÁNCHEZ, R. (1975): "La Segunda Guerra Púnica en la Bética", *Habis* 6, pp. 213-240.

CORZO SÁNCHEZ, R. y TOSCANOS SAN GIL, M. (1992): *Las vías romanas de Andalucía*, Sevilla.

COSTA RIBAS, B. (1994): "Ebesos, colonia de los cartagineses. Algunas consideraciones sobre la formación de la sociedad púnico-ebusitana", en *Cartago, Gadir, Ebusus y la influencia púnica en los territorios hispanos, VIII Jornadas de Arqueología fenicio-púnica (Ibiza 1993)*, Ibiza, pp. 75-143.

COSTIN, C. L. (2000): "The Use of Ethnoarchaeology for the Archaeological Study of Ceramic Production", *Journal of Archaelogical Method and Theory* 7 (4), pp. 377-403.

COULON, G. (2007): *Les Voies romaines en Gaule*, Paris.

COUTINHO, H. (1997): *Terra sigillata clara do Montinho das Laranjeiras (1990 e 1991)*, Alcoutim.

CRACOLICI, V. (2003): *I sostegni di fornace dal kerameikos di Metaponto*, Beni Archeologici, Conoscenza e Tecnologie 3, Bari.

CRUZ UTRERA, J. (1990): *Arqueología de Andújar*, Torredonjimeno.

CUADRADO, E. (1956): "La diosa de los caballos", en *IV Congreso Internacional de Ciencias Prehistóricas y Protohistóricas* (Madrid, 1954), Zaragoza, pp. 797-810.

CUOMO DI CAPRIO, N. (2007): *Ceramica in archeologia 2: Antiche tecniche di lavorazione e moderni metodi di indigine*, Roma.

DARK, K. (2001): "Proto-industrialization and the Economy of the Roman Empire", M. Polfer (dir.): *L'artisanat romain: évolutions, continuités et ruptures (Italie et provinces occidentales)*, Monographies Instrumentum 20, pp. 19-29.

DAURA JORBA, A. (1988): "La cerámica sigillata alto imperial en Ceuta", en *Actas del Congreso Internacional "El Estrecho de Gibraltar"* , Madrid, pp. 953-976.

DE FRUTOS REYES, G. y MUÑOZ VICENTE, A. (1994): "Hornos púnicos de Torre Alta (San Fernando, Cádiz)", en J. Campos Carrasco, J. A. Pérez Macías y F. Gómez Toscano, F. (eds.): *Arqueología en el entorno del Bajo Guadiana. Encuentro de Arqueología del Suroeste (Huelva, Marzo 1993)*, Huelva-Niebla, pp. 396-398.

DE LIGT, L. (1993): *Fairs and Markets in the Roman Empire*, Amsterdam.

DE SALVO, L. (1992): *Economia privata e pubblici servizi nell'impero romano. I corpora naviculariorum*, Kleio 5, Messina.

DELL'AGLIO, A. (1996): "Taranto", en *Arte e artigianato*, pp. 27-34.

DELCROIX, G., y HUOT, J.-L. (1972): "Les fours dits 'de potier' dans l'Orient ancien", *Syria* 49, pp. 1-2, 1972.

DEMAN, A. (1987): "Reflexions sur la navegation fluviale dans l'antiquité romaine", *Histoire économique de l'Antiqueté,* Louvain-la-neuve, pp. 81-83.

DESBAT, A. y SCHMID, A. (2003): "Techniques et méthodes d'etude", *La Cerámique: la potiere du Néolithique aux Temps modernes*, Paris, pp. 7-84

DESJARDINS, E. (1885): *Géographie historique et administrative de la Gaule romaine. III, Organisation de la conquête: la province – la cité*, Paris.

DI PORTO, A. (1997): "Il diritto commerciale romano. Una «zona d'ombra» nella storiografia romanistica e nelle riflessioni storico-comparative dei commercialisti", en *Nozione, formazione, e interpretazione del diritto dall'età romana alle esperienze moderne. Ricerche dedicate al professor Filippo Gallo*, vol. III, Napoli, pp. 413-452.

DIAS, L.F. (1995-1997): "Terra sigillata da villa romana de Povos (Villa Franca de Xira). Estudio preliminar". *Cira 7*, pp. 13-24.

DOMERGUE, C. (1972): "Rapports entre le zone miniére de la Sierra Morena et le plaine agricole du Guadalquivir a l'époque romaine. Notes et hypothése", *Mélanges de la Casa de Velázquez* VIII, Madrid, pp. 614-622.

DOMERGUE, C. (1990): *Les mines de la Péninsule Ibérique dans L'Antiquité Romaine*, Collection de L'École Française de Rome 127, Paris.

DRAE = Real Academia Española (2001): *Diccionario de la lengua española, 22ª edición*, Madrid.

DUHAMEL, P. (1978-1979): "Morphologie et evolution des fours céramiques en Europe Occidental", *Protohistoire, monde celtique et Gaule romaine, Internationales Symposion*, pp. 49-76.

DUMA, G. (1972): "Phosphate content of ancient pots as indication of use" *Current Anthropology* 13, pp.127-130.

DUNCAN-JONES, R. (1974): *The Economy of the Roman Empire: quantitative studies,* Cambridge.

DUVAL, P.-M. (1956): "Composition et nature des graffites de la Graufesenque", *Études Celtiques* VII, 2, pp. 251-268.

ECHALLIER, J.C. y MONTAGU, J. (1985): "Données quantitatives sur la préparation et la cuisson en four à bois de reconstitutions acfuelles de poteries grecques et romaines", *Documents d'Archéologie Méridionale* 8, pp. 141- 145.

ELORZA y GUINEA,J. C. (1970): "Un posible centro de culto a Epona en la provincia de Álava". Estudios de arqueología alavesa. Alava (Spain).

ELVIRA, L. M. y HERNANDO, C. (1989): *Inflamabilidad y energía de las especies de sotobosque*, Instituto Nacional de Investigaciones Agrarias, Madrid.

ESLAVA GALÁN, J. y CÓRCOLES DE LA VEGA, J. V. (1980): "Las fortificaciones medievales de Andújar". *Boletín del Instituto de Estudios Giennenses* 102, pp. 9-40.

ÉTINNE, R., MAKASOUN, Y. y MAYET, F. (1994): *Un grand complexe industriel a Tróia (Portugal)*, Diffusion E. de Broccard, Paris.

EUSKIRCHEN, M. (1993): "Epona", *Bericht der Römisch-Germanischen Kommission Deutsches Archäologisches Institut* 74, pp. 607-838.

FERNÁNDEZ CASADO, C. (1980): *Historia del puente en España. Puentes romanos*, Madrid.

FERNÁNDEZ GARCÍA, Mª I. (1986): "Repertorio temático de la terra sigillata hispánica decorada de Los Villares de Andújar (Jaén)", *Cuadernos de Prehistoria de la Universidad de Granada* 11, pp. 355-390.

FERNÁNDEZ GARCÍA, Mª I. (1984): "Cuencos decorados en T.S.H. dentro de la producción inicial de Andújar: las formas decoradas hemisféricas", *Cuadernos de Prehistoria de la Universidad de Granada* 9, pp. 261-284.

FERNÁNDEZ GARCÍA, Mª I. (1987): "Las primeras generaciones de alfareros del centro de producción de los Villares de Andújar (Jaén)", en *Jornades Internacionals d'Arqueologia Romana (Granollers, 1987)*, Granollers, pp. 482-488.

FERNÁNDEZ GARCÍA, Mª I. (1987): "Algunas observaciones sobre la segunda generación de alfareros de Andújar", en *Societe Française d'Etude de la Céramique Antique en Gaule (Congrés de Caén, 1987)*, Marseille, pp. 131-133.

FERNÁNDEZ GARCÍA, Mª I. (1988): "Estudio de algunos fragmentos decorados pocedentes del centro de producción de T.S.H. de los Villares de Andújar (Jáen) documentados en el solar ceutí", en *Actas del Congreso Internacional "El Estrecho de Gibraltar"*, Madrid, pp. 953-976.

FERNÁNDEZ GARCÍA, Mª I. (1998): "Características de la sigillata fabricada en Andújar", en Fernández García, Mª I (ed.): *Terra Sigillata Hispánica: estado actual de la investigación,* Universidad Jaén, pp. 49-104.

FERNÁNDEZ GARCÍA, Mª I. (1999): *Breve introducción al estudio de la terra sigillata,* Andújar.

FERNÁNDEZ GARCÍA, Mª I. (2012): "Las probinas de los alfares isturgitanos: ¿un posible modelo de control productivo inicial?", en D. Bernal y A. Ribera (eds.): *Cerámicas Hispanorromanas II. Producciones regionales*, Cádiz, pp. 49-61.

FERNÁNDEZ GARCÍA, Mª I. y GUERRERO LEÓN, G. (1994): "Cerámicas romanas del Museo Arqueológico y etnográfico de los Vélez profesor Guirao: las producciones de terra sigillata", en *Arqueologia en la comarca de los Vélez (Almería): homenaje al profesor Miguel Guirao Gea,* Revista Velezana (Vélez Rubio): Instituto de Estudios Almerienses, pp. 145- 167.

FERNÁNDEZ GARCÍA, Mª I. y MORALES DE LA CRUZ, M. (2007): "Hacia una estructuración de la producción en el complejo alfarero de Los Villares de Andújar (Jaén). Nuevos datos aportados por las probinas", *Cvdas* 5-6, pp. 45-64.

FERNÁNDEZ GARCÍA, Mª I., RUIZ MONTES, P. y PEINADO ESPINOSA, Mª V. (2008): "El proyecto Isturgi: reformularse o morir", *Boletín del Instituto de Estudios Giennenses* 198, pp. 173-188.

FERNÁNDEZ OCHOA, C. (ed.) (2003): *Gijón, puerto romano. Navegación y comercio en el Cantábrico durante la Antigüedad,* Gijón.

FERNÁNDEZ OCHOA, C. y MORILLO, A. (1994a): *De Brigantium a Oiasso. Una aproximación al estudio de los enclaves marítimos cantábricos en época romana,* Madrid.

FERNÁNDEZ OCHOA, C. y MORILLO, A. (1994b): "La ruta marítima del Cantábrico en época romana", *Zephyrus* XLVI, pp. 225-231.

FERNÁNDEZ OCHOA, C., ZARZALEJOS PRIETO, M., HEVIA GÓMEZ, P. y ESTEBAN BORRAJO, G. (1994): *Sisapo I. Excavaciones arqueológicas en La Bienvenida, Almodóvar del Campo, Ciudad Real,* Serie Patrimonio Histórico- Arqueológico de Castilla-La Mancha 10, Toledo.

FERREIRA, O da v. y FREIRE D'ANDRADE, R. (1964): "Algumas marcas de oleiro em terra sigillata de vipasca (Aljustrel)", *Revista de Guimarães* 74. pp. 317- 322.

FEUVRIER-PREVOTAT, C. (1981): *"Negotiator* et *Mercator* dans le discours cicéronien: essai de définition", *Dialogues d'Histoire Ancienne* 7, pp. 367-405.

FICHES, J. L., GUY, M. y PONCIN, L. (1978): "Un lot de vases sigillés des premières années du règne de Néron dans l'un des ports de Narbonne", *Archeonautica* 2, pp. 185-220.

FINLEY, M. I. (1973): *The Ancient economy*, New York-London.

FLÓREZ, H. (1776): *España Sagrada Teatro Geographico- Historico de la Iglesia de España. Origen, Divisiones y Limites de todas sus Provincias. Antigüedad. Traslaciones, y estado antiguo, y presente de sus Sillas, en todos los Dominios de España y Portugal, con varias Disertaciones criticas. Tomo XII. De las Iglesias Sufraganeas Antiguas de Sevilla: Egabro, Elepia, Eliberi, Italica, Malaga, Tucci,* Madrid.

FONSECA, C. P. (2004): "A terra sigillata do fundeadouro de Tróia", *Revista Portuguesa de Arqueologia* 7.1, pp. 421-449.

FONT TULLOT, I. (1988): *Historia del clima de España. Cambios climáticos y sus causas*, Madrid.

FORNELL MUÑOZ, A. (1997): "La navegabilidad en el curso alto del Guadalquivir en época romana", *Florentia Illiberritana* 8, pp. 125-147.

FORNELL MUÑOZ, A. (2007): "El olivo y la producción de aceite en las *uillae* de la Bética", en *I Congreso de la Cultura del Olivo*, Jaén, pp. 101-120.

FRAYN, J. (1993): *Markets and Fairs in Roman Italy. Their Social and Economic Importance from the Second Century BC to the Third Century AD*, Oxford.

GABALDÓN MARTÍNEZ, Mª M. (2003): "El caballo en el mundo celta. Significado y simbolismo de los équidos entre los pueblos galos", F. Quesada y M. Zamora (eds.): *El caballo en la Antigua Iberia. Estudio sobre los équidos en la Edad del Hierro*, Real Academia de la Historia, Madrid, pp. 219-240.

GABALDÓN MARTÍNEZ, Mª M. (2005): "Ponis, santuarios y guerreros: la dimensión ritual del caballo en el mundo galo", *Gladius* XXV, pp. 265- 282.

GAGGIOTTI, M. (2006): "Scoppieto. Caratteri del territorio", en S. Menchelli y M. Pasquinucci (a cura di): *Territorio e produzioni ceramiche: paesaggi economia e società in età romana*, Pisa, pp. 91-105.

GAGO VIDAL, Mª H., CLAVAÍN GONZÁLEZ, I., MUÑOZ VICENTE, A., PERDIGONES MORENO, L. y DE FRUTOS REYES, G. (2000): "El complejo industrial de salazones gaditano de Camposoto, San Fernando (Cádiz): estudio preliminar", *Habis* 31, pp. 37-61.

GAMBI, L. (1973): *Una geografia per la storia*, Torino.

GARCÍA HERAS, M. (1998): *Caracterización arqueométrica de la producción cerámica numantina*, BAR International Series 692, Oxford.

GARCÍA GELABERT, Mª. P. (1996): "El carro como transporte en mosaicos y otras figuras plásticas de Roma y sus provincias en el ámbito mediterráneo", *L'Africa romana. Atti dell'XI convegno di studio (Cartagine, 1994)*, Sassari pp. 529- 554.

GARCÍA JIMÉNEZ, R., BERNAL CASASOLA, D. y MORILLO CERDÁN, A. (1999): "Consideraciones sobre los centros productores de lucernas tipo Andújar: análisis arqueométrico de materiales procedentes de los Villares de Andújar (Jaen) y de la Submeseta Norte", *Arqueología y Arqueometría. Segunda Reunión de Arqueometría. Primer Congreso Nacional (1995)*, Granada, pp. 187-196.

GARCÍA MARTÍNEZ, M. S. (2009): Recursos forestales en un medio semiárido. Nuevos datos antracológicos para la Región de Murcia desde la Edad del Bronce hasta época medieval, Tesis doctoral inédita, Universidad de Murcia.

GARCÍA MARTÍNEZ, M. S. y RAMÍREZ, J. A. (2010): "La madera como combustible artesanal en el Sureste de la Península Ibérica (Jumilla, Murcia) durante los siglos XII-XIII", *Arqueología y Territorio Medieval* 17, pp. 47-69.

GARCÍA ROMERO, J. (2002): *Minería y Metalurgia en la Córdoba romana*, Universidad de Córdoba.

GARCÍA BROSA, G. (1999): "Mercatores y negotiatores: ¿simples comerciantes?", *Pyrenae* 30, pp. 173-190.

GARCÍA VARGAS, E. (1996): "La producción anfórica en la bahía de Cádiz durante la República como índice de romanización", *Habis* 27, pp. 49-62.

GARCÍA VARGAS, E. (1997): *Producción y comercio de salazones y salsas saladas de pescado en la Bahía de Cádiz en época romana*, Tesis doctoral inédita, Universidad de Sevilla.

GARCÍA VARGAS, E. (2003): "La pesca de especies pelágicas en la antigua Bética", en *Actas del Tercer Congreso de Historia de Andalucía (Córdoba, abril de 2001)*, Córdoba, pp. 473-489.

GARCÍA VARGAS, E. (2004): "El vino de la Bética altoimperial y las ánforas. A propósito de algunas novedades epigráficas", *Gallaecia* 23, pp. 117-134.

GARCÍA VARGAS, E. y MARTÍNEZ MAGANTO, J. (2006): "La sal de la Bética romana. Algunas notas sobre su producción y comercio", *Habis* 37, pp. 253-274.

GARCÍA VARGAS, E. y MARTÍNEZ MAGANTO, J. (2009): "Fuentes de riqueza y promoción social de los negotiantes salsarii béticos durante el Alto Imperio romano. Una aproximación diacrónica", *Archivo Español de Arqueología* 82, pp. 133-152.

GARCÍA Y BELLIDO, A. (1968): España y los españoles hace dos mil años según la Geografía de Estrabón, Madrid.

GARROTE SAYÓ, E. (1996): "L´oli bètic de la *Gallia Narbonensis* a tres departaments de l´estat francés: als Pyrenées-Orientales, a l´Aude i a l´Hérault", *Pyrenae* 27, pp. 193-213.

GASPERINI, L. (2008): "El Tesoro de Vicarello: Un gran descubrimiento arqueológico del siglo XIX", *Gerión* 26-2, pp. 91-102.

GAYRAUD, M. (1981): *Narbonne antique: des origines à la fin du IIIè siècle*, Revue Archéologique du Narbonnaise, sup. 8, Paris.

GOZALBES CRAVIOTO, E. (1994): "Moneda y proyección económica: la difusión de las monedas de cecas hispano-romanas en el Norte de África", *Numisma* 234, pp. 142-156.

GOZALBES CRAVIOTO, E. (2000a): "El documento del comercio hispano- africano: las monedas de cecas mauritanas aparecidas en Hispánica", M. Lázaro Durán, J. L. Gómez Barceló y B. Rodríguez López (coords.): *Homenaje al profesor Carlos Posac Mon*, Ceuta, pp. 207- 228.

GOZALBES CRAVIOTO, E. (2000b): "Vías de comunicación entre Hispania y el Norte de África en época romana", en V. Oliveira Jorge (coord.): *III Congresso do Arqueologia Peninsular*, vol. 6, pp. 253-266.

GOZALBES CRAVIOTO, E. (2000c): "La navegación en Tarifa en época romana", *Revista de estudios tarifeños* 39, pp. 4-9.

GOZALBES CRAVIOTO, E. (2007): "Demografía de la Hispania romana tres décadas después", *Historia Antigua* 31, pp. 181-208.

GÓMEZ FERNÁNDEZ, A. (2011): "La reconstrucción de un ambiente doméstico romano en el Alto Guadalquivir: informatización y cuantificación de la decoración parietal pintada de Los Villares de Andújar", *Arqueología y Territorio* 8, pp. 157-171.

GÓMEZ-HERRERO, A., URONES-GARROTE, E., LÓPEZ, A. J. y OTERO-DÍAZ, L. C. (2008): "Electron microscopy study of Hispanic Terra Sigillata", *Applied Physics A. Materials Science y Processing*, 92, pp. 97-102.

GONZÁLEZ BLANCO, A. (1997): "El alfar romano de La Maja (Pradejón-Calahorra, La Rioja). Historia de la investigación", *Kalakorikos* 2, pp. 9-21.

GONZÁLEZ BLANCO, A. (1998): "Más bibliografía sobre el alfar de La Maja", *Kalakorikos* 3, pp. 271-280.

GONZÁLEZ BLANCO, A. BERMÚDEZ MEDEL, A., JUAN TOVAR L. C., LUEZAS PASCUAL, R. A. y PASCUAL GONZÁLEZ, H. (1989): "El alfar romano de La Maja (Pradejón-Calahorra)", *Estrato* 1, pp. 50-55.

GONZÁLEZ BLANCO, A., FERNÁNDEZ MATALLANA, F., GALLARDO CARRILLO, J., CELDRÁN INIESTA, A., MOLINA GÓMEZ, J. A., NI-

COLÁS PÉREZ, E., CRESPO ROS, M. S., CINCA MARTÍNEZ, J. L. e IMBERNÓN PEREA, C. (1996): "El alfar romano de La Maja. Dimensiones insospechadas. Campaña de julio de 1995", *Estrato* 7, pp. 49-64.

GONZÁLEZ BLANCO, A., PÉREZ BONET, M. A., GALLARDO CARRILLO, J., CELDRÁN INIESTA, A., MOLINA GÓMEZ, J. A., NICOLÁS HERNÁNDEZ, E., CRESPO ROS, M. S., CARRILLO MARTÍNEZ, F., ESCRIBANO PARDO, E. J., FERNÁNDEZ MATALLANA, F., VICENTE SÁNCHEZ, J. J. y VÍLCHEZ SILVA, V. (1997): "Pradejón-Calahorra. El alfar romano de La Maja. Informe de la campaña de 1996. Prosigue la reconstrucción de la oficina de G. Valerio Verdullo", *Estrato* 8, pp. 23-33.

GONZÁLEZ BLANCO, A. y AMANTE SÁNCHEZ, M. (1992): "El alfar de La Maja (Pradejón-Calahorra, La Rioja) y su importancia para la epigrafía romana y calagurritana", *Estrato* 4, pp. 47-54.

GOSSELAIN, O. P. y LIVINGSTONE SMITH, A. (2005): "The source clay selection and processing practices in sub-saharian Africa", en A. Livingstone Smith, D. Bosquet y R. Martineau (eds.): *Pottery Manufacturing Processes: Reconstitution and Interpretation*, BAR International Series 1349, Oxford, pp. 33-47.

GOUDINEAU, Ch. (1974): "La céramique dans l'économie de la Gaule", *Dossiers de L'Archéologie* 6, pp. 103-109.

GRACIA ALONSO, F. (1995): "Comercio del vino y estructuras de intercambio en el NE. de la Península Ibérica y Languedoc-Rosellón entre los siglos VII-V a.C.", en S. Celestino (ed.): *Los orígenes del vino en Occidente*, Jerez de la Frontera, pp. 297-33.

GREEN, M. (1997): "The Symbolic Horse in Pagan Celtic Europe: An Archaeological Perspective", S. Davies y N. A. Jones (eds.): *The Horse in Celtic Europe. Medieval Welsh Perpespetives*, Cardiff, pp. 1-22.

GREEN, K. (1986): *The Archaeology of the Roman Economy*, Londres.

GURT i ESPARRAGUERA, J. M. y MARTÍNEZ FERRERAS, V. (2008): "Aportaciones de la arqueometría al conocimiento de las cerámicas arqueológicas. Un ejemplo hispano", en D. Bernal Casasola y A. Ribera i Lacomba (eds.): *Cerámicas hispanorromanas. Un estado de la cuestión*, Cádiz, pp. 787-806.

HARRIS, W. V. (1980): "Towards a study of the roman slave trade", *Memoirs of the American Academy at Rome* 36, pp. 117-118.

HARRIS, W. V. (1993): "Between archaic and modern: some current problems in the history of the roman economy", en W. V. Harris (ed.): *The inscribed economy. Production and distribution in the Roman empire in the light of* instrumentum domesticum, Journal of Roman Archaeology sup. 6, Ann Arbor, pp. 11-29.

HASSALL, M. (1978): "Britain and the Rhine Provinces: epigraphic evidence for Roman trade", en J. du Plat Taylor y H. Cleere (eds.): *Roman Shipping and Trade: Britain and the Rhine Provinces*, CBA Research Reports 24, London, pp. 41-48.

HAYES, (1982): "Sigillata Oriental A (Eastern Sigillata A)", en *Atlante delle forme ceramiche II, ceramica fine romana nel bacino Mediterraneo (tardo ellenismo e primo impero)*, Enciclopedia dell'Arte Antico, Classico e Orientale , supplemento I, Roma, pp. 9-47.

HEIN, A., TSOLAKIDOU, A., ILIOPOULOS, I., MOMMSEN, H., BUXEDA I GARRIGÓS, J., MONTANA, G., KILIKOGLOU, V. (2002): "Standardisation of elemental analylitical techniques applied to provenance studies of archaeological ceramics: an inter laboratory calibration study", *Analyst* 127, pp. 123-148.

HEIN, A., DAY, P. M., CAU ONTIVEROS, M. A. y KILIKOGLOU, V. (2004): "Red clays from Central and Eastern Crete: Geochemical and mineralogical properties in view of provenance studies on ancient ceramics", *Applied Clay Science* 24, pp. 245-255.

HERMET, F. (1923): *Les graffites de la Graufesenque près Millau (Aveyron)*, Rodez.

HERNANDO GONZALO, A. (1995): "La Etnoarqueología hoy: una vía eficaz de aproximación al pasado", *Trabajos de Prehistoria* 52 (2), pp. 15-30.

HIGUERAS ARNAL, A. (1961): *El Alto Guadalquivir: estudio geográfico*, Zaragoza.

HODDER, I. (1974) "The distribution of two types of Romano-British coarse pottery in the West Sussex region", *Sussex Archaeological Collections* 112, pp. 86-96.

HOHLFELDER, R. L. (1976): "The Ports of Roman Baetica: A Preliminary Reconnaissance", *Journal of Field Archaeology*, vol.3, pp. 466- 468.

HUBERT, H. (1950): "d'Epona de Le mythe", en J.Vendryes (ed.): *À M. de los offerts de los linguistiques de Mélanges*, pp. 187-198.

HULL, M. R. (1958): *Roman Colchester*, Soc. Antiq. Res. Reps. XX, Oxford.

IGME (2009-2010): *Panorama Minero 2008*, Madrid.

JIMÉNEZ COBO, M. (1993): "La vía Cástulo-Saetabis", *Caminería hispana: actas del I Congreso Internacional de Caminería Hispánica*, vol. 1, pp. 133-140.

JIMÉNEZ DÍEZ, A. (2008): Imagines hibridae. *Una aproximación postcolonialista al estudio de las necrópolis de la Bética*, Anejos de AEspA XLIII, Madrid.

JUAN TOVAR, L. C. (1983): "Elementos de alfar de sigillata hispánica en Talavera de la Reina (Toledo)". *Boletín del Museo Arqueológico Nacional*, Tomo I, 2, Madrid, pp 165-175.

JUAN TOVAR, L. C. (1985): "Los alfares de cerámica sigillata en la Península Ibérica. II)", *Revista de Arqueología* 45, pp 32- 45.

JUAN TOVAR, L. C. (1990): "Alfares y vías de comunicación en la Hispania Romana. Acercamiento a una relación", en Mª A. Magallón Botaya (coord.): *Simposio sobre la red viária en la Hispania romana*, Zaragoza, pp. 293-299.

JUHÁSZ, G. (1936): "A Lezouxi terrasigillata gyárak Aquincumi lerakata", *Archaeologiai Ertesítö* 49, pp. 33-48.

KEAY, S., y ROMO, A. (2000): "The Ceramics: A Summary", en S. Keay, J. Creighton y J. Remesal (eds.): *Celti. Peñaflor. The archaeology of a hispano-roman town in Baetica, University of Southampton Department of Archaeology Monograph* 2, Oxford, pp. 88-97.

KENRICK, P. M. (1997): "The inside story", en *Rei Cretariae Romanae Fautores Actas* 35, pp. 179- 190.

KLEIN, S., RICO, C., LAHAYE, Y., VON KAENEL, H.-M., DOMERGUE, C. y BREY, G. P. (2007): "Copper lingots from the western Mediterranean sea: chemical characterisation and provenance studies through lead- and copper isotope analyses", *Journal of Roman Archaeology* 20, pp. 202-222.

KÖNIG, I. (1970): *Die Meilensteine der Gallia Narbonensis. Studien zum Strassenwesen der Provincia Narbonensis. ltinera Romana. Beiträge zur Strassengeschichte des römischen Reiches*, vol. 3, Berna.

LACORT NAVARRO, P. (1985): "Cereales en Hispania Ulterior: silos de época ibero-romana en la campiña de Córdoba", *Habis* 16, pp. 361-365.

LAGÓSTENA BARRIOS, L. (2001): *La producción de salsas y conservas de pescado en la Hispania Romana (II a.C.-VI d.C.)*, Col.lecció Instrumenta 11, Barcelona.

LAGÓSTENA BARRIOS, L. (2002-2003): "Aportación al conocimiento de la sociedad de la costa de la Ulterior en época republicana y Julio-Claudia. El registro δ en los *tituli picti* de las ánforas salsarias de Castra Praetoria» *Lucentum* XXI-XXII, pp. 227-236.

LAGÓSTENA BARRIOS, L. (2005): "Pesquerías en la Hispania Altoimperial. Reflexiones y perspectivas para su estudio", en J. Molina, M.J. Fernández (eds.): *III Congreso Internacional de Estudios Históricos. El Mediterráneo: la cultura del mar y de la sal*, Santa Pola, pp. 77-88.

LAGÓSTENA BARRIOS, L. (2007): "Explotación de la sal en la costa meridional hispánica en la antigüedad romana. Aportación al estado de la cuestión", en N. Morère Molinero (coord): *Las salinas y la sal de interior en la historia: economía, medio ambiente y sociedad*, vol. 1, pp. 301-324.

LAGÓSTENA BARRIOS, L. (2007) "Sobre la elaboración del *garum* y otros productos piscícolas en las costas béticas", *Mainake* XXIX, pp. 273-289.

LAGÓSTENA BARRIOS, L. y MATA ALMONTE, E. (2007): "Oleicultura romana en la cuenca del Guadalete. La almazara de Fuente Grande, Alcalá del Valle", en *I Congreso de Cultura del Olivo*, Jaén, pp. 157-176.

LAMBRECHTS, P. (1950): "Épone et les Matres", *L'Antiquité classique* 19. pp. 103-112.

LAME, M. y MAZIMANN, J.-P. (1993): " L'atelier de potiers du Champs-des-Isles à Mathay (Doubs) et sa production", *Revue archéologique de l'Est et du Centre-Est* 44, pp. 429-469

LAPUENTE, P., CISNEROS, M., y ORTIGA, M. (1988): "Contribución a la identificación de mármoles españoles empleados en la Antigüedad. Estudio histórico y petrológico", *Noticiario Arqueológico Hispánico* 30, pp. 257-274.

LAUBENHEIMER-LEENHARDT, F. (1973): *Recherches sur les lingots de cuivre et de plomb d'époque romaine dans les régions de Languedoc-Rousillon et de Provence-Corse*, Revue Archéologique de Narbonnaise sup. 3, Paris.

LAUBENHEIMER, F. (1990): *Sallès d'Aude. Un complexe de potiers gallo -romain. Le quartier artisanal*, Paris.

LAURENCE, R. (1998): "Land transport in Roman Italy: costs, practice and the economy", *Trade, traders and the Ancient City*, Londres- Nueva York, pp. 129-148.

LEAL LINARES, P. (2005): *La Bética bajo Claudio. Una perspectiva económica*, Écija.

LÉQUEMENT, R. y MASSY, J.-L. (1980): "Importation à Soissons (Aisne) d'olives au defrutum en provenance de Bétique", *Cahiers archéologiques de Picardie* 7, pp. 263-266.

LÉVI-PROVENÇAL, E. (1938): *La Péninsule Ibérique au Moyen-Âge d'aprés le Kitab al- Rawd al-mitar*, Leiden

LINDUFF, K. (1979) "Epona: a Celt among the Romans", *Collection Latomus* 38, pp. 817-837.

LOPES, C. (1994): *A Sigillata de Represas. Tratamiento informático*, Coimbra.

LÓPEZ DE AYALA, P. (1779-1780): *Crónica de los Reyes de Castilla, Madrid.*

LOPEZ RUIZ, A. (1984): "Andalucía en la obra de Quevedo", Boletín del Instituto de Estudios Almerienses 4, pp. 89-100.

LÓPEZ GETA, J. A., RUBIO CAMPOS, J. C. y GONZÁLEZ RAMÓN, A. (1997): *Atlas Hidrogeológico de la provincia de Jaén*, Jaén.

LÓPEZ, A.J., NICOLÁS, G., MATEO, M-P., PIÑON, V., TOBAR, M.J., RAAMIL, A. (2005): "Compositional analysis of Hispanic Terra Sigillata by laser-induced breakdown spectroscopy", *Spectrochimica Acta Part B: Atomic Spectroscopy*, Volume 60, Issue 7-8, pp. 1149-1154

LUTZ, M. (1959): "L' officine de cèramique gallo-romaine de Mittelbronn (Moselle)", Gallia XVII, fasc. 1, Paris, pp. 106.

MACKINTOSH, M. (1995): *The Divine Rider in the Art of the Western Roman Empire,* BAR International Series 607, Oxford.

MACMULLEN, R. (1970): "Market-Days in the Roman Empire", *Phoenix* XXIV, 4, pp. 333-341.

MADUBANSI, M. y SHACKLETON, C. M. (2007): "Changes in fuelwood use and selection following electrification in the Bushbuckridge lowveld, South Africa", *Journal of Environmental Management* 83, pp. 416- 426.

MAGGETTI, M. (1981): "Composition of Roman Pottery from Lousonna (Switzerland)", en M. J. Hughes (ed.): *Scientific Studies in Ancient Ceramics*, British Museum, Occasional Paper 19, London, pp. 33-49.

MAGNEN, R. y THÉVENOT, E. (1953): *Épona, déesse Gauloise des chevaux protectrice des cavaliers*, Bordeaux, Delmas.

MANIATIS, Y., y TITE, M. S. (1978-1979): "Examination of Roman and Medieval Pottery using the Scanning Electron Microscope", *Acta Praehistorica et Archaeologica* 9/10, pp. 125-130.

MANNONI, T. y GIANNICHEDDA, E. (2004): *Arqueología de la producción*, Barcelona.

MARCOS GARCÍA, M. A. (1990): "La ruta comercial cantábrica en el Imperio romano", en T. Hackens y M. Miró (eds.): *Le commerce maritime romain en Méditerranée occidentale*, PACT 27, Strasbourg, pp. 129-146.

MARCOS SIMON, F. (1994): "La religiosidad en la Céltica hispana", en M. Almagro Gorbea (coord.): *Los celtas: Hispania y Europa,* Madrid, pp. 477-512.

MARICHAL, R. (1974): "Nouveaux graffites de la Graufesenque IV", *Revue des Etudes Anciennes* LXXVI, 3-4, pp. 266-292.

MARICHAL, R. (1988): *Les graffites de La Graufesenque*, Gallia sup. 47, Paris.

MARÍN, N. y PRIETO, A. (1987): "Observaciones sobre la forma de producción y circulación del vino de la provincia romana de la Bética", en *El vi a l'antiguitat. Economia, producció i comerç al Mediterrani Occidental. I Col·loqui d'Arqueologia romana*, Badalona, pp. 369-375.

MARCO SIMÓN, F. (1994): "La religión indígena en la Hispania indoeuropea", en AA.VV.: *Historia de las religiones de la Europa Antigua*, Madrid, pp. 313-400.

MARCOS GARCÍA, M. A. (1990): "La ruta comercial cantábrica en el Imperio romano", en T. Hackens y M. Miró (eds.): *Le commerce maritime romain en Méditerranée occidentale*, PACT 27, Strasbourg, pp. 129-146.

MARRI, F. (2010): *L'importazione delle sigillate in Mauretania Tingitana: i materiali di Thamusida e le rotte mediterranee*, Tesi di dottorato inedita, Università di Siena.

MÁRQUEZ VILLORA, J. C. y MOLINA VIDAL, J. (2001): *El comercio en el territorio de Ilici. Epigrafía, importación de alimentos y relación con mercados mediterráneos*, Salamanca.

MARTIN, Th. (1996): *Céramiques sigillées et potiers galloromain de Montans*, Montans.

MARTIN, Th. (2002): "Un vase en terre sigillée hispanique trouvé au Mas d'Agenais (Lot-et-Garonne)", en M. Genin y A. Vernhet (dirs.): *Céramiques de la Graufesenque et autres productions d'époque romaine. Nouvelles recherches. Hommages à Bettina Hoffmann*, Archéologie et Histoire Romaine 7, Montagnac, pp. 289-294.

MARTÍNEZ RODRÍGUEZ, F. (1989): "Las cerámicas béticas de imitación tipo Peñaflor: bases para el estudio de un nuevo grupo cerámico de época altoimperial", *Boletín Asociación Española de Amigos de la Arqueología* 26, pp. 60-65.

MARTÍNEZ PEÑÍN, R. (2006): "El centro alfarero de Jiménez de Jamuz: studio histórico y etnoarqueológico", *Estudios Humanísticos. Historia* 5, pp. 309-332.

MASACHS, V. (1948): *El régimen de los ríos peninsulares*, Barcelona.

MASCIONE, C. y APROSIO, M. (2003): "Elementi strutturali delle fornaci e distanziatori", G. Pucci y C. Mascione (coords.): *Manifattura etrusco-romana a Chiusi: Il complesso produttivo di Marcianella*, pp. 263-270.

MAYER, M. (1990): "Aproximación al problema de la importación de mármoles en la *Hispania* Romana", *Pact* 27, pp. 265-278.

MAYER, M. (1996): "La circulación de *marmor Numidicum* en *Hispania*", *L'Africa romana. Atti dell'XI convegno di studio (Cartagine, 1994),* pp. 836-848.

MAYER, M. y RODÀ, I.: "The use of marble and decorative stone in Roman Baetica", en S. Keay (ed.): *The Archaeology of Early Baetica*, Journal of Roman Archaeology Supplement 29, Portsmouth, Rhode Island, pp. 217-234.

MAYET, F. (1969): "Expansion de la ceramique sigillée hispanique en Aquitaine", *Mélanges de la Casa de Velázquez* V, Madrid, pp. 73-101.

MAYET, F. (1984): *Les céramiques sigillées hispaniques*, 2 vols., Paris.

MAZZEO SARACINO, L (1985): "Terra Sigillata Nord-Italica", en *Atlante delle forme ceramiche II. Enciclopedia dell'Arte Antica*, Roma, pp. 175- 230.

MEDRANO MARQUÉS, M. y DÍAZ SANZ, M. A. (2000): "El alfar romano, villa y necrópolis de Villarroya de la Sierra (Zaragoza)", *Salduie* 1, 2000, pp. 273-282.

MELCHOR GIL, E. (1992): "Sistema de financiación y medios de construcción de la red viaria hispana", *Habis* 23, pp. 121-137.

MELCHOR GIL, E. (1994a): "Consideraciones acerca del origen, motivación y evolución de las conductas evergéticas en Hispania romana", *Studia historica. Historia Antigua,* pp. 62-82.

MELCHOR GIL, E. (1994b): "Comunicaciones terrestres entre Coduba y Castulo: su problemática", en *Actas del Segundo Congreso de Historia de Andalucía,* Córdoba, pp. 453-468.

MELCHOR GIL, E. (1995): Vías romanas de la provincia de Córdoba, Córdoba.

MELCHOR GIL, E. (1999): "Contactos comerciales en el Alto Guadalquivir, el valle medio del Betis y la zona costera malagueña durante el Alto Imperio", *Habis* 30, pp. 253-269.

MEZQUÍRIZ, Mª. A. (1985): "Terra Sigillata Hispánica", en *Atlante delle forme ceramiche II. Enciclopedia dell'Arte Antica*, Roma, pp. 97-174.

MIAH, M. D., AHMED, R. y UDDIN, M. B. (2003): "Biomass fuel use by the rural households in Chittagong region, Bangladesh", *Biomass and Bioenergy* 24, pp. 277-283.

MICHEL, B., WEISS, J., WESSICKEN, R., y MAGGETTI, M. (1987): "Analyses minéralogique, chimique et technologique d'engobes argileux", *Revue d'Archéométrie* 11, pp. 63-75.

MILLÁN LEÓN, J. (1998): *Gades y las navegaciones oceánicas en la Antigüedad (1000 a.C.-500 d.C.),* Écija.

MIRÓ, J. (1990): "La energía del fututro", *Ingeniería Química* 259, pp. 147-151.

MIRTI, P., APPOLONIA, L., y CASOLI, A. (1999): "Technological Features of Roman *Sigillata* from Gallic and Italian Centres of Production", *Journal of Archaeological Science* 26, pp. 1427-1435.

MOLINA VIDAL, J. (1997): *La dinámica comercial romana entre Italia e Hispania Citerior (ss.II a.C.-II d.C.)*, Alicante.

MONTAGU, J. (1989): *Les secrets de fabrication des céramiques antiques*, Saint-Vallier- sur-Rhône.

MOREL, J.-P. (1981): "La produzione della ceramica campana: Aspetti economici e sociali", en A. Giardina, A. Schiavone (coords.): *Società romana e produzione Schiavistica. Merci, mercati e scambi nel Mediterraneo,* II, Roma-Bari, pp. 81-97.

MOREL, J.-P. (1983): "Les producteurs de biens artisanaux en Italie à la fin de la République", en *Les bourgeoisies municipales italiennes aux IIe et Ier siècle av. J.-C*, Paris-Napoli, pp. 21-39.

MORENO GALLO, I. (2004): *Vías romanas: ingeniería y técnica constructiva,* Madrid.

MORENO ALMENARA, A. y VARGAS CANTOS, S. (2004): "Los hornos romanos de cerámica del Viaducto del Pretorio (Córdoba)", en D. Bernal y L. Lagóstena (eds.): *Figlinae Baeticae. Talleres alfareros y producciones cerámicas en la Bética romana (ss. II a.C.-VII d.C.)* BAR International Series 1266, pp. 673-676.

MORILLO CERDÁN, Á., AMARÉ TAFALLA, M. T. y GARCÍA MARCOS, V. (2005): "Asturica Augusta como de centro de producción y consumo cerámico", en C. Fernández Ochoa y P. García Díaz (eds.): *III Coloquio Internacional de Arqueología en Gijón: Unidad y diversidad en el Arco Atlántico en época romana (Gijón, 2002)*, BAR International Series 1371, Oxford, pp. 139-161.

NAVEIRO LÓPEZ, J. L. (1991): *El comercio antiguo en el Noroeste peninsular*, Monografías Urxentes do Museo 5, La Coruña.

NICOLET, C. (1987): "La Table d'Heraclée et les origines du cadastre romain", en *L' Urbs: espace urbain et histoire (Ier s. av J.-C. - IIe s. ap. J.-C.), Actes du Colloque International organisé par le CNRS á l'École Française de Rome (Rome, 8-12 mai 1985)*, Roma, pp. 1-25.

NICOLETTA, N. (2003): I produttori di terra sigillata di Scoppieto, in RCRF Acta 38, 2003, pp. 145-152.

NIETO, J. (1986): "El pecio Culip IV: observaciones sobre la organización de los talleres de Terra sigillata de La Graufesenque", *Archeonautica* 6, pp. 81-120.

NIETO, J. (1988): "Cargamento principal y cargamento secundario", en *Navires et commerces de la Mediterranée antique. Hommage à Jean Rougé*, Cahiers d'Histoire XXXIII, 3-4, Lyon, pp. 379-396.

NIETO, J. (1993): "De la Dragendorff 29 a la Hayes 8: consideraciones sobre el comercio marítimo en los siglos I y II d.C.", *Cypsela* X, Girona, pp. 77-85.

NIETO, J., JOVER, A., IZQUIERDO, P., MARTÍN, A., PUJOL, M., PALOU, H. y COLOMER, S. (1989): *Excavacions arqueològiques subaquàtiques a Cala Culip. I*, Centre d'lnvestigacions arqueològiques de Girona, Sèrie monogràfica 9, Girona.

NIETO, J. y PUIG, A. M. (2001): *Excavacions arqueològiques subaquàtiques a Cala Culip. 3. Culip IV: la Terra Sigil.lata decorada de la Graufesenque*, Girona.

NIVEAU DE VILLEDARY Y MARIÑAS, A. M. (2008): "La cerámica «Tipo Kuas»", en D. Bernal Casasola y A. Ribera i Lacomba (eds. científicos): *Cerámicas hispanorromanas. Un estado de la cuestión*, Cádiz, pp. 245-262.

NOGALES, T. y BELTRÁN, J. (2009): *Marmora Hispana. Explotación y uso de los materiales pétreos en la Hispania Romana*, L'Erma di Bretschneider, Roma.

NOLEN, J. S. (1988): "A villa romana do Alto de Cidreira (Cascais) - os materiais. Conimbriga" *Coimbra* 18, pp. 61- 140.

NOTET, J.-C. (1996): "Ultimes recherches sur l'officine cermaque du Vieux-Fresne à Gueugnon (Saône-et-Loire): présentation de quelques résultats remarquables", *Sfecag, Actes du congrès de Dijon,* Marseille, pp.51-62.

NOVOA JÁUREGUI, C. (2009): *Arqueología del Paisaje y producción cerámica: los alfares romanos del valle del Najerilla (La Rioja) y su distribución espacial*, Tesis doctoral inédita, Universidad de Salamanca.

NÚNEZ, J. I., OSETE, M. L. y BERNAL, D. (2000a): "Primera curva de Variación Secular a partir de datos paleomagnéticos para la Península Ibérica", en *Asamblea Hispano-Portuguesa de Geodesia y Geofísica*, Instituto Geofísico do Infante D. Luís, Lisboa, pp. 309-310.

NÚNEZ, J. I., OSETE, M. L. y BERNAL, D. (2000b): "La datación por arqueomagnetismo. Aplicación al estudio del alfar romano de Los Villares (Jaén)", *Cudas* 1, pp. 87-104.

OAKS, L. S. (1986) "The Goddess Epona: concepts of sovereignty in a changing landscape", en M. Henig and A. King (ed.): *Pagan Gods and Shrines of the Roman Empire.*, Oxford University Committee for Archaeology, Monograph 8, pp. 77-84.

OJEDA TORRES, J.M. (1995): "FilóstratoVA. 5.6 y la procuratela ad ripam Baetis", en J. San Bernadino Coronil, F. E. Alvarez Solano, A.J. de Miguel Zabala: *Arqueólogos, historiadores y filósofos: homenaje a Fernando Gascó*, pp. 381- 386.

OLCESE, G. (2003): *Ceramiche comuni a Roma e in area romana: produzione, circolazione e tecnologia*, Documenti di Archeologia 28, Mantova.

OLIVARES PEDREÑO, J.C. (2002): *Los dioses de la Hispania Céltica*, Biblioteca de Archaeología Hispana, 15, Madrid.

OLIVARES PEDREÑO, J.C. (2007): "Hipótesis sobre el culto al dios Cossue en el Bierzo (León): explotaciones mineras y migraciones", *Paleohispánica: Revista sobre lenguas y culturas de la Hispania antigua*, pp. 143-160.

ORTON, C., TYERS, P. y VINCE, A. (1997): *La cerámica en Arqueología*, Barcelona.

PADILLA MONGE, A. (1989): *La provincia romana de la Bética (253-422)*, Écija.

PADILLA MONGE, A. (1998): "Apuntes sobre el Comercio y el Transporte de Marmoles en la Betica de los Siglos I-II", *Florentia Iliberritana* 9, . pp. 283-304.

PADILLA MONGE, A. (1999): "Consideraciones en Torno a la Explotacion del Marmol en la Betica Durante los Siglos I-II", *Habis* 30, pp. 271-281.

PADILLA MONGE, A. (2000): "Una Aproximación a la Explotación y la Distribución del Mármol en el Imperio Romano Durante los Siglos I-II", *Habis* 31, pp. 219-233.

PALMA, A. (1975): "L'evoluzione del navicolariato tra il I ed il III sec. d. C.", *Atti dell'Accademia di Scienze morali e politiche* 86, pp. 7-31.

PASQUINUCCI, M. y MENCHELLI, S. (2010): "Il sistema portuale di Pisa: dinamiche costiere, *import-export*, interazioni economiche e culturali (vii sec. a. C. - i sec. d. C.)", en *Atti del XVII Congresso Internazionale di Archeologia Classica*, Bollettino di Archeologia online I, Volume speciale b/b6/1, URL: http://151.12.58.75/archeologia/bao_document/articoli/1_pasquinucci_mencelli.pdf (03-12-2012).

PAPADOPOULOS, S., (1992): "L'oraganization de l'espace dans deux ateliers de potiers traditionnels de Thasos", en *BCH* 119, 2, pp. 591-606.

PAPI, E. (e. p.): "L'invention du Círculo del Estrecho", en M. Coltellony-Trannoy (ed.): *Le Circle du Detroit en question*, Paris.

PARODI ÁLVAREZ, M.J (2000): *La navegación interior en la Hispania romana,* Tesis doctoral inédita, Universidad de Sevilla.

PARODI ÁLVAREZ, M.J (2001): *Ríos y Lagunas de Hispania como Vías de Comunicación : la Navegación Interior en la Hispania Romana*, Ecija, Gráficas Sol, 310.

PARODI ÁLVAREZ, M.J. e IZCO REINA M.J. (2002): "La Navegación antigua por el Baetis", *Revista de Estudios Locales, Lora del Río* 12, pp. 7-14.

PASCUAL GUASCH, R. (1980): "La evolución de las exportaciones béticas durante el Imperio", en J. Mª Blázquez (coord.): *Producción y comercio del aceite en la Antigüedad. Primer Congreso Internacional,* Madrid, pp. 233-242.

PASSELAC, M. (1986): "Les ateliers du sud de La France. Les premiers ateliers", en C. Bémont y J.-P. Jacob (eds.): *La terre sigillée gallo-romaine. Lieux de production du Haut Empire: implantations, produits, relations*, Documents d'Archéologie Française 6, Paris, pp. 35-38.

PATITUCCI UGGERI, S. (1988): "Evidenze tecneche della produzine ceramica a Spina in età ellenistica", en *AGRPP*, pp. 624-632.

PAVIS D'ESCURAC, H. (1976): *La préfecture de l'annone: service administratif imperial d'Auguste à Constantin*, Paris.

PEACOCK, D. P. S (1978): "The Rhine and the problem of gaulish wine in Roman Britain", en J. du Plat Taylor y H. Cleere (eds.): *Roman Shipping and Trade: Britain and the Rhine Provinces*, CBA Research Reports 24, London, pp. pp. 49-51.

PEACOCK, D. P. S (1982): *Pottery in the Roman world: an ethnoarchaeological approach*, London.

PEINADO ESPINOSA, M. V. (2007): "Introducción al estudio de las cerámicas comunes del alfar de Los Villares de Andújar", *Cvdas* 5-6, pp. 65-88.

PEINADO ESPINOSA, M. V. (2010): *Cerámicas comunes romanas en el Alto Guadalquivir. El alfar de Los Villares de Andújar*, Tesis doctoral inédita, Universidad de Granada.

PÉREZ- LÓPEZ, A. (1996): "Sequence model for coastal-plain depositional systems of Upper Triassic (Betic Cordillera, Southern Spain)", *Sedimentary Geology* 101, pp. 99-117.

PICON, M. (1973): *Introduction à l'étude technique des céramiques sigillées de Lezoux*, Centre de Recherches sur les techniques Gréco-romaines 2, Dijon.

PICON, M. (1984): "Recherches sur les compositions des sigillées hispaniques: Techniques de fabrication et groupes de productionen F. Mayet: *Les céramiques sigillées hispaniques,* Paris, pp.303-317.

PICON, M. (1997): "Les argiles des vernis rouges et jaunes des céramiques sigillées de La Graufesenque (Aveyron) et la céladonite utilisée comme pigment vert dans les peintures murales romaines", *Revue d'Archéométrie* 21, pp. 89-96.

PICON, M. (1998): "Les tubulures et les supports d'étagères du gran four à sigillées de La Graufesenque, et le céramiques calcaires de l'Antiquité", *Annales de Pegasus* 3, pp. 32- 40.

PICON, M. (2002): " Les mode e cuisson, les pâtes et les vernis de La Graufesenque: una mise au point", en Genin, G. y Vernhet, A. (dirs.): *Céramiques de la Graufesenque et autres productions d'époque romaine. Nouvelles recherches*, Milleu, pp. 139- 164.

PICON, M., MEILLE, E., VICHY, M., y GARNIER, J. (1972-1973): "Recherches sur les céramiques d'*ATEIUS* trouvées en Gaule", *Rei Cretariae Romanae Favtorvm Acta* XIV-XV, pp. 128-135.

PICON, M. y VERNHET, A. (2008): "Les très grands fours à sigillées en Gaule, et notamment à la Graufesenque: Observations techniques", *Sfecag, Actes du Congrès de L'Escala- Empuries,* pp. 553-566.

PICON, M., VICHY, M., y MEILLE, E. (1971): "Composition of the Lezoux, Lyon and Arezzo Samian ware", *Archaeometry* 13, pp. 191-208.

PRADOS MARTÍNEZ, F. (2000): "El desarrollo de la

viticultura y el consumo del vino en el ámbito cartaginés", *Espacio, Tiempo y Forma*, Historia Antigua, Serie III, XIII, pp. 45-64.

PRIETO ARCINIEGA, A. (1980): "La pervivencia del elemento indígena en la Bética", *Faventia* 1, vol. 2, pp. 37-46.

PRINCIPAL PONCE, J. (1998): *Las importaciones de vajilla fina de barniz negro en la Cataluña sur y occidental durante el siglo III aC*, BAR International Series 729, Oxford.

POLAK, M. (1998): "Old wine in new bottles. Reflections on the organization of the production of terra sigillata at La Graufesenque", en J. Bird (ed.): *Form and Fabric: studies in Rome's material past in honour of B.R. Hartley*, Oxbow Monogr. 80, Oxford, pp. 115-122.

POLANYI, K. (1957): "The Economy As Instituted Process", en K. Polanyi, C. M. Arensberg y H. W. Pearson (eds.): *Trade and Market in the Early Empires. Economies in History and Theory*, pp. 243-270.

POLANYI, K. (2009): *El sustento del hombre*, Barcelona.

POLFER, M. (2001): "L'archéologie de l'artisanat et le débat sur la nature de l'économie romaine: quelques réflexions critiques", M. Polfer (dir.): *L'artisanat romain: évolutions, continuités et ruptures (Italie et provinces occidentales)*, Monographies Instrumentum 20, pp. 19-29.

PONS PUJOL, L. (2001): "La presencia de las Dressel 20 en la Mauritania Tingitana", en *Congreso Internacional Ex Baetica Amphorae: Conservas, aceite y vino de la Bética en el Imperio Romano (Écija-Sevilla, Diciembre 1998)*, Écija, pp. 925-933.

PONS PUJOL, L. (2006): "L'importation de l'huile bétique en Tingitane et l'exportation des salaisons de Tingitane (Ier-IIIe siècle après J.-C.)", *Cahiers Glotz* XVII, pp. 61-77.

PONSICH, M. (1983): "Le facteur géographique dans les moyens de transport de l'huile de Bétique", en J. Mª Blázquez y J. Remesal (eds.), *Producción y comercio del aceite en la Antigüedad. Segundo Congreso Internacional*, Madrid, pp. 101-113.

PONSICH, M. (1987): *Implantation rurale antique sur le bas-Guadalquivir*, T. III, Paris.

PONSICH, M. (1988): *Aceite de oliva y salazones de pescado. Factores geo-económicos de Bética y Tingitana*, Madrid.

POVEDA NAVARRO, A. M. (1999): "Las producciones de terra siillata hispánica y su comercialización en el sureste de Hispania", en M. Roca y Mª I. Fernández García (coords.): *Terra Sigillata Hispánica. Centros de fabricación y producciones altoimperiales. Homenaje a M.ª Ángeles Mezquíriz*, Málaga, pp. 209-230.

POVEDA NAVARRO, A. M. (2005): "El santuario ibero-romano de La Serreta y la información de su terra sigillata", *Recerques del Museu d'Alcoi* 14, pp. 99-122.

PRADELL, T., MOLERA, J. GARCÍA-VALLÈS, M. y VENDRELL-SAZ, M. (1993): "Study and characterization of ceramisc fired under reducing conditions", en M. Vendrell, J. Molera, T. Pradell y M. García Vallès: *Studies on Ancient Ceramic*, Barcelona, pp 239-246.

PUCCI, G. (1992): *La fornace di Umbricio Cordo. L'officina di un ceramista romano e il territorio di Torrita di Siena nell'antichità*, Firenze.

PUCCI, G. (1993): "I bolli sulla terra sigillata: fra epigrafia e storia economica", en W. V. Harris (ed.): *The inscribed economy. Production and distribution in the Roman empire in the light of* instrumentum domesticum, Journal of Roman Archaeology sup. 6, Ann Arbor, pp. 73-80.

PUCCI, G. y MASCIONE, C. (a cura di) (2003): *Manifattura ceramica etruscoromana a Chiusi: il complesso produttivo di Marcianella*, Bibliotheca Archaeologica 10, Bari.

PY, M. y ADROHER, A. Mª (1991): "Pricipes d'enregistrament du mobilier archéologique", en M. Py (Dir.): *Système d'enregistrement, de gestion et d'exploitation de la documentation issue des fouilles de Lattes*, Lattara 4, Lattes, pp. 83-100.

QUARESMA, J. C. (1999): "*Terra sigillata* africana, hispânica, foceense tardia e cerâmica africana de cozinha de *Mirobriga* (Chãos Salgados, Santiago do Cacém)", *Conimbriga* 38, p. 137-200.

QUEVEDO SÁNCHEZ, A., PEINADO ESPINOSA, Mª V. y RUIZ MONTES, P. (2007): "La terra sigillata hispanica en la curia de Carthago Nova: sobre una presencia escasa", *Cudas* 7-8, pp. 107-116.

RAMON TORRES, R., SÁEZ ESPIGARES, A., SÁEZ ROMERO, A. M., MUÑOZ VICENTE, A. (2007): *El taller alfarero tardoarcaico de Camposoto (San Fernando, Cádiz)*, Monografías de Arqueología 26, Sevilla.

RAEPSAET, G. y CHARLIER, M. Th. (1988): "Aspects de l'organisation du commerce de la céramique sigillée dans le Nord de la Gaule au IIᵉ siècle de notre ère. II. Négociants et transporteurs. La géographie des activités commerciales", *Münsterische Beiträge ziir Antiken Handelsgeschichte* VII (2), pp. 45-69.

RÉCHIN, F. (1997): "Le facies céramique aquitain, exemples et réflexions méthodologiques", *Isturiz* 9, pp. 595-624.

REINACH, S. (1895): *Épona la déesse Gauloise des chevaux*, Paris, Leroux.

REMESAL RODRÍGUEZ, J. (1986): *La annona militaris y la exportación de aceite bético a Germania*, Madrid.

REMESAL RODRÍGUEZ, J. (2006) "Römische Amphoren aus Xanten. Epigraphische Aspekte", *Römische Amphoren der Rheinprovinzen unter Besonderer Berücksichtigung des Xantener Materials*, Xantener Berichte 14, Xanten, pp. 42-48.

RENFREW, C. (1977): "Introduction: Production and Exchange in Early Societies, the Evidence of Pottery", en D.P.S. Peacock (ed.): *Pottery and Early Commerce. Characterization and Trade in Roman and Later Ceramics*, London-New York-San Francisco, pp. 1-20.

RHODES, M. (1989): "Roman Pottery Lost en route from the Kiln Site to the User - A Gazetteer", *Journal of Roman Pottery Studies* 2, pp. 44-58.

RICCIONI, G. (1977): *Problemi di archeologia galloromaine I. La terra sigillata della Gallia meridionale*, Bologna.

RICE, P. M. (1987): *Pottery analysis: a sourcebook*, Chicago.

RICKMAN, G. E. (1980): *The corn supply of ancient Rome*, Oxford.

RICKMAN, G. E. (1991): "Problems of transport and development os ports", en A. Giovannini (ed.): *Nourrir la plèbe*, Bassel/Kassel, pp. 103-118.

RINCÓN, J. M. (1985): "Composición mineralógica y microestructura de cerámicas de Terra Sigillata de la Península Ibérica", en J.M. Blázquez, M.P. García-Gelavert y F. López Pardo (eds.): *Cástulo V*, Excavaciones Arqueológicas en España 140, Madrid, pp. 345-362.

RINCÓN, J. M. (2008): "Sello o marcador microestructural en las cerámicas de terra sigillata", en S. Rovira Llorens, M. García-Heras, M. Gener Moret y I Montero Ruiz (eds.): *Actas del VII Congreso Ibérico de Arqueometría*, pp. 288- 296.

RINCÓN, J. M. y ROMERO, M. (1995): "Archaeometric characterization of "terra sigillata" ceramics from Spain", en P. Vincenzini (ed.): *The Ceramics Cultural Heritage*, Faenza, pp. 325-330.

RIPOLLÈS, P. P. (1993): "Hispania: las acuñaciones locales y la financiación de las rei publicae", *Rivista Italiana di Numismatica e Scieze Affini* XCV, pp. 295-306.

RISCH, R. (2002): "Análisis funcional y producción social: relación entre método arqueológico y teoría económica", en N. Clemente, R. Risch, y J. F. Gibaja (eds): *Análisis Funcional: su aplicación al estudio de las sociedades prehistóricas*, BAR International Series 1073, Oxford, pp. 19-30.

RIVAS MARTÍNEZ, S., GANDULLO GUTIÉRREZ, J. M., SERRADA HIERRO, R., ALLUÉ ANDRADE, J. L., MONTERO DE BURGOS, J. L. y GONZÁLEZ REBOLLAR, J. L. (1987): *Memoria del mapa de series de vegetación de España 1:400.000*, Madrid.

ROCA ROUMENS, M. (1976): *Sigillata hispánica producida en Andújar*, Jaén.

ROCA ROUMENS, M. (1980): "Sigillata importada y nuevas formas en tema sigillata hispánica producidas en Andújar. Puntualizaciones cronológicas referidas a la actividad inicial del alfar", *Cuadernos de Prehistoria de la Universidad de Granada* 5, pp. 237-275.

ROCA ROUMENS, M. (1983): "Inscripciones decorativas en la producción de terra sigillata hispánica de Los Villares de Andújar (Jaén)", *Cuadernos de Prehistoria de la Universidad de Granada* 8, pp. 433-446.

ROCA ROUMENS, M. (1991): "Producción y comercialización de la sigillata producida en la Bética", en C. González Román (ed.): *La Bética en su problemática histórica*, Granada, pp. 221-235.

ROCA ROUMENS, M. (1991-1992): "A propósito de ciertas formas, en T.S.H., fabricadas en el centro de producción de los villares de Andújar", *Cuadernos de Prehistoria de la Universidad de Granada* 16-17, pp. 389-400.

ROCA ROUMENS, M. (1994): "Artesanos y producción cerámica en el Alto Guadalquivir", en C. González Román (ed.): *La sociedad de la Bética. Contribuciones para su estudio*, Granada, pp. 409-424.

ROCA ROUMENS, M. (2002): "Ciudad y producciones en la Bética", en C. González Román y A. Padilla Arroba (eds.): *Estudio sobre las ciudades de la Bética*, pp. 325-340.

RODRÍGUEZ ARIZA, Mª O. (2000): "Análisis antracológico de Peñalosa", en F. Contrerás Cortés (coord.): *Proyecto Peñalosa. Análisis Histórico de las Comunidades de la Edad del Bronce del Piedemonte Meridional de Sierra Morena y Depresión Linares-Bailén*, Monografías. Arqueología 10, Sevilla, pp. 257-272.

RODRÍGUEZ ARIZA, Mª O. (2007): "Análisis antracológico", en M. Molinos Molinos y A. Ruiz Rodríguez (coords.): *El hipogeo ibero del Cerrillo de la Compañía de Hornos (Peal de Becerro, Jaén)*, Sevilla, pp. 91-98.

RODRÍGUEZ OLIVA, P. (1994): "Transformaciones urbanas en las ciudades de la Baetica durante el Alto Imperio", en X. Dupré Raventós (coord.): *La ciudad en el mundo romano. Actas XIV Congreso Internacional de Arqueología Clásica, Tarragona 1993*, vol. I, Tarragona, pp. 347-356.

RODRÍGUEZ OLIVA, P. (1998): "La monumentalización en las ciudades del sur de Hispania entre la República y el Imperio", en J. Mangas Majarrés (ed.): *Italia e Hispania en la crisis de la República romana. Actas III Congreso Hispano-Italiano (Toledo, 20-24 septiembre 1993)*, Madrid, pp. 313-337.

RODRÍGUEZ RODRÍGUEZ, I. (2001): "Las áreas artesanales: los alfares", en A. Caballos Rufino (ed.) *Carmona Romana. Actas del II Congreso de Historia de Carmona (Carmona, 29 septiembre-2 octubre 1998)*, Carmona, pp. 311-320.

ROLDÁN GÓMEZ, L. (1999): "La presencia del vino en el entorno de Jerez en época romana: elementos arqueológicos e iconográficos", en S. Celestino (ed.): *El vino en la Antgüedad romana. Simposio de Arqueología del vino*, Madrid, pp. 201-224.

ROLDÁN HERVÁS, J. M. (1971): *Iter ab Emerita Asturicam. El Camino de la Plata*, Salamanca.

ROLDÁN HERVÁS, J. M. (1975): *Itineraria Hispana. Fuentes antiguas para el estudio de las vías romanas en la Península Ibérica*, Valladolid-Granada.

ROLDÁN HERVÁS, J. M. (2007): "El Camino de la Plata: iter o negotium", *Gerión* 25, Extra 1, pp. 323-340.

ROLLÁN ORTIZ, J.-F. (2002): "Puntualizaciones sobre la Vía de Plata y su enlace con Noega y Gigia", *Tierras de León* 40, 114, pp. 1-28.

ROMERO PÉREZ, M. (1997-1998): "Algunas reflexiones sobre la producción de aceite en las *villae* de la comarca de Antequera", *Mainake* XIX-XX, pp.115-141.

ROMERO CARNICERO, Mª.V.,TARANCÓN GÓMEZ, Mª J., ARELLANO HERNÁNDEZ, O., BARRIO ONRUBIA, R., LERÍN SANZ, M. y RUÍZ DE MARCO, A. (2008): "El centro de producción de cerámica de *Uxama* (Osma/El Burgo de Osma, Soria)", *SFECAG, Actes du Congrès de L'Escala-Empúries, 2008*, pp. 319-330.

ROMO SALAS, A. y VARGAS JIMÉNEZ, J. M. (2001): "Azanaque (Lora del Río, Sevilla). Evidencias arqueológicas de un centro de producción anfórica", en *Congreso Internacional Ex Baetica Amphorae. Conservas, aceite y vino de la Bética en el Imperio Romano*, Écija, pp. 405-418.

ROSTOVTZEFF, M. (1957): *The Social and Economic History of the Roman Empire*, Oxford.

ROUGÉ, J. (1966): *Recherches sur l'Organisation du Commerce Maritime en Mediterranée sous l'Empire Romain*, Paris.

ROUGÉ, J. (1988): "Transport maritimes et fluviaux dans le provinces occidentales", *Ktema* 13, pp. 87-93.

ROWLANDS, M., LARSEN, M. y KRISTIANSEN, K. (eds.) (1987): *Centre and Periphery in the Ancient World*, Cambridge.

RUEDA GALÁN, C. (2008): *Imagen y culto en los territorios íberos: el Alto Guadalquivir (siglos IV a.n.e. - II d.n.e.)*, Tesis doctoral inédita, Universidad de Jaén.

RUIZ MATA, D. (1995): "El vino en época prerromana en Andalucía Occidental", en S. Celestino (ed.): Arqueología del vino. Los orígenes del vino en Occidente, Jerez de la Frontera, pp. 157-212.

RUIZ MATA, D. y CÓRDOBA ALONSO, I. (1999): "Los hornos cerámicos turdetanos del cerro Macareno. Cortes H.I y H.II", en *Actas del XXIV Congreso Nacional de Arqueología (Cartagena 1997)*, Murcia, pp. 95-106.

RUIZ MONTES, P. (2006): "Aproximación a la vajilla bética de paredes finas: el caso de Los Villares de Andújar (Jaén)", *Cudas* 3-4, pp. 75-84.

RUIZ MONTES, P. (2007): "Índices de indigenismo y romanización en el complejo artesanal de Los Villares de Andújar (Jaén)", *Cudas* 5-6, pp. 101-145.

RUIZ MONTES, P. (2011): "Romanización, producción de cerámicas y ¿transferencias tecnológicas? en el Alto Guadalquivir", en J. Abellán Pérez (ed.): *Homenaje al Profesor Antonio Caro Bellido*, Cádiz, vol. II, pp. 339-362.

RUIZ MONTES, P. (2012): "Cerámicas tipo Peñaflor del Alto Guadalquivir", en D. Bernal y A. Ribera (eds.): *Cerámicas hispanorromanas II. Producciones regionales*, Cádiz, pp. 39-47.

RUIZ MONTES, P. (2013): "Una serie de cerámicas tipo Peñaflor producida en Los Villares de Andújar", en D. Bernal, L. C. Juan, M. Bustamante, J. J. Díaz y A. M. Sáez (eds.): *Hornos, talleres y focos de producción alfarera en Hispania. I Congreso Internacional de la SECAH Ex Officina Hispana (Cádiz, 3-4 marzo 2011)*, Monografías Ex Officina Hispana 1, Cádiz, pp. 307-316.

RUIZ MONTES, P. (e.p.): "Cerámica pintada de tradición ibérica", en Mª I. Fernández García (coord.): *Una aproximación a Isturgi romana: el complejo alfarero de Los Villares de Andújar (Jaén, España)*.

RUIZ MONTES, P. y MORENO ALCAIDE (e.p.): "Cerámicas de paredes finas", en Mª I. Fernández García (coord.): *Una aproximación a Isturgi romana: el complejo alfarero de Los Villares de Andújar (Jaén, España).*

RUIZ MONTES, P. y PEINADO ESPINOSA, Mª V. (2010): "Los hornos romanos de la provincia de Jaén: el caso de Los Villares de Andújar", *RCRF Acta* 42, pp. 497-509.

RUIZ MONTES, P. y PEINADO ESPINOSA, Mª V. (2012): "Las cerámicas grises bruñidas republicanas en el Alto Guadalquivir o un fenómeno de imitatio vascular hacia fines del Mundo ibérico. A cuento de un conjunto en el asentamiento iberorromano de Isturgi", Saguntum 44, pp. 121-136.

RUIZ MONTES, P. y PEINADO ESPINOSA, Mª V. (e.p.): "Cerámica pintada de tradición ibérica", en Mª I. Fernández García (coord.): Una aproximación a Isturgi romana: el complejo alfarero de Los Villares de Andújar (Jaén, España).

RUIZ RODRÍGUEZ, A. y MOLINOS MOLINOS, M. (1993): *Los iberos. Análisis arqueológico de un proceso histórico*, Barcelona.

RUIZ RODRÍGUEZ, A., MOLINOS MOLINOS, M., NOCETE CALVO, F., y CASTRO LÓPEZ, M. (1986): "Concepto de producto en Arqueología", *Arqueología Espacial* 7, pp. 63-80.

RUÍZ TORRES, S. y PADIAL PÉREZ, J. (2004): "Intervención arqueológica de urgencia en la villa romana de Híjar, Las Gabias, Granada", *Anuario Arqueológico de Andalucía 2001*, t. I, pp. 62-66.

RUSH, P., DICKINSON, B., HARTLEY, B. y HARTLEY, K. F. (2000): *Roman Castleford: Excavations 1974-85, Vol. III: The Pottery*, Yorkshire Archaeology 6, Leeds.

SÁEZ FERNÁNDEZ, P. (1987): *Agricultura romana de la Bética*, Sevilla.

SAEZ FERNÁNDEZ, P. (1991): "Consideraciones sobre el cultivo del olivo en la Bética hispano-romana. Aspectos económicos y sociales", en C. González Román (ed.): *La Bética en su problemática histórica*, Granada, pp. 277-298.

SÁEZ FERNÁNDEZ, P. (1994): "Notas sobre pervivencias del elemento indígena en la Bética romana: cuestiones a debate", en C. González Román (ed.): *La sociedad de la Bética. Contribuciones para su estudio*, Granada, pp. 461-493.

SÁENZ PRECIADO, J. C. (2007): "Nuevas perspectivas en el estudio de la terra sigillata hispánica", *Caesaraugusta* 78, pp. 387-394.

SÁEZ ROMERO, A. (2004): "El alfar tardopúnico de Torre Alta: resultados de las excavaciones de 2002-03", en D. Bernal y L. Lagóstena (eds.): *Figlinae Baeticae. Talleres alfareros y producciones cerámicas en la Bética romana (ss. II a.C.-VII d.C.)*, BAR International Series 1266, pp. 699-711.

SÁEZ ROMERO, A. M.; DÍAZ RODRÍGUEZ, J. J. y MONTERO FERNÁNDEZ, R (2004): "Acerca de un tipo de ánfora salazonera púnico-gadirita", *Habis* 35, pp. 109-133.

SALINAS DE FRÍAS, M. (1984- 1985): "La religión de los Celtiberos (I)", *Studia Historia*, vol. II- III, 1, pp. 81- 101.

SALLER, R. (2002): "Framing the Debate over Growth in the Ancient Economy", en W. Scheidel y S. Von Reden (eds.): *The Ancient Economy*, Edinburgh, pp. 251-269.

SANDRINI, G. y CIPRIANO, S. (1998): "La villa suburbana e gli impianti produttivi lungo il Sioncello ad Altinum", *Quaderni di archeologia del Veneto* 14, pp. 125-138.

SÁNCHEZ MORENO, V. y BERNAL CASASOLA, D. (1998): "El aprovisionamiento hidráulico del taller: canalizaciones y pozos manantiales", en D. Bernal Casasola (coord.): *Excavaciones arqueológicas en el alfar romano de la Venta del Carmen, Los Barrios (Cádiz). Una aproximación a la producción de ánforas en la bahía de Algeciras en época altoimperial*, Madrid, pp. 121-142.

SANTOS GARCÍA J. A., JEREZ MIR, F. y SAINT AUBIN , J. (1991): "Estudio sedimentológico de un sector del río Guadalquivir en las proximidades de Andújar (provincia de Jaén) los depósitos de la terraza + 6m (T4)", *Estudios Geológicos* 47, pp. 43-55.

SANZ, J. L. y MORALES, A. (2000): "Análisis faunísitico", en F. Contrerás Cortés (coord.): *Proyecto Peñalosa. Análisis Histórico de las Comunidades de la Edad del Bronce del Piedemonte Meridional de Sierra Morena y Depresión Linares-Bailén*, Monografías. Arqueología 10, Sevilla, pp. 223-235.

SARABIA, J. y MUÑOZ, F.J. (2004-2005): "Los mármoles de La Vega (Balazote, Albacete). Tipos y morfología", *Lucentum* XXIII XXIV, pp. 157- 163.

SCHAAD, D. (2007): "Les fours à tubulures", en D. Schaad (dir.): *La Graufesenque (Millau, Aveyron), I, Condatomagos, une agglomération de confluence en territoire rutène (II a.C- II d.C.)*, Santander, pp. 219-225.

SCHLINDER-KAUDELKA, E. (1986): "Handel zwischen der Stadt auf dem Magdalensberg und Stidgallien?", en H. Vetters y G. Piccottini (eds.): *Die Ausgrabungen auf dem Magdalensberg 1975-1979,*

Magdalensberg-Grabungsbericht 15, Klagenfurt, pp. 339-344.

SCHULTEN, A. (1952): *Estrabón. Geografía de Iberia*, Fontes Hispaniae Antiquae 6. Barcelona.

SCHULTEN, A. (1963): *Geografía y Etnografía antiguas de la Península Ibérica*, vol. II. Madrid.

SCIAU, Ph., WERWERFT, M., VERNHET, A., y BEMONT, C. (1992): "Recherches sur les températures de cuisson et le nature des engobes des céramiques sigillées de La Graufesenque", *Revue d'Archéométrie* 16, pp. 89-95.

SEMPERE FERRÁNDIZ, E. (1992): "Catálogo de los hornos de España y Portugal", *Tecnología de la cocción cerámica desde la antigüedad a nuestros días*, pp. 185- 237.

SEPULVEDA, V. S., SOUSA, V., VALE, A. y GUERREIRO, A. (2002): "A cronologia do circo de Olisipo: a terra sigillata", *Revista Portugesa de Arqueologia* 5.2 pp. 245-275.

SERRANO RAMOS, E. (1980): "Sigillata hispánica de Cerro de Los Infantes (Granada)", *Baetica* 3, pp. 101-121.

SERRANO RAMOS, E. (1983a): "En torno a la difusión peninsular de la sigillata hispánica producida en Andújar", *Rivista di Studi Liguri* XLVI, 1-4, pp. 65-81.

SERRANO RAMOS, E. (1983b): "Dispersión de la sigillata hispáica fabrica en los talleres de la Bética", *Boletín del Museo Arqueológico Nacional* I-2, pp. 151-157.

SERRANO PEÑA, J. L. (2004): "La producción de aceite en Jaén en la Antigüedad: evidencias arqueológicas", *Archivo Español de Arqueología* 77, pp. 159-176.

SERRANO PEÑA, J. L. (2005): "La producción de aceite en Jaén en la Antigüedad: evidencias arqueológicas", Actas del XII Simposium Expoliva 2005, t. II, pp. 815-824.

SHAW, B. D. (1981): "Rural Markets in North Africa and the Political Economy of the Roman Empire", *Antiquités africaines* 17, pp. 37-83.

SHEPARD, A. (1971): *Ceramic for the archaeologist*, Washington.

SILLIÉRES, P. (1981): "A propos d'un nouveau milliaire de la Via Augusta, une Via Militaris en Bétiques", *Revue des Études Annciennes* 83, pp. 255- 271.

SILLIÉRES, P. (1990): *Les voies de communication de l'Hispanie méridionale*, Paris.

SILLIÉRES, P. (2000-2001): "Voies d'eau et essor économique de l'Hispanie", *Zephyrus* 53-54, pp.433-442.

SILVA, C. T. y COELHO-SOARES, A. (1992): "Establecimiento produção de peixe de época romana na da Quinta de Marim (Olhão). Resultados preliminares da escavações de 1988-89", *Setúbal Arqueológica* 9-10 pp. 335- 74.

SILVA, C. T. y SOARES, J. (1993): *Ilha do Pessegueiro. Porto Romano da Costa Alentejana*, Lisboa.

SILVA, R. B. (2005): Marcas de oleiro em terra sigillata da Praça da Figueira (Lisboa): contribuição para o conhecimento da economia de Olisipo (séc. I a.C.-séc. II d.C.), Dissertação de Mestrado em Arqueologia Universidade do Minho/Instituto do Ciencias Sôciais.

SMART, T.L. y HOFFMAN, (1988): "Environmental interpretation of archaeological charcoai", en C. A. Hastorf y V. S. Popper (eds): *Paleoethnobotany analytical methods and cultural interpretations of archaeological plant remains*, pp. 167-205

SOLANA SÁINZ, J. Mª y SAGREDO SAN EUSTAQUIO, L. (2008): *La política viaria en Hispania. Siglos I-II d.C.*, Valladolid

SOLÉ FOLCH, D. (1997): "Interrogants sobre el taller ibèric de Fontscaldes II", *Quaderns de Vilaniu* 32, pp. 3-28.

SOLER, B. (2003): "Algunas consideraciones sobre el empleo privado de mármol en Carthago Nova", *Mastia* 2, pp. 148.187.

SOTOMAYOR MURO, M. (1969): "Hornos romanos de ánforas en Algeciras", en *Actas X* Congreso Nacional de Arqueología (Mahón, Octubre 1967), Zaragoza, pp. 389-399.

SOTOMAYOR MURO, M. (1969-70): "Informe sucinto de la exploración arqueológica realizada en la carretera de El Rinconcillo, en la Bahía de Algeciras", *Noticiario Arqueológico Hispánico* 13-14, pp. 52-57.

SOTOMAYOR MURO, M. (1972): "Andújar, centro de producción y exportación de sigillata a Mauritania", *Noticiario Arqueológico Hispánico* I, pp. 263-289.

SOTOMAYOR MURO, M. (1973): "Centro de producción de sigillata de Andújar, Jaén", en *Actas del XII Congreso Nacional de Arqueología (Jaén, 1971)*, Zaragoza, pp. 689-698.

SOTOMAYOR MURO, M. (1977): *Marcas y estilos en la sigillata decorada de Andújar (Jaén)*, Jaén.

SOTOMAYOR MURO, M. (1979): "Sigillata hispánica de Andújar (Jaén) y sus relaciones con la sigillata itálica y la de la Gallia centro-oriental", *RCRF Acta*

19/20, pp. 96-102.

SOTOMAYOR MURO, M. (1997): "Algunas observaciones sobre hornos y excavaciones de alfares romanos", en AA.VV.: *Figliana Malacitanae. La producción de cerámica romana en los territorios malacitanos*, Málaga, pp. 9-26.

SOTOMAYOR MURO, M., PEREZ CASAS, A. y ROCA ROUMENS, M. (1976): "Los alfares romanos de Andújar (Jaén). Dos nuevas campañas", *Noticiario Arqueológico Hispánico* 4, pp. 113-147

SOTOMAYOR MURO, M., ROCA ROUMENS, M., SOTOMAYOR RODRÍGUEZ, N. (1979): "Los alfares romanos de Andújar (Jaén): campañas de 1974, 1975 y 1977", *Noticiario Arqueológico Hispánico* 6, pp. 441-498.

SOTOMAYOR MURO, M., ROCA ROUMENS, M., SOTOMAYOR, N, y ATENCIA PAEZ, R. (1981): "Los alfares romanos de Los Villares de Andújar (Jaén). Campaña 1978-1979", *Noticiario Arqueológico Hispánico* 11, pp. 309-368.

SOTOMAYOR MURO, M., ROCA ROUMENS, M., CONTRERAS CORTÉS, F., MORENO ONORATO, A. y FERNÁNDEZ GARCÍA, Mª I. (1984): "El centro de producción de terra sigillata hispánica de Los Villares de Andújar, Jaén. Campaña de 1982", *Cuadernos de Prehistoria de la Universidad de Granada* 9, pp. 235-260.

SOTOMAYOR RODRÍGUEZ, N. (1982): *Cerámica común producida en Andújar*, Memoria de licenciatura inédita.

SPAAR, S.L. (1981): *The port of Roman Baetica: A study Provincial Harbour and their functions from an historical and archeological perpective*, Ann Arbor.

SPANEDDA, L., LIZCANO, R., CÁMARA, J. A. y CONTRERAS, F. (2004): "El poblado de Sevilleja y la Edad del Bronce en el valle del Rumblar", en R. García-Huerta y J. Morales (coords.): *La Península Ibérica en el II milenio a.C.: poblados y fortificaciones*, Colección Humanidades 77, Cuenca, pp. 57-85.

STOPPIONI, M. L. (1993): "Riccione-Località Pieda d'oro", en M. L. Stoppioni (ed.): *Con la terra e con il fuoco. Fornaci romene nel riminese*, Rimini, pp. 94-96.

STYLOW, R., ATENCIA PÁEZ,R. y VERA, J.C. (2004): "Via Domitiana Augusta", en R. Frei–Stolba (ed.): *Siedlung und Verkehr im römischen Reich. Römerstraβen zwischen Herrschaftssicherung und Landschaftsprägung*, Akten des Kolloquiums zu Ehren von Prof. H. E. Herzig, Bern, pp. 361-378.

TABALES RODRÍGUEZ, M. A. (2003): "El complejo alfarero localizado bajo el Parlamento de Andalucía", en A. Vázquez Labourdete (coord.): *Arqueología y Rehabilitación en el Parlamento de Andalucía. Investigaciones arqueológicas en el Antiguo Hospital de las Cinco Llagas de Sevilla*, Sevilla, pp. 139-162.

TCHERNIA, A. (2011): *Les Romaines et le commerce*. Naples.

TERRISE, J.-R. (1972): *Les céramiques sigillées gallo-romaines des Martres-de-Veyre (Puy-de-Dôme)*, Gallia Suppl 19.

TERRONES Y ROBLES, A. (1657): *Vida martirio, traslación y milagros de San Euphrasio obispo y patrón de Andújar. Origen, antigüedad y excelencias de la ciudad, privilegios de los que goza y varones insignes en santidad, letras y armas que á tenido.*

THOUVENOT, R. (1961): "Rapports commerciaux entre la Gaule et la Maurétanie Tingitane", *Actes du 84 Congrès National des Sociétés Savantes*, Séction d'archéologie ,París, pp. 185 -199

TITE, M.S., BIMSON, M., y FREESTONE, I. C. (1982): "An examination of the high gloss surface finishes on Greek Attic and Roman Samian wares", *Archaeometry* 24, pp. 117-126.

TOMÁS. G. (2001): "Limitations à`la propiété riveraine et libre navegation fluviale", *Revue internationale des droits de l'antiquité* XLVIII, pp. 361- 372.

TOVAR, A. y BLÁZQUEZ, J. M. (1975): *Historia Antigua de España. Condicionamientos geográficos. Historia Antigua,* Madrid.

TUFFREAU-LIBRE, M. (1992): *La céramique en Gaul romaine*, Paris.

TERRISE, J.-R. (1972): *Les céramiques sigillées gallo-romaines des Martres-de-Veyre (Puy-de-Dôme)*, Gallia Suppl 19.

TERRONES Y ROBLES, A. (1657): *Vida martirio, traslación y milagros de San Euphrasio obispo y patrón de Andújar. Origen, antigüedad y excelencias de la ciudad, privilegios de los que goza y varones insignes en santidad, letras y armas que á tenido.*

THOUVENOT, R. (1961): "Rapports commerciaux entre la Gaule et la Maurétanie Tingitane", *Actes du 84 Congrès National des Sociétés Savantes*, Séction d'archéologie ,París, pp. 185 -199

TITE, M.S., BIMSON, M., y FREESTONE, I. C. (1982): "An examination of the high gloss surface finishes on Greek Attic and Roman Samian wares", *Archaeometry* 24, pp. 117-126.

TOMÁS. G. (2001): "Limitations à`la propiété riveraine et libre navegation fluviale", *Revue internationale des droits de l'antiquité* XLVIII, pp. 361- 372.

TOVAR, A. y BLÁZQUEZ, J. M. (1975): *Historia Antigua de España. Condicionamientos geográficos. Historia Antigua,* Madrid.

TUFFREAU-LIBRE, M. (1992): *La céramique en Gaul romaine*, Paris.

VANNEY, J. R. (1970): *L'hydrologie du Bas Guadalquivir*, Madrid.

VARGAS CANTOS, S. y MORENO ALMENARA, M. (2004): "Nuevas perspectivas para el estudio de la cerámica de imitación tipo Peñaflor en Colonia Patricia Corduba", en D. Bernal y L. Lagóstena (eds.): *Figlinae Baeticae. Talleres alfareros y producciones cerámicas en la Bética romana (ss. II a.C.-VII d.C.),* BAR International Series 1266, pp. 721-726.

VÁZQUEZ PAZ, J.(2000): "Marcas de alfarero sobre sigillata procedentes de la antigua Karmo", *SPAL* 11, pp. 377- 387.

VÁZQUEZ PAZ, J.(2004): "Comercio de cerámicas en Carmo: la terra sigillata", *SPAL* 13, pp. 215-242.

VENDRELL-SAZ, M., PRADELL, T. GARCÍA-VALLES, M. y MOLERA, J. (1994): "Origin and manufacture of the roman molds os Andújar (Spain)", en F. Burragato, O. Grubessi y L. Lazzarini (eds.): *European Workshop Archaeometric Research and Archaeological Studies of Ancient Ceramics*, Roma, pp. 349- 358.

VENDRELL-SAN, M., PRADELL, T. GARCÍA- VALLES, M. y MOLERA, J. (1995): "Black and red sigillata coatings from the Andújar workshop (Jaén, Spain): Characterization and technology of prodution", *4th Euro-Ceramics: The cultural ceramic heritage"*, pp. 239- 247.

VENTURA VILLANUEVA, A. (1999): "El teatro en el contexto urbano de Colonia Patricia (Córdoba): ambiente epigráfico, evergetas y culto imperial", *Archivo Español de Arqueología* 72, pp. 57-72.

VERNHET, A. (1981): "Un four de la Graufesenque (Aveyron): la cuison des vases sigillés", *Gallia* 39-1, pp. 25-43.

VERNHET A. y BÉMONT C. (1990-1991): "Un nouveau compte de potiers de la Graufesenque portant mention de flamines", *Annales de Pegasus* 1, pp. 12-14.

VIEGAS, C. (2003): *Cerâmica, economia e comércio: a terra sigillata da alcáçova de Santarém,* Trabalhos de Arqueologia 26, Lisboa.

VIDALE, M. (1992): *Produzione artigianale protoistorica. Etnoarcheologia e archeologia*, Saltuarie dal laboratorio del Piovego 4, Padova.

WEIGAND, P. C., HARBOTTLE, G. y SAYRE, E. V. (1977): "Turquoise sources and source analysis: Mesoamerica and the Southwestern U.S.A.", en T. K. Earle y E. V. Ericson (eds.): *Exchange systems in Prehistory. Studies in Archeology*, New York-London, pp. 15-34.

XIMENA JURADO, M. (1639): *Antigüedades del reino de Jaén,* manuscrito digital realizada por la Biblioteca de Andalucía Microrreproducción de manuscrito de 1636, (359p.) MS1180 Biblioteca Nacional.

YOUNG, C. J. (1977): *Oxfordshire roman pottery*, BAR British Series 43, Oxford.

ZACHARIAS, N. BUXEDA I GARRIGÒS, J, MOMMSEN, H., SCHWEDT, A. y KILIKOGLOU, V. (2003): "The effect of post-burial alterations of ceramics on the TL/OSL dating" en S. Di Pierro, V. Serneels y M. Magetti (eds): *Ceramic in the Society,* pp. 335-343.

ZACHARIAS, N. BUXEDA I GARRIGÒS, J, MOMMSEN, H., SCHWEDT, A. y KILIKOGLOU, V. (2005): "Implications of burial alterations on luminescence dating of archaeological ceramics", *Journal of Archaeological Science* 32, pp. 49-57.

ZARZALEJOS PRIETO, M. (2002): *El alfar romano de Villamanta (Madrid)*, Patrimonio arqueológico de Madrid 5, Madrid.

ZARZALEJOS PRIETO, M. (2003): "La *terra sigillata* de *Mentesa Oretana* (Villanueva de la Fuente, Ciudad Real). Campañas de 1998 a 2000". En Benítez de Lugo, L. (ed.): Mentesa Oretana, *1998-2000.* Ciudad Real, pp. 107-144.

ZARZALEJOS PRIETO, M., ARÉVALO GONZÁLEZ, A. y FERNÁNDEZ OCHOA, C (1999): "Tránsito, comercio y actividad económica en la Sisapo altoimperial", *Espacio, Tiempo y Forma*, Serie II, Historia Antigua, XII, pp. 253-272.

ZICCARDI, A. (2000): "Il ruolo dei circuiti di mercati periodici nel'ambito del sistema di scambio dell'Italia romana", en E. Lo Cascio (ed.): *Mercati permanenti e mercati periodici nel mondo romano*, Capri, pp. 131-148.

ÍNDICE DE TABLAS

ÍNDICE DE FIGURAS

SUMMARY

The characterization, as much as possible, of the production process in the historic frame where it developed provide us with a clear understanding of the factors leading to the creation of a craft pottery neighbourhood closely linked to the *municipium Isturgi Triumphale* (Los Villares de Andújar, Jaén, España), and to the development of its intense activity of ceramic production throughout the I and II centuries AD.

There were major transformations that took place in relation to introduction and consolidation of new production techniques and shapes as well as the organisation of a craftsmanship that appears strongly connected to the indigenous social landscape even as the change of Age approached. The steadiness of this autochthonous approach and its own productive substrate becomes apparent and bestow on it a crucial role on the accurate interpretation of the historical, economic and social processes as well as the transformations occurring as a result of the influence of Rome on the vast territories of High Guadalquivir.

During the initial phase of pottery activity, the native craftsmen produce mainly imitation crockeries and Iberian-themed painted ceramics. At a later stage, and as a result of a large market growth and changes on the demands from an ever changing society, these craftsmen undergo a much needed and unavoidable adaptation that leads to the manufacture of highly specialise crockery implements and the appearance of new task organisation systems. The final stages of this adaptation process can be found, already during the Flavian period, on the proliferation of workshops and producers of Hispanic *terra sigillata.* Furthermore, as a highly relevant indicator, these producers will start to sign their crafts and by doing so applying on themselves, as artisans, a working concept typical of the roman environment. This is an important singularity between indigenous societies in High Andalusia.

Taking all theses issues into account, the rationale of this study is to reconcile and armonize a logic structure derived from a starting hypothesis, with the application of a wide range of estimation methodologies (anthropology, ethnoarcheology, archaeometry, etc.), determined by the nature and integral vocation of a dissertation with the characteristics that we propose.

The work, organised in seven chapters, is arranged around to main themes: chapters 2 and 3 refer to the combined factors that lead to the creation of a ceramic manufacturing settlement such as we found on Los Villares de Andújar, i.e. the physical factors in the form of material resources and the geographical factors in the form of markets and product distribution derived from the location within the province; chapters 4 and 5 go into detail on the specialization and individualization of the techniques applied for the manufacturing of vases, its development and evolution through time by means of the characterization of the production of the Isturgitan workshops.

With the resulting data we move onto a discussion supported by several main traits for an appropriate interpretation of the phenomenon; some examples are the indigenous substratum, the new concepts of the artisan and his production, the highly productive specialisation and the new organising methods, or the reconstruction of the urban environment.

www.ingramcontent.com/pod-product-compliance
Lightning Source LLC
LaVergne TN
LVHW072256300926
849160LV00018B/1678
* 9 7 8 1 4 0 7 3 1 2 7 9 8 *